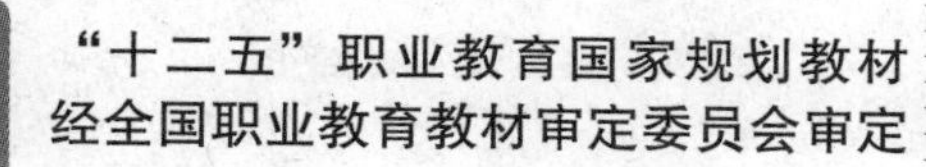

“十二五”职业教育国家规划教材
经全国职业教育教材审定委员会审定

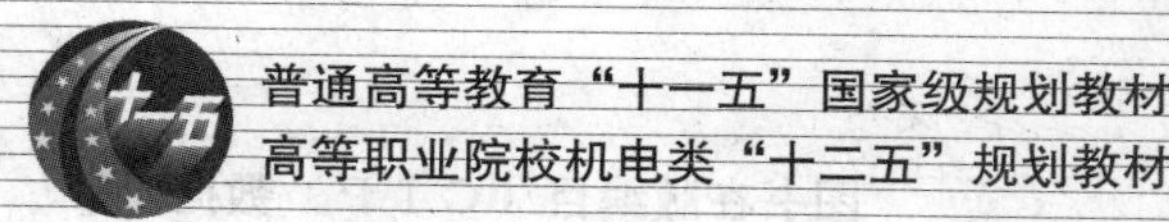

普通高等教育“十一五”国家级规划教材
高等职业院校机电类“十二五”规划教材

数控编程与仿真实训

（第4版）

CNC Programming and Simulation Training (4th Edition)

◎ 周虹 主编
◎ 顾晔 赵勇 副主编

人 民 邮 电 出 版 社
北 京

精品系列

图书在版编目（CIP）数据

数控编程与仿真实训 / 周虹主编. -- 4版. -- 北京：人民邮电出版社，2015.9（2018.3重印）
高等职业院校机电类“十二五”规划教材
ISBN 978-7-115-39943-4

Ⅰ. ①数… Ⅱ. ①周… Ⅲ. ①数控机床－程序设计－高等职业教育－教材②数控机床－计算机仿真－高等职业教育－教材 Ⅳ. ①TG659

中国版本图书馆CIP数据核字(2015)第160972号

内容提要

本书主要内容包括数控机床的工作原理、数控车床仿真操作与编程、数控铣床（加工中心）仿真操作与编程。全书以 FANUC 数控系统为重点，按照理论实训一体化的模式编写。附录中给出了数控车工、铣工技能竞赛理论与实操试题及答案。

本书可作为高职高专和高级技校的数控、机械类专业的教材或教学参考用书。

◆ 主　　编　周　虹
副 主 编　顾　晔　赵　勇
责任编辑　李育民
责任印制　张佳莹　杨林杰

◆ 人民邮电出版社出版发行　　北京市丰台区成寿寺路 11 号
邮编　100164　　电子邮件　315@ptpress.com.cn
网址　http://www.ptpress.com.cn
三河市祥达印刷包装有限公司印刷

◆ 开本：787×1092　1/16
印张：21　　2015 年 9 月第 4 版
字数：497 千字　　2018 年 3 月河北第 9 次印刷

定价：48.00 元

读者服务热线：(010)81055256　印装质量热线：(010)81055316
反盗版热线：(010)81055315

大力发展高端装备制造产业是提升我国产业核心竞争力的必然要求，数控机床是高端装备制造领域中应用最为广泛的设备，需要大量的高端数控技能型人才。

作者于2011年所编写的《数控编程与仿真实训（第3版）》一书自出版以来，受到了众多高职高专院校的欢迎。为了进一步贴近企业生产实际，普及数控技术应用，突出产教结合，促进中高职数控技术专业衔接，作者结合近几年的教学改革实践和广大读者的反馈意见，在保留原书特色的基础上，对教材进行了全面的修订，这次修订的思路如下。

（1）根据中、高职数控技术专业的培养目标，教材内容涵盖了初、中、高级《数控车工》《数控铣工》《加工中心操作工》职业标准的数控编程技能与知识要求，按照由简单到复杂、由单一到综合编排教材内容，实现中、高职学生在学习内容和培养目标上的有效衔接。

（2）在编写中，继续体现“以就业为导向，以能力为本位”的精神，注重学生编程技能的培养。以FANUC数控系统为主，精心整合理论和实践知识，突出对学生动手能力和解决问题能力的培养。教材的编写突出教、学、做一体的思想，充分体现学生为主体，教师为引导的作用。

（3）在内容编排上，贯彻理论实践一体化的教学思想，以任务驱动、行动导向编排教材内容。以完成典型零件的编程任务为主线，倡导教师采用“任务驱动、案例教学”等教学方法，引导学生通过实施多个任务，逐步提高数控机床的编程技能。

第4版在第3版的基础上，修订内容如下。

（1）删除了原教材中拓展知识部分的内容，充实了宏程序内容，增加了实际零件的操作案例，扩充了实训内容的题量。

（2）增加了附录的内容，包括数控车工、铣工技能竞赛理论和实操试题等。

（3）优化了各章内容的细节。

全书内容包括3大篇共17个任务，每个任务包含了学习目标、任务导入、知识准备、任务实施、实训内容、自测题6个部分，层次清晰、体系完整，适合于教学和自学。为方便教学，本书精选了大

量的典型案例，案例中的程序均在实践过程中经过检验，读者可以放心采用。

本书的参考学时为70～90学时，教师在组织教学时，可根据自己学校的教学计划和硬件环境酌情予以增减。

本书由湖南铁道职业技术学院周虹担任主编；江西机电职业技术学院顾晔、东营职业学院赵勇担任副主编；参与本书编写的还有湖南铁道职业技术学院的喻丕珠、董小金、罗友兰、张克昌，山东省水利技术学院杨兴民，烟台南山学院史文杰。具体编写任务如下：周虹编写任务1～任务3及附录1～附录5，杨兴民编写了任务4和任务11，赵勇编写了任务5～任务7，顾晔编写了任务8～任务9，喻丕珠编写了任务10，董小金编写了任务12～任务14，罗友兰编写了任务15，张克昌编写了任务16，史文杰编写了任务17及附录6～7。全书由周虹统稿和定稿。

由于编者水平和经验有限，书中难免有欠妥和错误之处，恳请读者批评指正。

编　者

2015年6月

Contents

目录

基　础　篇

数控车床仿真操作与编程篇

数控铣床（加工中心）仿真操作与编程篇

附录 ······ 274

参考文献 ······ 328

PART 1

基 础 篇

任务 1　认识数控机床

任务 2　了解数控机床的工作原理

任务 3　认识数控机床的坐标系及编程规则

任务1

认识数控机床

【学习目标】

掌握数控机床的组成及种类，熟悉数控机床的加工特点和加工对象，了解数控机床的产生背景、发展趋势及先进的制造技术。

任务导入

根据表 1.1 所示的机床外形写出数控机床的名称、应用范围及 1～2 种常见的机床型号。

表 1.1　　常见数控机床的名称、应用范围及型号

机床外形	机床名称	应用范围	常见机床型号

知识准备

一、数控机床的产生与发展趋势

1. 数控机床的产生

20 世纪 40 年代以来，随着航空航天技术的飞速发展，对于各种飞行器的加工提出了更高的要求。飞行器的零件大多形状非常复杂，材料多为难以加工的合金，用传统的机床和工艺方法进行加工不能保证精度，也很难提高生产效率。为了解决零件复杂形状表面的加工问题，1952 年，美国帕森斯公司和麻省理工学院研制成功了世界上第 1 台数控机床。半个多世纪以来，数控技术得到了迅猛的发展，加工精度和生产效率不断提高。数控机床的发展至今已经历了 2 个阶段和 6 个时代。

（1）数控（NC）阶段（1952～1970 年）。早期的计算机运算速度低，不能适应机床实时控制的要求，人们只好用数字逻辑电路“搭”成一台机床专用计算机作为数控系统，这就是硬件连接数控，简称数控（NC）。随着电子元器件的发展，这个阶段经历了 3 代，即 1952 年的第 1 代——电子管数控机床、1959 年的第 2 代——晶体管数控机床和 1965 年的第 3 代——集成电路数控机床。

（2）计算机数控（CNC）阶段（1970 年至今）。1970 年，通用小型计算机已出现并投入成批生产，人们将它移植过来作为数控系统的核心部件，从此进入计算机数控阶段。这个阶段也经历了 3 代，即 1970 年的第 4 代——小型计算机数控机床、1974 年的第 5 代——微型计算机数控系统和 1990 年的第 6 代——基于 PC 的数控机床。

随着微电子技术和计算机技术的不断发展，数控技术也随之不断更新，发展非常迅速，几乎每 5 年更新换代一次，其在制造领域的加工优势逐渐体现出来。

2. 数控机床的发展趋势

数控机床的出现不但给传统制造业带来了革命性的变化，使制造业成为工业化的象征，而且随着数控技术的发展和应用领域的扩大，它对关系国计民生的一些重要行业（IT、汽车、轻工、医疗等）的发展起着越来越重要的作用，因为这些行业所需装备的数字化已是现代发展的大趋势。当前世界上数控机床的发展呈现如下趋势。

（1）高速度高精度化。速度和精度是数控机床的两个重要技术指标，它们直接关系到加工效率和产品质量。当前，数控机床的主轴转速最高可达 40 000r/min，最大进给速度达 120m/min，最大加速度达 $3m/s^2$，定位精度正在向亚微米进军，纳米级五轴联动加工中心已经商品化。

（2）多功能化。一机多能的数控机床可以最大限度地提高设备的利用率。例如，数控加工中心（Machining Center，MC）配有机械手和刀具库，工件一经装夹，数控系统就能控制机床自动地更换刀具，连续对工件的各个加工面自动地完成铣削、镗削、铰孔、扩孔及攻螺纹等多工序加工，从而避免了多次装夹造成的定位误差，减少了设备台数、工夹具和操作人员，节省了占地面积和辅助时间。为了提高效率，新型数控机床在控制系统和机床结构上也有所改革，例如，采取多系统混合控制方式，用不同的切削方式（车、钻、铣、攻螺纹等）同时加工零件的不同部位等。现代数控系统控制轴数多达 15 轴，同时联动的轴数已达到 6 轴。

（3）智能化。数控机床应用高技术的重要目标是智能化。智能化技术主要体现在以下几个方面。

① 引进自适应控制技术。自适应控制（Adaptive Control，AC）技术的目的是要求在随机的加工过程中，通过自动调节加工过程中所测得的工作状态、特性，按照给定的评价指标自动校正自身的工作参数，以达到或接近最佳工作状态。通常，数控机床是按照预先编好的程序进行控制的，但随机因素，如毛坯余量和硬度的不均匀、刀具的磨损等难以预测。为了确保质量，势必要在编程时采用较保守的切削用量，从而降低了加工效率。AC 系统可对机床主轴转矩、切削力、切削温度、刀具磨损等参数值进行自动测量，并由 CPU 进行比较运算后发出修改主轴转速和进给量大小的信号，确保 AC 处于最佳的切削用量状态，从而在保证质量的条件下使加工成本最低或生产率最高。AC 系统主要用于宇航等工业部门特种材料的加工。

② 附加人机会话自动编程功能。建立切削用量专家系统和示教系统，可达到提高编程效率和降低对编程人员技术水平的要求。

③ 具有设备故障自诊断功能。如果数控系统出了故障，控制系统能够进行自诊断，并自动采取排除故障的措施，以适应长时间无人操作环境的要求。

（4）小型化。蓬勃发展的机电一体化设备，对数控系统提出了小型化的要求，体积小型化便于将机、电装置合为一体。日本新开发的 FS16 和 FS18 都采用了三维安装方法，使电子元器件得以高密度地安装，极大地缩小了系统的占用空间。此外，它们还采用了新型 TFT 彩色液晶薄型显示器，使数控系统进一步小型化，以便更方便地将它们装到机械设备上。

（5）高可靠性。数控系统造价比较昂贵，用户期望其能发挥最大的投资效益，因此要求设备具有高可靠性。要想提高可靠性，通常可采取以下一些措施。

① 提高线路集成度。采用大规模或超大规模的集成电路、专用芯片及混合式集成电路，可以减少元器件的数量、精简外部连线和降低功耗。

② 建立由设计、试制到生产的一整套质量保证体系。例如，采取防电源干扰，输入/输出光电隔离；使数控系统模块化、通用化及标准化，以便于组织批量生产及维修；在安装、制造时注意严格筛选元器件；对系统可靠性进行全面的检查、考核等。通过这些手段，保证产品质量。

③ 增强故障自诊断功能和保护功能。由于元器件失效、编程错误及人为操作错误等原因，数控机床很可能会出现故障。数控机床一般具有故障自诊断功能，能够对硬件和软件进行故障诊断，自动显示出故障的部位及类型，以便快速排除故障。新型数控机床还具有故障预报、自恢复、监控与保护等功能。例如，有的系统设有刀具破损检测、行程范围保护和断电保护等功能，以避免损坏机床及报废工件。由于采取了各种有效的可靠性措施，现代数控机床的平均无故障时间（MTBF）可达到 10 000～36 000h。

二、数控机床的概念及组成

1．数控机床的基本概念

数控（Numerical Control，缩写 NC）是采用数字化信息对机床的运动及其加工过程进行控制的方法；数控机床（Compater Numerical Controlled Machine Tool）是指装备了计算机数控系统的机床，简称 CNC 机床。

2．数控机床加工工件的过程

利用数控机床完成工件加工的过程如图 1.1 所示，主要包括以下内容。

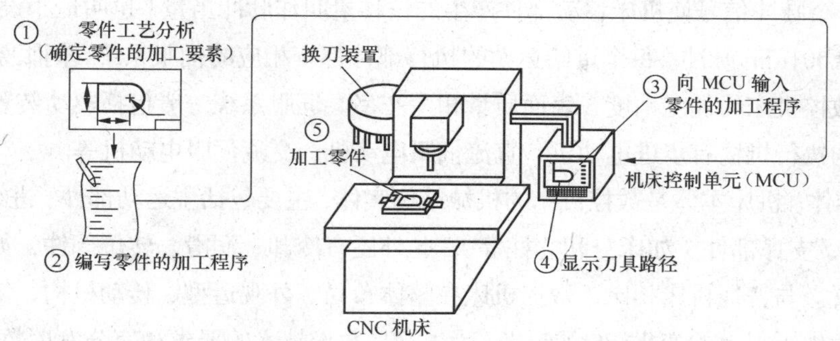

图1.1 数控机床加工工件的过程

① 根据零件加工图样进行工艺分析，确定加工方案、工艺参数和位移数据。

② 用规定的程序代码和格式编写数控加工程序单，或用自动编程软件直接生成数控加工程序文件。

③ 程序的输入或传输。由手工编写的程序，可以通过数控机床的操作面板输入；由编程软件生成的程序，通过计算机的串行通信接口直接传输到数控机床的数控单元，后者也称机床控制单元（MCU）。

④ 将输入或传输到数控单元的加工程序，进行刀具路径模拟、试运行等。

⑤ 通过对机床的正确操作，运行程序，完成工件的加工。

3．数控机床的组成

数控机床由输入/输出装置、计算机数控装置（简称 CNC 装置）、伺服系统和机床本体等部分组成，其组成框图如图 1.2 所示，其中输入/输出装置、CNC 装置、伺服系统合起来就是计算机数控系统。

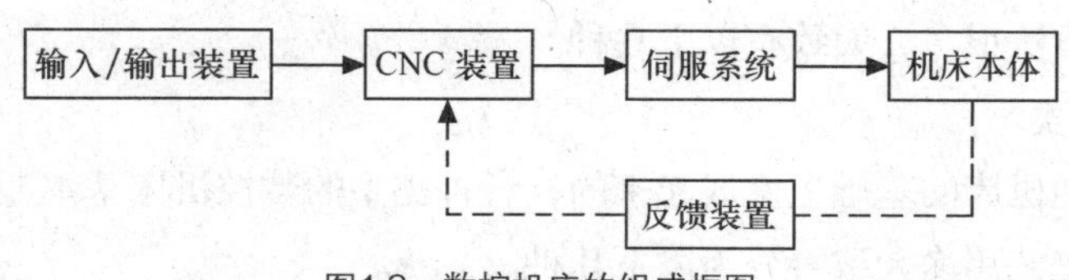

图1.2 数控机床的组成框图

（1）输入/输出装置。在数控机床上加工工件时，首先根据零件图纸上的零件形状、尺寸和技术条件，确定加工工艺，然后编制出加工程序，程序通过输入装置，输送给机床数控系统，机床内存中的数控加工程序可以通过输出装置传出。输入/输出装置是机床与外部设备的接口，常用的输入装置有软盘驱动器、RS—232C 串行通信口及 MDI 方式等。

（2）CNC 装置。CNC 装置是数控机床的核心，它接收输入装置送来的数字信息，经过控制软件和逻辑电路进行译码、运算和逻辑处理后，将各种指令信息输出给伺服系统，使设备按规定的动作执行。现在的 CNC 装置通常由一台通用或专用微型计算机构成。

（3）伺服系统。伺服系统是数控机床的执行部分，其作用是把来自 CNC 装置的脉冲信号转换成机床的运动，使机床工作台精确定位或按规定的轨迹作严格的相对运动，最后加工出符合图纸要求的零件。每一个脉冲信号使机床移动部件产生的位移量叫作脉冲当量（也叫最小设定单位），常用的脉冲当量为 0.001mm/脉冲。每个进给运动的执行部件都有相应的伺服系统，伺服系统的精度及动态响应决定了数控机床的加工精度、表面质量和生产率。伺服系统一般包括驱动装置和执行机构两大部分，常用的执行机构有步进电动机、直流伺服电动机、交流伺服电动机等。

（4）机床本体。机床本体是数控机床的机械结构实体，主要包括主运动部件、进给运动部件（如工作台和刀架）、支撑部件（如床身和立柱等），此外还有冷却、润滑、转位部件，如夹紧、换刀机械手等辅助装置。与普通机床相比，数控机床在整体布局、外观造型、传动机构、工具系统及操作机构等方面都发生了很大的变化。归纳起来，为了满足数控技术的要求和充分发挥数控机床的特点，主要有以下几个方面的变化。

① 采用高性能主传动及主轴部件，具有传递功率大、刚度高、抗振性好及热变形小等优点。

② 进给传动采用高效传动件，具有传动链短、结构简单、传动精度高等特点，一般采用滚珠丝杠副、直线滚动导轨副等。

③ 具有完善的刀具自动交换和管理系统。

④ 在加工中心上一般具有工件自动交换、工件夹紧和放松机构。

⑤ 机床本身具有很高的动、静刚度。

⑥ 采用全封闭罩壳。由于数控机床是自动完成加工的，因此为了操作安全等原因，一般采用移动门结构的全封闭罩壳，对机床的加工部件进行全封闭。

半闭环、闭环数控机床还带有检测反馈装置，其作用是对机床的实际运动速度、方向、位移量以及加工状态加以检测，把检测结果转化为电信号反馈给 CNC 装置。检测反馈装置主要有感应同步器、光栅、编码器、磁栅和激光测距仪等。

三、数控机床的种类与应用

数控机床的分类方法很多，大致有以下几种。

1．按工艺用途分类

数控机床是在普通机床的基础上发展起来的，各种类型的数控机床基本上都起源于同类型的普通机床。数控机床按工艺用途大致可分为以下几种。

（1）金属切削类数控机床。指采用车、铣、镗、铰、钻、磨、刨等各种切削工艺的数控机床，包括数控车床、数控钻床、数控铣床、数控磨床、数控镗床以及加工中心等。切削类数控机床发展最早，目前种类繁多，功能差异也较大。这里需要特别强调的是加工中心，也称为可自动换刀的数控机床。这类数控机床带有一个刀库和自动换刀系统，刀库可容纳 16～100 把刀具。图 1.3、图 1.4 所示分别是立式加工中心、卧式加工中心的外观图。立式加工中心最适宜加工高度方向尺寸相对较小的工件，一般情况下，除底部不能加工外，其余 5 个面都可以用不同的刀具进行轮廓和表面加工。卧式加工中心适宜加工有多个加工面的大型工件或高度尺寸较大的工件。

相关参数
工作台尺寸（长×宽）：1 050mm×500mm
刀库容量：20 把
坐标定位精度（X，Y，Z/A，C）：±0.01mm
重复定位精度：0.004mm
行程（$X/Y/Z$）：1 020mm×560mm×510mm
主轴转速：80～8 000（可选 10 000）r/min
主电动机功率：7.5/11kW
快速移动（$x/y/z$）：15m/min
换刀时间：7s

VMC1000 立式加工中心

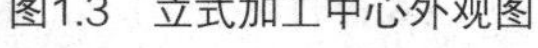

图1.3 立式加工中心外观图

相关参数：
工作台尺寸（长×宽）：400mm×400mm
刀库容量：30 把
刀柄：BT40
坐标行程参数：x 为 630mm，y 为 500mm，z 为 520mm
主轴转速：60～6 000r/min
功率：7.5/11kW
粗糙度：R_a=1.6μm
加工精度：IT6 级
控制系统：FANUC 0i-MC

J1HMC40 卧式加工中心

图1.4 卧式加工中心外观图

（2）金属成型类数控机床。指采用挤、冲、压、拉等成型工艺的数控机床，包括数控折弯机、数控组合冲床、数控弯管机及数控压力机等。这类机床起步晚，但目前发展很快。

（3）数控特种加工机床。如数控线切割机床、数控电火花加工机床、数控火焰切割机床及数控激光切割机床等。

（4）其他类型的数控设备。如数控三坐标测量仪、数控对刀仪及数控绘图仪等。

2．按机床运动的控制轨迹分类

（1）点位控制数控机床。点位控制数控机床只要求控制机床的移动部件从某一位置移动到另一位置的准确定位，对于两位置之间的运动轨迹不作严格要求，在移动过程中刀具不进行切削加工，如图 1.5 所示。为了实现既快又准的定位，常采用先快速移动，然后慢速趋近定位点的方法来保证定位精度。

具有点位控制功能的数控机床有数控钻床、数控冲床、数控镗床和数控点焊机等。

（2）直线控制数控机床。直线控制数控机床的特点是除了控制点与点之间的准确定位外，还要保证两点之间移动的轨迹是一条与机床坐标轴平行的直线。因为这类数控机床在两点之间移动时要进行切削加工，所以对移动的速度也要进行控制，如图 1.6 所示。

具有直线控制功能的数控机床有比较简单的数控车床、数控铣床和数控磨床等。单纯用于直线控制的数控机床目前不多见。

（3）轮廓控制数控机床。轮廓控制又称连续轨迹控制，这类数控机床能够对 2 个或 2 个以上的运动坐标的位移及速度进行连续相关的控制，因而可以进行曲线或曲面的加工，如图 1.7 所示。

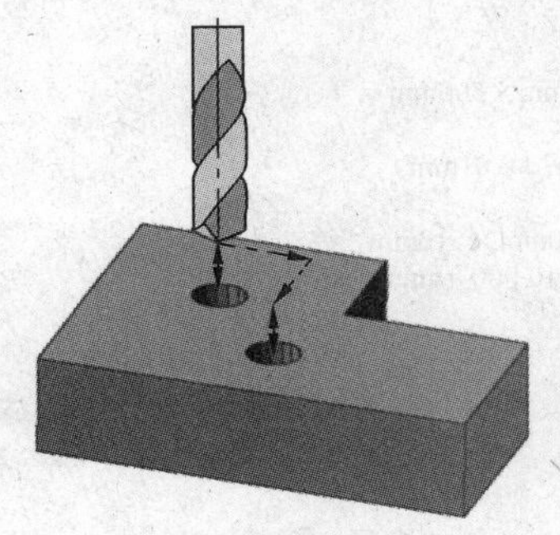

图1.5　点位控制数控机床加工示意图

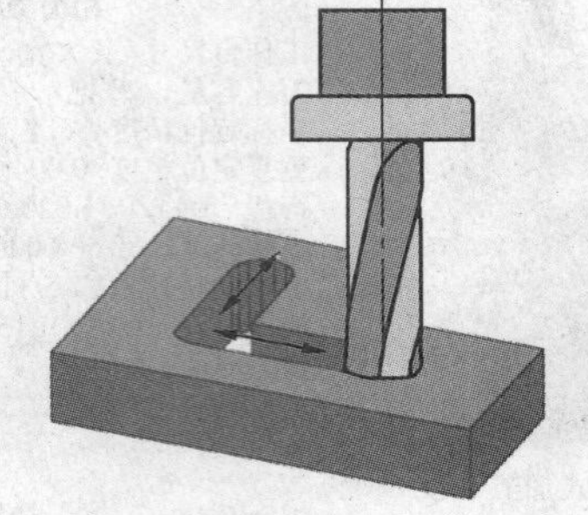

图1.6　直线控制数控机床加工示意图

图1.7　轮廓控制数控机床加工示意图

具有轮廓控制功能的数控机床有数控车床、数控铣床及加工中心等。

3．按伺服控制的方式分类

（1）开环控制系统。开环控制系统是指不带反馈的控制系统，即系统没有位置反馈元件，通常用功率步进电动机或电液伺服电动机作为执行机构。输入的数据经过数控系统的运算，发出指令脉冲，通过环形分配器和驱动电路，使步进电动机或电液伺服电动机转过一个步距角，再经过减速齿轮带动丝杠旋转，最后转换为工作台的直线移动，如图 1.8 所示。移动部件的移动速度和位移量是由输入脉冲的频率和脉冲数所决定的。

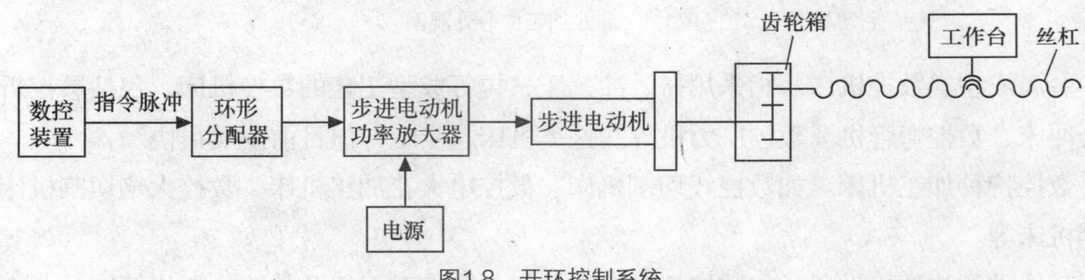

图1.8　开环控制系统

开环控制具有结构简单、系统稳定、调试容易且成本低等优点。但是因为系统对移动部件的误差没有补偿和校正功能，所以精度低，一般适用于经济型数控机床和旧机床数控化改造。

（2）半闭环控制系统。如图 1.9 所示，半闭环控制系统是在伺服电动机或丝杠端部装有角位移检测装置（如感应同步器和光电编码器等），通过检测伺服电动机或丝杠端部的转角间接地检测移动部件的位移，然后反馈到数控系统中，由于惯性较大的机床移动部件不包括在检测范围之内，因而称作半闭环控制系统。

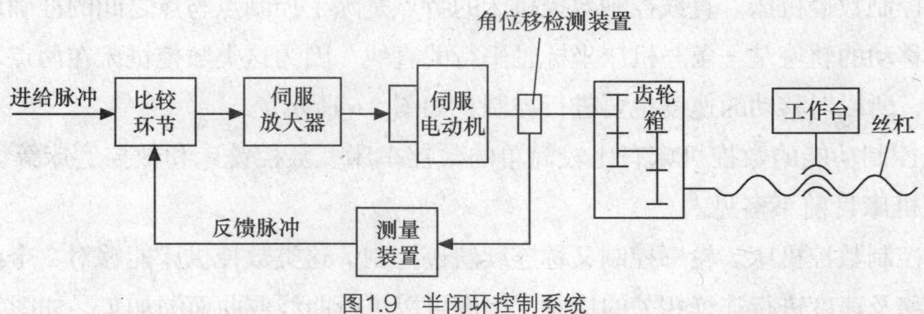

图1.9　半闭环控制系统

在这种系统中，闭环回路不包括机械传动环节，因此可获得稳定的控制特性。而机械传动环节的误差可用补偿的办法消除，因此仍可获得满意的精度。中档数控机床广泛采用半闭环数控系统。

（3）闭环控制系统。闭环控制系统是在机床移动部件上直接装有位置检测装置，将测量的结果直接反馈到数控装置中，与输入的指令位移进行比较，用偏差进行控制，使移动部件按照实际的要求运动，最终实现精确定位，其原理如图 1.10 所示。因为把机床工作台纳入了位置控制环，所以称为闭环控制系统。该系统可以消除包括工作台传动链在内的运动误差，因而定位精度高、调节速度快。但由于该系统受进给丝杠的拉压刚度、扭转刚度、摩擦阻尼特性和间隙等非线性因素的影响，因而给调试工作造成较大的困难，如果各种参数匹配不当，将会引起系统振荡，造成不稳定，影响定位精度。可见，闭环控制系统复杂并且成本高，适用于精度要求很高的数控机床，如精密数控镗铣床、超精密数控车床等。

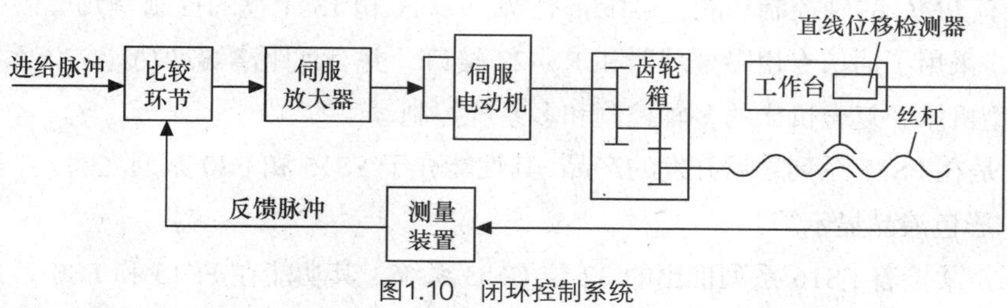

图1.10 闭环控制系统

4．按控制坐标轴的数量分类

按计算机数控装置能同时联动控制的坐标轴的数量分类，有两坐标联动数控机床、三坐标联动数控机床和多坐标联动数控机床，分别如图 1.11～图 1.13 所示。

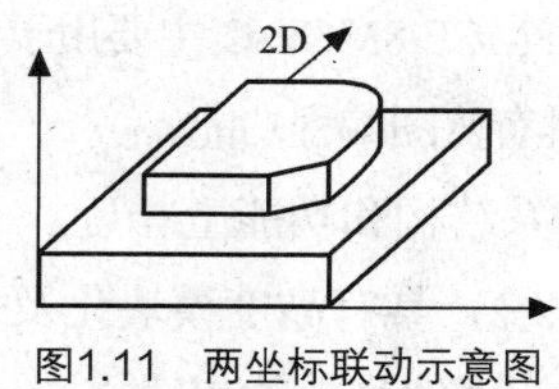

图1.11 两坐标联动示意图

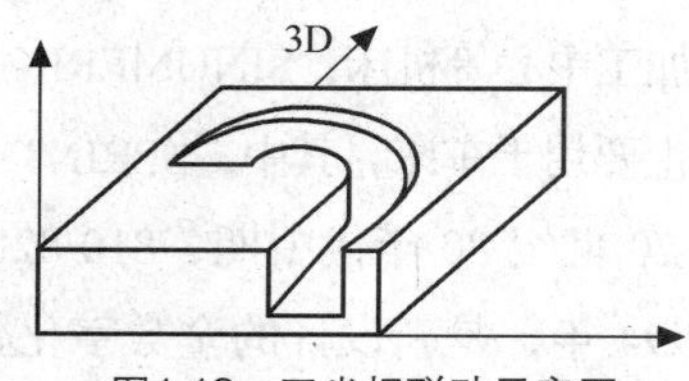

图1.12 三坐标联动示意图

图1.13 五坐标联动示意图

一些早期的数控机床尽管具有 3 个坐标轴，但能够同时进行联动控制的可能只是其中 2 个坐标轴，因而属于两坐标联动的三坐标机床。这类机床不能获得空间直线、空间螺旋线等复杂加工轨迹。要想加工复杂的曲面，只能采用在某平面内进行联动控制，第 3 轴作单独周期性进给的“两维半”加工方式，如图 1.14 所示。

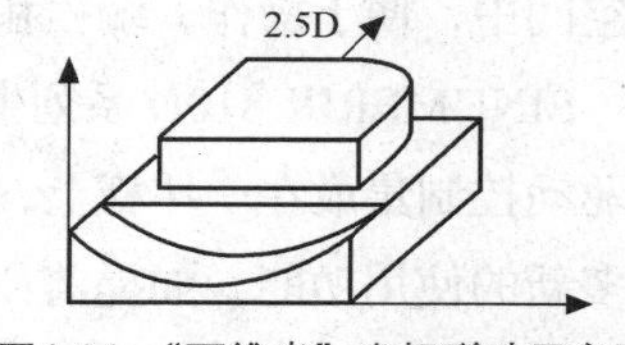

图1.14 “两维半”坐标联动示意图

5．按数控系统分类

目前，数控系统的种类规格很多，在我国使用比较广泛的有日本FANUC、德国SIEMENS公司的产品，以及国产的广州数控系统、华中数控系统等。

（1）日本FANUC系列数控系统。FANUC公司生产的CNC产品主要有FS3、FS6、FS0、FS10/11/12、FS15、FS16、FS18和FS21/210等系列。目前，我国用户主要使用的是FS0、FS15、FS16、FS18和FS21/210等系列。

FS0系列有FS0T、FS0TT、FS0M、FS0ME、FS0G和FS0F等型号。T型用于单刀架单主轴的数控车床，TT型用于单主轴双刀架或双主轴双刀架的数控车床，M型、ME型用于数控铣床或加工中心，G型用于数控磨床，F型是对话型CNC系统。

FS15系列是FANUC公司较新的32位CNC系统，被称为AICNC系统（人工智能CNC系统）。该系列是按功能模块结构构成的，可以根据不同的需要组合成最小至最大系统，控制轴数从2轴到15轴，同时还有PMC的轴控制功能，可配备有7、9、11和13个槽的控制单元母板，用于插入各种印制电路板，采用了通信专用微处理器和RS422接口，并有远距离缓冲功能。该系列CNC系统主要适用于大型机床、复合机床的多轴控制和多系统控制。

FS16系列是在FS15系列之后开发的产品，其性能介于FS15和FS0系列之间。它采用薄型TFT（薄膜晶体管）彩色液晶显示。

FS18系列是紧接着FS16系列推出的32位CNC系统，其功能在FS15和FS0系列之间，但低于FS16系列。它采用高密度三维安装技术、四轴伺服控制、两主轴控制，且集成度更高；采用TFT彩色液晶显示，画面上可显示电动机波形，便于调整和控制。FS18系列在操作、机床接口和编程等方面均与FS16系列有互换性。

FS21/210系列是FANUC公司最新推出的系统，适用于中小型数控机床。

（2）德国SIEMENS公司的SINUMERIK系列数控系统。SINUMERIK系列数控系统主要有SINUMERIK 3、SINUMERIK 8、SINUMERIK 810/820、SINUMERIK 850/880和SINUMERIK 840等产品。

SINUMERIK 8系列产品生产于20世纪70年代末，SINUMERIK 8M/8ME/8ME-C、SPRINT 8M/8ME/8ME-C主要用于钻床、镗床和加工中心等机床；SINUMERIK 8MC/8MCE/8MCE-C主要用于大型镗铣床。SINUMERIK 8T/SPRINT 8T主要用于车床，其中，SPRINT系列具有蓝图编程功能。

SINUMERIK 810/820系列生产于20世纪80年代中期，810/820在体系结构和功能上相近。

SINUMERIK 840D系列生产于1994年，是新设计的全数字化数控系统，具有高度模块化及规范化的结构。它将CNC和驱动控制集成在一块板子上，将闭环控制的全部硬件和软件集成在$1cm^2$的空间中，便于操作、编程和监控。

SINUMERIK 810D系列生产于1996年，是在840D基础上开发的新CNC系统。它第一次将CNC和驱动控制集成在一块板上，其CNC与驱动之间没有接口。810D配备了功能强大的软件，提供了很多新的使用功能，如提前预测功能、坐标变换功能、固定点停止功能、刀具管理功能、样条插补功能、压缩功能和温度补偿功能等，极大地提高了其应用范围。

1998 年，SIEMENS 公司又推出了基于 810D 系统的现场编程软件 ManulTurn 和 ShopMill。前者适用于数控车床的现场编程，后者适用于数控铣床的现场编程。通过这两种软件，操作者无需专门的编程培训，使用传统操作机床的模式即可对数控机床进行操作和编程。

近几年来，SIEMENS 公司又推出了 SINUMERIK 802 系列 CNC 系统，有 802S、802C、802D 等型号。

（3）华中数控系统 HNC。HNC 是武汉华中数控研制开发的国产型数控系统，是我国 863 计划的科研成果在实践中应用的成功项目，目前已开发和应用的产品有 HNC 1 和 HNC 2000 共 2 个系列，共计 16 种型号。

华中 1 型数控系统有 HNC 1M 铣床、加工中心数控系统，HNC 1T 车床数控系统，HNC 1Y 齿轮加工数控系统，HNC 1P 数字化仿形加工数控系统，HNC 1L 激光加工数控系统，HNC 1G 五轴联动工具磨床数控系统，HNC 1FP 锻压、冲压加工数控系统，HNC 1ME 多功能小型数控铣系统，HNC 1TE 多功能小型数控车系统和 HNC 1S 高速珩缝机数控系统等。

华中 2000 型数控系统是在 HNC 1 型数控系统的基础上开发的高档数控系统。该系统采用通用工业 PC，TFT 真彩液晶显示，具有多轴多通道控制功能和内装式 PC，可与多种伺服驱动单元配套使用，具有开放性好、结构紧凑、集成度高、性价比高和操作维护方便等优点。同样，它也有系列派生的数控系统 HNC 2000M、HNC 2000T、HNC 2000Y、HNC 2000L、HNC 2000G 等。

6．按数控系统的功能水平分类

按数控系统的功能水平不同，数控机床可分为低、中、高 3 档。低、中、高档的界线是相对的，不同时期的划分标准有所不同。就目前的发展水平来看，数控系统可以根据表 1.2 所示的一些功能和指标进行划分。其中，中、高档一般称为全功能数控或标准型数控。在我国还有“经济型数控”的提法。经济型数控属于低档数控，是由单片机和步进电动机组成的数控系统，或是指其他功能简单、价格低的数控系统。经济型数控主要用于车床、线切割机床以及旧机床改造等。

表 1.2　数控系统不同档次的功能及指标

功　能	低　档	中　档	高　档
系统分辨率	10μm	1μm	0.1μm
G00 速度	3～8m/min	10～24m/min	24～100m/min
伺服类型	开环及步进电动机	半闭环及直、交流伺服电动机	闭环及直、交流伺服电动机
联动轴数	2～3	2～4	5 轴或 5 轴以上
通信功能	无	RS—232 或 DNC	RS—232、DND、MAP
显示功能	数码管显示	CRT：图形、人机对话	CRT：三维图形、自诊断
内装 PLC	无	有	功能强大的内装 PLC
主 CPU	8 位、16 位 CPU	16 位、32 位 CPU	32 位、64 位 CPU
结构	单片机或单板机	单微处理器或多微处理器	分布式多微处理器

四、数控机床加工的特点及应用

1．数控机床加工的特点

与普通机床加工相比，数控机床加工具有以下特点。

（1）可以加工具有复杂型面的工件。在数控机床上加工工件，工件的形状主要取决于加工程序。因此只要能编写出程序，无论工件多么复杂都能加工。例如，采用五轴联动的数控机床，就能加工螺旋桨的复杂空间曲面。

（2）加工精度高、质量稳定。数控机床本身的精度比普通机床高，一般数控机床的定位精度为±0.01mm，重复定位精度为±0.005mm；在加工过程中操作人员不参与操作，因此工件的加工精度全部由数控机床保证，消除了操作者的人为误差；又因为数控加工采用工序集中方式，减少了工件多次装夹对加工精度的影响，所以工件的精度高、尺寸一致性好、质量稳定。

（3）生产率高。数控机床可有效地减少工件的加工时间和辅助时间。数控机床主轴转速和进给量的调节范围大，允许机床进行大切削量的强力切削，从而有效地节省了加工时间。数控机床移动部件在定位中均采用了加速和减速措施，并可选用很高的空行程运动速度，缩短了定位和非切削时间。对于复杂的工件可以采用计算机自动编程，而工件又往往安装在简单的定位夹紧装置中，从而加速了生产准备过程。尤其在使用加工中心时，工件只需一次装夹就能完成多道工序的连续加工，减少了半成品的周转时间，生产率的提高更为明显。此外，数控机床能进行重复性操作，尺寸一致性好，降低了次品率，节省了检验时间。

（4）改善劳动条件。使用数控机床加工工件时，操作者的主要任务是编辑程序、输入程序、装卸零件、准备刀具、观测加工状态、检验零件等，劳动强度大大降低，劳动形式趋于智力型。另外，机床一般是封闭式加工，既清洁，又安全。

（5）有利于生产管理现代化。使用数控机床加工工件，可预先精确估算出工件的加工时间，所使用的刀具、夹具可进行规范化、现代化管理。数控机床使用数字信号与标准代码作为控制信息，易于实现加工信息的标准化，目前已与计算机辅助设计与制造（CAD/CAM）有机地结合起来，是现代集成制造技术的基础。

2．数控机床的适用范围

从数控机床加工的特点可以看出，数控机床加工的主要对象如下。

① 多品种、单件小批量生产的零件或新产品试制中的零件。

② 几何形状复杂的零件。

③ 精度及表面粗糙度要求高的零件。

④ 加工过程中需要进行多工序加工的零件。

⑤ 用普通机床加工时，需要昂贵工装设备（工具、夹具和模具）的零件。

各种机床的使用范围如图1.15所示。图中横轴代表零件的复杂程度，纵轴代表每批的生产件数。由图1.15可以看出数控机床的使用范围很广。

图1.16所示为在各种机床上加工零件时零件批量和综合费用的关系。

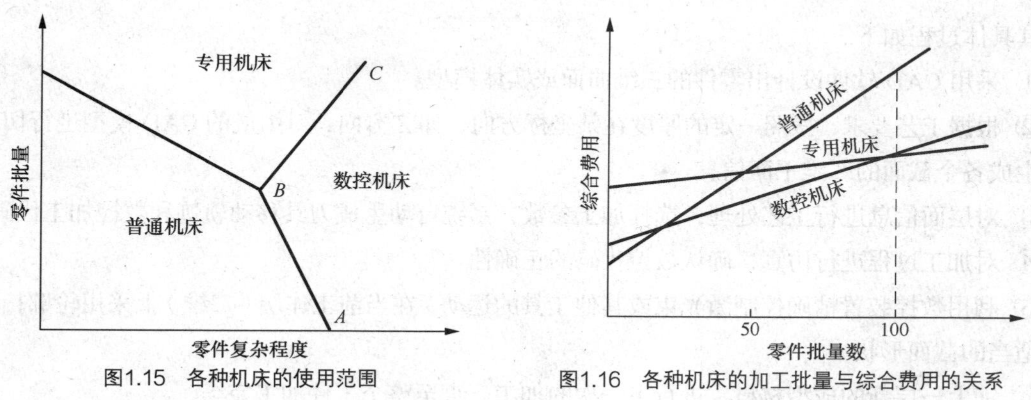

图1.15 各种机床的使用范围 图1.16 各种机床的加工批量与综合费用的关系

五、先进制造技术

21世纪，人类已迈入了一个知识经济快速发展的时代，传统的制造技术和制造模式正发生质的飞跃，先进制造技术在制造业中正逐步被应用，并推动着制造业的发展。

近年来，正逐步被推广应用的先进制造技术有快速原型法、虚拟制造技术、柔性制造单元和柔性制造系统等。

1. 快速原型法

快速原型法（又称快速成型法）是国外20世纪80年代中后期发展起来的一种新技术，它与虚拟制造技术一起，被称为未来制造业的两大支柱技术。

（1）快速原型法基本原理。快速原型法是综合运用CAD技术、数控技术、激光加工技术和材料技术，实现从零件设计到三维实体原型制造一体化的系统技术。它采用软件离散化—材料堆积的原理实现零件的成型，如图1.17所示。

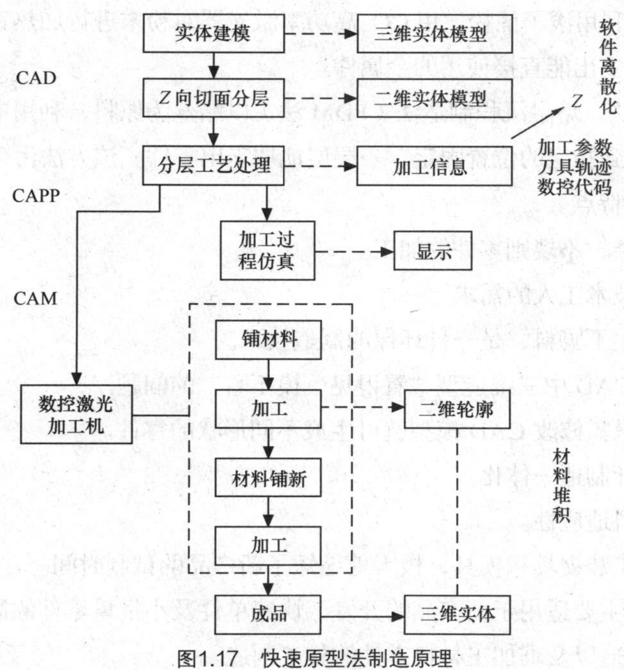

图1.17 快速原型法制造原理

其具体过程如下。

① 采用CAD软件设计出零件的三维曲面或实体模型。

② 根据工艺要求，按照一定的厚度在某坐标方向，如Z方向，对生成的CAD模型进行切面分层，生成各个截面的二维平面信息。

③ 对层面信息进行工艺处理，选择加工参数，系统自动生成刀具移动轨迹和数控加工代码。

④ 对加工过程进行仿真，确认数控代码的正确性。

⑤ 利用数控装置精确控制激光束或其他工具的运动，在当前工作层（二维）上采用轮廓扫描加工出适当的截面形状。

⑥ 铺上一层新的成型材料，进行下一次的加工，直至整个零件加工完毕。

可以看出，快速成型过程是由三维转换成二维（软件离散化），再由二维到三维（材料堆积）的工作过程。

快速原型法不仅可用于原始设计中快速生成零件实物，也可用来快速复制实物（包括放大、缩小、修改）。

（2）快速原型技术的主要工艺方法。

① 光固化立体成型制造法。光固化立体成型制造法（LSL 法）是以各类树脂为成型材料、以氦—镉激光器为能源、以树脂受热固化为特征的快速成型方法。

② 实体分层制造法。实体分层制造法（LOM 法）以片材（如纸片、塑料薄膜或复合材料）为材料，首先以CO_2激光器为能源，用激光束切割片材的边界，形成某一层的轮廓，然后利用加热、加压的方法粘接各层，最后形成零件的形状。该方法取材广泛，成本低。

③ 选择性激光烧结制造法。选择性激光烧结制造法（SLS 法）是以各种粉末（金属、陶瓷、蜡粉、塑料等）为材料，利用滚子铺粉，用CO_2高功率激光器对粉末进行加热直到烧结成块的制造方法。利用该方法可以加工出能直接使用的金属件。

④ 熔融沉积制造法。熔融沉积制造法（FDM 法）以蜡丝为原料，利用电加热方式将蜡丝熔化成蜡液，蜡液由喷嘴喷到指定的位置固定，一层层地加工出零件。该方法污染小，材料可以回收。

（3）快速原型法的特点。

① 适合于形状复杂、不规则零件的加工。

② 减少了对熟练技术工人的需求。

③ 没有或极少产生下脚料，是一种环保的制造技术。

④ 成功地解决了CAD中三维造型“看得见，摸不着”的问题。

⑤ 系统柔性高，只需修改CAD模型就可生成不同形状的零件。

⑥ 技术集成，设计制造一体化。

⑦ 具有广泛的材料适应性。

⑧ 不需要专门的工装夹具和模具，极大地缩短了新产品的试制时间。

因此，快速原型法主要适用于新产品的开发、快速单件及小批量零件的制造、形状复杂零件的制造、模具的设计与制造以及难加工材料零件的加工制造。

2．虚拟制造技术

虚拟制造是以计算机支持的仿真技术和虚拟现实技术为前提，对企业的全部生产、经营活动进行建模，并在计算机上“虚拟”地运行产品设计、加工制造、计划制定、生产调度、经营管理、成本财务管理、质量管理，甚至包括市场营销等在内的企业全部功能，在求得系统的最佳运行参数后，再据此实现企业的物理运营。

虚拟制造包括设计过程仿真、加工过程仿真。虚拟制造的关键是系统的建模技术，它将现实物理系统映射为计算机环境下的虚拟物理系统，将现实信息系统映射为计算机环境下的虚拟信息系统。计算机环境下的虚拟物理系统与虚拟信息系统组成虚拟制造系统。虚拟制造系统不消耗能源和其他资源（计算机耗电除外），所进行的过程是虚拟过程，所生产的产品是可视的虚拟产品或数字产品。

虚拟制造系统的体系结构如图 1.18 所示。

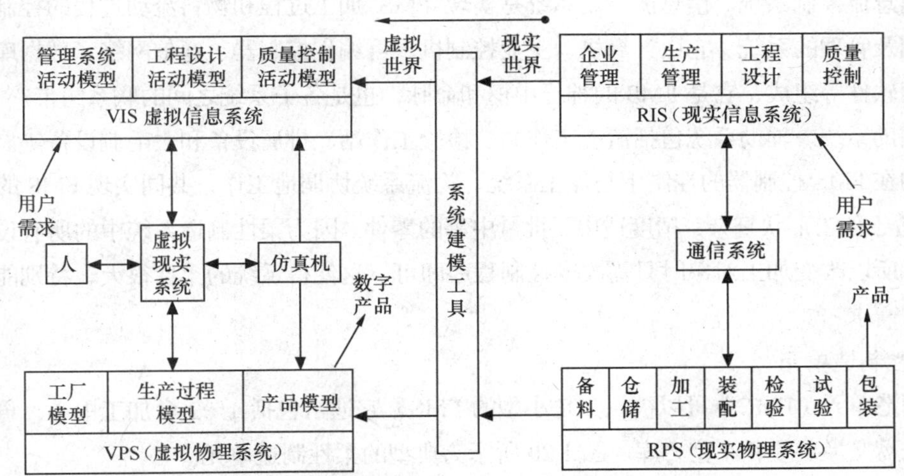

图1.18　虚拟制造系统的体系结构

由图 1.18 可知，通过系统建模工具，首先将现实物理系统和现实信息系统映射为计算机环境下的虚拟物理系统和虚拟信息系统，然后利用仿真机和虚拟现实系统进行设计及结果仿真、工艺过程仿真和企业运行状态仿真，最后得到的产品是满足用户要求的高质量数字产品和企业运行的最佳参数，据此最佳参数调整企业的运营过程，使其始终处于最佳运营状态，从而生产出高质量的物理产品投放市场。

3．柔性制造系统

柔性制造系统（FMS）一般由加工系统、物流系统、信息流控制系统和辅助系统组成，如图 1.19 所示。

（1）加工系统。加工系统主要由数控机床、加工中心等设备组成。加工系统的功能是以任意顺序自动加工各种工件，并能自动更换工件和刀具。

（2）物流系统。物流是 FMS 中物料流动的总称。在 FMS 中流动的物料主要有工件、刀具、夹具、切屑及切削液。物流系统是从 FMS 的进口到出口，实现对这些物料的自动识别、存储、分配、输送、交换和管理功能的系统。它包括自动运输小车、立体仓库、中央刀库等，主要完成刀具、工件的存储和运输。

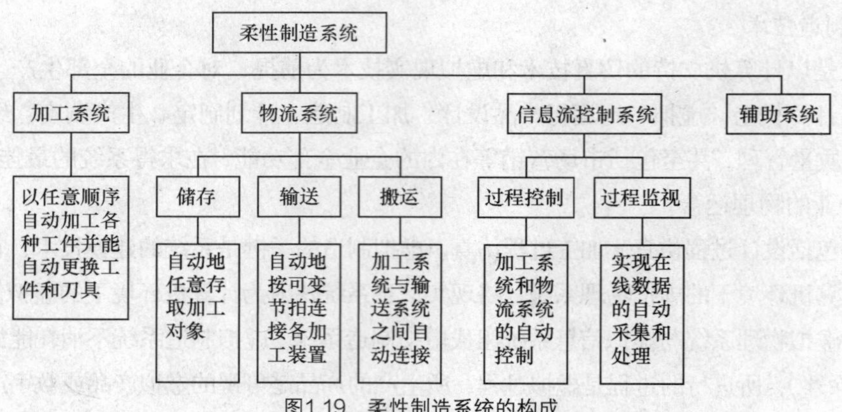

图1.19 柔性制造系统的构成

（3）信息流控制系统。信息流控制系统是实现 FMS 加工过程和物料流动过程的控制、协调、调度、监测及管理的系统。它由计算机、工业控制机、可编程控制器、通信网络、数据库和相应的控制和管理软件等组成，它是 FMS 的神经中枢和命脉，也是各子系统之间的联系纽带。

（4）辅助系统。辅助系统包括清洗工作站、检验工作站、排屑设备和去毛刺设备等。这些工作站和设备均在 FMS 控制器的控制下与加工系统、物流系统协调地工作，共同实现 FMS 的功能。

FMS 适于加工形状复杂、精度适中、批量中等的零件。因为柔性制造系统中的所有设备均由计算机控制，所以改变加工对象时只需改变控制程序即可，这使得系统的柔性很大，特别能适应市场动态多变的需求。

4．柔性制造单元

柔性制造单元（FMC）可以被认为是小型的 FMS，它通常包括 1～2 台加工中心，再配以托盘库、自动托盘交换装置和小型刀库。图 1.20 所示为典型的柔性制造单元。

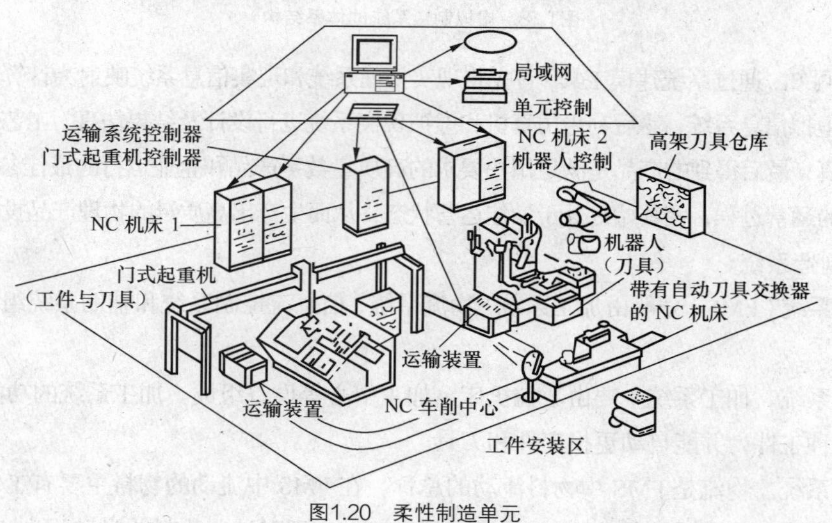

图1.20 柔性制造单元

因为 FMC 比 FMS 的复杂程度低、规模小、投资少，同时 FMC 还便于连成功能可以扩展的 FMS，所以 FMC 是一种很有前途的自动化制造形式。

5. 计算机集成制造系统

计算机集成制造系统（Computer Intergrated Manufacturing System, CIMS）是以数控机床为基本单元的制造系统。它综合利用了CAD、CAE、CAPP、CAM、FMS及工厂自动化系统，实现了无人管理的机械加工。

CIMS具有智能自动化的特征，是高技术密集化的成果，是管理科学、系统工程、信息技术和制造技术的综合。CIMS是人们用新的概念和方法来经营和指导工厂的一种探索，力图对传统的制造业进行全面的技术改造，力求形成从市场调研、资源利用、生产决策、产品设计、工艺设计、制造和控制到经营和销售的良性循环，以提高机械制造业的经济效益和在多变的市场环境中的竞争力。数控技术是CIMS的基础技术之一，同时，CIMS也对数控技术提出了新的要求，要求开发面向CIMS的新一代CNC——机器人控制器（RC）、要求开发单元控制器技术以及面向CIMS的数控工作站等。

CIMS的构成可分为以下几个部分。

（1）设计过程。设计过程主要包括CAD、CAE、CAPP、CAM等环节。CAD设计包含设计过程中各个环节的数据，包括管理数据和检测数据，还包括产品设计开发的专家系统及设计中的仿真软件等。CAE主要作用是对零件的机械应力、热应力等进行有限元分析及优化设计等。CAPP是根据CAD的数据自动制定合理的加工工艺过程。CAM能根据CAD模型按CAPP要求生成刀具轨迹文件，并经后置处理转换成NC代码。CIMS中最基本的是CAD/CAE/CAPP/CAM集成。

（2）加工制造过程。加工制造过程主要包括加工设备（数控机床）、工件搬运工具及自动仓库、检测设备、工具管理单元、装配单元等。

（3）计算机辅助生产管理。主要包括制定年、月、日、周的生产计划，生产能力平衡以及进行财务、仓库等各种管理，确定经营方向（包括市场预测及制定长期发展战略计划）。

（4）集成方法及技术。系统的集成方法必须有先进理论为指导，如系统理论、成组技术、集成技术、计算机网络等。

CIMS的车间布局如图1.21所示。

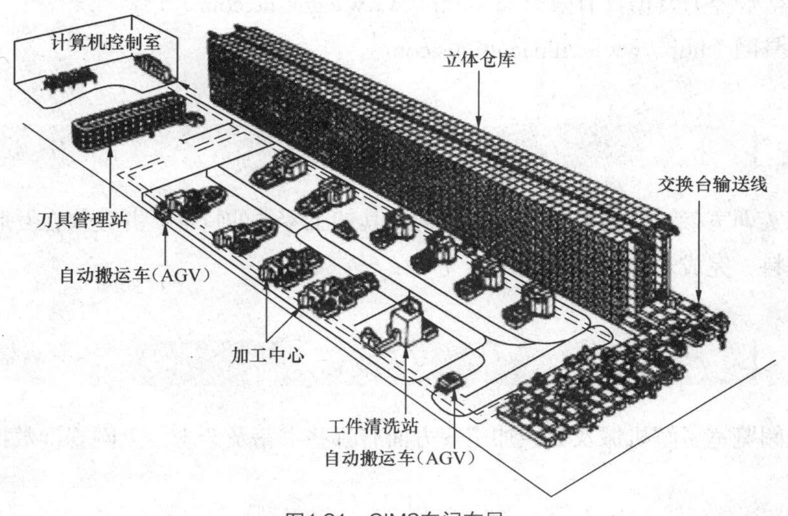

图1.21 CIMS车间布局

六、本课程的学习方法

1．课程设置目的

本课程是一门以零件的数控编程为主线的专业技术基础课，教学内容是机械类各专业进行数控机床编程与操作，采用理论实训一体化教学方式，课程设置的主要目的如下。

① 使学生对零件的数控编程有一个完整的认识，建立对数控机床操作的感性认识，为后续的数控加工实训打下一定的基础。

② 培养学生适应高职课程的学习方式，提高自学能力、动手能力及查阅资料的能力。

③ 使学生了解先进制造技术及其发展方向，开阔视野，培养专业兴趣。

2．本课程的学习方法

本课程将传统的课堂教学模式改为以学生为主体、以技能训练为核心的教学模式，利用案例、多媒体教学、录像、实例演示、现场教学等手段进行教学，建议学生按下述步骤进行该课程的学习。

① 本课程分 18 个任务，由于涉及的知识面比较广，因此学习每个任务之前，应结合任务的学习目标，根据案例进行相关知识的自学。

② 本课程的实践性强，要求学生在教师引导下，独立完成每个任务的实训内容并写出实训报告。

③ 以每个任务后面的自测题为参考，检测自己的学习情况。

④ 分组讨论、互相交流，加深对问题的认识。

⑤ 充分利用互联网提供的丰富资源了解数控技术的新知识、新动向。以下是互联网中与数控加工技术、数控刀具相关的网址。

（a）中国数控在线网站（http://www.cncol.com）。

（b）瑞典山特维克可乐满刀具公司（http://www.coromant.sandvik.com/cn）。

（c）成都英格数控刀具模具有限公司（http://www.eagle-nc.com）。

（d）中国刃具网（http://www.chinacuttings.com）。

任务实施

到数控加工实训室参观各类数控设备的结构及其加工零件的特征，并建议在互联网上查询与数控机床相关的资料，完成表 1.1 的内容。

实训内容

到图书馆、阅览室了解机械及数控加工等方面有哪些书籍及杂志，上网查询数控机床的最新动向和技术。

自测题

1. 选择题（请将正确答案的序号填写在题中的括号中，每题4分，满分40分）

（1）数控机床是采用数字化信号对机床的（　　）进行控制。

（A）运动　（B）加工过程　（C）运动和加工过程　（D）无正确答案

（2）不适合采用数控机床进行加工的工件是（　　）。

（A）周期性重复投产　（B）多品种、小批量

（C）单品种、大批量　（D）结构比较复杂

（3）加工精度高、（　　）、自动化程度高，劳动强度低、生产效率高等是数控机床加工的特点。

（A）加工轮廓简单、生产批量又特别大的零件

（B）对加工对象的适应性强

（C）装夹困难或必须依靠人工找正、定位才能保证其加工精度的单件零件

（D）适于加工余量特别大、材质及余量都不均匀的坯件

（4）数控机床中把脉冲信号转换成机床移动部件运动的组成部分称为（　　）。

（A）控制介质　（B）数控装置　（C）伺服系统　（D）机床本体

（5）在数控机床的组成中，其核心部分是（　　）。

（A）输入装置　（B）数控装置　（C）伺服装置　（D）机电接口电路

（6）世界上第1台三坐标数控铣床是（　　）年研制出来的。

（A）1930　（B）1947　（C）1952　（D）1958

（7）普通数控机床与加工中心比较，错误的说法是（　　）。

（A）能加工复杂零件　（B）加工精度都较高

（C）都有刀库　（D）加工中心比普通数控机床的加工效率更高

（8）加工中心最突出的特点是（　　）。

（A）工序集中　（B）对加工对象适应性强

（C）加工精度高　（D）加工生产率高

（9）数控铣床增加了一个数控转盘以后，就可实现（　　）。

（A）三轴加工　（B）四轴加工　（C）五轴加工　（D）六轴加工

（10）（　　）与虚拟制造技术一起，被称为未来制造业的两大支柱技术。

（A）数控技术　（B）快速成型法

（C）柔性制造系统　（D）柔性制造单元

2. 判断题（请将判断结果填入括号中，正确的填“√”，错误的填“×”，每题4分，满分32分）

（　　）（1）半闭环、闭环数控机床带有检测反馈装置。

(　　)（2）数控机床伺服系统包括主轴伺服系统和进给伺服系统。

(　　)（3）目前数控机床只有数控铣、数控磨、数控车、电加工等几种。

(　　)（4）数控机床工作时，数控装置发出的控制信号可直接驱动各轴的伺服电动机。

(　　)（5）数控铣床的控制轴数与联动轴数相同。

(　　)（6）对于装夹困难或完全由找正、定位来保证加工精度的零件，不适合于在数控机床上生产。

(　　)（7）卧式加工中心是指主轴轴线垂直设置的加工中心。

(　　)（8）FMC 是柔性制造系统的简称。

3. 简答题（每题 7 分，满分 28 分）

（1）什么是数控、数控机床？

（2）与传统机械加工方法相比，数控加工有哪些特点？

（3）数控车床和数控铣床的切削运动有何区别？

（4）数控加工的主要对象是什么？

任务2

了解数控机床的工作原理

【学习目标】

了解计算机数控系统的工作流程，熟悉刀具补偿原理，掌握插补的概念及用逐点比较法对直线和圆弧进行插补的过程。

任务导入

（1）如图 2.1 所示，用逐点比较法插补直线 *OA*，画出动点轨迹图。

（2）如图 2.2 所示，用逐点比较法插补圆弧 *AB*，画出动点轨迹图。

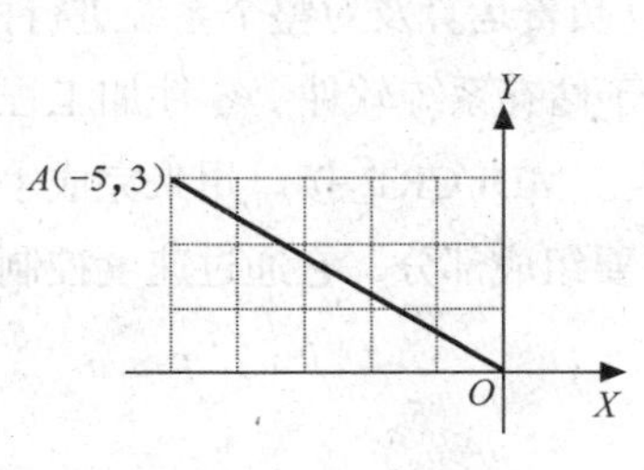

图2.1　任务1图

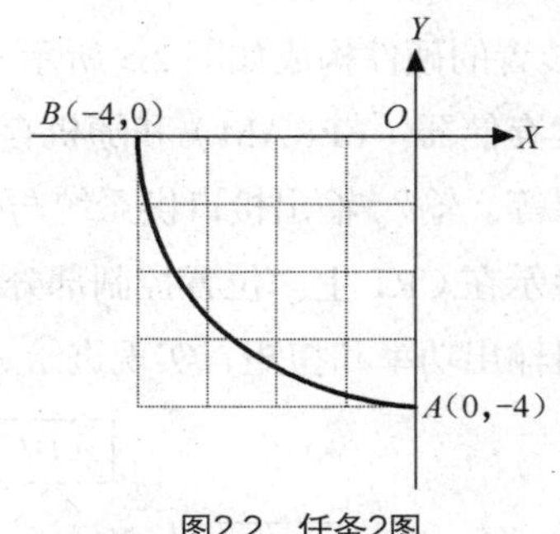

图2.2　任务2图

知识准备

一、计算机数控系统的工作流程

1．计算机数控系统的组成

计算机数控（Computer Numerical Control，CNC）系统，它由零件加工程序、输入/输出设备、CNC 装置、可编程控制器、主轴驱动装置和进给驱动装置等组成，如图 2.3 所示。

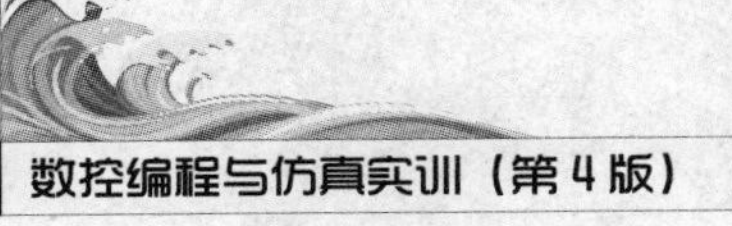

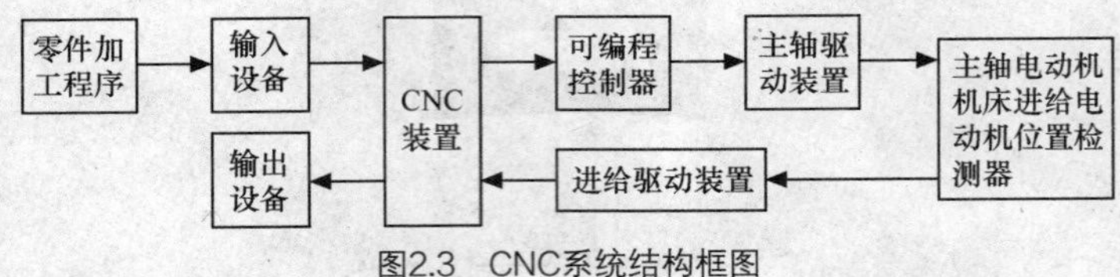

图2.3 CNC系统结构框图

CNC 系统的核心是 CNC 装置。这一系统引入了计算机，使过去许多难以实现的功能可以通过软件来实现，从而使 CNC 装置的性能和可靠性不断提高，成本不断下降，性能价格比越来越具有竞争力。

2．计算机数控系统的工作过程

（1）CNC 装置的组成。CNC 装置由硬件和软件组成，软件在硬件的支持下运行，离开软件，硬件便无法工作，两者缺一不可。软件包括管理软件和控制软件 2 大类。管理软件由输入程序、I/O 处理程序、显示程序和诊断程序等组成；控制软件由译码程序、刀具补偿计算程序、速度控制程序、插补运算程序和位置控制程序等组成，如图 2.4 所示。

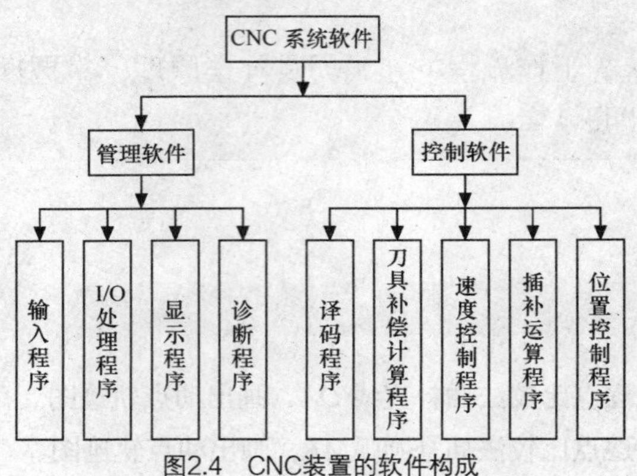

图2.4 CNC装置的软件构成

CNC 装置的硬件构成如图 2.5 所示。微处理器（CPU）负责运算及对整个系统进行控制和管理。可编程只读存储器（EPRAM）和随机存储器（RAM）用于储存系统软件、零件加工程序以及运算的中间结果等。输入/输出接口供系统与外部进行信息交换。MDI/CRT 接口用来完成手动数据输入并将信息显示在 CRT 上。位置控制部分是 CNC 装置的重要组成部分，它通过速度控制单元，驱使进给电动机输出功率和扭矩，实现进给运动。

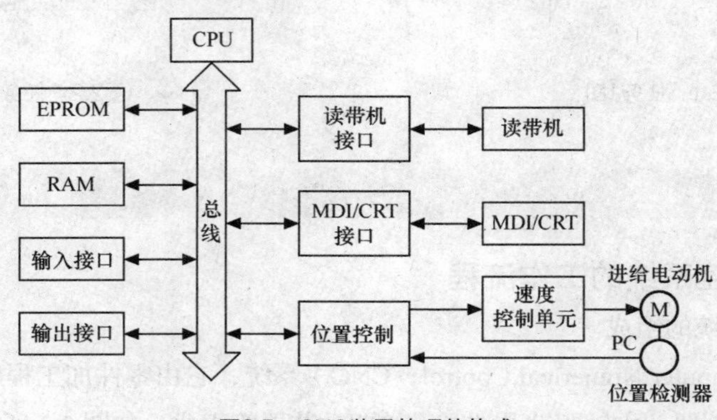

图2.5 CNC装置的硬件构成

（2）CNC 装置的工作过程。如图 2.6 所示，CNC 装置的工作是在硬件的支持下执行软件的全过程，机床的逻辑功能信息在 CNC 装置中经译码处理后，在机床逻辑控制软件的控制下，通过一些顺序执行装置送往机床强电部分，去执行机床的强电功能。零件加工程序的坐标控制信息经译码后，通过轨迹计算和速度计算传送给插补工作寄存器，由插补产生的运动指令提供给伺服电动机，去控制机床坐标轴的运动。

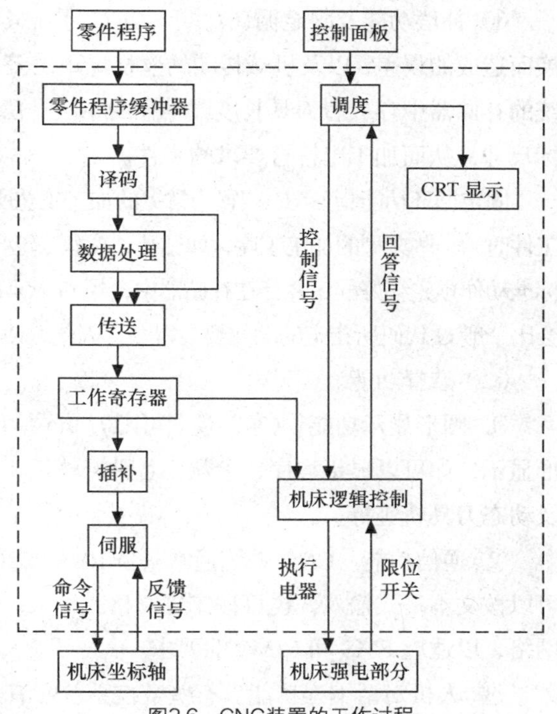

图2.6 CNC装置的工作过程

3．CNC 装置可执行的功能

CNC 装置可执行的功能一般包括基本功能和选择功能。基本功能是 CNC 系统必备的数控功能，选择功能是供用户根据机床特点和工作途径进行选择的功能。

（1）基本功能。

① 控制功能。控制功能主要反映了 CNC 系统能够同时控制的轴数（即联动轴数）。控制轴有移动轴和回转轴、基本轴和附加轴。数控车床一般为 2 个联动轴（X 轴和 Z 轴），数控铣床和加工中心一般需要 3 个或 3 个以上的控制轴。控制轴数越多，CNC 系统就越复杂。

② 准备功能。准备功能（G 功能）是指定机床动作方式的功能，由指令 G 和它后面的 2 位数字表示。ISO 标准中，G 代码有 100 种，从 G00 到 G99，主要有基本移动（G00、G01、G02、G03）和程序暂停（G04）等。

③ 插补功能。插补功能指 CNC 装置可以实现插补加工线型的能力，如直线插补、圆弧插补和其他一些线型的插补，甚至包括多次曲线和多坐标插补的能力。

④ 进给功能。进给功能包括切削进给、同步进给、快速进给、进给倍率等。它反映了刀具的进给速度，一般用 F 代码后的数字直接指定各轴的进给速度，如 F200 表示进给速度为 200mm/min。最大进给速度反映了 CNC 系统运算速度的大小。

⑤ 刀具功能。刀具功能用来选择刀具，用 T 代码和它后面的 2 位或 4 位数字表示。

⑥ 主轴功能。主轴功能是指定主轴速度的功能，用 S 代码指定。

⑦ 辅助功能。辅助功能也称 M 功能，用来规定主轴的启停和转向、冷却液的接通和断开、刀具的更换、工件的夹紧和松开等。主轴的转向用 M03（正向）和 M04（反向）指定。

⑧ 字符显示功能。CNC 系统可通过软件和接口在 CRT 显示器上实现字符显示，如显示程序、参数、各种补偿量、坐标位置和故障信息等。

⑨ 自诊断功能。CNC 系统有各种自诊断程序，可以防止故障的发生和扩大，在故障出现后可迅速查明故障的类型和部位，减少因故障引起的停机时间。

⑩ 补偿功能及固定循环功能。CNC 系统具备补偿功能，能够对加工过程中由于刀具磨损或更换而造成的误差，以及机械传动的丝杠螺距误差和反向间隙所引起的加工误差等予以补偿。CNC 系统的存储器中存放着刀具长度或半径的相应补偿量，加工时按补偿量重新计算刀具的运动轨迹和坐标尺寸，从而加工出符合要求的零件。

固定循环功能指 CNC 装置为常见的加工工艺所编制的、可以多次循环加工的功能。用数控机床加工工件时，一些典型的加工工序，如钻孔、攻丝、镗孔、深孔钻削等，所完成的动作循环十分标准，将这些标准动作预先编好程序并存在存储器中，用 G 代码进行指定。固定循环中的 G 代码所指定的动作程序，会比一般 G 代码所指定的动作要多得多，因此，使用固定循环功能，可以大大简化程序的编制过程。

（2）选择功能。

① 图形显示功能。CNC 装置可配置 9in 单色或 14in 彩色 CRT，通过软件和接口实现字符和图形显示，如可以显示程序、参数、各种补偿量、坐标位置、故障信息、人机对话界面单、零件图形及动态刀具轨迹等。

② 通信功能。CNC 系统通常具备 RS—232C 接口，有的还备有 DNC 接口，设有缓冲存储器，可以按文本格式输入，也可按二进制格式输入，进行高速传输。有些 CNC 系统还能进入工厂通信网络，以适应 FMS 和 CIMS 的要求。

③ 人机对话编程功能。有些数控系统带有人机对话编程功能，它不但有助于编制复杂工件的加工程序，而且可以方便编程。如图形编程，只要输入图样上简单的表示几何尺寸的命令，就能自动生成加工程序；对话式编程可根据引导图和说明进行编程，并具有自动选择工序、刀具、切削条件等智能功能；用户宏编程还可以使初步受过 CNC 训练的人能很快地进行编程。

二、刀具补偿原理

在加工过程中，刀具的磨损、实际刀具尺寸与编程时规定的刀具尺寸不一致，以及更换刀具等原因，都会直接影响最终加工尺寸，造成误差。通过刀具补偿功能指令，CNC 系统可以根据输入补偿量或者实际的刀具尺寸，使机床能够自动地加工出符合程序要求的工件。

数控系统的刀具补偿功能主要是为简化编程、方便操作而设置的，包括刀具半径补偿和刀具长度补偿。

1. 刀具半径补偿

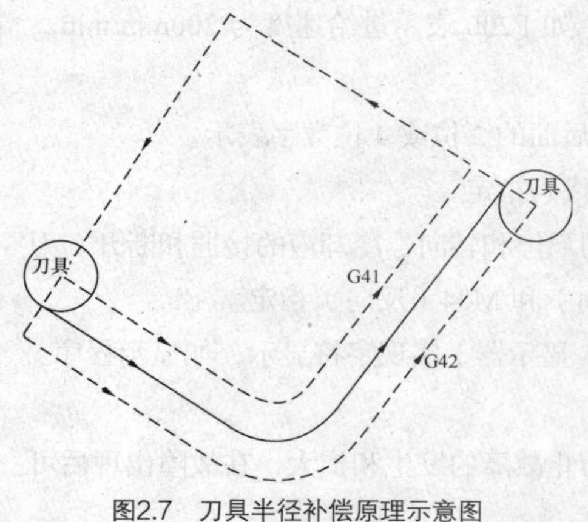

图2.7 刀具半径补偿原理示意图

（1）刀具半径补偿的概念。用铣刀铣削工件的轮廓时，刀具中心的运动轨迹并不是加工工件的实际轮廓。如图 2.7 所示，加工内轮廓时，刀具中心要向工件的内侧偏移一个距离；而加工外轮廓时，刀具中心要向工件的外侧偏移一个距离。由于数控系统控制的是刀心轨迹，因此编程时要根据零件轮廓尺寸计算出刀心轨迹。需要注意，零件轮廓可能需要粗铣、半精铣和精铣 3 个工步，由于每个工步加工余量不同，因此它们都有相应的刀心轨迹，另外，刀具磨损后，也需要重新计算刀心轨迹，

这样势必增加编程的复杂性。为了解决上述问题，数控系统中专门设计了若干存储单元，存放各个工步的加工余量及刀具磨损量。数控编程时，只需依照刀具半径值编写公称刀心轨迹，那么加工余量和刀具磨损引起的刀心轨迹变化，将由系统自动计算，进而生成数控程序。进一步来讲，如果将刀具半径值也寄存在存储单元中，就可使编程工作简化成只按零件尺寸编程。这样既简化了编程计算，又增加了程序的可读性。

根据同样的道理，在数控车床上车削工件时，车刀的刀尖半径也有类似的情形发生。总而言之，无论是加工余量还是刀具磨损，或者是刀具半径的考虑，它们实质上都是刀心轨迹相对于工件轮廓的偏置。实际加工时，操作者根据零件图纸尺寸编程，同时将加工余量和刀具半径值输入系统内存并在程序中调用，由数控系统自动使刀具沿轮廓线偏置一个值，正确地加工出所需轮廓。这种以按照零件轮廓编制的程序和预先设定的偏置为依据，自动生成刀具中心轨迹的功能称为刀具半径补偿功能。

（2）刀具半径补偿的执行过程。刀具半径补偿不是由编程人员来完成的。编程人员只需在程序中指明在何处进行刀具半径补偿，指明是进行左刀补还是右刀补，并指定刀具半径，刀具半径补偿的具体工作将由数控系统中的刀具半径补偿功能来完成。根据 ISO 规定，当刀具中心轨迹在程序规定的前进方向的右边时称为右刀补，用 G42 表示；反之称为左刀补，用 G41 表示。

刀具半径补偿的执行过程分为刀补建立、刀补进行和刀补撤销 3 个步骤。

① 刀补建立。即刀具以起刀点接近工件，由刀补方向 G41/G42 决定刀具中心轨迹在原来的编程轨迹基础上是伸长还是缩短了一个刀具半径值，如图 2.8 所示。

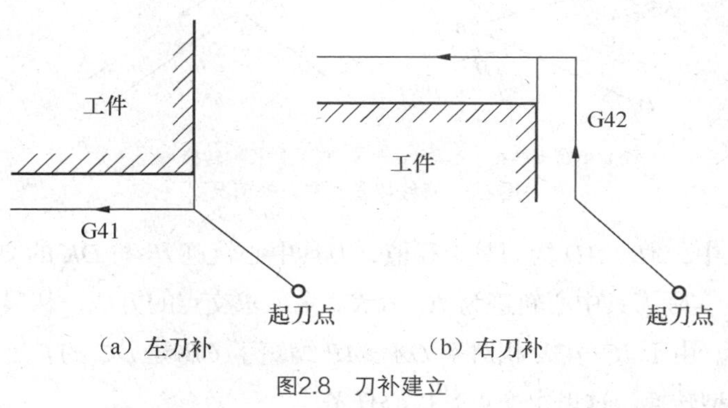

（a）左刀补　（b）右刀补

图2.8 刀补建立

② 刀补进行。一旦刀补建立则将一直维持，直至被取消。在刀补进行期间，刀具中心轨迹始终偏离编程轨迹一个刀具半径值的距离。在转接处，可以采用伸长、缩短和插入 3 种直线过渡方式。

③ 刀补撤销（G40）。即刀具撤离工件，回到起刀点。和建立刀具补偿一样，刀具中心轨迹也要比编程轨迹伸长或缩短一个刀具半径值的距离。

刀具半径补偿仅在指定的二维坐标平面内进行，平面的指定由代码 G17（*XY* 平面）、G18（*YZ* 平面）和 G19（*XZ* 平面）表示。

（3）B 功能刀具半径补偿。B 功能刀具半径补偿为基本的刀具半径补偿，它仅根据本段程序的轮廓尺寸进行刀具半径补偿，计算刀具中心的运动轨迹。一般数控系统的轮廓控制通常仅限于直线和圆弧。对于直线而言，刀补后的刀具中心轨迹为平行于轮廓直线的一条直线，因此，只要计算出

刀具中心轨迹的起点和终点坐标，刀具中心轨迹即可确定；对于圆弧而言，刀补后的刀具中心轨迹为与指定轮廓圆弧同心的一段圆弧，因此，圆弧的刀具半径补偿需要计算出刀具中心轨迹圆弧的起点、终点和圆心坐标。

（4）C 功能刀具半径补偿。B 功能刀具半径补偿只能根据本段程序进行刀补计算，不能解决程序段之间的过渡问题，所以要求编程人员人为地加上过渡圆弧。这样处理会带来 2 个弊端，一是编程复杂，二是工件尖角处工艺性不好。

随着计算机技术的发展，计算机的计算速度和存储功能不断提高，数控系统计算相邻两段程序刀具中心轨迹交点已不成问题。C 功能刀具半径补偿就是数控系统根据程序轨迹，直接计算出刀具中心轨迹交点的坐标，然后对原来的编程轨迹作伸长或缩短修正的补偿功能，即 C 刀补能自动地处理 2 个程序段刀具中心轨迹间的转换，编程员可完全按工件的轮廓编程。所以，现代 CNC 机床几乎都采用 C 功能刀具半径补偿。

实际加工中，随着前后 2 段编程轨迹的连接方式不同，相应刀具中心的加工轨迹也会产生不同的连接方式。在普通的 CNC 装置中，所能控制的轮廓轨迹只有直线和圆弧，其连接方式有直线与直线连接、直线与圆弧连接、圆弧与圆弧连接。图 2.9 所示为直线与直线连接时各种转换的情况，编程轨迹为 *OA*→*AP*。

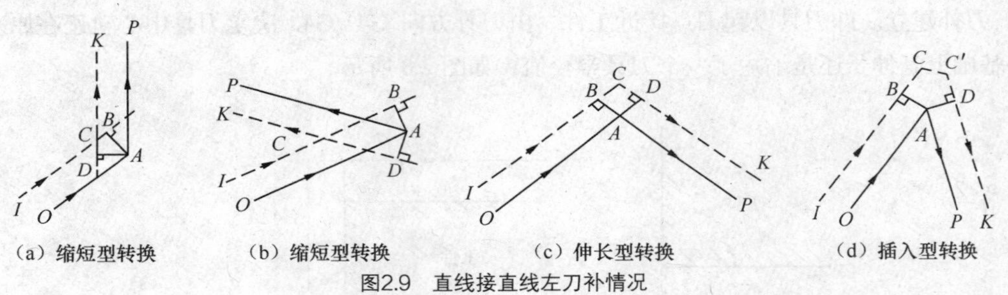

图2.9 直线接直线左刀补情况

图 2.9（a）、（b）中，*AB*、*AD* 为刀具半径值，刀具中心轨迹 *IB* 与 *DK* 的交点为 *C*，由数控系统求出交点 *C* 的坐标，实际刀具中心轨迹为 *IC*→*CK*。采取求交点的方法，从根本上解决了内轮廓加工时刀具的过切现象。由于 *IC*→*CK* 相对于 *OA*→*AP* 缩短了 *CB* 与 *DC* 的长度，因此这种求交点的内轮廓过渡称为缩短型转换，这里求交点是核心任务。

图 2.9（c）中，*C* 点为 *IB* 与 *DK* 延长线的交点，由数控系统求出交点 *C* 的坐标，实际刀具中心轨迹为 *IC*→*CK*。同上道理，这种外轮廓过渡称为伸长型转换。

图 2.9（d）中，若仍采用求 *IB* 与 *DK* 交点的方法，势必过多地增加刀具的非切削空行程时间，这显然是不合理的。因此，C 刀补算法在这里采用插入型转换，即令 *BC*=*C′D*=*R*，由数控系统求出 *C* 与 *C′*点的坐标，刀具中心轨迹为 *IB*→*C*→*C′*→*DK*，即在原轨迹中间再插入 *CC′*直线段，因此称其为插入型转换。

值得一提的是，有些数控系统对上述伸长型或插入型一律采用半径为刀具半径的圆弧过渡，显然这种处理看起来简单些，但当刀具进行尖角圆弧过渡时，轮廓过渡点始终处于切削状态，加工出现停顿，工艺性较差。

2．刀具长度补偿的概念

刀具长度补偿是用来补偿刀具长度差额的一种功能。当刀具磨损或更换后，加工程序不变，只需修改数控机床中刀具长度补偿的数值，通过刀具长度补偿这一功能实现对刀具长度差额的补偿。

在实际加工过程中，每一把刀的长度都不同。例如，钻削深度为 60mm 的孔，然后攻深度为 55mm 的螺纹时，可分别用长度为 250mm 的钻头和 350mm 的丝锥，先用钻头钻孔深 60mm，此时机床上已经设定工件坐标系零点，当换上丝锥攻丝时，如果仍从所设定的零点开始加工，则会因丝锥比钻头长而使攻丝过长，造成刀具和工件的损坏。此时，如事先对丝锥和钻头的长度设定了补偿，则在完成钻孔加工、调用丝锥工作时，即使丝锥和钻头的长度不同，由于刀具长度补偿的存在，零点 Z 坐标也会自动向 + Z（或–Z）方向补偿丝锥的长度，从而保证加工零点的正确性。

三、插补原理

1．概述

（1）插补的基本概念。插补就是按规定的函数曲线或直线，对其起点和终点之间，按照一定的方法进行数据点的密化计算和填充，并给出相应的位移量，使其实际轨迹和理论轨迹之间的误差小于一个脉冲当量的过程。

直线和圆弧是构成工件轮廓的基本线条，因此大多数 CNC 装置都只具有直线和圆弧的插补功能，只有较高档次的 CNC 装置才具有抛物线、螺旋线插补功能，因此在这里只讨论直线和圆弧的插补算法。

插补的任务是根据进给速度的要求，在轮廓起点和终点之间计算出若干个中间点的坐标值。由于计算每个中间点所需要的时间直接影响系统的控制速度，而插补中间点的计算精度又影响到 CNC 系统的精度，因此插补算法对整个 CNC 系统的性能指标至关重要，可以说插补是整个 CNC 系统控制软件的核心。

（2）插补方法的分类。

① 脉冲增量插补。脉冲增量插补亦称行程增量插补，它在计算过程中不断向各坐标发出相互协调的进给脉冲，每一个脉冲对应一个行程增量，即脉冲当量，每次插补结束只产生一个行程增量，以一个个脉冲的方式输出给步进电动机，从而使各个坐标轴作相应移动，实现轨迹控制。这种插补的实现方法较简单，只需进行加法和移位就能完成插补，故易用硬件实现，且运算速度很快。脉冲增量插补算法适合于一些中等精度（0.01mm）和中等速度（1～3m/min）的机床控制，如以步进电动机为驱动装置的开环数控系统。脉冲增量插补算法中较为成熟并得到广泛应用的有逐点比较法、数字积分法和以这两者为基础的改进算法——比较积分法等。

② 数字增量插补。这类插补算法的特点是分 2 步来完成插补运算。第一步是粗插补，即在给定起点和终点的曲线之间插入若干点，用若干条微小直线段来逼近给定曲线，每一微小直线段的长度相等，且与给定的进给速度有关，粗插补在每个插补运算周期中计算一次。第二步为精插补，它是在粗插补时算出的每一微小直线段上再做“数据点的密化”工作，这一步相当于对直线进行脉冲增量插补。这种插补算法可以实现高速度、高精度控制，适于以直流伺服电动机或交流伺服电动机为驱动装置的半闭环或闭环数控系统。

2．逐点比较法

逐点比较法插补的基本原理是：计算机在控制加工轨迹的过程中，每走一步都要和规定的轨迹相比较，由比较结果决定下一步的移动方向。逐点比较法既可以作直线插补又可以作圆弧插补。这种算法的特点是：运算直观，插补误差小于一个脉冲当量，输出脉冲均匀，而且输出脉冲的速度变化小，调节方便，因此在两坐标数控机床中应用较为普遍。这种方法每控制机床坐标进给一步，都要完成以下 4 个工作节拍。

第 1 个节拍——偏差判别：判别刀具当前位置相对于给定轮廓的偏离情况，以此决定刀具进给方向。

第 2 个节拍——坐标进给：根据偏差判别结果，控制刀具相对于工件轮廓进给一步，即向给定的轮廓靠拢，减小偏差。

第 3 个节拍——偏差计算：由于刀具在进给后已改变了位置，因此应计算出刀具当前位置的新偏差，为下一次偏差判别作准备。

第 4 个节拍—终点判别：判断刀具是否已到达被加工轮廓的终点，若已到达终点，则停止插补；若还未到达终点，再继续插补。如此不断循环进行这 4 个节拍，就可以加工出所要求的轮廓。

（1）直线插补。由前述可知，刀具进给取决于刀具位置与实际轮廓曲线之间偏离位置的判别，即偏差判别。而偏差判别是依据偏差计算的结果进行的。因此，问题的关键是选取什么计算参数作为能正确反映偏离位置情况的偏差以及如何进行偏差计算。

以第 1 象限直线段为例。用户编程时，给出要加工直线的起点和终点。如果以直线的起点为坐标原点，终点坐标为（X_e，Y_e），插补点坐标为（X，Y），如图 2.10 所示。

若点（X, Y）在直线上，则

$$\frac{X}{Y}=\frac{X_e}{Y_e} \qquad X_eY-Y_eX=0$$

若点（X, Y）位于直线上方，则

$$X_eY-Y_eX>0$$

若点（X, Y）位于直线下方，则

$$X_eY-Y_eX<0$$

因此，取偏差函数 $F=X_eY-Y_eX$，当点（X，Y）在直线上方时，$F>0$，下一步向$+X$方向运动；当点（X，Y）在直线下方时，$F<0$，下一步向$+Y$方向运动；当点（X，Y）恰好位于直线上时，为使运动继续下去，将 $F=0$ 归入 $F>0$ 的情况，继续向 $+X$ 方向运动。这样，从原点出发，走一步判别一次 F，再走一步，所运动的轨迹总在直线附近，并不断趋向终点。

事实上，计算机并不善于作乘法运算，在其内部乘法运算是通过加法运算完成的。因此，判别函数 F 的计算实际上是由以下递推叠加的方法实现的。

设点（X_i，Y_i）为当前所在位置，其 F 值为

$$F_i=X_eY_i-Y_eX_i$$

若沿+*X*方向走一步，则

$$X_{i+1}=X_i+1,\ Y_{i+1}=Y_i$$

$$F_{i+1}=X_eY_{i+1}-Y_e X_{i+1}=X_eY_i-Y_e(X_i+1) =F_i-Y_e$$

若沿+*Y*方向走一步，则

$$X_{i+1}=X_i,\ Y_{i+1}=Y_i+1$$

$$F_{i+1}=X_e Y_{i+1}-Y_e X_{i+1}=X_e (Y_i +1) -Y_eY_i=F_i+X_e$$

由逐点比较法的运动特点可知，插补运动总步数 $n = X_e+Y_e$。可以利用 n 来判别是否到达终点，即每走一步使 $n=n-1$，直到 $n = 0$ 为止。综上所述，第 1 象限直线插补软件流程如图 2.11 所示。

例如，插补直线段的起点为（0，0），终点为（4，2），整个计算流程与节拍如表 2.1 所示，插补轨迹如图 2.12 所示。

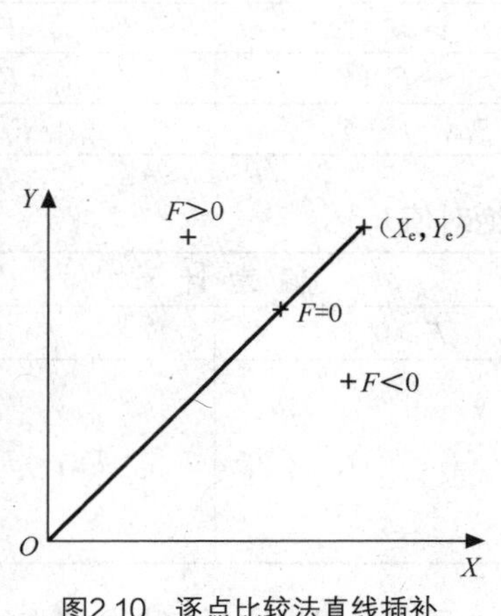

图2.10　逐点比较法直线插补

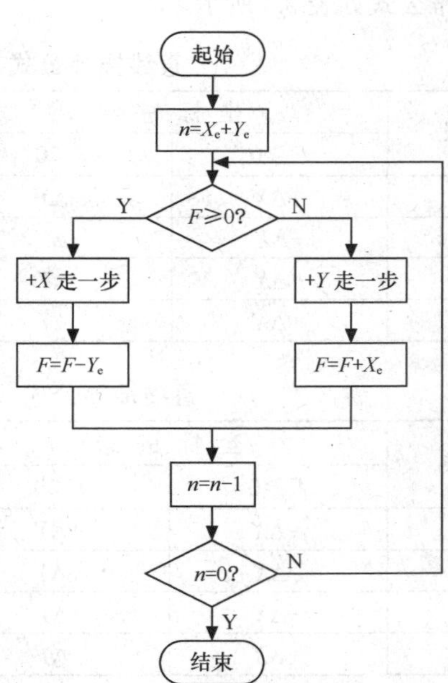

图2.11　逐点比较法计算流程

表 2.1　直线插补计算表

节　拍	判别函数	进给方向	偏差计算	终点判别
起始	$F_0 = 0$			$n=X_e+Y_e= 6$
1	$F_0 = 0$	$+X$	$F_1 = F_0 - Y_e =0-2=-2$	$n=6-1=5$
2	$F_1 = -2 < 0$	$+Y$	$F_2 = F_1 + X_e =-2+4=2$	$n=5-1=4$
3	$F_2 = 2 > 0$	$+X$	$F_3 = F_2 - Y_e = 2-2=0$	$n=4-1=3$
4	$F_3 = 0$	$+X$	$F_4 = F_3 -Y_e = 0-2=-2$	$n=3-1=2$
5	$F_4 = -2 < 0$	$+Y$	$F_5 = F_4 + X_e =-2+4= 2$	$n=2-1=1$
6	$F_5 = 2 > 0$	$+X$	$F_6 = F_5-Y_e= 2-2= 0$	$N=1-1=0$

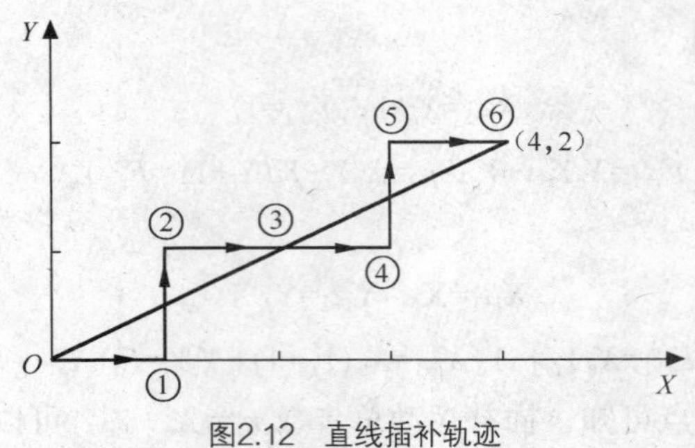

图2.12　直线插补轨迹

前面讨论了第1象限直线插补偏差的递推公式，至于其他象限的直线插补偏差递推公式可同理推导。在插补计算中可以使坐标值带有符号，使插补计算为有符号数学运算，此时4个象限的直线插补偏差计算递推公式如表2.2所示；也可以使坐标值不带符号，用坐标的绝对值进行计算，此时偏差计算递推公式如表2.3所示。

表2.2　直线插补公式（坐标值带符号）

象　限	坐标进给		偏差计算	
	$F\geqslant0$	$F<0$	$F\geqslant0$	$F<0$
1	$+\Delta X$	$+\Delta Y$	$F_{i+1}=F_i-Y_e$	$F_{i+1}=F_i+X_e$
2	$-\Delta X$	$+\Delta Y$	$F_{i+1}=F_i-Y_e$	$F_{i+1}=F_i-X_e$
3	$-\Delta X$	$-\Delta Y$	$F_{i+1}=F_i+Y_e$	$F_{i+1}=F_i-X_e$
4	$+\Delta X$	$-\Delta Y$	$F_{i+1}=F_i+Y_e$	$F_{i+1}=F_i+X_e$

表2.3　直线插补公式（坐标值为绝对值）

象　限	坐标进给		偏差计算	
	$F\geqslant0$	$F<0$	$F\geqslant0$	$F<0$
1	$+\Delta X$	$+\Delta Y$	$F_{i+1}=F_i-Y_e$	$F_{i+1}=F_i+X_e$
2	$-\Delta X$	$+\Delta Y$		
3	$-\Delta X$	$-\Delta Y$		
4	$+\Delta X$	$-\Delta Y$		

（2）圆弧插补。逐点比较法圆弧插补中，通常以圆心为原点，根据圆弧起点与终点的坐标值来进行插补，如图2.13所示。

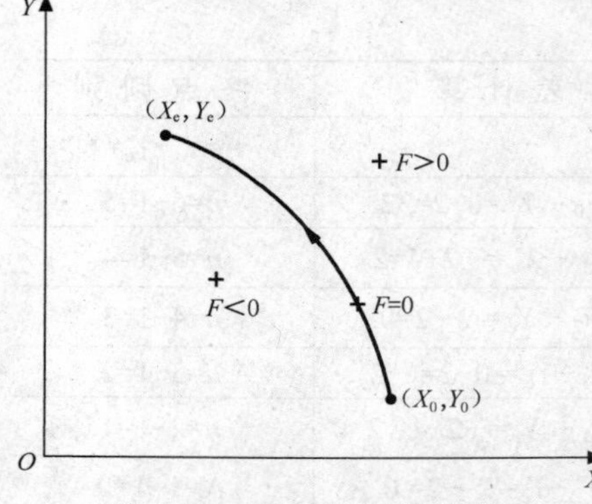

图2.13　逐点比较法逆圆插补

以第1象限逆圆为例。圆弧起点坐标为（X_0,Y_0），终点坐标为（X_e,Y_e），对于圆弧上任一点（X_i,Y_i），有

$$X_i^2+Y_i^2=R^2$$

令偏差函数$F=(X_i^2+Y_i^2)-R^2$。当$F>0$时，该点在圆外，向$-X$方向运动一步；当$F<0$时，该点在圆弧内，向$+Y$方向运动一步；为使运动继续下去，将$F=0$归入$F>0$的情况，插补运动始终沿着圆弧并向终点运动。与直线插补的判别类似，圆弧插补的判别计算可采用如下的叠加运算。

设当前点（X_i, Y_i）对应的偏差函数为

$$F_i = (X_i^2 + Y_i^2) - R^2$$

若点沿 $-X$ 方向走一步，则

$$F_{i+1} = (X_i - 1)^2 + Y_i^2 - R^2 = F_i - 2X_i + 1$$

若点沿 $+Y$ 方向走一步，则

$$F_{i+1} = X_i^2 + (Y_i + 1)^2 - R^2 = F_i + 2Y_i + 1$$

终点判别可由 $n=|X_e - X_0|+|Y_e - Y_0|$判别，每走一步使 $n=n-1$，直到 $n=0$ 为止。其插补流程如图 2.14 所示。

例如，插补起点（$X_0=4, Y_0=1$）至终点（$X_e=1, Y_e=4$）的一段圆弧，插补轨迹如图 2.15 所示，整个计算流程如表 2.4 所示。

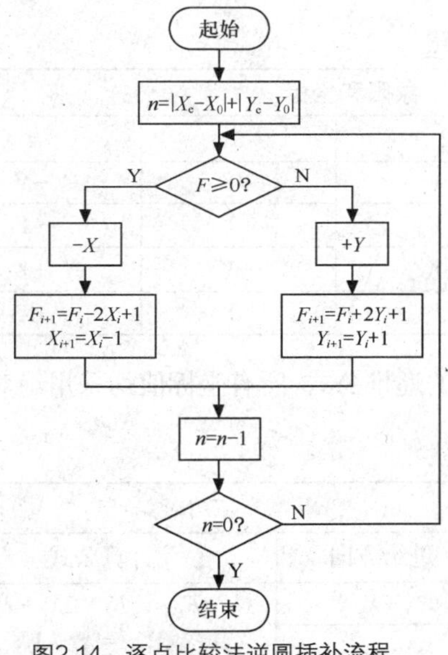

图2.14　逐点比较法逆圆插补流程

图2.15　圆弧插补轨迹

表 2.4　圆弧插补计算表

节　拍	判 别 函 数	进 给 方 向	偏差与坐标计算	终 点 判 别
起始	$F_0 = 0$		$X_0 = 4$　$Y_0 = 1$	$n = \|X_e - X_0\| + \|Y_e - Y_0\| = 6$
1	$F_0 = 0$	$-X$	$X_1=3$　$Y_1=1$ $F_1 = F_0 - 2X_0 + 1 = -7$	$n = 6 - 1 = 5$
2	$F_1 = -7 < 0$	$+Y$	$X_2=3$　$Y_2=2$ $F_2 = F_1 + 2Y_1 + 1 = -4$	$n = 5 - 1 = 4$
3	$F_2 = -4 < 0$	$+Y$	$X_3=3$　$Y_3=3$ $F_3 = F_2 + 2Y_2 + 1 = 1$	$n = 4 - 1 = 3$
4	$F_3 = 1 > 0$	$-X$	$X_4=2$　$Y_4=3$ $F_4 = F_3 - 2X_3 + 1 = -4$	$n = 3 - 1 = 2$
5	$F_4 = -4 < 0$	$+Y$	$X_5=2$　$Y_5=4$ $F_5 = F_4 + 2Y_4 + 1 = 3$	$n = 2 - 1 = 1$
6	$F_5 = 3 > 0$	$-X$	$X_6=1$　$Y_6=4$ $F_6 = F_5 - 2X_5 + 1 = 0$	$n = 1 - 1 = 0$

（3）象限处理。上面讨论的用逐点比较法进行圆弧插补的原理和计算公式，只适用于第1象限逆时针圆弧。对于不同象限和不同走向的圆弧来说，其插补计算公式和脉冲进给方向都是不同的。为了将各象限圆弧的插补公式统一于第1象限的公式，需要将坐标和进给方向根据象限的不同进行转换，转换后不管哪个象限的圆弧都按第1象限的逆圆、顺圆进行插补计算，而进给脉冲的方向则按实际象限决定。图2.16分别给出了不同象限内8种圆弧的插补运动方式，其中SR、NR分别表示顺时针和逆时针圆弧，后面的数字表示象限，如SR1表示第1象限顺时针圆弧。据此可以得到表2.5所示的进给脉冲分配表。

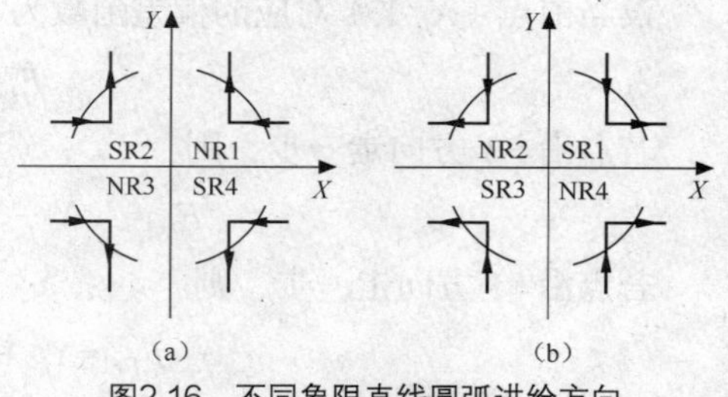

图2.16 不同象限直线圆弧进给方向

表2.5 象限与进给脉冲分配对照

线型	脉冲	象限和坐标			
		1	2	3	4
顺圆	ΔX	$-Y$	$+X$	$+Y$	$-X$
	ΔY	$+X$	$+Y$	$-X$	$-Y$
逆圆	ΔX	$-X$	$-Y$	$+X$	$+Y$
	ΔY	$+Y$	$-X$	$-Y$	$+X$

根据表2.5，可以列出如表2.6所示各种情况下偏差计算的递推公式（所有坐标值均采用绝对值）。

表2.6 顺圆、逆圆偏差计算公式

圆弧	$F\geqslant0$		$F<0$	
	进给方向	计算公式	进给方向	计算公式
SR1	$-Y$	$F_{i+1}=F_i-2Y_i+1$ $X_{i+1}=X_i$ $Y_{i+1}=Y_i-1$	$+X$	$F_{i+1}=F_i+2X_i+1$ $X_{i+1}=X_i+1$ $Y_{i+1}=Y_i$
SR3	$+Y$		$-X$	
NR2	$-Y$	$F_{i+1}=F_i-2Y_i+1$ $X_{i+1}=X_i$ $Y_{i+1}=Y_i-1$	$-X$	$F_{i+1}=F_i+2X_i+1$ $X_{i+1}=X_i+1$ $Y_{i+1}=Y_i$
NR4	$+Y$		$+X$	
NR1	$-X$	$F_{i+1}=F_i-2X_i+1$ $X_{i+1}=X_i-1$ $Y_{i+1}=Y_i$	$+Y$	$F_{i+1}=F_i+2X_i+1$ $Y_{i+1}=Y_i+1$ $X_{i+1}=X_i$
NR3	$+X$		$-Y$	
SR2	$+X$		$+Y$	
SR4	$-X$		$-Y$	

任务实施

1．任务1实施步骤

（1）确定直线所在的象限。

（2）参考表2.2或表2.3完成直线插补计算表。

（3）根据直线插补计算表绘制直线插补轨迹。

2．任务 2 实施步骤

（1）确定圆弧所在的象限。

（2）判断圆弧是顺圆还是逆圆。

（3）参考表 2.6 完成圆弧插补计算表。

（4）根据圆弧插补计算表绘制圆弧插补轨迹。

实训内容

（1）如图 2.17 所示，用逐点比较法插补直线 OA，画出动点轨迹图。

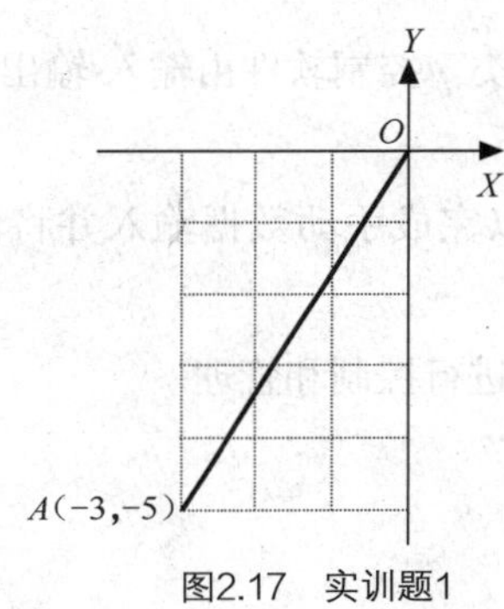

图2.17　实训题1

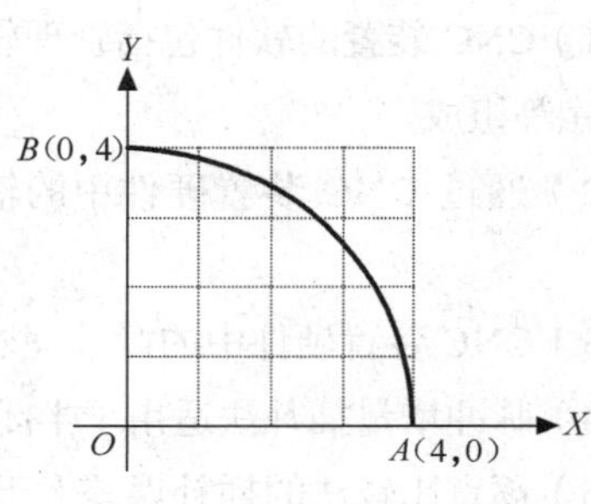

图2.18　实训题2

（2）如图 2.18 所示，用逐点比较法插补圆弧 AB，画出动点轨迹图。

自测题

1．选择题（请将正确答案的序号填写在题中的括号中，每题 5 分，满分 30 分）

（1）CNC 装置可执行的功能中，（　　）属于选择功能。

（A）控制功能　　（B）准备功能　　（C）通信功能　　（D）辅助功能

（2）逐点比较法插补的关键是（　　）。

（A）偏差判别　　（B）进给控制　　（C）偏差计算　　（D）终点判别

（3）逐点比较插补法的工作顺序为（　　）。

（A）偏差判别、进给控制、新偏差计算、终点判别

（B）进给控制、偏差判别、新偏差计算、终点判别

（C）终点判别、新偏差计算、偏差判别、进给控制

（D）终点判别、偏差判别、进给控制、新偏差计算

（4）在 CNC 系统中，插补功能的实现通常采用（　　）。

（A）粗插补由软件实现，精插补由硬件实现

（B）全部由硬件实现

（C）粗插补由硬件实现，精插补由软件实现

（D）无正确答案

（5）数控系统常用的2种插补功能是（　　）。

（A）直线插补和圆弧插补　　（B）直线插补和抛物线插补

（C）圆弧插补和抛物线插补　　（D）螺旋线插补和和抛物线插补

（6）数控机床编程时常用刀具补偿，下面（　　）是错误的。

（A）刀具半径左补偿　　（B）刀具半径右补偿

（C）刀具长度补偿　　（D）刀具直径补偿

2. 判断题（请将判断结果填入括号中，正确的填“√”，错误的填“×”。每题 6 分，满分 30 分）

（　　）（1）CNC装置的软件包括管理软件和控制软件2类。控制软件由输入/输出程序、显示程序和诊断程序等组成。

（　　）（2）通过CNC装置硬件中的输入/输出接口可以完成手动数据输入并将信息显示在CRT上。

（　　）（3）CNC装置硬件中的微处理器负责对整个系统进行控制和管理。

（　　）（4）脉冲增量插补法适用于半闭环伺服系统。

（　　）（5）逐点比较法的插补误差大于一个脉冲当量。

3. 简答题（每题 10 分，满分 40 分）

（1）什么是插补?插补算法分为哪几类?

（2）试述逐点比较法的基本原理。

（3）简述CNC装置的工作过程。

（4）什么是刀具半径补偿?什么是刀具长度补偿?

任务3

认识数控机床的坐标系及编程规则

【学习目标】

掌握数控机床坐标系的建立，了解手工编程的一般步骤及加工程序的结构，熟悉常用F、S、T、M指令的应用及模态与非模态指令的区别。

任务导入

如图3.1所示，数控铣床的进给运动由3部分组成：工作台带动工件作横向和纵向进给运动，主轴箱带动刀具作垂直进给运动。当一个工件在数控铣床上被加工时，如何用代码来描述刀具与工件的相对运动呢？

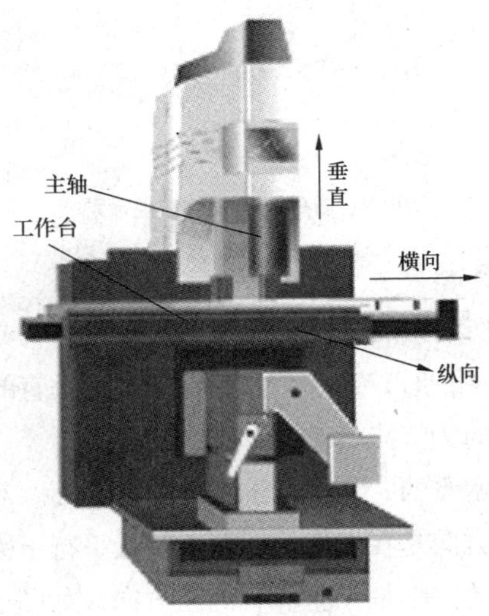

图3.1　数控铣床

知识准备

一、数控机床坐标系的确定

数控机床坐标和运动方向的命名，在中华人民共和国机械行业标准 JB/T 3051—1999 中有统一规定。

1．规定原则

（1）右手直角笛卡尔坐标系。标准的机床坐标系是一个右手直角笛卡尔坐标系，它与安装在机床上并按机床的主要直线导轨找正的工件相关，如图 3.2 所示。右手的拇指、食指、中指互相垂直，并分别代表+*X*、+*Y*、+*Z* 轴。围绕 +*X*、+*Y*、+*Z* 轴的回转运动分别用+*A*、+*B*、+*C* 表示，其正向用右手螺旋法则确定。与+*X*、+*Y*、+*Z*、+*A*、+*B*、+*C* 相反的方向用带“′”的 +*X*′、+*Y*′、+*Z*′、+*A*′、+*B*′、+*C*′表示。

（2）刀具运动原则。数控机床的坐标系就是机床运动部件进给运动的坐标系。进给运动既可以是刀具相对工件的运动（如数控车床），也可以是工件相对刀具的运动（如数控铣床）。为了方便程序编制人员能在不知刀具移近工件，或工件移近刀具的情况下确定机床的加工操作，在“标准”中统一规定：永远假定刀具相对于静止的工件坐标系而运动。

（3）运动正方向的规定。机床的某一部件运动的正方向，是增大工件和刀具距离（即增大工件尺寸）的方向。

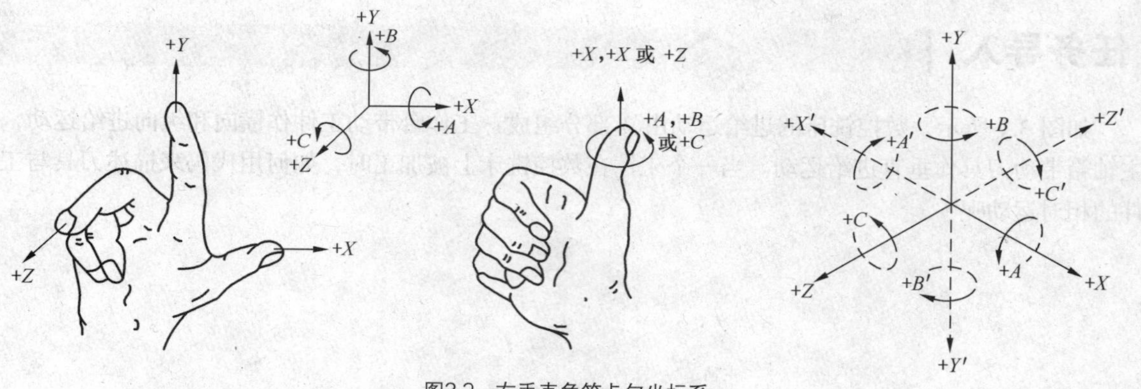

图3.2 右手直角笛卡尔坐标系

2．坐标轴确定的方法及步骤

（1）*Z* 坐标轴。一般取产生切削力的主轴轴线为 *Z* 坐标轴，刀具远离工件的方向为正向，如图 3.3、图 3.4 所示。当机床有几个主轴时，选一个与工件装夹面垂直的主轴为 *Z* 坐标轴；当机床无主轴时，选与工件装夹面垂直的方向为 *Z* 坐标轴，如图 3.5 所示。

（2）*X* 坐标轴。*X* 坐标轴是水平的，它平行于工件的装卡面。对于工件作旋转切削运动的机床（如车床、磨床等），*X* 坐标轴的方向是在工件的径向上，且平行于横滑座。对于安装在横滑座的刀架上的刀具，离开工件旋转中心的方向是 *X* 坐标轴的正方向，如图 3.3 所示。

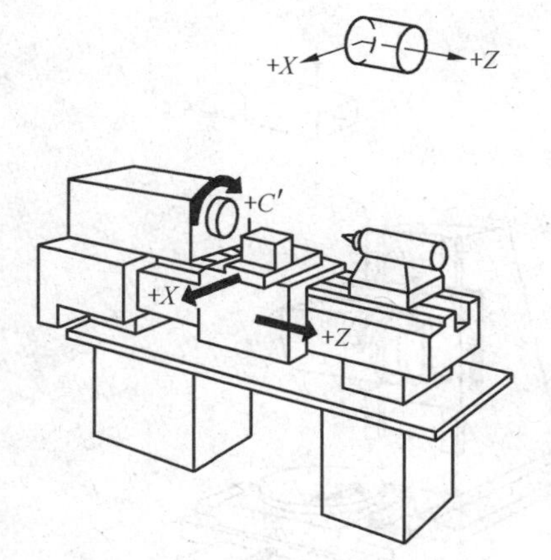

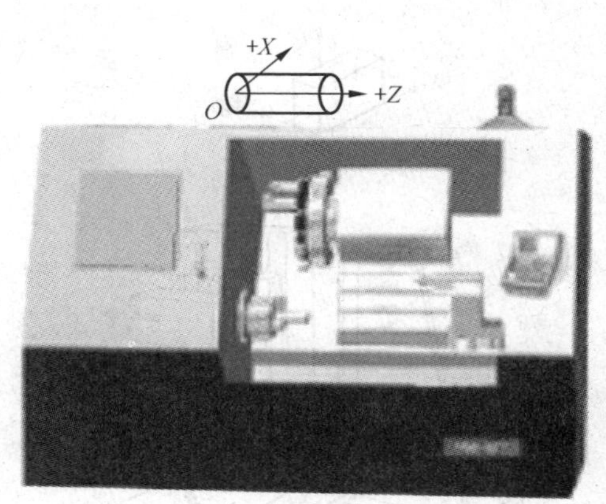

（a）带前置刀架的数控车床　　（b）带后置刀架的数控车床

图3.3　数控车床坐标系

对于刀具作旋转切削运动的机床（如铣床、钻床、镗床等），当 Z 坐标轴垂直时，对于单立柱机床，从主要刀具主轴向立柱看时，+X 运动的方向指向右方，如图 3.4（a）所示；当 Z 坐标轴水平时，从主要刀具主轴向工件看时，+X 运动方向指向右方，如图 3.4（b）所示。

对于无主轴的机床（如牛头刨床），X 坐标轴平行于主要的切削方向，且以该方向为正方向，如图 3.5 所示。

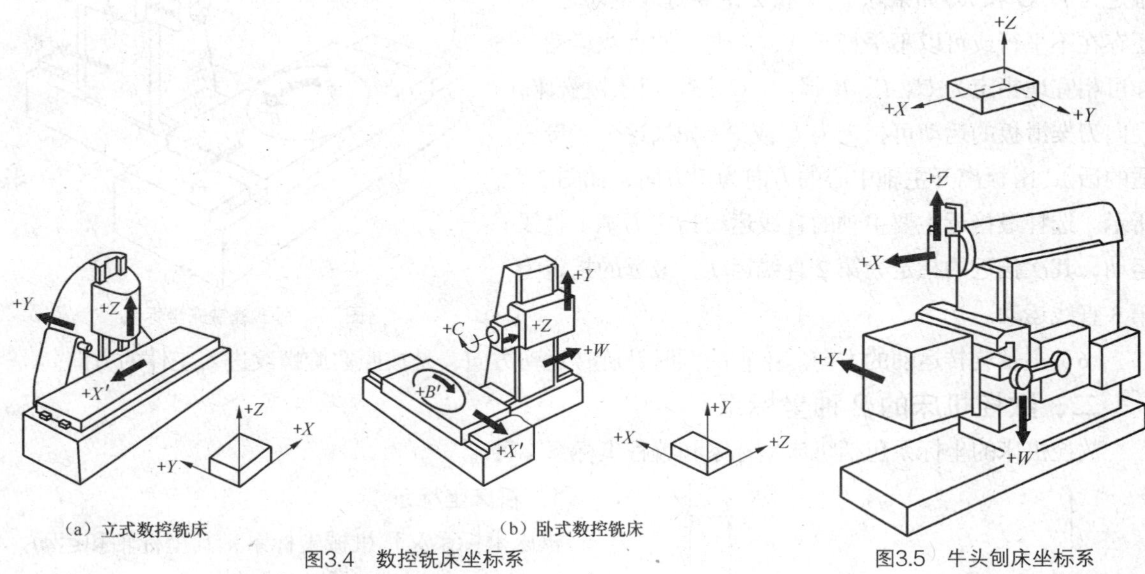

（a）立式数控铣床　　（b）卧式数控铣床

图3.4　数控铣床坐标系　　图3.5　牛头刨床坐标系

（3）Y 坐标轴。+Y 的运动方向，根据 X 和 Z 坐标轴的运动方向，按照右手直角笛卡尔坐标系来确定。

（4）旋转运动 A、B、C。A、B、C 分别表示其轴线平行于 X、Y、Z 坐标的旋转运动。正向的 A、B、C 相应地表示在 X、Y、Z 坐标轴正方向上按照右旋螺纹前进的方向，如图 3.6 所示。

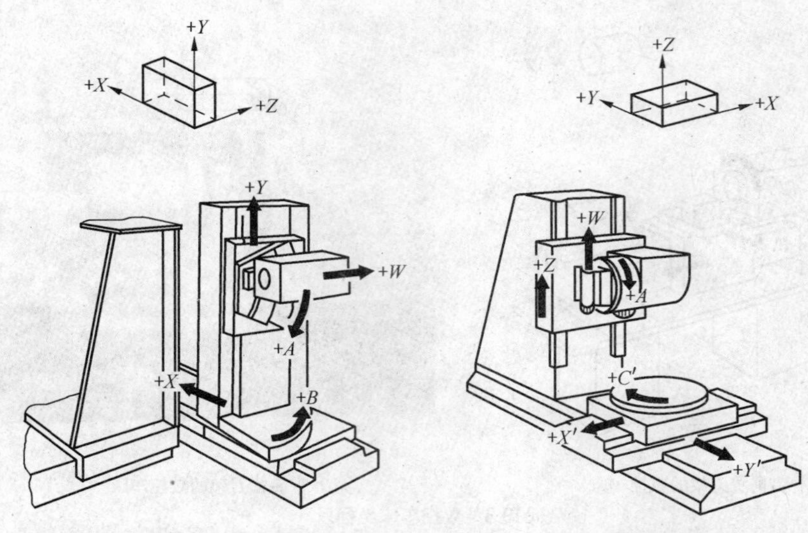

（a）五坐标卧式曲面和轮廓铣床　　（b）五坐标摆动式铣头曲面和轮廓铣床

图3.6　多坐标数控铣床坐标系

（5）附加的坐标轴。直线运动：如除 *X*、*Y* 和 *Z* 主要直线运动之外，另有第 2 组运动平行于它们的坐标轴，可分别指定为 *U*、*V* 和 *W*；如还有第 3 组运动，则分别指定为 *P*、*Q* 和 *R*。如果除 *X*、*Y* 和 *Z* 主要直线运动之外，还存在不平行或可以不平行于 *X*、*Y* 或 *Z* 的直线运动，亦可相宜地指定为 *U*、*V*、*W* 或 *P*、*Q*、*R*。对于镗铣床，径向刀架滑板的运动可指定为 *U* 或 *P*（如果这个字母合适的话），滑板离开主轴中心的方向为正方向，如图 3.7 所示。选择最接近主要主轴的直线运动指定为第 1 直线运动，其次接近的指定为第 2 直线运动，最远的指定为第 3 直线运动。

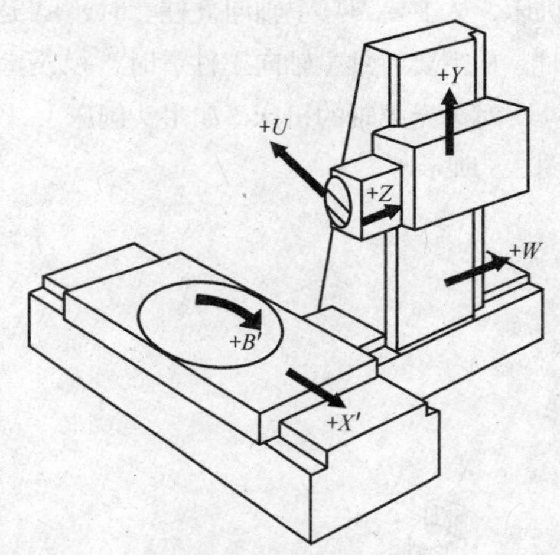

图3.7　卧式镗铣床坐标系

（6）主轴旋转运动的方向。主轴的顺时针旋转运动方向，是按照右旋螺纹进入工件的方向。

二、数控机床的 2 种坐标系

数控机床的坐标系包括机床坐标系和编程坐标系 2 种。

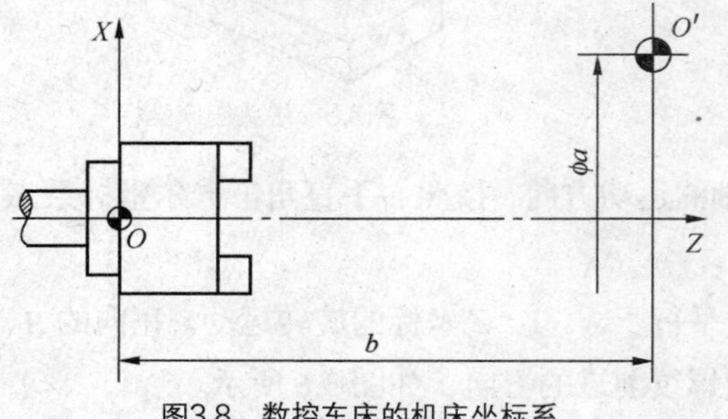

图3.8　数控车床的机床坐标系

1．机床坐标系

机床坐标系又称机械坐标系，其坐标轴和运动方向视机床的种类和结构而定。

通常，当数控车床配置后置式刀架时，其机床坐标系如图 3.8 所示，*Z* 轴与车床导轨平行（取卡盘中心线），正方向是离开卡盘的方向；*X* 轴与 *Z* 轴垂直，正方向为刀架远离主轴轴线的方向。

机床坐标系的原点也称机床原点或机械原点，如图 3.8、图 3.9（a）所示的 O 点。从机床设计的角度来看，该点位置可任选，但从使用某一具体机床来看，该点应是机床上一个固定的点。

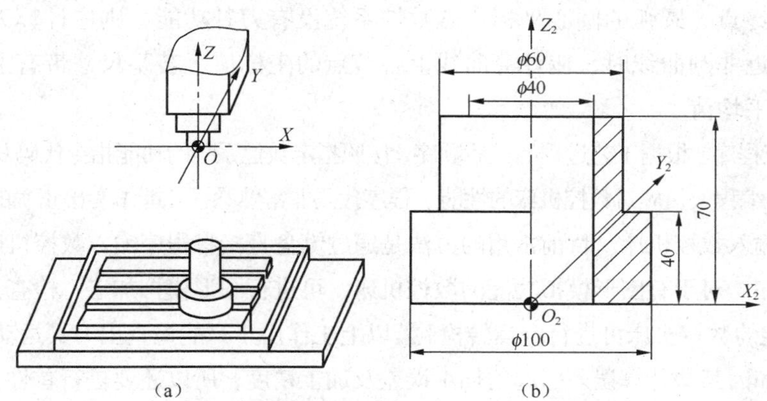

图3.9　立式数控铣床坐标系和机床原点、工件原点

与机床原点不同但又很容易混淆的另一个概念是机床零点。机床零点是机床坐标系中一个固定不变的极限点，即运动部件回到正向极限的位置。在加工前及加工结束后，可用软件控制面板上的"回零"按钮使部件（如刀架）退到该点。例如，对数控车床而言，机床零点是指车刀退离主轴端面和中心线最远而且是某一固定的点，如图 3.8 所示的 O'点。O'点在机床出厂时，就已经调好并记录在机床使用说明书中供用户编程使用，一般情况下，不允许随意变动。

数控铣床的坐标系（XYZ）的原点 O 和机床零点是重合的，如图 3.9（a）所示。

2．编程坐标系

又称工件坐标系，是编程时用来定义工件形状和刀具相对工件运动的坐标系。为保证编程与机床加工的一致性，工件坐标系也应是右手直角笛卡尔坐标系。工件装夹到机床上时，应使工件坐标系与机床坐标系的坐标轴方向保持一致。

编程坐标系的原点可以称为编程原点、工件原点、编程零点、工件零点，其位置由编程者确定，如图 3.9（b）所示的 O_2 点。工件原点的设置一般应遵循下列原则。

① 工件原点与设计基准或装配基准重合，以利于编程。

② 工件原点尽量选在尺寸精度高、表面粗糙度值小的工件表面上。

③ 工件原点最好选在工件的对称中心上。

④ 要便于测量和检验。

三、数控编程的步骤及种类

所谓编程，即把零件的全部加工工艺过程及其他辅助动作，按动作顺序，用数控机床上规定的指令、格式，编成加工程序，然后将程序输入数控机床。

1．数控加工程序编制的步骤

（1）确定工艺过程。在数控机床上加工零件，操作者拿到的原始资料是零件图。根据零件图，可以对零件的形状、尺寸、精度、表面粗糙度、材料、毛坯种类和热处理状况等进行分析，从而选择机床、刀具，确定定位夹紧装置、加工方法、加工顺序及切削用量的大小。在确定工艺过程中，应充分考虑数控机床的所有功能，做到加工路线短、走刀次数少、换刀次数少等。

（2）计算刀具轨迹的坐标值。根据零件的形状、尺寸和走刀路线，计算出零件轮廓线上各几何元素的起点、终点、圆弧的圆心坐标。若数控系统没有刀补功能，则应计算刀心轨迹。当用直线、圆弧来逼近非圆曲线时，应计算曲线上各节点的坐标值。若某尺寸带有上、下偏差，编程时应取尺寸的平均值。

（3）编写加工程序。根据工艺过程的先后顺序，按照指定数控系统的功能指令代码及程序段格式，逐段编写加工程序。编程人员应对数控机床的性能、程序代码非常熟悉，才能编写出正确的零件加工程序。

（4）将程序输入数控机床。目前常用的方法是通过键盘直接将程序输入数控机床。

（5）检验程序。对于有图形模拟功能的数控机床，可进行图形模拟加工，检查刀具轨迹是否正确；对于无此功能的数控机床可进行空运转检验。以上工作由于只能检查出刀具运动轨迹的正确性，验不出对刀误差和因某些计算误差引起的加工误差及加工精度，所以还要进行首件试切。试切后若发现工件不符合要求，可修改程序或进行刀具尺寸补偿。

2．数控编程的种类

常见的数控编程方法有手工编程和自动编程。

（1）手工编程。手工编程是指在编程过程中，全部或主要工作由人工进行，如图3.10所示。对于加工形状简单、计算量小、程序不多的零件，采用手工编程较简单、经济，且效率高。

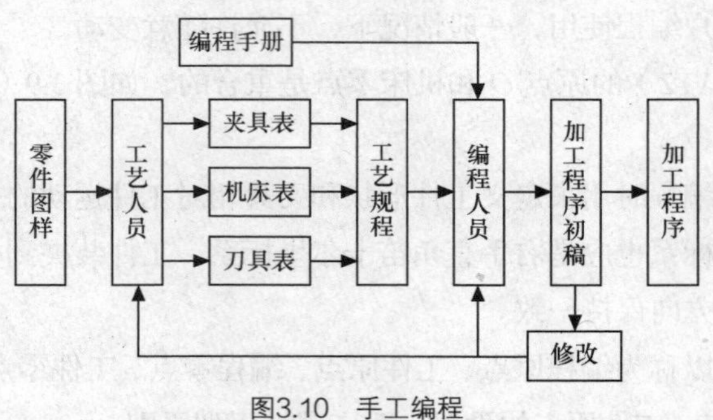

图3.10 手工编程

（2）自动编程。自动编程是指在编程过程中，除了分析零件图样和制定工艺方案由人工进行外，其余工作均由计算机辅助完成。

采用计算机自动编程时，数学处理、编写程序、检验程序等工作是由计算机自动完成的。由于计算机可自动绘制出刀具中心运动轨迹，因此能够使编程人员及时检查程序是否正确，需要时可及时修改，以获得正确的程序。又由于计算机自动编程代替程序编制人员完成了烦琐的数值计算，可提高编程效率几十倍乃至上百倍，因此解决了手工编程无法解决的许多复杂零件的编程难题。自动编程的特点就在于编程工作效率高，可解决复杂形状零件的编程难题。

根据输入方式的不同，可将自动编程分为图形数控自动编程、语言数控自动编程和语音数控自动编程等。图形数控自动编程是指将零件的图形信息直接输入计算机，通过自动编程软件的处理，得到数控加工程序。目前，图形数控自动编程是使用最为广泛的自动编程方式。语言数控自动编程是指将加工零件的几何尺寸、工艺要求、切削参数及辅助信息等用数控语言编写成源程序后，输入

到计算机中，再由计算机进一步处理得到零件加工程序。语音数控自动编程是指采用语音识别器，将编程人员发出的加工指令声音转变为加工程序。

四、常用编程代码

在数控加工程序中，常用编程代码主要有准备功能 G 代码、辅助功能 M 代码、进给功能 F 代码、主轴转速功能 S 代码和刀具功能 T 代码。

注意

编程代码又称编程指令，数控系统不同，编程代码的功能会有所不同，编程时需参考机床制造厂的编程说明书。

1. 准备功能 G 代码

表 3.1 是中华人民共和国机械行业标准 JB/T 3208—1999 规定的准备功能 G 代码的定义表。

表 3.1　JB/T 3208—1999 中准备功能 G 代码定义表

G 代码（1）	功能保持到被取消或被同样字母表示的程序指令所代替（2）	功能仅在所出现的程序段内有使用（3）	功能（4）
G00	a		点定位
G01	a		直线插补
G02	a		顺时针方向圆弧插补
G03	a		逆时针方向圆弧插补
G04		*	暂停
G05	#	#	不指定
G06	a		抛物线插补
G07	#	#	不指定
G08		*	加速
G09		*	减速
G10～G16	#	#	不指定
G17	c		*XY* 平面选择
G18	c		*ZX* 平面选择
G19	c		*YZ* 平面选择
G20～G32	#	#	不指定
G33	a		螺纹切削，等螺距
G34	a		螺纹切削，增螺距
G35	a		螺纹切削，减螺距
G36～G39	#	#	永不指定
G40	d		刀具补偿/刀具偏置注销
G41	d		刀具补偿（左）
G42	d		刀具补偿（右）
G43	#（d）	#	刀具偏置（正）
G44	#（d）	#	刀具偏置（负）

续表

G代码（1）	功能保持到被取消或被同样字母表示的程序指令所代替（2）	功能仅在所出现的程序段内有使用（3）	功能（4）
G45	#（d）	#	刀具偏置+/+
G46	#（d）	#	刀具偏置+/–
G47	#（d）	#	刀具偏置–/–
G48	#（d）	#	刀具偏置–/+
G49	#（d）	#	刀具偏置0/+
G50	#（d）	#	刀具偏置0/–
G51	#（d）	#	刀具偏置+/0
G52	#（d）	#	刀具偏置–/0
G53	f		直线偏移，注销
G54	f		直线偏移*X*
G55	f		直线偏移*Y*
G56	f		直线偏移*Z*
G57	f		直线偏移*XY*
G58	f		直线偏移*XZ*
G59	f		直线偏移*YZ*
G60	h		准确定位1（精）
G61	h		准确定位2（中）
G62	h		快速定位（粗）
G63		*	攻丝
G64～G67	#	#	不指定
G68	#（d）	#	刀具偏置，内角
G69	#（d）	#	刀具偏置，外角
G70～G79	#	#	不指定
G80	e		固定循环注销
G81～G89	e		固定循环
G90	j		绝对尺寸
G91	j		增量尺寸
G92		*	预置寄存
G93	k		时间倒数，进给率
G94	k		每分钟进给
G95	k		主轴每转进给
G96	i		恒线速度
G97	i		每分钟转数（主轴）
G98～G99	#	#	不指定

注：① #表示如作特殊用途，必须在程序格式说明中说明。

② 如在直线切削控制中无刀具补偿，则G43～G52可指定作其他用途。

③ 表中（d）表示可以被同列中无括号的字母 d 注销或代替，也可被有括号（d）注销或代替。

④ G45～G52 的功能可用于机床上任意 2 个预定的坐标。

⑤ 控制机上没有 G53～G59、G63 功能时，可以指定作其他用途。

2．辅助功能 M 代码

表 3.2 是中华人民共和国机械行业标准 JB/T 3208—1999 规定的辅助功能 M 代码的定义表。

表 3.2　　JB/T 3208—1999 中辅助功能 M 代码定义表

M 代码（1）	功能开始时间		功能保持到被注销或被适当程序指令代替（4）	功能仅在所出现的程序段内有作用（5）	功能（6）
	与程序段指令运动同时开始（2）	在程序段指令运动完成后开始（3）			
M00		*		*	程序停止
M01		*		*	计划停止
M02		*		*	程序结束
M03	*		*		主轴顺时针方向
M04	*		*		主轴逆时针方向
M05		*	*		主轴停止
M06	#	#	—	*	换刀
M07	*		*		2 号切削液开
M08	*		*		1 号切削液开
M09		*	*		切削液关
M10	#	#	*		夹紧
M11	#	#	*		松开
M12	#	#	#	#	不指定
M13	*		*		主轴顺时针方向，切削液开
M14	*		*		主轴逆时针方向，切削液开
M15	*			*	正运动
M16	*			*	负运动
M17～M18	#	#	#	#	不指定
M19		*	*		主轴定向停止
M20～M29	#	#	#	#	永不指定
M30		*		*	程序结束
M31	#	#		*	互锁旁路
M32～M35	#	#	#	#	不指定
M36	*		#		进给范围 1

续表

M代码（1）	功能开始时间		功能保持到被注销或被适当程序指令代替（4）	功能仅在所出现的程序段内有作用（5）	功能（6）
	与程序段指令运动同时开始（2）	在程序段指令运动完成后开始（3）			
M37	*		#		进给范围2
M38	*		#		主轴速度范围1
M39	*		#		主轴速度范围2
M40～M45	#	#	#	#	如有需要作为齿轮换挡，此外不指定
M46～M47	#	#	#	#	不指定
M48		*	*		注销M49
M49	*		#		进给率修正旁路
M50	*		#		3号切削液开
M51	*		#		4号切削液开
M52～M54	#	#	#	#	不指定
M55	*		#		刀具直线位移，位置1
M56	*		#		刀具直线位移，位置2
M57～M59	#	#	#	#	不指定
M60		*		*	更换工件
M61	*		*		工件直线位移，位置1
M62	*		*		工件直线位移，位置2
M63～M70	#	#	#	#	不指定
M71	*		*		工件角度位移，位置1
M72	*		*		工件角度位移，位置2
M73～M89	#	#	#	#	不指定
M90～M99	#	#	#	#	永不指定

注：① # 表示如作特殊用途，必须在程序格式说明中说明。

② M90～M99 可指定为特殊用途。

常用的M指令功能及其应用如下。

（1）程序停止。

指令：M00

功能：在完成程序段其他指令后，机床停止自动运行，此时所有存在的模态信息保持不变，用循环启动使自动运行重新开始。

（2）计划停止。

指令：M01

功能：与 M00 相似，不同之处是，除非操作人员预先按下按钮确认这个指令，否则这个指令不起作用。

（3）主轴顺时针方向旋转、主轴逆时针方向旋转、主轴停止。

指令：M03、M04、M05

功能：开动主轴时，M03 指令可使主轴按右旋螺纹进入工件的方向旋转，M04 指令可使主轴按右旋螺纹离开工件的方向旋转，M05 指令可使主轴在该程序段其他指令执行完成后停转。

格式：M03 S__

M04 S__

M05

（4）换刀。

指令：M06

功能：自动换刀，用于具有自动换刀装置的机床，如加工中心、数控车床等。

格式：M06 T__

说明：当数控系统不同时，换刀的编程格式也有所不同，具体编程时应参考操作说明书。

（5）程序结束。

指令：M02 或 M30

功能：这 2 个指令均表示主程序结束，同时机床停止自动运行，CNC 装置复位。M30 还可使控制返回到程序的开头，故程序结束使用 M30 比 M02 要方便些。

说明：该指令必须编在最后一个程序段中。

3. G、M 指令说明

（1）模态与非模态指令。表 3.1 第（2）栏有字母和表 3.2 第（4）栏有“*”者为模态指令。模态指令又称续效指令，是指一经程序段中指定，便一直有效，直到以后程序段中出现同组另一指令或被其他指令取消时才失效。编写程序时，与上段相同的模态指令可省略不写。不同组模态指令编在同一程序段内，不影响其续效。下面为一段程序实例。

```
N0010  G91  G01  X20  Y20  Z-5  F150  M03  S1000;
N0020  X35;
N0030  G90  G00  X0  Y0  Z100  M02;
```

上例中，第 1 段出现 3 个模态指令，即 G91、G01、M03，因它们不同组而均续效，其中 G91 功能延续到第 3 段出现 G90 时失效；G01 功能在第 2 段中继续有效，至第 3 段出现 G00 时才失效；M03 功能直到第 3 段 M02 功能生效时才失效。

表 3.1 第（3）栏和表 3.2 第（5）栏有“*”者为非模态指令，其功能仅在出现的程序段中有效。

（2）M功能开始时间。表3.2第（2）栏有“*”的M指令，其功能与同段其他指令的动作同时开始。如上例第1段中，M03功能与G01功能同时开始，即在直线插补运动开始的同时，主轴开始正转，转速为1 000r/min。

表3.2第（3）栏有“*”的M指令，其功能在同段其他指令动作完成后才开始。如上例第3段中，M02功能在G00功能完成后才开始，即在移动部件完成G00快速点位动作后，程序才结束。

4．F、S、T代码

（1）进给功能F代码。F代码表示刀具中心运动时的进给速度，由“F”和其后的若干数字组成。数字的单位取决于每个系统所采用的进给速度的指定方法，具体内容参见所用机床的编程说明书。

注意事项如下。

① 当编写程序时，第1次遇到直线（G01）或圆弧（G02/G03）插补指令时，必须编写进给率F，如果没有编写F功能，CNC采用F0。当工作在快速定位（G00）方式时，机床将以通过机床轴参数设定的快速进给率移动，与编写的F指令无关。

② F代码为模态指令，实际进给率可以通过CNC操作面板上的进给倍率旋钮在0～120%调整。

（2）主轴转速功能S代码。S代码表示机床主轴的转速，由“S”和其后的若干数字组成。其表示方法有以下3种。

① 转速。S表示主轴转速，单位为r/min。如S1000表示主轴转速为1 000r/min。

② 线速。在恒线速状态下，S表示切削点的线速度，单位为m/min。如S60表示切削点的线速度恒定为60m/min。

③ 代码。用代码表示主轴速度时，“S”后面的数字不直接表示转速或线速的数值，而只是主轴速度的代号。如某机床用S00～S99表示100种转速，S40表示主轴转速为1 200r/min，S41表示主轴转速为1 230r/min，S00表示主轴转速为0r/min，S99表示最高转速。

（3）刀具功能T代码。刀具和刀具参数的选择是数控编程的重要内容，其编程格式因数控系统不同而异，主要格式有以下2种。

① 采用T代码编程。由“T”和其后的数字组成，有T××和T××××共2种格式，数字的位数由所用数控系统决定，“T”后面的数字用来指定刀具号和刀具补偿号。

例如，T04表示选择4号刀；T0404表示选择4号刀，4号偏置值；T0400表示选择4号刀，刀具偏置被取消。

② 采用T、D代码编程。利用T代码选择刀具，利用D代码选择相关的刀偏。在定义这2个参数时，其编程的顺序为T、D。T和D可以编写在一起，也可以单独编写，例如，T4-D04表示选择4号刀，采用刀具偏置表第4号的偏置尺寸；T2表示选择2号刀，采用与该刀具相关的刀具偏置尺寸。

五、数控加工程序的结构

1．数控加工程序的构成

在数控机床上加工工件，首先要编制程序，然后用该程序控制机床的运动。数控指令的集合称为程序。在程序中根据机床的实际运动顺序书写这些指令。

一个完整的数控加工程序由程序开始部分、若干个程序段、程序结束部分组成。一个程序段由程序段号和若干个“字”组成，一个“字”由地址符和数字组成。

下面是一个在 FANUC 0i 系统中编写的数控加工程序，该程序由程序号开始，以 M02 结束。

程　　序	说　　明
O1122	程序开始
N5　G90　G92　X0　Y0　Z0；	程序段 1
N10　G42　G01　X-80.0　Y0.0　D01　F200；	程序段 2
N15　G01　X-60.0　Y10.0　F100；	程序段 3
N20　G02　X40.0　R50.0；	程序段 4
N25　G00　G40　X0　Y0；	程序段 5
N30　M02；	程序结束

（1）程序号。为了区分每个程序，要对程序进行编号。程序号由程序号地址和程序的编号组成，程序号必须放在程序的开头。例如：

O　1122

程序的编号（1122 号程序）

程序号地址（编号的指令码）

不同的数控系统，程序号地址也有所差别，编程时一定要参考说明书，否则程序无法执行。如 FANUC 系统用字母“O”作为程序号的地址码；对于 SINUMERIK 802D 系统，要求开始 2 个符号必须是字母，其他符号为字母、数字或下划线，最多 16 个字符，没有分隔符，主程序名的后缀名必须是“.MPF”。

（2）程序段的格式和组成。程序段的格式可分为地址格式、分隔地址格式、固定程序段格式和可变程序段格式等。其中以可变程序段格式应用最为广泛。所谓可变程序段格式就是程序段的长短是可变的。下面是一段可变程序的举例。

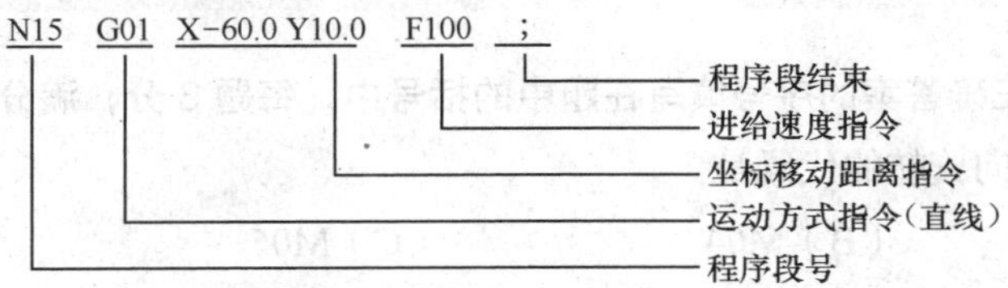

其中 N 是程序段地址符，用于指定程序段号；G 是指令动作方式的准备功能地址，G01 为直线插补；X、Y 是坐标轴地址；F 是进给速度指令地址，其后的数字表示进给速度的大小，F100 表示进给速度为 100mm/min。

编程时，建议以 5 或 10 为间隔选择程序段号，便于以后插入程序时不会改变程序段号的顺序。

（3）“字”。一个“字”的组成如下所示。

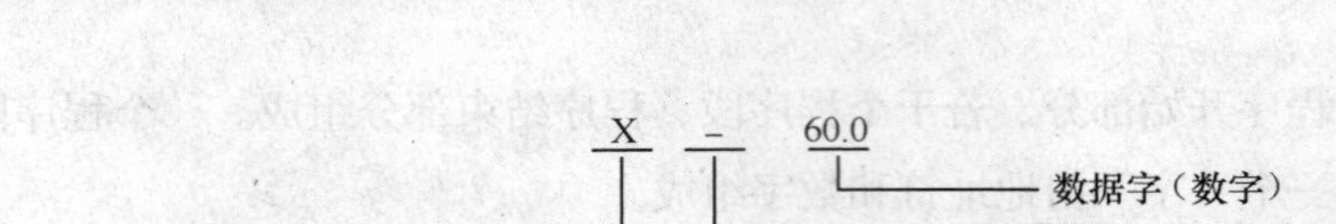

程序段号加上若干个“字”就可组成一个程序段。在程序段中表示地址的英文字母可分为尺寸地址和非尺寸地址2种。表示尺寸地址的有X、Y、Z、U、V、W、P、Q、I、J、K、A、B、C、D、E、R、H共18个字母，表示非尺寸地址的有N、G、F、S、T、M、L、O共8个字母。

2．数控加工程序的分类

数控加工程序可分为主程序和子程序，子程序的结构同主程序的结构一样。在通常情况下，数控机床是按主程序的指令进行工作的。当主程序中遇到调用子程序的指令时，控制转到子程序执行。当子程序遇到返回主程序的指令时，控制返回到主程序继续执行。在编制程序时，若相同模式的加工在程序中多次出现，可将这个模式编成一个子程序，使用时只需调用子程序命令即可，这样就简化了程序的设计。

任务实施

观察数控加工实训室的数控立式铣床，用右手螺旋法则确定数控立式铣床的坐标系。当一个工件在数控立式铣床上被加工时，观察显示屏上*X*、*Y*、*Z*坐标轴的变化情况，继而用*X*、*Y*、*Z*坐标轴描述刀具与工件的相对运动。

实训内容

观察数控加工实训室的数控机床，判断每种数控机床的坐标系。根据数控机床中存储的程序，进一步了解数控加工程序的构成。

自测题

1．选择题（请将正确答案的序号填写在题中的括号中，每题3分，满分45分）

（1）主轴逆时针方向旋转的代码是（　　）。

（A）G03　　（B）M04　　（C）M05　　（D）M06

（2）程序结束并复位的代码是（　　）。

（A）M02　　（B）M30　　（C）M17　　（D）M00

（3）辅助功能M00的作用是（　　）。

（A）条件停止　　（B）无条件停止　　（C）程序结束　　（D）单程序段

（4）下列代码中属于非模态的G功能指令是（　　）。

（A）G03　　（B）G04　　（C）G17　　（D）G40

（5）一般取产生切削力的主轴轴线为（　　）。

（A）*X*轴　　（B）*Y*轴　　（C）*Z*轴　　（D）*A*轴

（6）以下指令中，（　　）是辅助功能。

（A）M03　　（B）G90　　（C）X25　　（D）S700

（7）数控机床的旋转轴之一 B 轴是绕（　　）旋转的轴。

（A）X 轴　　（B）Y 轴　　（C）Z 轴　　（D）W 轴

（8）数控机床坐标轴确定的步骤为（　　）。

（A）$X \to Y \to Z$　　（B）$X \to Z \to Y$　　（C）$Z \to X \to Y$

（9）根据 ISO 标准，数控机床在编程时采用（　　）规则。

（A）刀具相对静止、工件运动　　（B）工件相对静止、刀具运动

（C）按实际运动情况确定　　（D）按坐标系确定

（10）确定机床 X、Y、Z 坐标时，规定平行于机床主轴的刀具运动坐标为（　　），取刀具远离工件的方向为（　　）方向。

（A）X 轴　正　　（B）Y 轴　正　　（C）Z 轴　正　　（D）Z 轴　负

（11）只在本程序段有效，下一程序段需要时必须重写的代码称为（　　）。

（A）模态代码　　（B）续效代码

（C）非模态代码　　（D）准备功能代码

（12）用于主轴旋转速度控制的代码是（　　）。

（A）T　　（B）G　　（C）S　　（D）H

（13）数控机床的 T 代码是指（　　）。

（A）主轴功能　　（B）辅助功能　　（C）进给功能　　（D）刀具功能

（14）程序中的“字”由（　　）组成。

（A）地址符和程序段　　（B）程序号和程序段

（C）地址符和数字　　（D）字母“N”和数字

（15）数控机床的编程基准是（　　）。

（A）机床零点　　（B）机床参考点

（C）工件原点　　（D）机床参考点及工件原点

2. 判断题（请将判断结果填入括号中，正确的填“√”，错误的填“×”，每题 3 分，满分 30 分）

（　　）（1）主轴的正反转控制是辅助功能。

（　　）（2）主程序与子程序的内容不同，但两者的程序格式应相同。

（　　）（3）工件坐标系的原点，即编程零点，与工件定位基准点一定要重合。

（　　）（4）数控机床的进给速度指令为 G 代码指令。

（　　）（5）数控程序由程序号、程序段和程序结束符组成。

（　　）（6）同一组的 M 功能指令不应同时出现在同一个程序段内。

（　　）（7）对某一数控机床，其 G 代码与 M 代码是可以相互转换的。

（　　）（8）数控机床采用的是笛卡尔坐标系，各轴的方向是用右手来判定的。

(　　)（9）地址符N与L作用是一样的，都是表示程序段。

(　　)（10）在编制加工程序时，程序段号可以不写或不按顺序书写。

3. 简答题（每题5分，满分25分）

（1）什么是机床坐标系、工件坐标系、机床原点、机床零点、工件原点？

（2）简述编程的一般步骤。

（3）什么是模态指令？什么是非模态指令？举例说明。

（4）何为F代码？何为T代码？

（5）何为G代码？何为M代码？

PART 2

数控车床仿真操作与编程篇

任务4

宇龙数控车仿真软件的操作

【学习目标】

熟悉 FANUC 0i 数控车床的操作面板功能，掌握宇龙 FANUC 0i 系统数控车仿真软件的操作流程。

任务导入

加工的零件如图 4.1 所示，毛坯尺寸为ϕ 50×105。根据零件图确定加工工艺路线，如表 4.1 所示，加工程序已编写完成，现要求在数控车仿真软件中进行模拟加工。

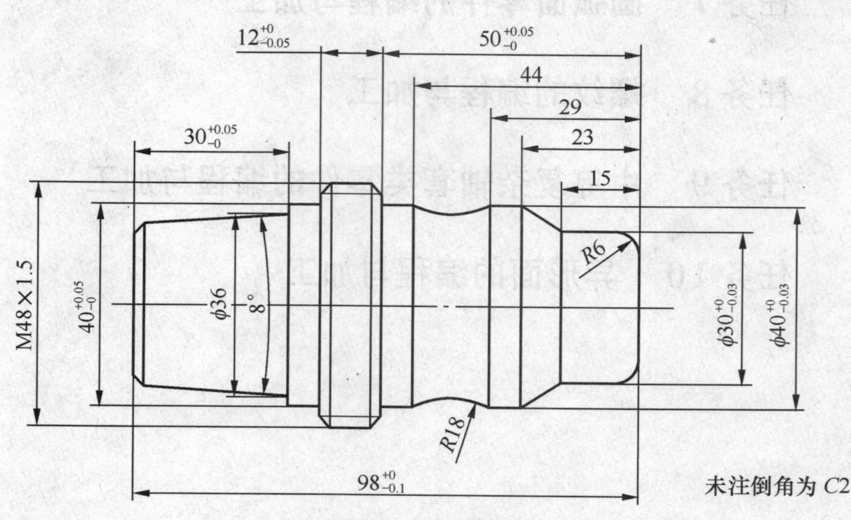

图4.1　任务4零件图

表 4.1 简易工艺过程安排

程序编号：O0001							
工序 1				工序 2			
加工位置		零件右端		加工位置		零件左端	
编程原点		右端面中心		编程原点		左端面中心	
装卡		工件伸出最长		装卡		调头后工件伸出最长	
工步号	刀具号	刀补号	工步内容	工步号	刀具号	刀补号	工步内容
1	T1	01	粗车轮廓	1	T1	03	调头粗车
2	T2	02	精车轮廓	2	T2	04	调头精车
				3	T3	05	车螺纹

加工程序如下：

```
O0001
T0101；粗车轮廓
M03  S650;
G00  X51.  Z0.;
G01  X-1.  Z0.  F0.1;
G00  X51.  Z1.；循环起点
G71  U1.5  R1.;
G71  P1  Q2  U0.5  W0.  F0.25;
N1  G00  X17.985  Z1.;
G01  X17.985  Z0.;
G03  X29.985  Z-6.  R6.;
G01  X29.985  Z-15.;
G01  X39.985  Z-23.;
G01  X39.985  Z-50.025;
G01  X44.  Z-50.025;
G01  X48.  Z-52.025;
G01  X48.  Z-65.;
N2  G00  X51.  Z-65.;
G00  X150.  Z50.；回换刀点
T0202;
G42  G00  X51.Z1.;
G00  X-1.Z1.;
G01  X-1.Z0.;
G01  X17.985  Z0.;
G03  X29.985  Z-6.  R6.;
G01  X29.985  Z-15.;
```

```
G01 X39.985 Z-23.;
G01 X39.985 Z-29.;
G02 X39.985 Z-44. R18.;
G01 X39.985 Z-50.025;
G01 X44. Z-50.025;
G01 X48. Z-52.025;
G00 X48. Z-65.;
G40 G00 X150. Z50.;
M05;
M01; 程序选择停止，调头
T0103;
M03 S650;
G00 X51. Z0.;
G01 X-1.Z0. F0.1;
G00 X51. Z1.;
G71 U1.5 R1.;
G71 P3 Q4 U0.5 W0. F0.25;
N3 G00 X25.656 Z1.;
G01 X32.08 Z-1.995;
G01 X36. Z-30.025;
G01 X40.025 Z-30.025;
G01 X40.025 Z-35.95;
G01 X44. Z-35.95;
G01 X50. Z-38.95;
N4 G00 X51. Z-38.95;
G00 X150. Z50.;
T0204;
G42 G00 X51. Z1.;
G70 P3 Q4 F0.15;
G40 G00 X150. Z50.;
T0305; 换螺纹刀
M3 S300;
G00 X49. Z-30.;
G92 X47.2 Z-50. F1.5;
G92 X46.8 Z-50. F1.5;
G92 X46.4 Z-50. F1.5;
G92 X46.05 Z-50. F1.5;
G92 X46.05 Z-50. F1.5; 螺纹精整
G00 X150. Z50. M05;
M30;
```

知识准备

一、宇龙（FANUC）数控车仿真软件的进入和退出

在“开始→“程序”→“数控加工仿真系统”菜单里单击“数控加工仿真系统”，或者在桌面双击图标，弹出登录窗口，如图 4.2 所示。

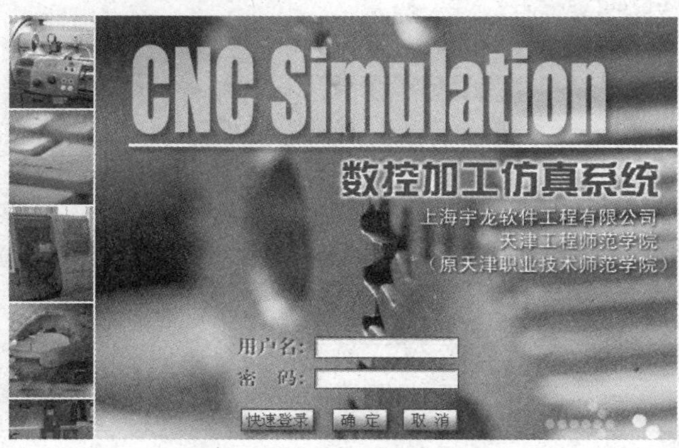

图4.2　宇龙仿真软件登录窗口

单击“快速登录”按钮，或者输入“用户名”和“密码”，即可进入数控仿真软件界面，如图 4.3 所示。

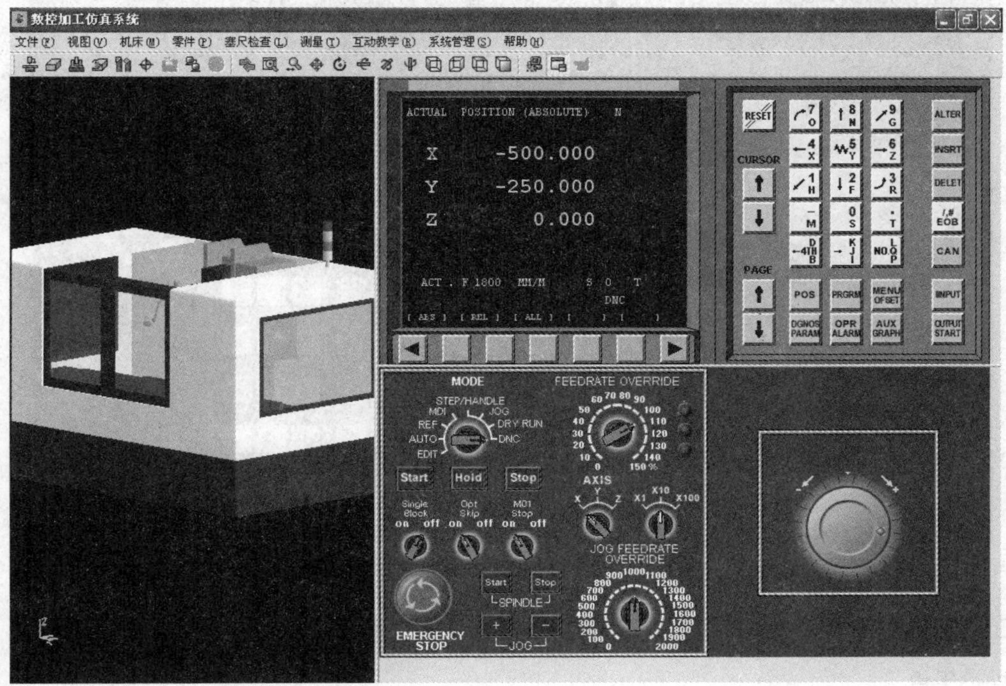

图4.3　宇龙仿真软件界面

单击图 4.3 工具栏中的按钮，弹出图 4.4 所示的“选择机床”窗口，选择“控制系统”、“机床类型”选项，单击“确定”按钮后进入 FANUC 0i 数控车床的机床界面，如图 4.5 所示。单击图 4.5 所示窗口右上角工具栏中的按钮，即退出宇龙仿真软件。

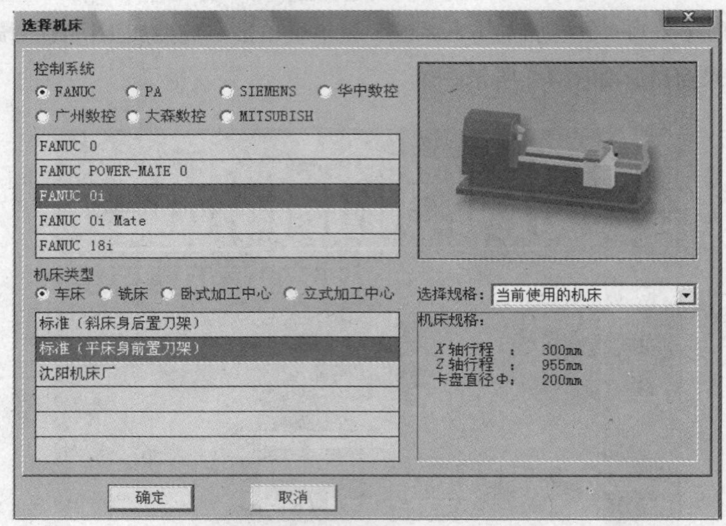

图4.4 “选择机床”窗口

图4.5 宇龙数控车仿真软件界面

二、宇龙（FANUC）数控车仿真软件的工作窗口

1. 菜单区

宇龙仿真软件的所有操作均可以通过菜单命令来完成，经常使用的菜单工具如表 4.2 所示。

表 4.2 宇龙仿真软件菜单区功能说明

项目		功能说明
“文件”菜单	“保存项目”	可以把加工程序、机床系统、加工零件等所有相关操作结果作为一个项目保存，以便下次接着完成或检查
	“打开项目”	打开上次保存的项目，接着完成
“视图”菜单		调整各种视图以便于观察刀具、工件之间的位置
“机床”菜单		选择机床、刀具、对刀基准、移动尾座等
“零件”菜单		定义、安装毛坯；定义夹具、压板；移动、拆除零件等
“塞尺检查”菜单		选择不同规格的塞尺，用于手动对刀
“测量”菜单		用于对刀时试切尺寸的测量或工件质量检查
“互动教学”菜单		用于观察学生操作窗口、考试功能等
“系统管理”菜单		设置系统环境参数及刀库管理
“帮助”菜单		显示当前版本号

2. 工具栏区

常用工具栏中的工具在对应的菜单中都会找到，执行这些命令可以通过菜单执行，也可以通过工具栏按钮来执行。工具栏按钮的功能说明如表 4.3 所示。

表 4.3 常用工具栏按钮功能说明

工具栏按钮	功能说明
	用于选择数控系统、小系统、机床类型和机床操作面板
	定义毛坯尺寸
	夹具定义，方料可选择平口钳或工艺板，圆料可选择工艺板或卡盘
	将工件安装在工作台上，默认将工件安装在工作台的中间位置，防止超程
	定义刀具类型和尺寸
	手动对刀用的基准工具，包括基准圆柱和寻边器 2 种
	手动移动尾座，仿真软件中只有前置刀架的车床才可用，否则是灰色不可用
	网络 DNC，用于程序导入
	打开手轮模式
	机床模拟窗口复位，显示初始位置
	局部放大窗口，按住鼠标左键不松，以拉出矩形区域为放大的窗口，用于观察加工细节
	动态缩放窗口，按住鼠标左键不松，左右移动，放大或缩小窗口
	动态平移窗口
	动态旋转窗口，X、Y、Z 共 3 个方向任意角度旋转
	机床视图绕 X 轴旋转

续表

工具栏按钮	功 能 说 明
	机床视图绕 *Y* 轴旋转
	机床视图绕 *Z* 轴旋转
	左视图
	右视图，铣床和加工中心手动移动机床，多采用左、右视图观察 *Y* 向的位置
	俯视图，车床中多采用该视图，这样方便观察刀具与工件位置
	正视图，铣床和加工中心手动移动机床，多采用正视图观察 *X*、*Z* 向的位置
	视图选项，用以设置仿真速度、模拟声音、机床和工件显示模式等
	面板切换，用以设置是否全屏显示机床加工窗口或显示机床面板

3．机床操作面板区

FANUC 0i 数控车床的操作面板如图 4.6 所示，操作面板功能说明如表 4.4 所示，宇龙仿真软件中用鼠标左键执行各按钮功能，如果某个功能有效，面板上对应的指示灯就会亮。

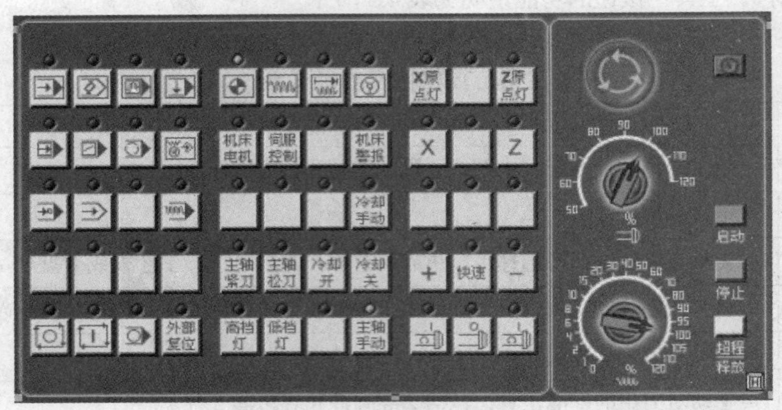

图4.6　FANUC 0i数控车床操作面板

表 4.4　操作面板区按钮功能说明

按　钮	名　称	功 能 说 明
	电源按钮	数控系统加电。机床电机、伺服控制、主轴指示灯亮，分别表示机床电动机、伺服控制、主轴电动机上电
	自动运行模式	通过程序控制刀具加工位置，机床显示状态为“MEN”（内存）
	进给倍率	将鼠标指针移至此旋钮后，通过单击鼠标左键或右键来调节手动、自动模式进给倍率
	增量、手轮模式	对刀时，刀具离工件比较近时，采用其中一种模式，液晶面板机床状态将显示“HNDL”与之对应

续表

按　钮	名　　称	功 能 说 明
	循环启动	程序运行开始，系统处于“自动运行”或“MDI”位置时按下有效，其余模式下使用无效
	进给保持	在程序运行过程中，按下此按钮运行暂停，进给停止；按循环启动按钮恢复运行
	程序编辑模式	机床显示状态为“EDIT”（编辑），在此状态下可新建、编辑、调用、导入、导出程序
	MDI 模式	按下此按钮后，系统进入 MDI 模式，可手动输入并执行指令
	远程执行	进入此模式后，可以在机床与机床之间或机床与电脑之间传输加工程序或机床数据
	单步执行开关	每按一次该按钮执行一条数控指令
	单节忽略	此按钮被按下后，数控程序中的注释符号“/”有效，该程序段被忽略，用于程序查误
	选择性停止	此按钮被按下后，“M01”代码有效
	机械锁定	锁定机床
	试运行	空运行
	循环停止	按下此按钮，机床停止程序运行
快速	快速按钮	单击该按钮，即进入手动快速状态
主轴手动	手动主轴	在手动模式下，单击该按钮，即可启动主轴
	主轴控制按钮	依次为主轴正转、主轴停止、主轴反转
H	手轮显示按钮	按下此按钮，则可以显示出手轮
停止	停止	机床断电，系统停止
超程释放	超程释放	系统超程释放，反方向退刀可解除超程报警
	主轴倍率选择旋钮	将鼠标指针移至此旋钮后，通过单击鼠标左键或右键来调节主轴旋转倍率
	手轮面板	单击 H 按钮，将显示手轮面板；单击手轮面板右下角的 H 按钮，手轮面板将被隐藏
	手轮轴选择旋钮	手轮状态下，将鼠标指针移至此旋钮后，通过单击鼠标左键或右键来选择进给轴
	手轮进给倍率旋钮	手轮状态下，将鼠标指针移至此旋钮后，通过单击鼠标左键或右键来调节点动/手轮步长。X1、X10、X100 分别代表移动量为 0.001mm、0.01mm、0.1mm
	手轮	将鼠标指针移至此旋钮后，通过单击鼠标左键或右键来转动手轮

4．MDI 键盘及数控系统操作区

FANUC 0i 标准数控车床的面板分 MDI 键盘（右半部分）和 CRT 界面（左半部分），如图 4.7 所示。MDI 键盘用于程序编辑、参数输入等功能。

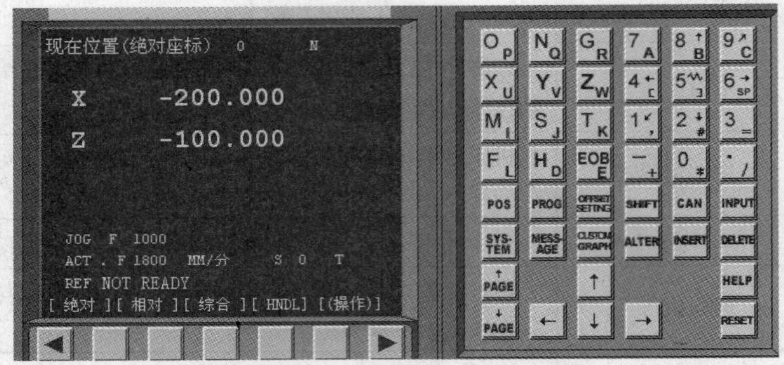

图4.7　FANUC 0i数控车床数控系统操作区及MDI键盘

① MDI 键盘上各键的功能说明如表 4.5 所示。

表 4.5　MDI 键盘功能说明

MDI 键盘的键	说 明 功 能
PAGE↑ PAGE↓	向上或向下翻页
↑ ← ↓ →	向上或向下、向左或向右移动
O N G X Y Z M S T F H EOB	实现字符的输入，单击SHIFT键后再单击字符键，将输入右下角的字符；单击EOB键，将输入“;”，表示换行结束
7 8 9 4 5 6 1 2 3 - 0 .	实现字符的输入，例如，单击5键将在光标所在位置输入字符“5”，单击SHIFT键后，再单击5，将在光标所在位置处输入“J”
POS	在 CRT 中显示坐标值
PROG	CRT 将进入程序编辑和显示界面
OFFSET SETTING	CRT 将进入参数补偿显示界面
SYSTEM、MESSAGE、HELP	本软件不支持
CUSTOM GRAPH	在自动运行状态下，将数控显示切换至轨迹模式
SHIFT	输入字符切换键，一次性有效
CAN	删除缓冲区内的单个字符
INPUT	将数据域中的数据输入到指定的区域
ALTER	字符替换
INSERT	将缓冲区中的内容输入到指定区域
DELETE	删除程序中的一个指令
RESET	机床复位、程序复位

② CRT 界面是人机信息交流的平台，CRT 界面区的显示内容与机床状态有关，机床处于不同的状态，CRT 区域显示的内容不同。

如图 4.7 所示，[绝对]、[相对]、[综合] 等是数控系统的菜单命令，机床处于不同的状态时，菜单命令是不同的。如果要执行该命令，单击下面对应的软键即可。◀是菜单向前翻页键，▶是菜单向后翻页键。

三、宇龙（FANUC）数控车仿真软件的基本操作

1．启动机床

单击操作面板上启动、按钮，启动机床。

2．机床回零

单击操作面板上X，+按钮，让车床沿 X 轴回零，X 轴回零指示灯亮起；

单击操作面板上Z，+按钮，让车床沿 Z 轴回零，Z 轴回零指示灯亮起，CRT 面板显示的坐标为 X0.000、Z0.000。

3．手动移动机床

（1）手动/连续方式。单击操作面板上的手动按钮，使其指示灯变亮，机床进入手动模式。

分别单击X、Z按钮，选择移动的坐标轴。

分别单击+、-按钮，控制机床的移动方向。

单击，控制主轴的转动和停止。

切削工件时，主轴需转动。加工过程中刀具与工件发生非正常碰撞后，系统弹出警告对话框，同时主轴自动停止转动，调整到适当位置，继续加工时，需再次单击 按钮，使主轴重新转动。

（2）手动脉冲方式。需精确调节机床时，可用手动脉冲方式调节机床。

单击操作面板上的手动脉冲按钮或，使指示灯变亮。单击按钮，显示手轮。鼠标对准轴选择旋钮，单击左键或右键，选择坐标轴。鼠标对准手轮进给速度旋钮，单击左键或右键，选择合适的脉冲当量。鼠标对准手轮，单击左键或右键，精确控制机床的移动。单击，控制主轴的转动和停止。单击，可隐藏手轮。

4．设定工件坐标系

在数控车床中，设定工件坐标系的方法有两种，分别是 G54～G59 和 T 指令。下面介绍这两种操作方法，假设编程原点选择在工件右端面的中心。

（1）设定工件坐标系 G54～G59。单击 MDI 键盘上的OFFSET SETTING，进入刀具偏置补偿设置界面，如图 4.8 所示。

要设置补偿值或参数，可输入刀补编号，如“010”，然后单击菜单软键“[NO 检索]”，光标即可移动到对应的刀补位置；或者通过光标移动到所需要的位置。

在图 4.8 中，单击菜单软键“[坐标系]”，即可进入工件坐标系设定窗口，如图 4.9 所示。

要设置补偿值或参数，可输入如“01”、“02”等，然后单击菜单软键“[NO 检索]”，光标即可跳转到对应的刀补位置。例如输入“01”，单击菜单软键“[NO 检索]”后，光标就快速跳转到 G54。也可以通过光标移动到所需要的位置。

工具补正/摩耗　　　O　　　N

番号	X	Z	R	T
01	0.000	0.000	0.000	0
02	0.000	0.000	0.000	0
03	0.000	0.000	0.000	0
04	0.000	0.000	0.000	0
05	0.000	0.000	0.000	0
06	0.000	0.000	0.000	0
07	0.000	0.000	0.000	0
08	0.000	0.000	0.000	0

现在位置(相对座标)

U 304.933　W 117.050

>　S 120　1

JOG **** *** ***

[摩耗][形状][SETTING[坐标系][(操作)]

图4.8　刀具偏置补偿设置界面

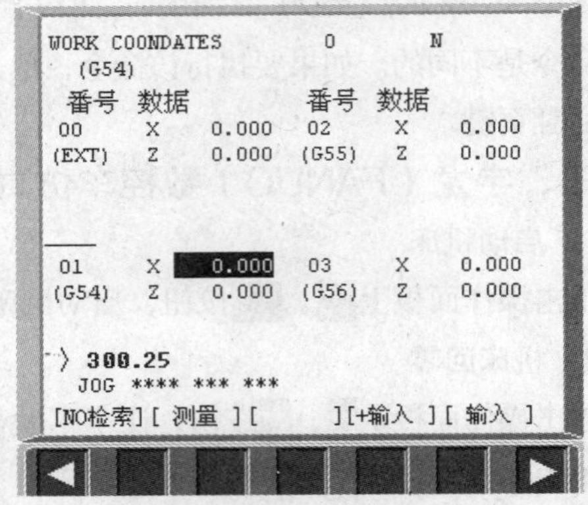

图4.9　工件坐标系设置窗口

如果机床操作者计算出G54的坐标，则在缓冲区直接输入数值后，单击菜单软键“[+输入]”、“[输入]”来设定工件坐标系的值；或者通过对刀点的机床坐标和对刀点在工件坐标系中的坐标值让系统自动计算工件坐标位置，此时可在缓冲区输入“X__”或“Z__”，然后单击菜单软键“[测量]”，“X__”或“Z__”就是对刀点在工件坐标系中的坐标，与建立工件坐标系指令G50（FANUC系统）原理相同。下面说明编程原点、对刀点和机床原点的位置关系。

如图4.10所示，对刀点在工件坐标系中的坐标值是（50，15），建立工件坐标系的程序段为“G50　X50.　Z15.”，对刀点在机床坐标系中的坐标为（−365.73，−315.62），这样可以反推出编程原点在机床坐标系中的坐标值为（−415.73，−330.62）。

（2）通过T指令对刀。单击MDI键盘上的OFFSET SETTING键，进入刀具补偿设置界面，如图4.11所示。

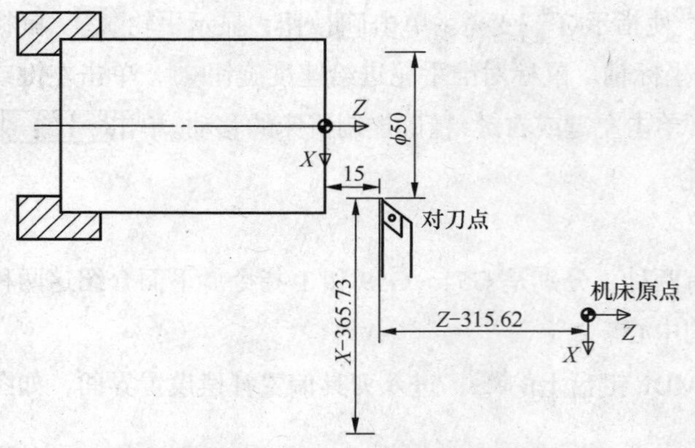

图4.10　编程原点、对刀点和机床原点的位置关系

工具补正/摩耗　　　O　　　N

番号	X	Z	R	T
01	0.000	0.000	0.000	0
02	0.000	0.000	0.000	0
03	0.000	0.000	0.000	0
04	0.000	0.000	0.000	0
05	0.000	0.000	0.000	0
06	0.000	0.000	0.000	0
07	0.000	0.000	0.000	0
08	0.000	0.000	0.000	0

现在位置(相对座标)

U 304.933　W 117.050

>　S 120　1

JOG **** *** ***

[摩耗][形状][SETTING[坐标系][(操作)]

图4.11　刀具补偿设置界面

刀具补偿表包括以下两个菜单。

① [磨耗]：刀具长度、宽度方向的磨损值。

② [形状]：工件坐标系在机床坐标系中的坐标位置。

调用刀补时，刀具实际的补偿值为各方向对应的补偿值的代数和，当然也可以直接将刀具的磨损量补偿到刀具形状补偿中。

形状补偿中，如果 X 值减小，刀具会向 X 负方向多进刀，将剩余的余量加工掉；如果形状补偿中 X 值增大，刀具会向 X 正方向退刀，从而留出加工余量。形状补偿中，如果 Z 值减小，刀具会向卡盘方向多进刀；形状补偿中，如果 Z 值增大，刀具在 Z 方向会留出余量。实际加工中可以利用这样的方法反复调整刀补将刀具对得非常准确。

其中涉及的 R 为刀尖圆弧半径补偿，T 为刀尖方位。

如果已经通过前面介绍的方法计算出工件坐标系的坐标值，则可以将 G54 的坐标直接复制到刀具形状补偿数据中。当然，用 T 指令方式计算的 X、Z 偏置值也可以直接复制到 G54 的坐标中。两个数据的含义完全相同，都是指编程原点在工件坐标系中的坐标值。

（3）对多把刀。例如，选择 2 把刀具加工某一零件：一把粗车刀，一把精车刀。

将 1 号粗车刀刀补设置在“01”。对刀时，用 1 号刀具试切工件直径，然后沿试切直径柱面退回，测量试切直径，在刀具形状补偿中输入“X__”，单击菜单软键［测量］，系统计算出 X 方向刀偏；再用刀具试切端面，输入“Z0.”，单击菜单软键［测量］，系统计算出 Z 方向刀偏。

在 MDI 方式下，换 2 号精车刀，将刀补设置在“02”。同样，用刀具试切工件直径，测量试切直径后，在刀具形状补偿中输入“X__”，单击菜单软键［测量］，系统计算出 X 方向刀偏；Z 方向却不能再次试切端面，因为编程时，一般情况下两把刀的编程原点选择为同一个点，所以只能用 2 号精车刀碰 1 号刀具试切的端面后，输入“Z0.”，单击菜单软键［测量］，系统计算出 Z 方向刀偏。

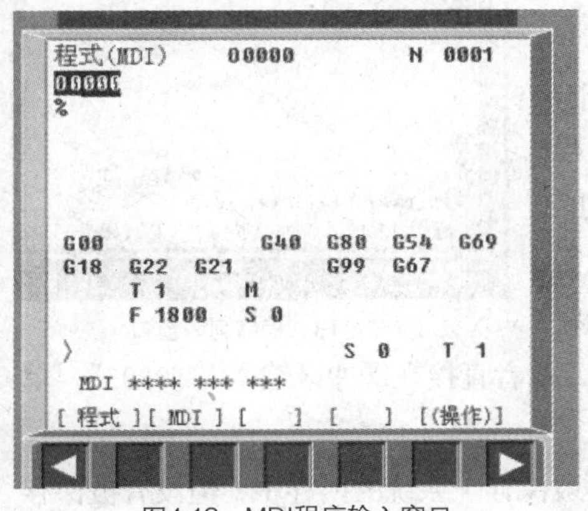

图4.12 MDI程序输入窗口

5．MDI 手动数据输入

依次单击按钮、PROG键，在 CRT 区域显示程序输入窗口，如图 4.12 所示。

“O0000”是系统预留给 MDI 模式的程序编号，如果在导入程序时，将程序编号输入为“O0000”，那么程序就导入了 MDI 区域，该程序可以执行，但执行一次就删除了。

进入 MDI 模式，在 CRT 区域，光标停留在程序标号上，单击EOB键输入“;”，单击INSERT键将缓冲区中的“;”插入程序标号后，程序编号行输入结束，其他指令的输入方法和程序录入相同。程序输入完成后，单击RESET键以使光标停留在程序头，按下按钮就可以执行输入的程序内容。

6．编辑数控程序

在编辑模式下，单击PROG键，进入程序管理界面。

下面以如下 2 个程序为例，说明程序的编辑方法。

程序 1：

```
O1
N10  T0101;
N15  M03 S650;
N20  G00 X52 Z0 M05;
N30  M30;
```

程序2：

```
O2
N10  T0202;
N15  M03  S1200;
N20  G00 X60 Z2 M05;
N30  M30;
```

（1）程序录入。输入第1个程序的步骤如下：在编辑模式下，单击PROG键，用键盘输入程序编号“O1”，单击INSERT键以建立新程序，单击EOB键输入“;”换行结束，再单击INSERT键，将缓冲区中的“;”插入程序中，程序编号行输入结束；在缓冲区输入“N10　T0101”后，单击INSERT键，单击EOB键输入“;”换行结束，单击INSERT键，将缓冲区中的“;”插入程序中完成本行的输入。输入其他程序行的步骤相同。

输入第2个程序的步骤如下：在编辑模式下，单击PROG键，用键盘输入程序编号“O2”，单击INSERT键以建立新程序，单击EOB键输入“;”换行结束，再次单击INSERT键，将缓冲区中的“;”插入程序中，程序编号行输入结束。

（2）程序调用。此时，系统内存中存在2个程序，分别是“O1”和“O2”。由于“O2”刚建立，所以是当前通道中的程序。如果要调用其他程序，单击菜单软键“［LIB］”（程序列表）以显示内存中程序的编号，如图4.13所示。

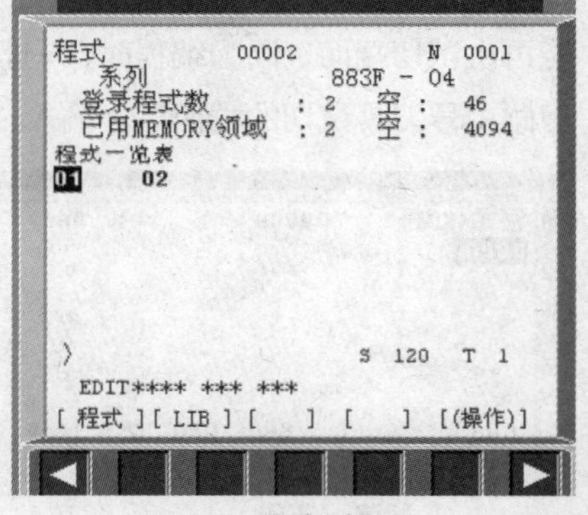

图4.13　程序列表窗口

在缓冲区输入“O1”或“O0001”，然后单击菜单软键“[O检索]”，将该程序调入当前通道中，完成后发现CRT区域“程式”后的程序为“O0001”。若要调用其他的程序，方法相同。

（3）程序修改。如果程序输入错误需要修改时，例如，需要将“N10　T0101;”中“T0101”改为“T0303”，可以先将光标移动到“T0101”的位置，然后将其删除，再重新插入，或者直接在缓冲区输入“T0303”，单击ALTER键替换原字符。

（4）程序导入、导出。程序“O0001”和“O0002”临时被保存于系统的内存中，但没有被保存在机床的存储器里，如果关机，则下次开机时，程序就丢失了。所以需要将这2个程序导出机床的存储器中。

① 程序导出。在编辑模式下，单击PROG键，单击菜单软键“［(操作)］”，按▶键向后翻页，以显示其他菜单命令，单击菜单软键“［PUNCH］”（“PUNCH”取意于穿孔纸带存储方式），然后选择代码文件的保存目录和文件名。

② 程序导入。在编辑模式下，单击PROG键，单击菜单软键“［(操作)］”，按▶键向后翻页以显示其他菜单命令，单击菜单软键“［READ］”后，浏览到加工程序存储目录，单击工具栏中的按钮，弹出“文件选择”窗口，选中要导入的程序，在缓冲区输入程序编号后，单击菜单软键“［EXEC］”，将存储器中的加工代码导入数控系统中。

7．运行数控程序

（1）自动/连续方式。自动/连续方式包括自动加工流程和中断运行方式 2 种情况。

① 自动加工流程。步骤如下：检查机床是否回零，若未回零，先将机床回零；导入数控程序或自行编写一段程序；单击操作面板上的自动运行按钮，使其指示灯变亮；单击操作面板上的循环启动按钮，程序开始执行。

② 中断运行。步骤如下：数控程序在运行过程中可根据需要暂停、停止、急停和重新运行。数控程序在运行时，按进给保持按钮，程序停止执行；再单击按钮，程序从暂停位置开始执行。数控程序在运行时，按循环停止按钮，程序停止执行；再单击按钮，程序从开头重新执行。数控程序在运行时，按下急停按钮，数控程序中断运行，继续运行时，先将急停按钮松开，再按按钮，余下的数控程序从中断行开始作为一个独立的程序执行。

（2）自动/单段方式。步骤如下：检查机床是否机床回零，若未回零，先将机床回零；再导入数控程序或自行编写一段程序；单击操作面板上的自动运行按钮，使其指示灯变亮；单击操作面板上的单节按钮；单击操作面板上的循环启动按钮，程序开始执行。

在自动/单段方式，每执行一行程序，需单击一次循环启动按钮 。单击单节跳过按钮 ，则程序运行时跳过符号“/”有效，该行成为注释行，不执行。单击选择性停止按钮 ，则程序中 M01 有效。可以通过主轴倍率旋钮 和进给倍率旋钮 来调节主轴旋转的速度和移动的速度。按 键可将程序重置。

（3）检查运行轨迹。NC 程序导入后，可检查运行轨迹。

单击操作面板上的自动运行按钮，使其指示灯变亮，单击 MDI 键盘上的键，单击数字/字母键，输入 Ox（x 为所需要检查运行轨迹的数控程序号），按键开始搜索，找到后，程序显示在 CRT 界面上。单击按钮，进入检查运行轨迹模式，单击操作面板上的循环启动按钮，即可观察数控程序的运行轨迹，此时也可通过“视图”菜单中的动态旋转、动态放缩、动态平移等方式对三维运行轨迹进行全方位的动态观察。

8．测量

单击“测量”菜单中的“剖面图测量”，弹出图 4.14 所示的剖面测量窗口。

内卡、外卡：选择卡抓为测量方式，和实际卡尺的测量方式相同，测量外轮廓尺寸时选择外卡，测量内孔、型腔尺寸时选择内卡。

自由放置：游标位置随意移动。

水平测量：测量零件水平方向尺寸。

垂直测量：测量零件竖直方向尺寸。

自动测量：设置为自动测量时，可使卡抓智能捕捉到零件的轮廓。

两点测量：测量 2 个点之间的距离。

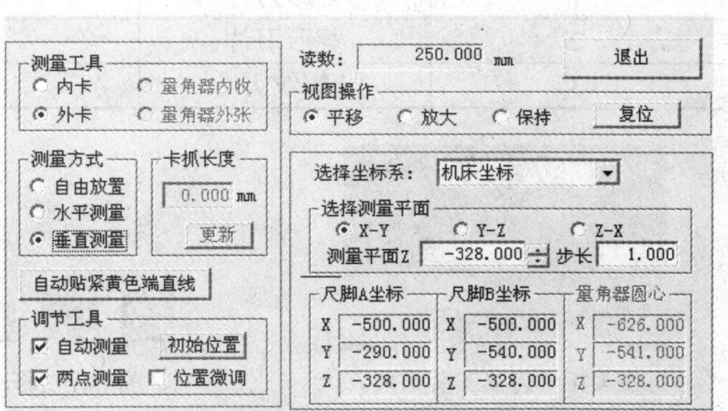

图4.14　剖面测量窗口

测量平面选择：选择测量剖面。

9．显示位置

单击键，进入坐标位置界面。

［绝对］：指当前点在工件坐标系中的坐标值。如果没有设定工件坐标系原点，该值就是机床实际坐标。

［相对］：指当前点相对于机床参考点的坐标值。机床原点和参考点如果重合，那么该值实际上也是机床实际坐标。

任务实施

对图 4.1 所示零件进行模拟加工的操作步骤如下。

1．定义毛坯

单击工具栏上的定义毛坯按钮，设置图 4.15 所示的毛坯尺寸。

2．定义刀具

定义刀具如表 4.6 所示。

单击工具栏上的定义毛坯按钮，将表 4.6 所示的刀具安装在对应的刀位。安装刀具时先选择刀位，再依次选择刀片、刀柄等，完成后如图 4.16 所示。

3．安装并移动工件装卡位置

单击工具栏上的定义毛坯按钮，弹出“选择零件”窗口；选择前面定义的毛坯，单击“安装零件”按钮以确认退出“零件选择”窗口，弹出移动工件按钮，如图 4.17 所示。

单击按钮，将零件向右移动到最远的位置，如图 4.18 所示，每移动一次，位移是 10mm。

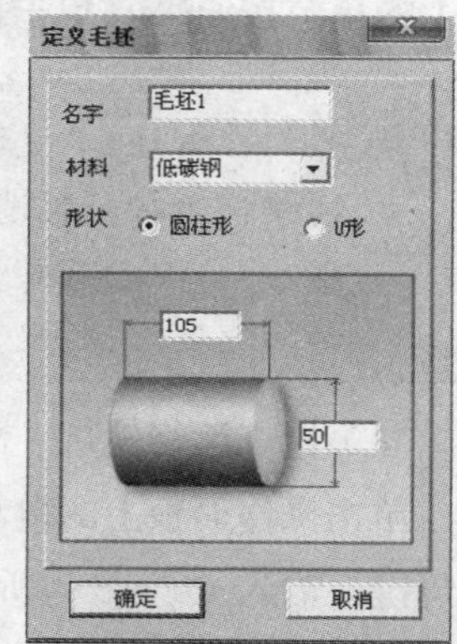

图4.15　毛坯定义界面

表 4.6　刀具参数

刀　位　号	刀 片 类 型	刀片角度（°）	刀　柄	刀尖半径（mm）
1	菱形刀片	80	93° 正偏手刀	0.4
2	菱形刀片	35	93° 正偏手刀	0.2
3	螺纹刀	60	螺纹刀柄	

图4.16　刀具安装结果

图4.17　移动工件按钮

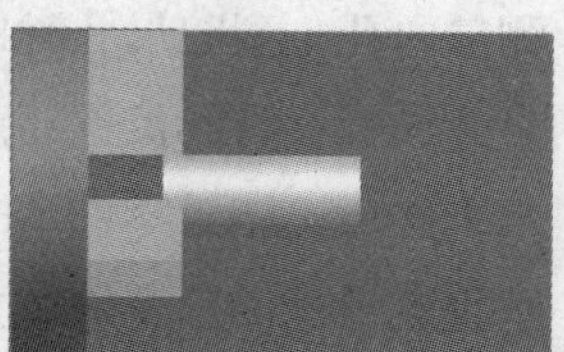

图4.18　工件装卡位置

4．编辑、导入程序

如果加工程序需要在数控系统中直接编辑，则需要新建程序。

首先单击按钮，进入编辑模式，单击键进入新建程序窗口，如图 4.19 所示。

然后在缓冲区输入程序号“O0001”，单击键新建程序，每编辑一段数控加工程序，单击一次键换行。

如果用 Word、记事本等已将程序编辑并保存，这时只需要将程序导入数控系统中即可。

首先单击按钮，进入编辑模式，单击键进入程序管理窗口，如图 4.20 所示。

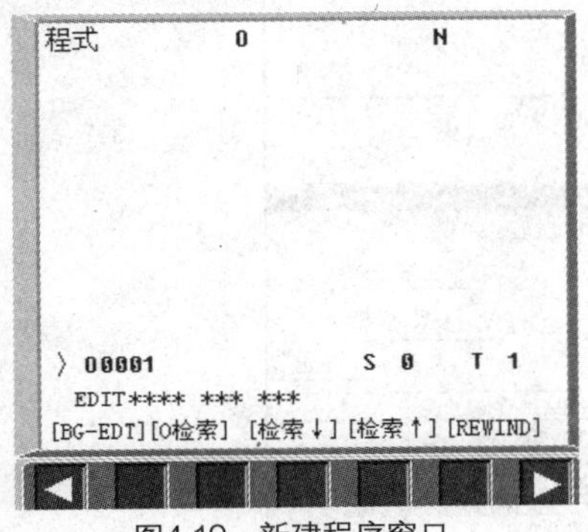

图4.19　新建程序窗口

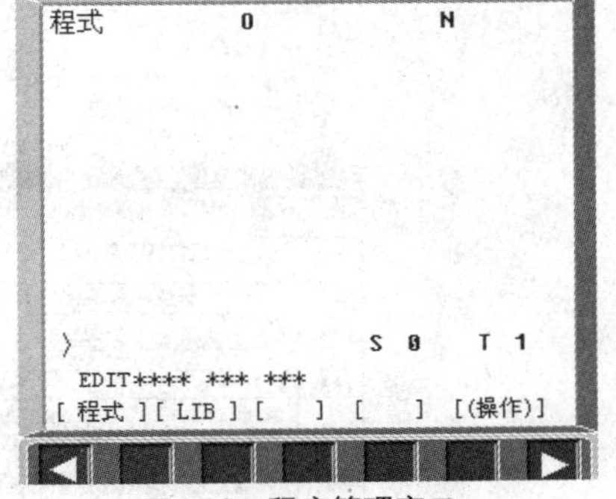

图4.20　程序管理窗口

然后单击菜单软键“[(操作)]”，进入该命令下级菜单；单击翻页，单击菜单软键“[READ]”；单击工具栏上的图标，弹出文件选择窗口，将文件目录浏览到程序保存目录，然后打开，在缓冲区输入程序编号；单击菜单软键“[EXEC]”，这样就将程序导入数控系统了。

5．对刀

（1）对 1 号刀。

① 工件试切。

单击按钮，将机床设置为手动模式。

单击 Z 按钮，按下快速，使机床以叠加速度快速移动，按住 - 按钮，使机床向负方向靠近工件移动；单击 X 按钮，按住 - 按钮，使机床向负方向移动。当刀具靠近工件时取消快速按钮，单击按钮，启动主轴。

X 方向对刀：试切工件直径，然后使刀具沿试切圆柱面退刀。

② 试切尺寸测量。单击按钮，停止主轴旋转，单击菜单软键“［测量］”，执行“剖面图测量”命令，弹出图 4.21 所示提示界面。

图4.21　半径测量提示界面

选择“否”按钮，进入测量窗口，如图 4.22 所示。

在剖面图上用单击刚试切的圆柱面，系统会自动测量试切柱面的直径和长度，测量结果会高亮显示出来，本例试切直径结果为 45.744。

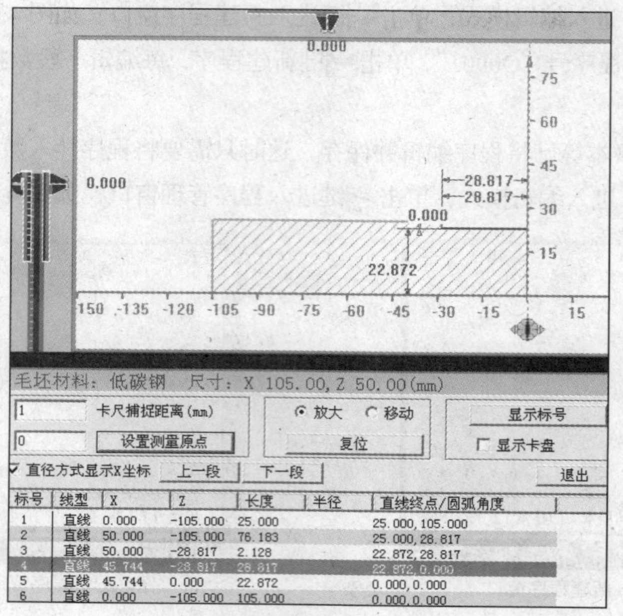

图4.22　测量窗口

③ 设置刀偏。因为程序中使用T指令调用工件坐标系，所以应该用T指令对刀。

单击MDI键盘上的OFFSET SETTING键，再单击菜单软键“［形状］”进入刀偏设置窗口，如图4.23所示。

使用←、↑、↓、→键，将光标移动到“01”刀补，在缓冲区输入“X45.744”，单击菜单软键“[测量]”，系统计算出X方向刀偏。

*Z*方向对刀：单击手动按钮，将机床的模式设置为手动模式。单击主轴正转按钮，启动主轴。

由于工件的总长为98mm，毛坯总长为105mm，因此手动移动刀具试切工件端面，然后使刀具沿试切圆柱端面退刀。单击主轴停止按钮，主轴停止旋转。由于是首次对刀，因此该试切端面选择为*Z*方向的编程原点。

单击MDI键盘上的OFFSET SETTING键，再单击菜单软键“[形状]”，进入刀偏设置窗口，使用←、↑、↓、→键，将光标移动到“01”刀补，在缓冲区输入“Z0.”，单击菜单软键“[测量]”，系统计算出*Z*方向刀偏。

（2）对2号刀。

① MDI换刀。单击MDI按钮，将机床模式设置为MDI模式；单击PROG键，以显示MDI程序窗口；单击EOB键，在程序编号“O0000”插入“;”以结束该行。将“T0200;”插入程序中，其含义为换2号刀，单击RESET键，将使程序复位停在第1行，按循环启动按钮换刀。

② 工件试切。单击手动按钮，沿*X*方向移动刀具，如图4.24所示。

③ 试切尺寸测量。单击主轴停止按钮，主轴停止旋转，再单击“测量”菜单，执行“剖面图测量”命令后，弹出测量工件窗口，同样用鼠标左键单击试切工件的直径，如图4.25所示。

④ 设置刀偏。单击OFFSET SETTING键，再单击菜单软键“[形状]”，进入刀偏设置窗口，使用←、↑、↓、→键将光标移动到“02”刀补。在缓冲区输入“X47.847”，单击菜单软键“[测量]”，系统计算

出 *X* 方向刀偏；在缓冲区输入“Z-45.986”，单击菜单软键“[测量]”，系统计算出 *Z* 方向刀偏。

将 2 号刀的刀尖半径补偿设置为“0.200”，刀尖方位设置为“3”，如图 4.26 所示。

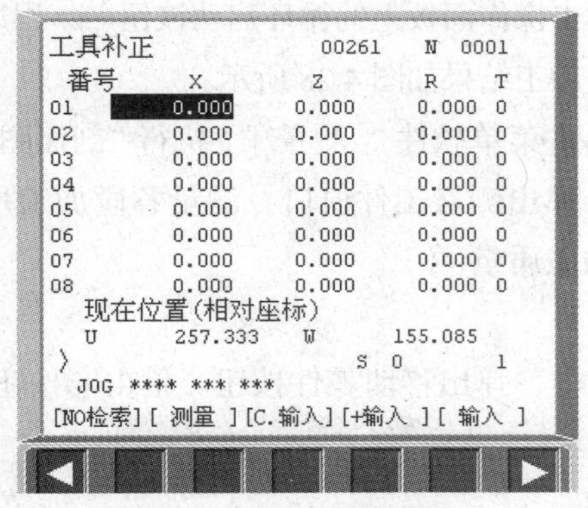

图4.23　刀偏设置窗口

图4.24　刀具试切停止位置

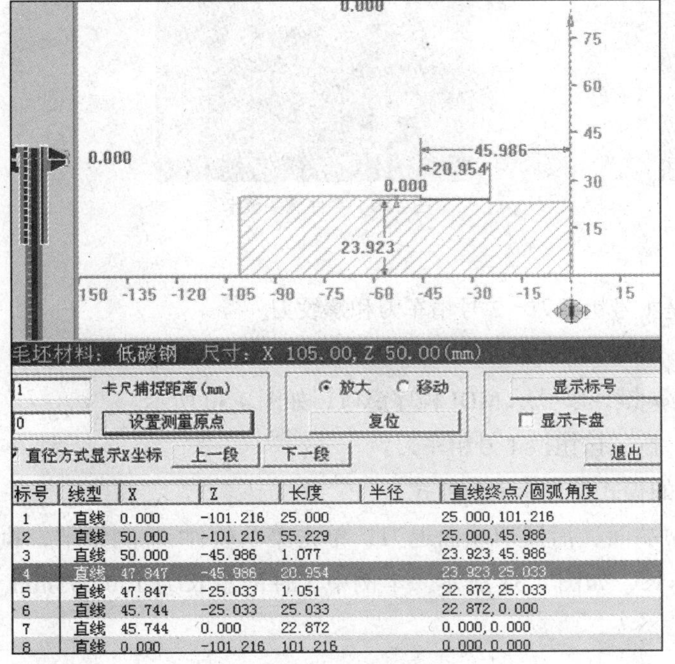

标号	线型	X	Z	长度	半径	直线终点/圆弧角度
1	直线	0.000	-101.216	25.000		25.000, 101.216
2	直线	50.000	-101.216	55.229		25.000, 45.986
3	直线	50.000	-45.986	1.077		23.923, 45.986
4	直线	47.847	-45.986	20.954		23.923, 25.033
5	直线	47.847	-25.033	1.051		22.872, 25.033
6	直线	45.744	-25.033	25.033		22.872, 0.000
7	直线	45.744	0.000	22.872		0.000, 0.000
8	直线	0.000	-101.216	101.216		0.000, 0.000

图4.25　测量界面

工具补正　00261　N　0001

番号	X	Z	R	T
01	211.256	141.505	0.000	0
02	210.520	141.758	0.200	3
03	0.000	0.000	0.000	0
04	0.000	0.000	0.000	0
05	0.000	0.000	0.000	0
06	0.000	0.000	0.000	0
07	0.000	0.000	0.000	0
08	0.000	0.000	0.000	0

现在位置(相对座标)
U　258.367　W　170.872
S　120　2
JOG **** *** ***
[NO检索][测量][C.输入][+输入][输入]

图4.26　刀尖半径补偿设置界面

6. 自动运行程序

单击按钮，将机床设置为自动运行模式。

单击工具栏上的“”图标以显示俯视图，单击键，在机床模拟窗口进行程序校验。

单击按钮，设置为单段运行有效，再单击按钮，使选择性程序停止功能有效。这样，程序执行到“M01”指令时将自动停止，因为零件还需要调头并再次对刀。

单击操作面板上的循环启动按钮，程序开始执行。

程序校验轨迹如图 4.27 所示。

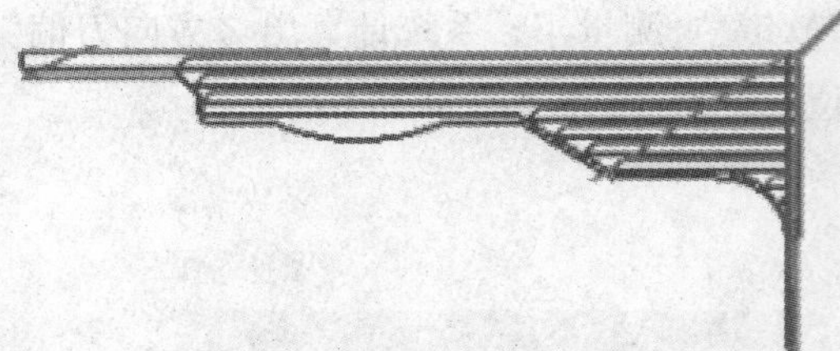

图4.27 程序校验轨迹

如果没有问题，则单击键，以退出程序校验模式。

单击操作面板上的循环启动按钮，程序开始执行。加工结果如图 4.28 所示。

单击菜单软件“[测量]”，执行“剖面图测量”命令，弹出测量工件窗口，测量各段加工尺寸以验证加工质量。

7．零件调头

单击菜单软件“[零件]”，执行“移动零件”命令，弹出移动零件按钮。单击按钮，将零件调头装卡，装卡的长度不需要移动，如图 4.29 所示。

图4.28 加工结果

图4.29 零件调头装卡

8．对刀

调头以后需要使用 3 把刀具，分别是 1 号粗车刀、2 号精车刀和螺纹刀。

（1）调头后再次对 1 号粗车刀。

① MDI 换刀。单击按钮，再单击键，以显示 MDI 程序窗口，如图 4.30 所示。单击键，使程序复位停在第 1 行，按按钮换 1 号粗车刀。

② 工件试切。单击按钮，将机床的模式设置为手动模式。

Z 方向对刀：手动移动刀具，试切端面，沿试切端面退刀，单击菜单软件“[测量]”，执行“剖面图测量”命令，测量工件的总长，如图 4.31 所示。本例中工件的总长为 100.553mm。

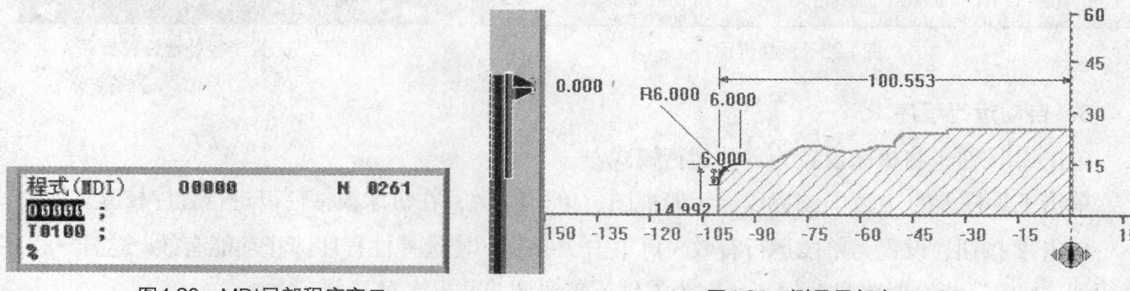

图4.30 MDI局部程序窗口

图4.31 测量局部窗口

③ MDI 移动刀具。单击按钮，再单击键，以显示 MDI 程序窗口。如图 4.32 所示。单击键，使程序复位停在第 1 行，按按钮使 1 号刀向 *Z* 负方向移动 2.603mm。

启动主轴后，单击按钮，将机床的模式设置为手动模式，手动车掉宽度 2.603mm 的端面后，刀具沿此端面退刀。该端面即是调头后的编程原点，此时工件的总长应该是 97.95mm。

④ 设置刀偏。

单击键，再单击菜单软键“[形状]”，进入刀偏设置窗口。使用←、↑、↓、→键将光标移动到“03”刀补，在缓冲区输入“Z0.”，单击菜单软键“[测量]”，系统计算出 *Z* 方向刀偏。

X 方向对刀：调头以后，第 2 道工序的编程原点和第 1 道工序的编程原点 *X* 方向重合，且刀具没有移动，所以理论上 2 把粗车刀的 *X* 方向刀偏值应该是相等的，因此可以直接将“01”号刀偏 *X* 方向的刀偏值输入，单击菜单软键“[输入]”。

（2）调头后再次对 2 号精车刀。

① MDI 换刀。单击按钮，再单击键，以显示 MDI 程序窗口，如图 4.33 所示。

图4.32　MDI局部程序窗口

图4.33　MDI局部程序窗口

单击键，将使程序复位停在第 1 行，按按钮换 2 号精车刀。

② 工件试切。单击按钮，将机床的模式设置为手动模式。

对 *Z* 方向：启动主轴后，刀具沿 *X* 方向移动，试切圆柱面，注意不能以 2 号刀再次试切端面，刀具应停留在工件试切圆柱面内，停止主轴后，单击菜单软键“[测量]”，执行“剖面图测量”命令，测量刚才试切圆柱面的长度，如图 4.34 所示。试切圆柱长度为 13.603mm。

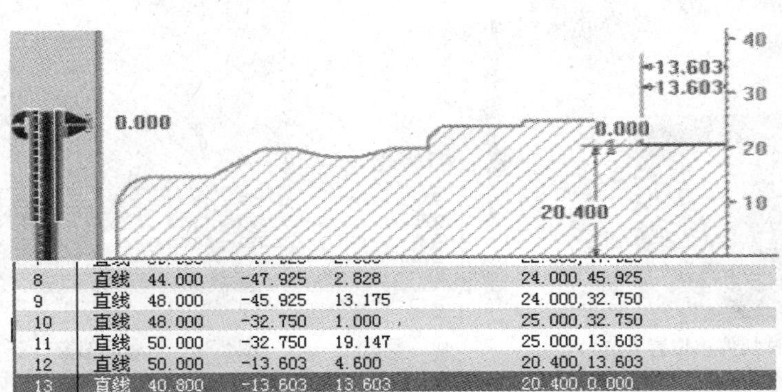

图4.34　测量局部窗口

③ 设置刀偏。单击键，再单击菜单软键“[形状]”，进入刀偏设置窗口。使用←、↑、↓、→键将光标移动到“04”刀补，在缓冲区输入“Z−13.603”，单击菜单软键“[测量]”。

X 方向对刀：理论上，2 把精车刀的 *X* 方向刀偏值应该是相等的，因此可以直接将“02”号刀偏 *X* 方向的刀偏值输入，单击菜单软键“[输入]”，同时为 2 号刀设置刀尖半径补偿值和刀尖方位，刀偏设置结果如图 4.35 所示。

手动将刀具退出加工面。

（3）对螺纹刀。

① MDI 换刀。单击按钮，再单击键，以显示 MDI 程序窗口，如图 4.36 所示。

```
工具补正              O0261    N  0261
 番号      X          Z          R      T
01      211.256    141.505    0.000  0
02      210.520    141.758    0.200  3
03      211.256    138.240    0.000  0
04      210.520    138.493    0.200  3
05        0.000      0.000    0.000  0
06        0.000      0.000    0.000  0
07        0.000      0.000    0.000  0
08        0.000      0.000    0.000  0
  现在位置(相对座标)
  U      251.320    W        124.890
 >                      S  0          2
  JOG **** *** ***
[NO检索][ 测量 ][C.输入][+输入 ][ 输入 ]
```

图4.35　外圆车刀刀补设置界面

图4.36　MDI局部程序窗口

单击键，将使程序复位停在第 1 行，按按钮换 3 号螺纹刀。

② 工件试切。单击按钮，手动将刀具沿 *X* 方向移动，试切圆柱面后，将刀具停在试切工件内并停止主轴旋转，如图 4.37 所示。

单击菜单软键“[测量]”，执行“剖面图测量”命令，测量刚才试切圆柱面的长度和直径，如图 4.38 所示。试切圆柱长度为 21.427mm，试切直径为 48.287mm。

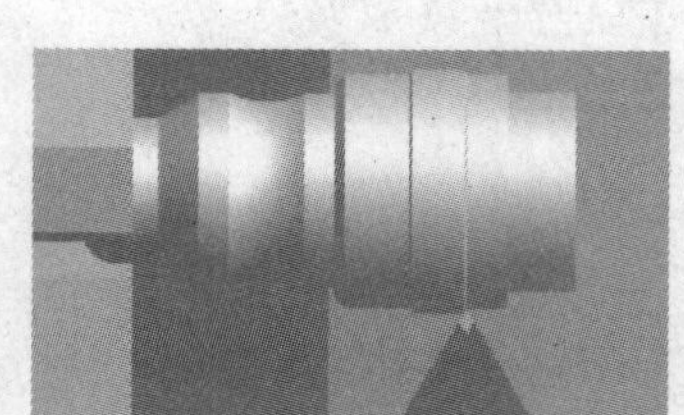

图4.37　螺纹刀试切停止位置

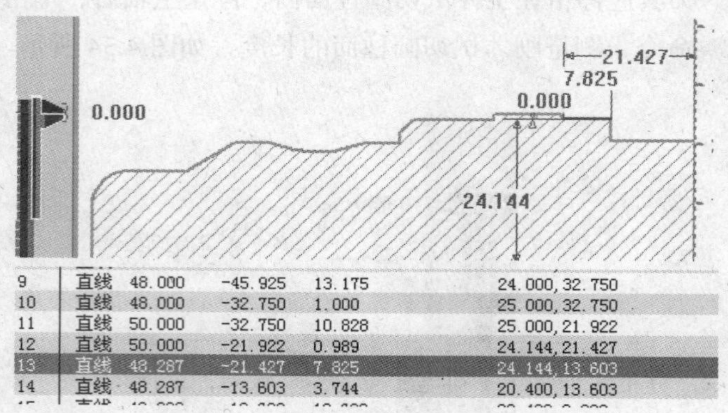

图4.38　测量局部窗口

③ 设置刀偏。单击键，再单击菜单软键“[形状]”，进入刀偏设置窗口。使用←、↑、↓、→键将光标移动到“05”刀补，在缓冲区输入“Z-21.427”，单击菜单软键“[测量]”；在缓冲区输入“X48.287”，单击菜单软键“[测量]”。

手动将刀具退出加工面。

9．自动运行程序

单击按钮，将机床设置为自动运行模式。使用←、↑、↓、→键将光标移动到“M01”程序段位置。单击按钮，程序开始执行，校验程序，如图 4.39 所示。

验证加工轨迹无误后，将程序再次移动到“M01”段，使程序从该行开始执行，加工结果如图 4.40 所示。

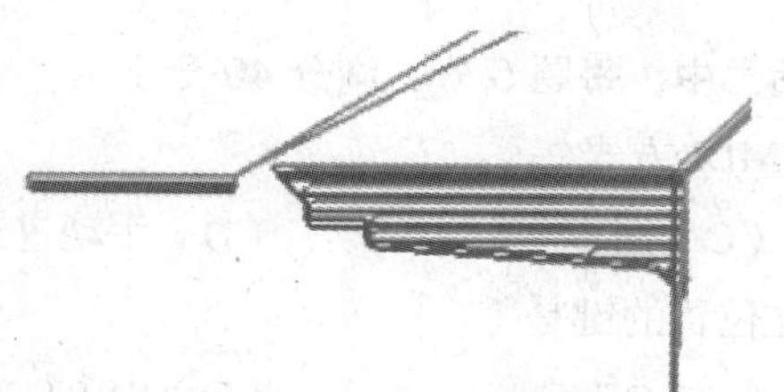

图4.39　程序校验轨迹

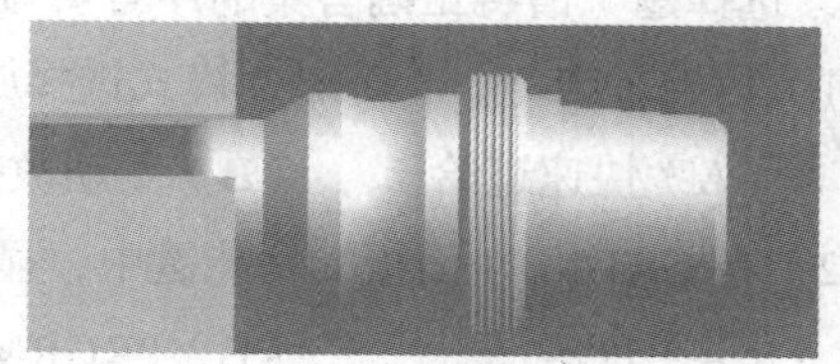

图4.40　加工结果

10．测量

单击菜单软键“[测量]”，执行“剖面图测量”命令，弹出测量窗口，依次测量零件各段尺寸。

实训内容

已知毛坯尺寸为 $\phi25\times65$，90°外圆车刀为 2 号刀，宽度 3mm 的切断刀为 3 号刀，编程原点设在工件右端面的中心，数控加工程序如下。要求进行模拟加工，并画出加工零件的图形。

```
O5552
N001  T0202;
N002  G98  M03  S500;
N004  G00  X26  Z0;
N005  G01  X0  F50;
N006  Z1;
N007  G00  X6;
N008  G01  X10  Z-1;
N009  Z-16;
N010  X12;
N011  X16  Z-18;
N012  Z-26;
N013  G02  X24  Z-30  R4 F30;
N014  G01  Z-40  F50;
N015  G00  X100;
N016  Z100;
N017  T0303  M08;
N018  M03  S400;
N019  G00  X28  Z-43;
N020  G01  X1  F40;
N021  G01  X28;
N022  G00  X150;
N023  Z150  M09;
N024  M05;
N025  M30;
```

自测题

1. 选择题（请将正确答案的序号填写在题中的括号中，每题5分，满分40分）

（1）数控车床（　　）时，模式选择旋钮应放在MDI方式。

（A）快速进给　（B）手动数据输入　（C）回零　（D）手动进给

（2）在CRT/MDI面板的功能键中，显示机床现在位置的键是（　　）。

（A）POS　（B）PRGRM　（C）OFSET　（D）SYSTEM

（3）英文词汇“SOFT　KEY”的中文含义是（　　）。

（A）软键　（B）硬键　（C）按钮　（D）开关

（4）数控车床在开机后，必须进行回零操作，使 X、Z 各坐标轴运动回到（　　）。

（A）机床参考点　（B）编程原点　（C）工件零点　（D）坐标原点

（5）中文词汇“硬键”的英文含义是（　　）。

（A）HARD KEY　（B）SWITCH　（C）SOFT　KEY　（D）BOTTON

（6）英文词汇“EMERGENCY　STOP”的中文含义是（　　）。

（A）主轴　（B）冷却液　（C）紧停　（D）进给

（7）在CRT/MDI面板的功能键中，用于程序编制的键是（　　）。

（A）POS　（B）OFSET　（C）PRGRM　（D）SYSTEM

（8）中文词汇“进给”的英文含义是（　　）。

（A）SPINDLE　（B）FEED

（C）EMERGENCY STOP　（D）COOLANT

2. 判断题（请将判断结果填入括号中，正确的填“√”，错误的填“×”，每题12分，满分60分）

（　　）（1）螺纹循环时，进给保持功能无效。

（　　）（2）对于一个设计合理、制造良好的带位置闭环控制的数控机床，可达到的精度由检测元件的精度决定。

（　　）（3）精加工时使用切削液的目的是降低切削温度，起冷却作用。

（　　）（4）数控系统启动之后，使用G28指令就能使各轴自动w返回到参考点。

（　　）（5）快速进给速度一般为3 000mm/min，它通过参数设定G00的进给速度。

任务5

| 数控车削加工工艺分析 |

【学习目标】

掌握数控车削加工工艺分析过程，能够正确填写各种工艺文件。

任务导入

分析图5.1所示的零件数控加工工艺，并填写工艺文件。

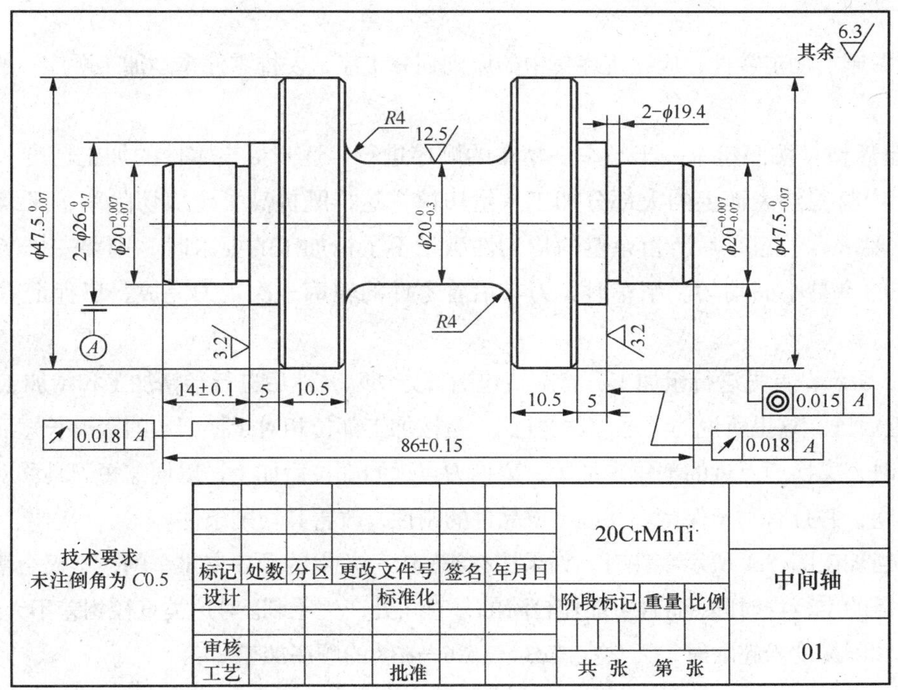

图5.1 中间轴

知识准备

数控车削适合于加工精度和表面粗糙度要求较高、轮廓形状复杂或难于控制尺寸、带特殊螺纹的回转体零件。由于数控车床加工受零件加工程序的控制，因此数控车削工艺与普通车床的工艺规程有较大区别，其工艺方案不仅要包括零件的工艺过程，而且要包括走刀路线、切削用量、刀具尺寸、车床的运动过程。技术人员不仅要掌握数控系统的编程指令，还要熟悉数控车床的性能、特点、运动方式、刀具系统、切削规范以及工件的装夹方法。

在数控车床或车削加工中心上加工零件，首先要根据零件图制定合理的工艺方案，然后才能进行编程和加工。工艺方案的好坏不仅会影响数控车床效率的发挥，而且会直接影响到零件的加工质量。

一、零件数控车削加工方案的拟定

1. 拟定工艺路线

（1）加工方法的选择。回转体零件的结构形状虽然多种多样，但它们都是由平面、内外圆柱面、曲面、螺纹等组成的。每一种表面都有多种加工方法，实际选择时应结合零件的加工精度、表面粗糙度、材料、结构形状、尺寸及生产类型等因素全面考虑。

（2）加工顺序的安排。选定加工方法后，接下来就要划分工序和合理安排工序的顺序。零件的加工工序通常包括切削加工工序、热处理工序和辅助工序。合理安排好切削加工、热处理和辅助工序的顺序，并解决好工序间的衔接问题，可以提高零件的加工质量、生产效率，降低加工成本。

在数控车床上加工零件，应按工序集中的原则划分工序，安排零件车削加工顺序一般遵循下列原则。

① 先粗后精。按照粗车→半精车→精车的顺序进行，逐步提高零件的加工精度。粗车将在较短的时间内将工件表面上的大部分加工余量切掉，这样既提高了金属切除率，又满足了精车余量均匀性要求。若粗车后所留余量的均匀性满足不了精加工的要求时，则要安排半精车，以便使精加工的余量小而均匀。精车时，刀具沿着零件的轮廓一次走刀完成，以保证零件的加工精度。

如图 5.2 所示，首先进行粗加工，将虚线包围部分切除，然后进行半精加工和精加工。

② 先近后远。这里所说的“远”与“近”，是按加工部位相对于换刀点的距离长短而言的。通常在粗加工时，离换刀点近的部位先加工，离换刀点远的部位后加工，以便缩短刀具移动距离，减少空行程时间，并且有利于保持坯件或半成品件的刚性，改善其切削条件。

例如，当加工图 5.3 所示零件时，如果按$\phi38 \rightarrow \phi36 \rightarrow \phi34$ 的顺序安排车削，不仅会增加刀具返回换刀点所需的空行程时间，而且可能使台阶的外直角处产生毛刺。对这类直径相差不大的台阶轴，当第 1 刀的切削深度未超限时，刀具宜按$\phi34 \rightarrow \phi36 \rightarrow \phi38$ 的顺序加工。

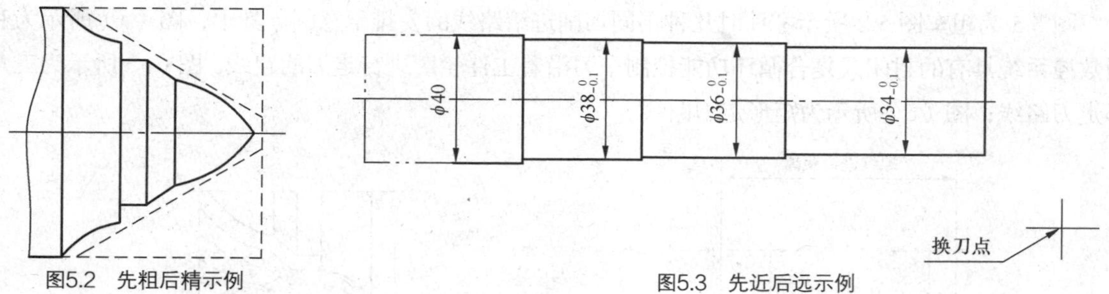

图5.2 先粗后精示例

图5.3 先近后远示例

③ 内外交叉。安排加工顺序时，对既有内表面（内型、内腔），又有外表面的零件，应先粗加工内、外表面，然后精加工内、外表面。

加工内、外表面时，通常先加工内型和内腔，然后加工外表面。原因是控制内表面的尺寸和形状较困难，刀具刚性相应较差，刀尖（刃）的耐用度易受切削热的影响而降低，以及在加工中清除切屑较困难等。

④ 刀具集中。即用一把刀加工完相应各部位，再换另一把刀加工相应的其他部位，以减少空行程和换刀时间。

⑤ 基面先行。用作精基准的表面应优先加工出来，原因是作为定位基准的表面越精确，装夹误差就越小。例如加工轴类零件时，总是先加工中心孔，再以中心孔为精基准加工外圆表面和端面。

2．确定走刀路线

走刀路线是指刀具从起刀点开始运动起，直至返回该点并结束加工程序所经过的路径，包括切削加工的路径及刀具引入、切出等非切削空行程。

（1）刀具引入、切出。在数控车床上进行加工时，尤其是精车时，要妥当考虑刀具的引入、切出路线，尽量使刀具沿轮廓的切线方向引入、切出，以免因切削力突然变化而造成弹性变形，致使光滑连接的轮廓上产生表面划伤、形状突变或滞留刀痕等瑕疵。

车螺纹时，必须设置升速段 L_1 和降速段 L_2，这样可避免因车刀升、降速而影响螺距的稳定，如图 5.4 所示。

（2）确定最短的空行程路线。确定最短的走刀路线，除了依靠大量的实践经验外，还应善于分析，必要时可辅以一些简单计算。

在手工编制较复杂轮廓的加工程序时，编程者（特别是初学者）有时会将加工完每一刀后的刀具通过执行“回零”（即返回换刀点）指令，使其返回到换刀点位置，然后再执行后续程序，这样会增加走刀路线的距离，从而大大降低生产效率。因此，在不换刀的前提下，执行退刀动作时，应不用“回零”指令。安排走刀路线时，应尽量缩短前一刀终点与后一刀起点间的距离，方可满足走刀路线为最短的要求。

（3）确定最短的切削进给路线。切削进给路线短，可有效地提高生产效率，降低刀具的损耗。在安排粗加工或半精加工的切削进给路线时，应兼顾被加工零件的刚性及加工的工艺性等要求，不要顾此失彼。

图 5.5 为粗车图 5.2 所示零件时几种不同切削进给路线的安排示意图。其中，图（a）所示为利用数控系统具有的封闭式复合循环功能控制车刀沿着工件轮廓进行走刀的路线；图（b）所示为三角形走刀路线；图（c）所示为矩形走刀路线。

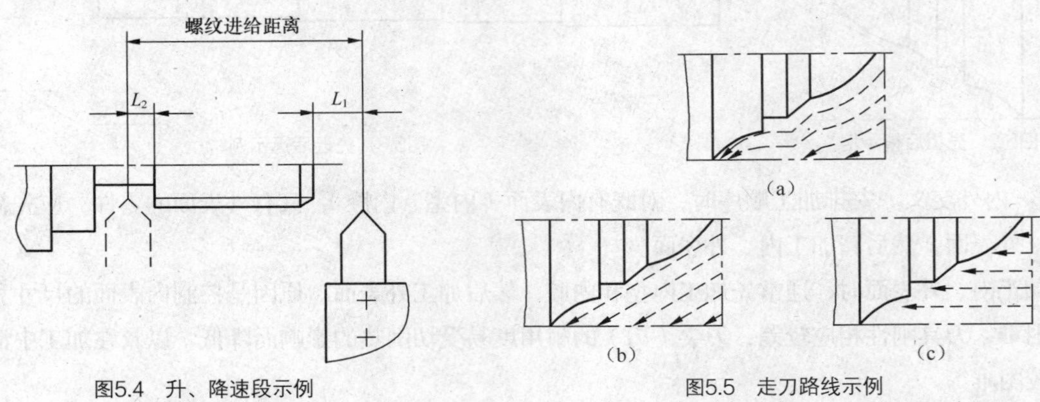

图5.4　升、降速段示例

图5.5　走刀路线示例

对以上 3 种切削进给路线，经分析和判断后，可知矩形循环进给路线的走刀长度总和为最短，即在同等条件下，其切削所需时间（不含空行程）为最短，刀具的损耗小。另外，矩形循环加工的程序段格式较简单，所以在制定加工方案时，建议采用矩形走刀路线。

二、车刀的类型及选用

1．常用车刀的刀位点

常用车刀的刀位点如图 5.6 所示，其中图（a）所示是 90° 偏刀，图（b）所示是螺纹车刀，图（c）所示是切断刀，图（d）所示是圆弧车刀。

2．车刀的类型

数控车削用的车刀一般分为 3 类，即尖形车刀、圆弧形车刀和成型车刀。

（1）尖形车刀。以直线形切削刃为特征的车刀一般称为尖形车刀。这类车刀的刀尖（同时也称为刀位点）由直线形的主、副切削刃构成，如 90° 内、外圆车刀，左、右端面车刀，切槽（断）车刀及刀尖倒棱很小的各种外圆和内孔车刀。

用这类车刀加工零件时，其零件的轮廓形状主要由一个独立的刀尖或一条直线形主切削刃位移后得到。

（2）圆弧形车刀。如图 5.7 所示，圆弧形车刀的特征是：构成主切削刃的刀刃形状为一圆度误差或线轮廓度误差很小的圆弧。该圆弧刃上每一点都是圆弧形车刀的刀尖，因此，刀位点不在圆弧上，而在该圆弧的圆心上，编程时要进行刀具半径补偿。

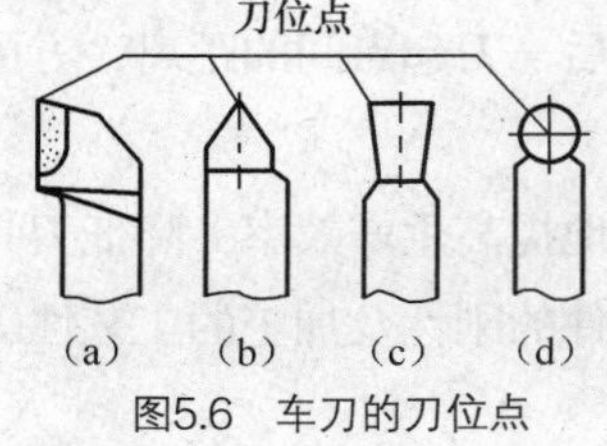

图5.6　车刀的刀位点

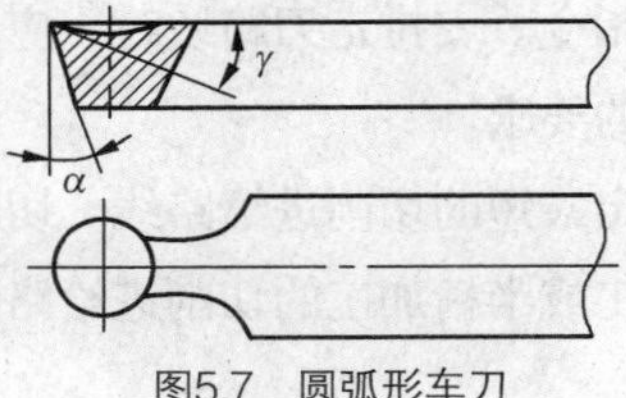

图5.7　圆弧形车刀

圆弧形车刀可以用于车削内、外圆表面，特别适宜于车削精度要求较高的凹曲面或大外圆弧面。

（3）成型车刀。成型车刀俗称样板车刀，其加工零件的轮廓形状完全由车刀刀刃的形状和尺寸决定。

数控车削加工中，常见的成型车刀有小半径圆弧车刀、非矩形车槽刀和螺纹车刀等。在数控加工中，应尽量少用或不用成型车刀，当确有必要选用时，则应在工艺准备的文件或加工程序单上进行详细说明。

3．常用车刀的几何参数

刀具切削部分的几何参数对零件的表面质量及切削性能影响极大，应根据零件的形状、刀具的安装位置以及加工方法等，正确选择刀具的几何形状及有关参数。

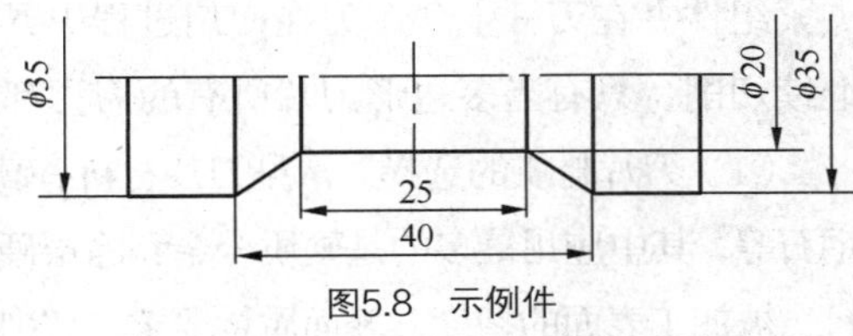

图5.8　示例件

（1）尖形车刀的几何参数。尖形车刀的几何参数主要指车刀的几何角度。选择方法与使用普通车削时基本相同，但应结合数控加工的特点（如走刀路线及加工干涉等）进行全面考虑。

例如，在加工图 5.8 所示的零件时，要使其左、右 2 个 45° 锥面由一把车刀加工出来，则车刀的主偏角应取 50° ～55°，副偏角应取 50° ～52°。这样既保证了刀头有足够的强度，又使得主、副切削刃车削圆锥面时不致发生加工干涉。

选择尖形车刀不发生干涉的几何角度，可用作图或计算的方法。如副偏角的大小，大于作图或计算所得不发生干涉的极限角度值 6° ～8° 即可。当确定几何角度困难或无法确定（如尖形车刀加工接近于半个凹圆弧的轮廓等）时，则应考虑选择其他类型车刀后，再确定其几何角度。

（2）圆弧形车刀的几何参数。

① 圆弧形车刀的选用。圆弧形车刀具有宽刃切削（修光）性质，能使精车余量相当均匀而改善切削性能，还能一刀车出跨多个象限的圆弧面。

例如，当图 5.9 所示零件的曲面精度要求不高时，可以选择用尖形车刀进行加工；当对曲面形状精度和表面粗糙度均有要求时，选择尖形车刀加工就不合适了，因为车刀主切削刃的实际吃刀深度在圆弧轮廓段总是不均匀的，如图 5.10 所示。当车刀主切削刃靠近其圆弧终点时，该位置上的切削深度（a_{p1}）将大大超过其圆弧起点位置上的切削深度（a_p），致使切削阻力增大，可能产生较大的线轮廓度误差，并增大其表面粗糙度值。

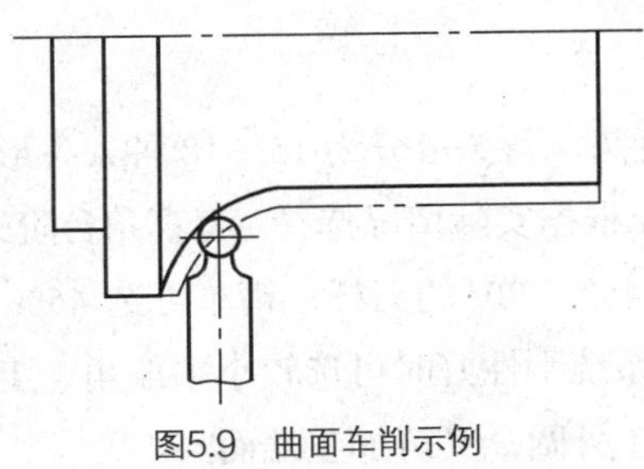
图5.9　曲面车削示例

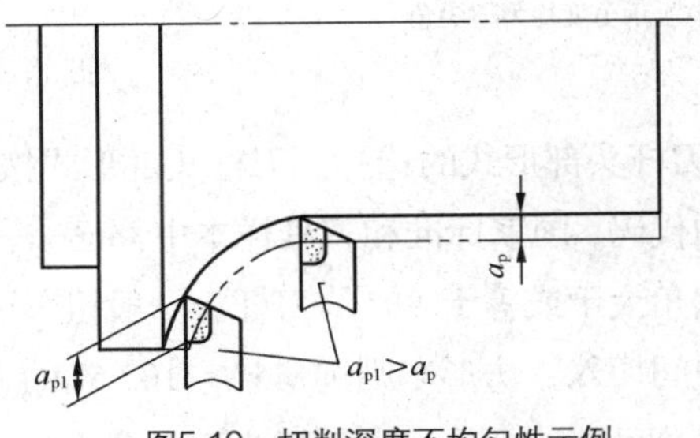

图5.10　切削深度不均匀性示例

② 圆弧形车刀的几何参数。圆弧形车刀的几何参数除了前角及后角外，主要还有车刀圆弧切削刃的形状及半径。

选择车刀圆弧半径的大小时，应考虑以下两点：一是车刀切削刃的圆弧半径应当小于或等于零件凹形轮廓上的最小曲率半径，以免发生加工干涉；二是该半径不宜选择太小，否则既难于制造，又会因其刀头强度太弱或刀体散热能力差，使车刀容易受到损坏。

4．机夹可转位车刀的选用

为了减少换刀时间和方便对刀，便于实现机械加工的标准化，在数控车削加工时，应尽量采用机夹刀和机夹刀片，机夹刀片常采用可转位车刀。这种车刀就是把经过研磨的可转位多边形刀片用夹紧组件夹在刀杆上。车刀在使用过程中，一旦切削刃磨钝，通过刀片的转位，即可用新的切削刃继续切削，只有当多边形刀片所有的刀刃都磨钝后，才需要更换刀片。

（1）刀片材质的选择。常见刀片材料有高速钢、硬质合金、涂层硬质合金、陶瓷、立方氮化硼和金钢石等，其中应用最多的是硬质合金和涂层硬质合金刀片。选择刀片材质的主要依据是被加工工件的材料、被加工表面的精度、表面质量要求、切削载荷的大小以及切削过程有无冲击和振动等。

（2）可转位车刀的选用。由于刀片的形式多种多样，并可采用多种刀具结构和几何参数，因此可转位车刀的品种越来越多，使用范围越来越广。下面介绍与刀片选择有关的几个问题。

① 刀片的紧固方式。在国家标准中，一般紧固方式有上压式（代码为C）、上压与销孔夹紧（代码为M）、销孔夹紧（代码为P）和螺钉夹紧（代码为S）4 种。但这仍没有包括可转位车刀所有的夹紧方式，而且各刀具商所提供的产品并不一定包括了所有的夹紧方式，因此选用时要查阅产品样本。

② 刀片外形的选择。刀片外形与加工的对象、刀具的主偏角、刀尖角和有效刃数等有关。一般外圆车削常用 80° 凸三边形（W 型）、四方形（S 型）和 80° 棱形（C 型）刀片。仿形加工常用 55°（D 型）、35° 菱形（V 型）和圆形（R 型）刀片。90° 主偏角常用三角形（T 型）刀片。不同的刀片形状有不同的刀尖强度，一般刀尖角越大，刀尖强度越大；反之亦然。圆刀片（R 型）刀尖角最大，35° 菱形刀片（V 型）刀尖角最小，如图 5.11 所示。在选用时，应根据加工条件恶劣与否，按重、中、轻切削有针对性地选择。在机床刚性、功率允许的条件下，大余量、粗加工应选用刀尖角较大的刀片；反之，机床刚性和功率小、小余量、精加工时宜选用刀尖较小角的刀片。

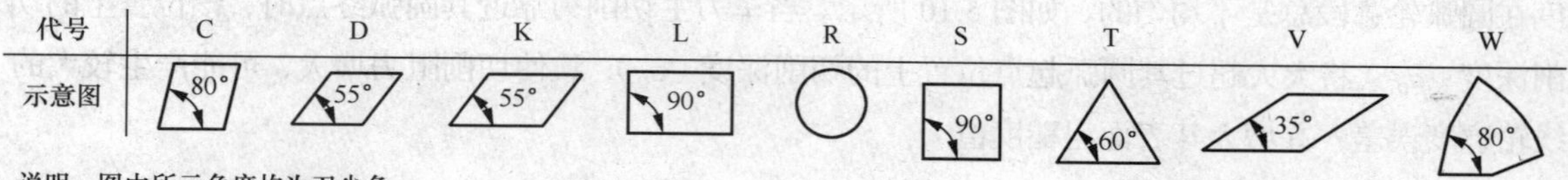

图5.11 常用刀片外形

③ 刀杆头部形式的选择。刀杆头部形式按主偏角和直头、弯头可分为 15～18 种，各形式规定了相应的代码，国家标准和刀具样本中都已一一列出，可以根据实际情况选择。有直角台阶的工件，可选主偏角大于或等于 90° 的刀杆。一般粗车可选主偏角 45° ～90° 的刀杆；精车可选 45° ～75° 的刀杆；中间切入、仿形车则选 45° ～107.5° 的刀杆。工艺系统刚性好时可选较小主偏角，工艺系统刚性差时，可选较大值。当刀杆为弯头结构时，则既可加工外圆，又可加工端面。

④ 刀片后角的选择。常用的刀片后角有N（0°）、C（7°）、P（11°）、E（20°）等。一般粗加工、半精加工可用N型；半精加工、精加工可用C、P型，也可用带断屑槽形的N型刀片；加工铸铁、硬钢可用N型；加工不锈钢可用C、P型；加工铝合金可用P、E型等；加工弹性恢复性好的材料可选用较大一些的后角；一般孔加工刀片可选用C、P型，大尺寸孔可选用N型。

⑤ 左、右手刀柄的选择。左、右手刀柄有R（右手）、L（左手）、N（左右手）3种，要注意区分左、右刀的方向。选择时要考虑车床刀架是前置式还是后置式、前刀面是向上还是向下、主轴的旋转方向以及需要的进给方向等。

⑥ 刀尖圆弧半径的选择。刀尖圆弧半径不仅影响切削效率，而且关系到被加工表面的粗糙度及加工精度。从刀尖圆弧半径与最大进给量之间的关系来看，最大进给量不应超过刀尖圆弧半径尺寸的80%，否则将恶化切削条件，甚至会出现螺纹状表面和打刀等问题。刀尖圆弧半径还与断屑的可靠性有关，为保证断屑，切削余量和进给量有一个最小值。当刀尖圆弧半径减小时，所得到的这两个最小值也相应减小，因此从断屑可靠性出发，通常对于小余量、小进给车削加工应采用小的刀尖圆弧半径；反之宜采用较大的刀尖圆弧半径。

粗加工时，注意以下几点。

（a）为提高刀刃强度，应尽可能选取大刀尖半径的刀片，大刀尖半径可允许大进给。

（b）在有振动倾向时，选择较小的刀尖半径。

（c）常用刀尖半径为1.2～1.6mm。

（d）粗车时进给量不能超过表5.1给出的最大进给量，作为经验法则，一般进给量可取为刀尖圆弧半径的一半。

表5.1　不同刀尖半径时最大进给量

刀尖半径（mm）	0.4	0.8	1.2	1.6	2.4
最大推荐进给量（mm/r）	0.25～0.35	0.4～0.7	0.5～1.0	0.7～1.3	1.0～1.8

精加工时，注意以下几点。

（a）精加工的表面质量不仅受刀尖圆弧半径和进给量的影响，而且受工件装夹稳定性、夹具和机床的整体条件等因素的影响。

（b）在有振动倾向时，选较小的刀尖半径。

（c）非涂层刀片比涂层刀片加工的表面质量高。

⑦ 断屑槽形的选择。断屑槽的参数直接影响着切屑的卷曲和折断。目前刀片的断屑槽形式较多，各种断屑槽刀片使用情况不尽相同。槽形根据加工类型分为加工对象的材料特性来确定，各供应商表示方法虽然不同，但思路基本一样：基本槽形按加工类型分为精加工（代码为F）、普通加工（代码为M）和粗加工（代码为R）；加工材料按国际标准分为加工钢的P类、加工不锈钢和合金钢的M类及加工铸铁的K类。这2种情况一组合就有了相应的槽形，如FP就指用于钢的精加工槽形，MK是用于铸铁普通加工的槽形等。如果加工向两方向扩展，如超精加工和重型粗加工，以及材料也扩展，如耐热合金、铝合金，有色金属等，就有了超精加工、重型粗加工和加工耐热合金、铝合

金等补充槽形，选择时可查阅具体的产品样本。一般可根据工件材料和加工条件选择合适的断屑槽形和参数。当断屑槽形和参数确定后，主要靠进给量的改变控制断屑。

（3）刀夹。数控车刀一般通过刀夹（座）装在刀架上。刀夹的结构主要取决于刀体的形状、刀架的外形和刀架对主轴的配置 3 种因素。刀架对主轴的配置形式只有几种，而刀架与刀夹连接部分的结构形式较多，致使刀夹的结构形式也很多。用户在选型时，除满足精度要求外，应尽量减少种类、形式，以利于管理。

三、切削用量的选择

数控车削加工中的切削用量包括背吃刀量、主轴转速或切削速度、进给速度或进给量。切削用量应结合车削加工的特点，在机床给定的允许范围内选取，其选择方法有以下几点。

1．背吃刀量（a_p）的确定

在车床主体—夹具—刀具—零件这一系统刚性允许的条件下，尽可能选取较大的背吃刀量，以减少走刀次数，提高生产效率。当零件的精度要求较高时，则应考虑留出精车余量，常取 0.1～0.5mm。

2．主轴转速的确定

（1）光车时。光车时，主轴转速的确定应根据零件上被加工部位的直径，并按零件和刀具的材料及加工性质等条件所允许的切削速度来确定。在实际生产中，主轴转速可用下式计算。

$$n = 1\,000v_c / \pi d$$

式中，n 是主轴转速（r/min）；v_c 是切削速度（m/min）；d 是零件待加工表面的直径（mm）。

在确定主轴转速时，首先需要确定其切削速度，而切削速度又与背吃刀量和进给量有关。

① 进给量（f）。进给量是指工件每转一周，车刀沿进给方向移动的距离（mm/r），它与背吃刀量有着较密切的关系。粗车时一般取为 0.3～0.8mm/r，精车时常取 0.1～0.3mm/r，切断时宜取 0.05～0.2mm/r，具体选择时可参考表 5.2 进行。

表 5.2 切削速度

零件材料	刀具材料	a_p（mm）			
		0.38～0.13	**2.40～0.38**	**4.70～2.40**	**9.50～4.70**
		***F*（mm/r）**			
		0.13～0.05	**0.38～0.13**	**0.76～0.38**	**1.30～0.76**
		v_c（m/min）			
低碳钢	高速钢	—	70～90	45～60	20～40
	硬质合金	215～365	165～215	120～165	90～120
中碳钢	高速钢	—	45～60	30～40	15～20
	硬质合金	130～165	100～130	75～100	55～75
灰铸铁	高速钢	—	35～45	25～35	20～25
	硬质合金	135～185	105～135	75～105	60～75
黄铜 青铜	高速钢	—	85～105	70～85	45～70
	硬质合金	215～245	185～215	150～185	120～150
铝合金	高速钢	105～150	70～105	45～70	30～45
	硬质合金	215～300	135～215	90～135	60～90

② 切削速度（v_c）。切削速度又称为线速度，是指车刀切削刃上某一点相对于待加工表面在主运动方向上的瞬时速度。

对于如何确定加工时的切削速度，除了参考表 5.2 列出的数值外，主要是根据实践经验。

（2）车螺纹时。车削螺纹时，车床的主轴转速将受到螺纹的螺距（或导程）大小、驱动电动机的升降频特性及螺纹插补运算速度等多种因素影响，故对于不同的数控系统，推荐有不同的主轴转速选择范围。大多数经济型车床数控系统推荐车螺纹时的主轴转速如下式所示。

$$n \leqslant \frac{1200}{P} - K$$

式中，P 是工件螺纹的导程（mm），英制螺纹为相应换算后的毫米值；K 是保险系数，一般取为 80。

3．进给速度的确定

进给速度是指在单位时间里，刀具沿进给方向移动的距离，单位为 mm/min。有些数控车床规定可以选用以进给量表示的进给速度（mm/r）。

进给速度的大小直接影响表面粗糙度值和车削效率，因此进给速度的确定应在保证表面质量的前提下，选择较高的进给速度。一般应根据零件的表面粗糙度、刀具及工件材料等因素，查阅切削用量手册选取。需要说明的是，切削用量手册给出的是每转进给量，因此要根据 $v_f=f\times n$ 计算进给速度。表 5.3、表 5.4 分别给出了硬质合金车刀粗车外圆、端面的进给量和半精车、精车的进给量参考值，供参考选用。

表 5.3 硬质合金车刀粗车外圆及端面的进给量

工件材料	车刀刀杆尺寸 $B\times H$（mm×mm）	工件直径 d（mm）	背吃刀量 a_p（mm）				
			≤3	3～5	5～8	8～12	＞12
碳素结构钢、合金结构钢及耐热钢	16×25	20	0.3～0.4	—	—	—	—
		40	0.4～0.5	0.3～0.4	—	—	—
		60	0.5～0.7	0.4～0.6	0.3～0.5	—	—
		100	0.6～0.9	0.5～0.7	0.5～0.6	0.4～0.5	—
		400	0.8～1.2	0.7～1.0	0.6～0.8	0.5～0.6	—
	20×30 25×25	20	0.3～0.4	—	—	—	—
		40	0.4～0.5	0.3～0.4	—	—	—
		60	0.5～0.7	0.5～0.7	0.4～0.6	—	—
		100	0.8～1.0	0.7～0.9	0.5～0.7	0.4～0.7	—
		400	1.2～1.4	1.0～1.2	0.8～1.0	0.6～0.9	0.4～0.6
铸铁及铜合金	16×25	40	0.4～0.5	—	—	—	—
		60	0.5～0.8	0.5～0.8	0.4～0.6	—	—
		100	0.8～1.2	0.7～1.0	0.6～0.8	0.5～0.7	—
		400	1.0～1.4	1.0～1.2	0.8～1.0	0.6～0.8	—
	20×30 25×25	40	0.4～0.5	—	—	—	—
		60	0.5～0.9	0.5～0.8	0.4～0.7	—	—
		100	0.9～1.3	0.8～1.2	0.7～1.0	0.5～0.8	—
		400	1.2～1.8	1.2～1.6	1.0～1.3	0.9～1.1	0.7～0.9

注：① 加工断续表面及有冲击的工件时，表内进给量应乘系数 $k=0.75～0.85$；

② 在无外皮加工时，表内进给量应乘系数 $k=1.1$；

③ 加工耐热钢及其合金时，进给量不大于 1mm/r；

④ 加工淬硬钢时，进给量应减少。当钢的硬度为 44～56HRC 时，系数 $k=0.8$；当钢的硬度为 57～62HRC 时，系数 $k=0.5$。

表 5.4　　按表面粗糙度选择进给量的参考值

工件材料	表面粗糙度 R_a（μm）	切削速度范围 v_c（m/min）	刀尖圆弧半径 r_ε（mm）		
			0.5	1.0	2.0
			进给量 f（mm/r）		
铸铁、青铜、铝合金	5～10 2.5～5 1.25～2.5	不限	0.25～0.40 0.15～0.25 0.10～0.15	0.40～0.50 0.25～0.40 0.15～0.20	0.50～0.60 0.40～0.60 0.20～0.35
碳钢及合金钢	5～10	<50 >50	0.30～0.50 0.40～0.55	0.45～0.60 0.55～0.65	0.55～0.70 0.65～0.70
	2.5～5	<50 >50	0.18～0.25 0.25～0.30	0.25～0.30 0.30～0.35	0.30～0.40 0.30～0.50
	1.25～2.5	<50 50～100 >100	0.10 0.11～0.16 0.16～0.20	0.11～0.15 0.16～0.25 0.20～0.25	0.15～0.22 0.25～0.35 0.25～0.35

注：$r_\varepsilon=0.5$mm，用于 12mm × 12mm 以下刀杆；$r_\varepsilon=1.0$mm，用于 30mm × 30mm 以下刀杆；$r_\varepsilon=2.0$mm，用于 30mm × 45mm 及以上刀杆。

四、装夹方法的确定

1．定位基准的选择

在数控车削中，应尽量让零件在一次装夹下完成大部分甚至全部表面的加工。对于轴类零件，通常以零件自身的外圆柱面作为定位基准；对于套类零件，则以内孔作为定位基准。

2．常用车削夹具和装夹方法

在数控车床上装夹工件时，应使工件相对于车床主轴轴线有一个确定的位置，并且使工件在各种外力的作用下仍能保持其既定位置。数控车床常用装夹方法如表 5.5 所示。

表 5.5　　数控车床常用装夹方法

序　号	装 夹 方 法	特　点	适 用 范 围
1	三爪卡盘	夹紧力较小，夹持工件时一般不需要找正，装夹速度较快	适于装夹中小型圆柱形、正三边或正六边形工件
2	四爪卡盘	夹紧力较大，装夹精度较高，不受卡爪磨损的影响，但夹持工件时需要找正	适于装夹形状不规则或大型的工件
3	两顶尖及鸡心夹头	用两端中心孔定位，容易保证定位精度，但由于顶尖细小，装夹不够牢靠，不宜用大的切削用量进行加工	适于装夹轴类零件
4	一夹一顶	定位精度较高，装夹牢靠	适于装夹轴类零件

续表

序号	装夹方法	特点	适用范围
5	中心架	配合三爪卡盘或四爪卡盘来装夹工件，可以防止弯曲变形	适于装夹细长的轴类零件
6	心轴与弹簧卡头	以孔为定位基准，用心轴装夹来加工外表面，也可以外圆为定位基准，采用弹簧卡头装夹来加工内表面，工件的位置精度较高	适于装夹内、外表面的位置精度要求较高的套类零件

任务实施

下面对图 5.1 所示中间轴进行加工工艺分析。

1．分析零件图样

该零件由圆柱、顺圆弧、逆圆弧等表面组成。其中，两端$\phi 20$ 的轴颈因为要与其他零件配合，所以技术要求很高，公差为 IT6，表面粗糙度为 $R_a = 0.8\mu m$；两端$\phi 26$ 的台阶面有圆跳动要求，其他轴颈的精度要求不高。该零件材料为 20CrMnTi，硬度为 HRC≥58。

通过分析，采取以下工艺措施。

① 零件图样上带公差的尺寸，编程时取其平均值。

② 两端$\phi 20$ 的轴颈、$\phi 26$ 的台阶面按粗车→精车→磨削进行，以保证其精度和表面粗糙度要求。

2．拟定加工工艺

该零件的加工工艺过程如表 5.6 所示，毛坯图如图 5.12 所示。

表 5.6　　中间轴的加工工艺过程卡

工序号	工序名称	工序内容	加工设备	设备型号	定位及夹紧
1	备料	备料			
5	模锻	出模角为 5°，单边残留毛边≤1.2，如图 5.12 所示			
10	热处理	正火，硬度为 170～220HB			
15	车	车削外圆到$\phi 49.5$	车床	CA6140	
20	车	钻中心孔，车端面，定零件总长为 86	小六角车床	C336—1	
25	车	车削两端外圆至$\phi 20.4$，长度为 12	车床	CA6140	两顶尖孔
30	数控车	倒角，保证轴径尺寸$\phi 20_{-0.2}^{0}$、$\phi 47.5_{-0.2}^{0}$、$\phi 26_{-0.2}^{0}$，保证圆弧 $R4$	数控车床	CKH6116	
35	检验				
40	热处理	淬火，HRC≥58			
45	钳工	研磨中心孔，然后清洗干净	钻床	Z5140A	
50	磨	磨削$\phi 26$ 台阶面及外圆$\phi 20$	磨床	M131W	
55	检验	合格后入库			

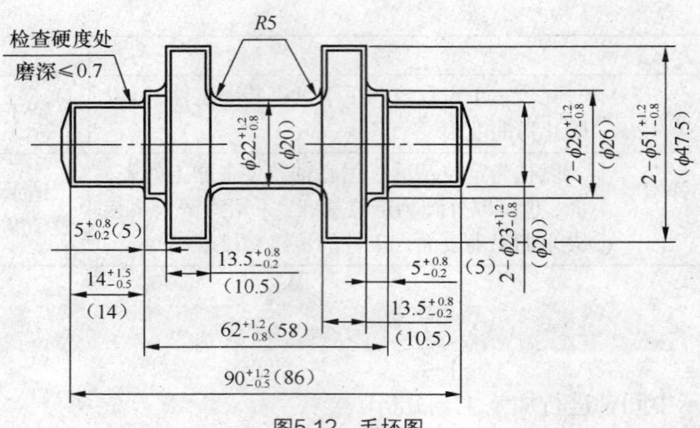

图5.12 毛坯图

3．拟定数控车削加工方案

由表 5.6 可以看出，30 号工序要在数控车床上完成，其工序图如图 5.13 所示。

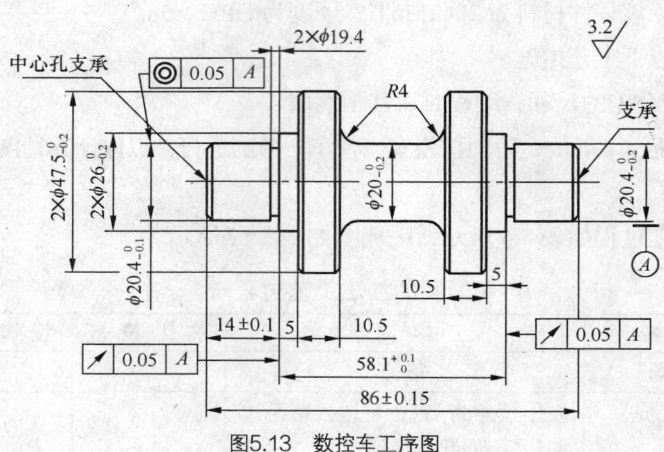

图5.13 数控车工序图

（1）确定装夹方案。以零件两端的中心孔为定位基准，采用两顶尖装夹的方式。

（2）确定加工顺序。

① 粗、精车$\phi26^{\ 0}_{-0.2}$、$\phi47.5^{\ 0}_{-0.2}$外圆并倒角。

② 粗、精车$\phi20^{\ 0}_{-0.2}$外圆并倒角。

（3）选择刀具。将所选定的刀具参数填入表 5.7 所示的中间轴数控加工刀具卡中，以便编程和操作管理。

（4）确定切削用量。

① 切削深度。粗车时，单边外圆的切削深度为 1.5mm 左右，圆弧为 *R*0.8～1mm；精车时，单边外圆的切削深度为 0.15mm 左右，圆弧为 *R*0.4mm。

② 切削速度。切削速度为 30～60mm/min。

③ 进给速度。粗车时为 0.2mm/r，精车时为 0.1mm/r。

表 5.7　　　　　　　　　　　中间轴数控加工刀具卡

<table>
<tr><td colspan="2">产品名称或代号</td><td></td><td>零件名称</td><td>中间轴</td><td>零件图号</td><td colspan="3">01</td></tr>
<tr><td>序号</td><td>刀具号</td><td>刀具规格名称</td><td>数量</td><td colspan="2">加工表面</td><td colspan="2">刀尖半径（mm）</td><td>备注</td></tr>
<tr><td>1</td><td>T0303</td><td>93° 左偏刀</td><td>1</td><td colspan="2" rowspan="2">$\phi26_{-0.2}^{0}$、$\phi47.5_{-0.2}^{0}$ 外圆并倒角</td><td colspan="2">0.4</td><td rowspan="2">刀片：YB415
刀杆：25mm × 25mm</td></tr>
<tr><td>2</td><td>T0404</td><td>93° 右偏刀</td><td>1</td><td colspan="2">0.4</td></tr>
<tr><td>3</td><td>T0505</td><td>93° 左偏刀</td><td>1</td><td colspan="2" rowspan="2">$\phi20_{-0.2}^{0}$ 外圆、$R4$ 圆弧并倒角</td><td colspan="2">0.4</td><td rowspan="2">磨刀
刀杆：13mm × 13mm</td></tr>
<tr><td>4</td><td>T0606</td><td>93° 右偏刀</td><td>1</td><td colspan="2">0.4</td></tr>
<tr><td>5</td><td>T0707</td><td>切槽刀</td><td>1</td><td colspan="2">槽 2-$\phi19.4$</td><td colspan="2"></td><td>宽 2mm</td></tr>
<tr><td>编制</td><td></td><td>审核</td><td></td><td>批准</td><td></td><td>年　月　日</td><td>共 1 页</td><td>第 1 页</td></tr>
</table>

实训内容

分析图 5.14 所示的零件数控加工工艺，并填写工艺文件。

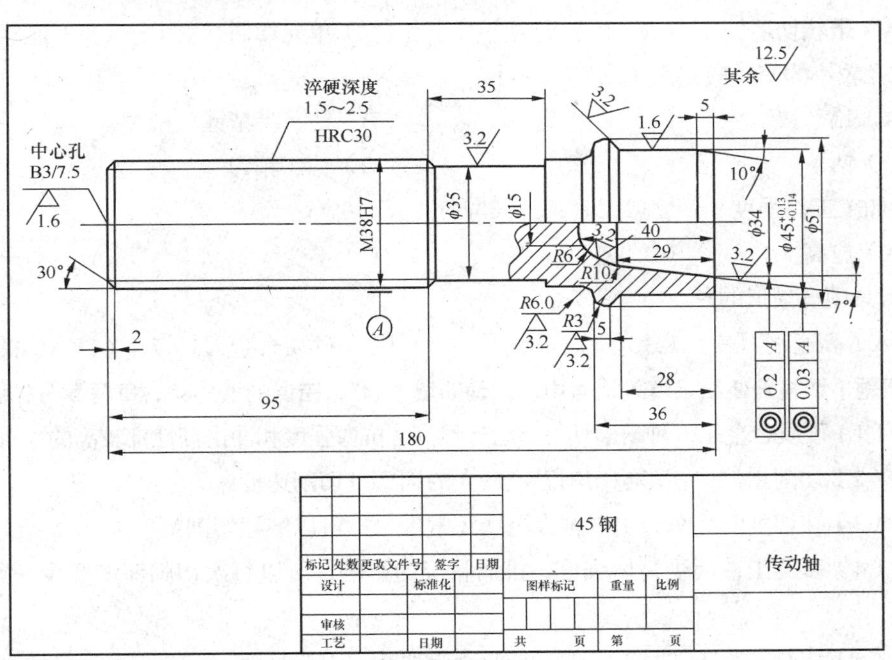

图5.14　实训题

自测题

1. 选择题（请将正确答案的序号填写在题中的括号中，每题 4 分，满分 40 分）

（1）精车 45 钢光轴应选用（　　）牌号的硬质合金车刀。

（A）YG3　　（B）YG8　　（C）YT5　　（D）YT15

（2）车端面时，车刀装得高于工件中心，工作前角（　　）刃磨前角。

（A）小于　　（B）等于　　（C）大于

（3）精车时的切削用量，一般是以（　）为主。

（A）提高生产率　（B）降低切削功率　（C）保证加工质量

（4）加工细长轴时，为减小背向抗力，应取（　）的主偏角。

（A）较小　（B）较大　（C）任意

（5）加工台阶轴时，主偏角应选（　）。

（A）45°　（B）30°　（C）90°

（6）车削用量的选择原则是：粗车时，一般（　），最后确定一个合适的切削速度 v。

（A）应首先选择尽可能大的吃刀量 a_p，其次选择较大的进给量 f

（B）应首先选择尽可能小的吃刀量 a_p，其次选择较大的进给量 f

（C）应首先选择尽可能大的吃刀量 a_p，其次选择较小的进给量 f

（D）应首先选择尽可能小的吃刀量 a_p，其次选择较小的进给量 f

（7）数控车床加工钢件时希望的切屑是（　）。

（A）带状切屑　（B）挤裂切屑　（C）单元切屑　（D）崩碎切屑

（8）孔径较小的套一般采用（　）方法。

（A）钻、铰　（B）钻、半精镗、精镗

（C）钻、扩、铰　（D）钻、精镗

（9）被加工工件强度、硬度愈大时，刀具寿命（　）。

（A）愈高　（B）愈低　（C）不变　（D）不一定

（10）刀具硬度最低的是（　）。

（A）高速钢刀具　（B）陶瓷刀具　（C）硬质合金刀具　（D）立方氮化硼刀具

2. 判断题（请将判断结果填入括号中，正确的填"√"，错误的填"×"，每题5分，满分40分）

（　）（1）硬质合金是一种耐磨性好，耐热性高，抗弯强度和冲击韧性都较高的一种刀具材料。

（　）（2）切削用量中，影响切削温度最大的因素是切削速度。

（　）（3）在切削时，车刀出现溅火星属正常现象，可以继续切削。

（　）（4）套类工件因受刀体强度、排屑状况的影响，所以每次切削深度要少一点，进给要慢一点。

（　）（5）切断实心工件时，工件半径应小于切断刀刀头长度。

（　）（6）切断空心工件时，工件壁厚应小于切断刀刀头长度。

（　）（7）数控车床可以车削直线、斜线、圆弧、公制和英制螺纹、圆柱管螺纹、圆锥螺纹，但是不能车削多头螺纹。

（　）（8）数控车床适宜加工轮廓形状特别复杂或难于控制尺寸的回转体零件、箱体类零件、精度要求高的回转体类零件、特殊的螺旋类零件等。

3. 简答题（每题10分，满分20分）

（1）数控车削用的车刀一般分为哪几种类型？选用可转位车刀时，刀片的紧固方式有哪几种？

（2）试述数控车削加工的主要对象。

任务6

简单轴类零件的编程与加工

【学习目标】

掌握 FANUC 0i Mate TB 数控系统的 G50、G96、G97、G98、G99、G00、G01、G90、G94 等指令的应用，能编写简单轴类零件的数控加工程序。

任务导入

在 FANUC 0i Mate TB 数控车床上加工如图 6.1 所示零件，毛坯是 $\phi40$ 的棒料，要求编写数控加工程序并进行仿真加工。

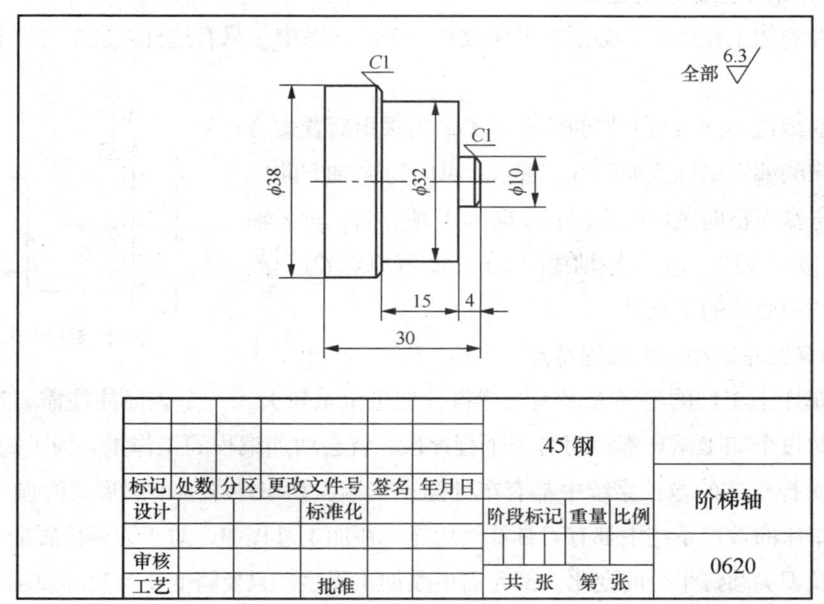

图6.1　任务6零件图

任务分析如下。

（1）制定加工方案。

① 车端面及粗车ϕ10 外圆，留余量 0.5mm。

② 粗车ϕ38、ϕ32 外圆，留余量 0.5mm。

③ 从右至左精加工各面。

④ 车断。

（2）确定刀具。

① 端面车刀 T0101：车端面及粗车ϕ10 外圆。

② 90° 外圆车刀 T0202：用于粗、精车外圆。

③ 切断刀（3mm 宽）T0303：用于车断。

（3）确定切削用量，如表 6.1 所示。

表 6.1 切削用量

加 工 内 容	主轴转速 S（r/min）	进给速度 F（mm/r）
车端面及粗车各外圆	500	0.2
精加工各面	1 000	0.1
切断	400	0.2

知识准备

一、数控车床的编程特点

1. 数控车床编程坐标系的建立

在编制零件的加工程序时，必须把零件放在一个坐标系中，只有这样才能描述零件的轨迹，编出合格的程序。

数控车床的编程坐标系与刀架的位置有关，当采用后置式刀架时，数控车床的编程坐标系如图 6.2 所示。纵向为 Z 轴方向，正方向是远离卡盘而指向尾座的方向；径向为 X 轴方向，与 Z 轴相垂直，正方向亦为刀架远离主轴轴线的方向；编程原点 O_P 一般取在工件端面与中心线的交点处。

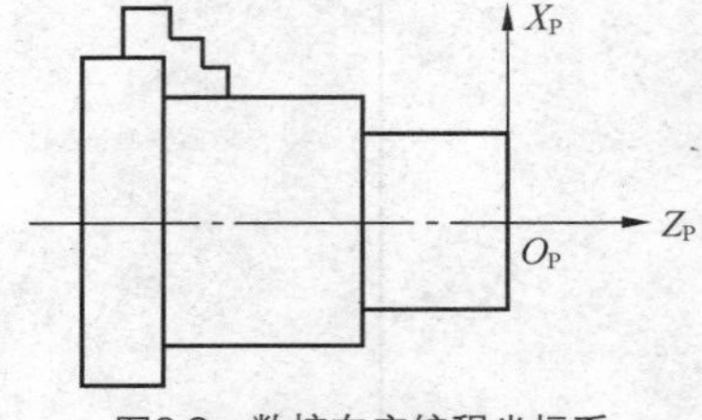

图6.2 数控车床编程坐标系

2. 数控车床及车削中心的编程特点

（1）数控车床上工件的毛坯大多为圆棒料，加工余量较大，一个表面往往需要进行多次反复的加工。如果对每个加工循环都编写若干个程序段，就会增加编程的工作量。为了简化加工程序，一般情况下，数控车床的数控系统中都有车外圆、车端面和车螺纹等不同形式的循环功能。

（2）数控车床的数控系统中都有刀具补偿功能。在加工过程中，对于刀具位置的变化、刀具几何形状的变化及刀尖圆弧半径的变化，都无需更改加工程序，只要将变化的尺寸或圆弧半径输入到存储器中，刀具便能自动进行补偿。

（3）数控车床的编程有直径、半径两种方法。所谓直径编程，是指 X 轴上的有关尺寸为直径值；所谓半径编程，是指 X 轴上的有关尺寸为半径值。FANUC 数控车床采用直径编程。

二、刀具功能 T 指令

功能：用于指定刀具和刀具参数，由 T 和其后的四位数字组成。

格式：T× × × ×

说明：① 前 2 位表示刀具序号（0～99），后 2 位表示刀具补偿号（01～64）。

② 刀具的序号可以与刀盘上的刀位号相对应。

③ 刀具补偿包括刀具形状补偿和刀具磨损补偿。

④ 刀具序号和刀具补偿号不必相同，但为了方便通常使它们一致。

⑤ 取消刀具补偿的编程格式为 T00 或 T× ×00。

一个程序段只能指定一个 T 代码。当移动指令和 T 代码在同一程序段时，数控车床一般是先执行移动指令，再执行 T 功能指令。

【例 6-1】选择刀具及取消刀具补偿，编程如下：

T0303；换 3 号刀，并且 3 号刀具补偿值有效。

T0300；取消刀具补偿。

三、进给功能设定 G98、G99

进给功能表示刀具运动时的进给速度，由 F 和其后的若干数字组成。数字的单位取决于数控系统所采用的进给速度的指定方法。

1．每分钟进给量 G98（见图 6.3）

格式：G98 F__

说明：F 后面的数字表示每分钟进给量，单位为 mm/min。

【例 6-2】G98 F100 表示进给量为 100mm/min

2．每转进给量 G99（见图 6.4）

格式：G99 F__

说明：①F 后面的数字表示主轴每转进给量，单位为 mm/r。②G99 为数控车床的初始状态。

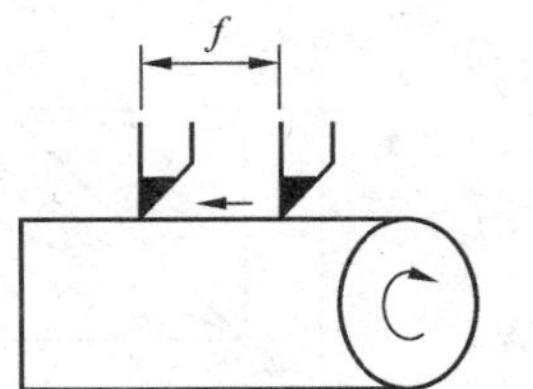

图6.3 G98进给量（单位：mm/min）

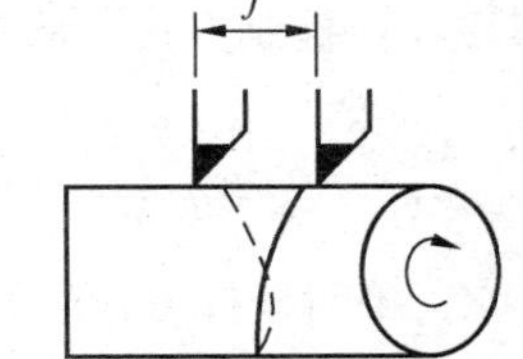

图6.4 G99进给量（单位：mm/r）

【例 6-3】G99 F0.2 表示进给量为 0.2 mm/r。

3．注意事项

（1）编写程序时，第一次遇到直线（G01）或圆弧（G02/G03）插补指令时，必须编写 F 指令，如果没有编写 F 指令，CNC 采用 F0。当工作在快速定位（G00）方式时，机床将以通过机床轴参数设定的快速进给率移动，与编写的 F 指令无关。

（2）F 指令为模态指令，实际进给率可以通过 CNC 操作面板上的进给倍率修调旋钮，在 0～120%调整。

四、主轴转速功能设定 G50、G96、G97

主轴转速功能表示机床主轴的转速大小，由 S 和其后的若干数字组成,有恒线速度控制和恒转速控制 2 种指令方式，并可限制主轴最高转速。

1．主轴速度以转速设定

格式：G97 S__

说明：S 后面的数字表示主轴转速，单位为 r/min。该指令用于车削螺纹或工件直径变化较小的场合。采用此功能，可设定主轴转速并取消恒线速度控制。

2．主轴速度以恒线速度设定

格式：G96 S__

说明：S 后面的数字表示线速度，单位为 m/min。该指令用于车削端面或工件直径变化较大的场合。采用此功能，可保证当工件直径变化时，主轴的线速度不变，从而保证切削速度不变，提高了加工质量。

3．主轴最高转速限制

格式：G50 S__

说明：S 后面的数字表示主轴的最高转速，单位为 r/min。该指令可防止因主轴转速过高，离心力太大，产生危险及影响机床寿命。

【例 6-4】设定主轴速度。

G96　S150;　　设定线速度恒定，切削速度为 150m/min。

G50　S2500;　设定主轴最高转速为 2 500 r/min。

G97　S300;　　取消线速度恒定功能，主轴转速为 300r/min。

五、快速点位运动 G00

功能：使刀具以点位控制方式，从刀具所在点快速移动到目标点。

格式：G00　X（U）__ Z（W）__

说明：① X、Z：绝对坐标方式时的目标点坐标；U、W：增量坐标方式时的目标点坐标。一般情况下，X、U 取零件图样上的直径值。

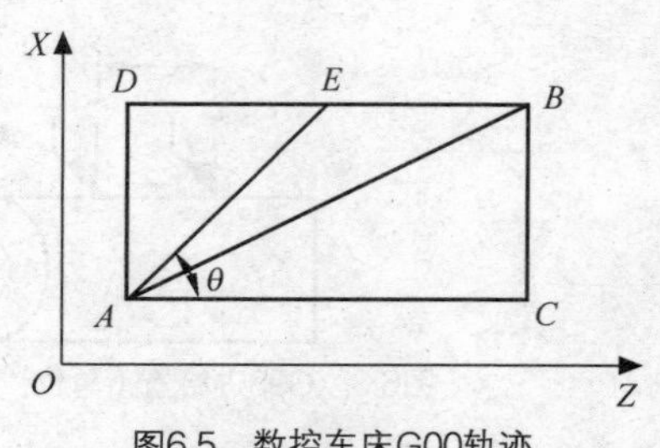

图6.5　数控车床G00轨迹

② 常见 G00 轨迹如图 6.5 所示，从 *A* 到 *B* 有 4 种方式：直线 *AB*、直角线 *ACB*、直角线 *ADB*、折线 *AEB*。折线的起始角 θ 是固定的（22.5° 或 45°），它取决于各坐标轴的脉冲当量。

六、直线插补 G01

功能：使刀具以给定的进给速度，从所在点出发，直线移动到目标点。

格式：G01 X（U）__ Z（W）__ F__

说明：① X、Z：绝对坐标方式时的目标点坐标；U、W：增量坐标方式时的目标点坐标。一般情况下，X、U 取零件图样上的直径值；

② F 是进给速度。

【例 6-5】如图 6.6 所示，车削外圆柱面，刀具从 *A* 点移动到 *B* 点，数控加工程序编制如下。

1．绝对坐标方式编程

```
G01  X60  Z-80  F0.3;
```

2．增量坐标方式编程

```
G01  U0  W-80  F0.3
```

3．混合坐标方式编程

```
G01  X60  W-80  F0.3;
或 G01  U0  Z-80  F0.3;
```

【例 6-6】如图 6.7 所示，车削外圆锥面，刀具从 *C* 点移动到 *D* 点，数控加工程序编制如下。

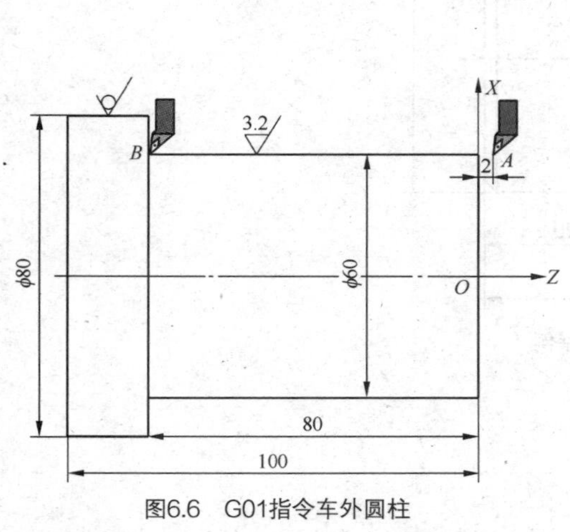

图6.6 G01指令车外圆柱

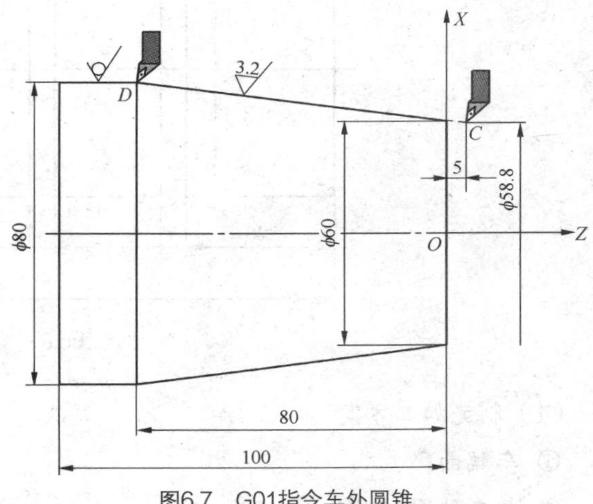

图6.7 G01指令车外圆锥

1．绝对坐标方式编程

```
G01  X80  Z-80  F0.3;
```

2．增量坐标方式编程

```
G01  U21.2  W-85  F0.3;
```

3．混合坐标方式编程

```
G01  X80  W-85  F0.3;
或 G01  U21.2  Z-80  F0.3;
```

七、暂停指令 G04

功能：使刀具作短时间的停顿。

格式：G04　X（U）___

或　G04　P__

说明：① X、U 用来指定时间，单位为 s，允许用小数点；

② P 用来指定时间，单位为 ms，不允许用小数点。

应用场合包括：① 车削沟槽或钻孔时，为使槽底或孔底得到准确的尺寸精度及光滑的加工表面，刀具在加工到槽底或孔底时，应暂停适当时间。

② 使用 G96 车削工件轮廓后，改成 G97 车削螺纹时，可暂停适当时间，使主轴转速稳定后再执行车螺纹，以保证螺距加工精度要求。

【例 6-7】若要暂停 1s，数控加工程序编制如下。

```
G04  X1.0;
或  G04  P1000;
```

【例 6-8】如图 6.8 所示，设毛坯是ϕ40 的棒料，材料为 45 钢，要求编写数控加工程序。

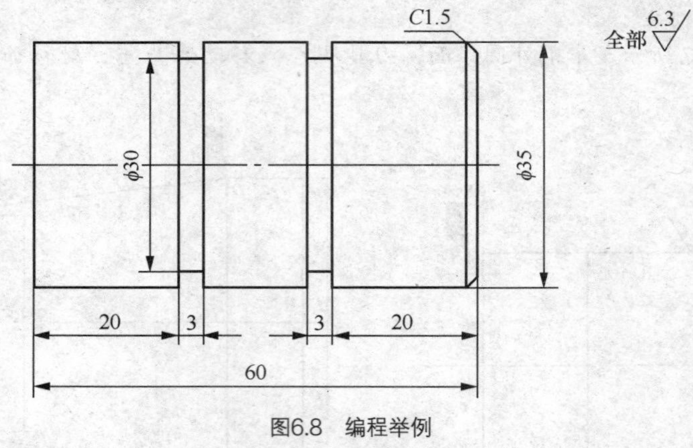

图6.8　编程举例

（1）制定加工方案。

① 车端面。

② 粗车外圆到ϕ36，长度为 63。

③ 倒角及精车外圆至ϕ35。

④ 切槽、切断。

（2）确定刀具。

90° 外圆车刀 T0101：车端面，粗、精车外圆及倒角。

车断刀（3mm 宽）T0202：切槽、切断。

（3）编程。数控程序及其含义说明如表 6.2 所示。

表 6.2 程序内容及说明（例 6-8）

程 序	说 明
O6550	程序名
N001 T0101；	调用 1 号外圆刀
N002 G99 M03 S600；	设定每转进给，主轴正转，转速为 600r/min
N003 G00 X150 Z150；	刀具快速定位
N004 G00 X41 Z0；	快速定位，准备车端面
N005 G01 X0 F0.2；	车端面至 O 点
N006 Z1；	Z 向退刀
N007 G00 X36；	准备将ϕ40 外圆车到ϕ36,刀具定位
N008 G01 Z-63；	车ϕ36 外圆
N009 G01 X42；	X 向退刀
N010 G00 Z1；	Z 向退刀
N011 X30 S1000；	刀具定位，准备车倒角，转速为 1 000r/min
N012 G01 X35 Z-1.5 F0.1；	精车倒角
N013 Z-63；	精车ϕ35 外圆
N014 X42；	X 向退刀
N015 G00 X150 Z150；	回换刀点
N016 T0202 S400；	换车断刀，转速为 400r/min
N017 G00 X42 Z-23；	刀具定位，准备车槽
N018 G01 X30 F0.1 M08；	切削液开，车槽
N019 G04 X1.0；	暂停 1s
N020 G01 X42；	退刀
N021 G00 Z-40；	刀具定位，准备车槽
N022 G01 X30；	车槽
N023 G04 X1.0；	暂停 1s
N024 G01 X42;	退刀
N025 G00 Z-63；	刀具定位，准备车断
N026 G01 X1；	车断
N027 X42;	退刀
N028 G00 X150 Z150 M09；	回刀具起点，切削液关
N029 M05；	主轴停转
N030 M30；	程序结束

八、外径/内径车削循环 G90

外径/内径车削循环将“进刀→车削→退刀→返回”4 个动作作为一个循环，用一个程序段来指定。

（1）直线车削循环。

格式：G90 X（U）__ Z（W）__ F__；

其轨迹如图 6.9 所示，由 4 个步骤组成。刀具从定位点 *A* 开始沿 *ABCDA* 的方向运动，1（R）表示第 1 步是快速运动，2（F）表示第 2 步是按进给速度切削，其余 3（F）、4（R）与 2（F）、1（R）的意义相似。

说明：X（U）、Z（W）是 *C* 点的坐标。

（2）锥体车削循环。

格式：G90 X（U）__ Z（W）__ R___ F__；

其轨迹如图 6.10 所示，*R* 为圆锥面车削始点与车削终点的半径差，始点坐标大于终点坐标时，*R* 为正，反之为负。增量值编程时，*U*、*W*、*R* 值的正负与刀具轨迹的关系如表 6.3 所示。

说明：X（U）、Z（W）是 *C* 点的坐标。

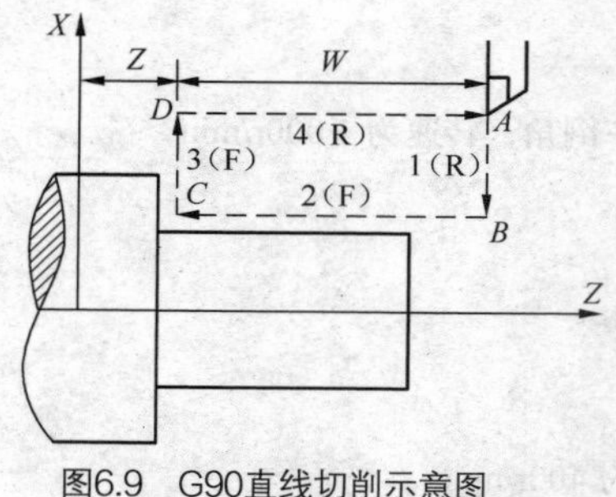

图6.9 G90直线切削示意图

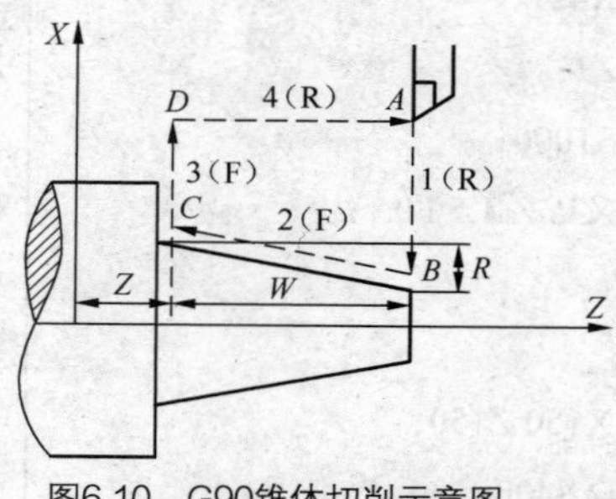

图6.10 G90锥体切削示意图

表 6.3 G90 编程时，*U*、*W*、*R* 值的正负与刀具轨迹的关系

序 号	示 意 图	*U*、*W*、*R* 值
1		*U*<0 *W*<0 *R*<0
2		*U*>0 *W*<0 *R*>0
3		*U*<0 *W*<0 *R*>0

续表

序　　号	示　意　图	U、W、R 值
4	X Z W R 2(F) U/2 3(F) 1(R) 4(R)	$U>0$ $W<0$ $R<0$

九　端面车削循环 G94

（1）平端面车削循环。

编程格式：G94 X（U）__ Z（W）__ F__；

其轨迹如图 6.11 所示，由 4 个步骤组成。图中 1（R）表示第 1 步是快速运动，2（F）表示第 2 步按进给速度切削，其余 3（F）、4（R）的意义相似。

说明：X（U）、Z（W）是 *C* 点的坐标。

（2）锥面车削循环。

编程格式：G94 X（U）__ Z（W）__ R__ F__；

其轨迹如图 6.12 所示，*R* 值的正负规定与 G90 指令类似。增量值编程时，*U*、*W*、*R* 值的正负与刀具轨迹的关系如表 6.4 所示。

说明：X（U）、Z（W）是 *C* 点的坐标。

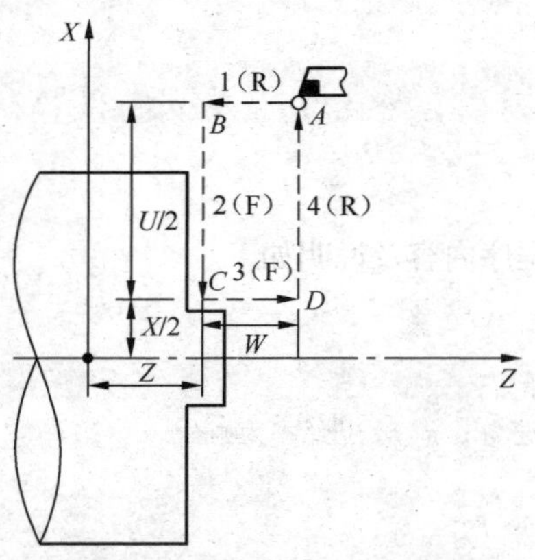

图6.11　G94平端面车削示意图

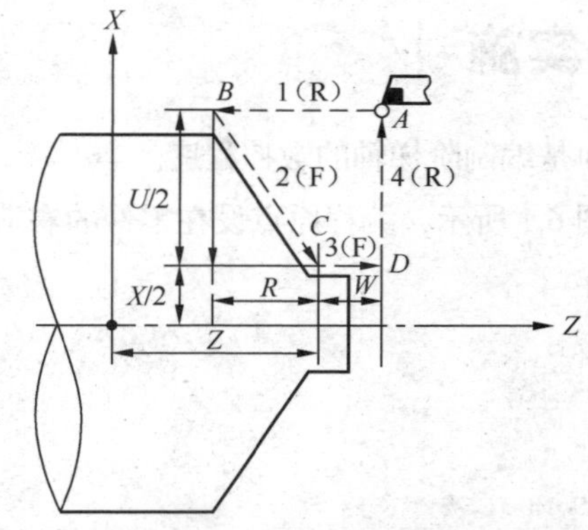

图6.12　G94锥面车削示意图

表 6.4　　G94 编程时，*U*、*W*、*R* 值的正负与刀具轨迹的关系

序　　号	示　意　图	U、W、R 值
1	X Z 1(R) U/2 2(F) 4(R) 3(F) R W	$U<0$ $W<0$ $R<0$

续表

序　号	示 意 图	U、W、R值
2	X Z R W 3(F) U/2 2(F) 4(R) 1(R)	$U>0$ $W<0$ $R<0$
3	X Z R 1(R) U/2 2(F) 4(R) 3(F) W	$U<0$ $W<0$ $R>0$
4	X Z W 3(F) U/2 2(F) 4(R) 1(R) R	$U>0$ $W<0$ $R>0$

任务实施

下面是编制阶梯轴的数控程序。

如图 6.1 所示，编程原点设在零件的右端面中心处，程序内容及说明如下。

程序	说明
O6551	程序名
G97 G99;	设定主轴转速为 r/min，进给率为mm/r
T0101;	换 1 号刀
S500 M03;	主轴正转，转速为 500r/min
G00 X41 Z0;	刀具快速定位
G01 X0 F0.2;	车端面
G01 X41;	退刀
G94 X10.5 Z-3.5;	粗车ϕ10 外圆，留余量 0.5 mm
G00 X100;	X 方向退刀
Z100;	Z 方向退刀
T0202;	换 2 号刀
G00 X41 Z1;	刀具快速定位
G90 X38.5 Z-33;	粗车外圆至ϕ38.5，长度为 33 mm

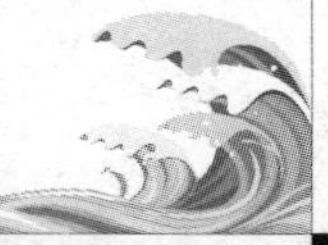

X35 Z-18.5;	粗车外圆至ϕ35，长度为18.5 mm
X32.5;	粗车外圆至ϕ32.5，长度为18.5 mm
G00 X6 Z1;	刀具快速定位，准备进行精车
M03 S1000;	主轴正转，转速为1 000r/min
G01 X10 Z-1 F0.1;	车端面倒角
Z-4;	精车ϕ10外圆
X32;	车阶台面
Z-19;	精车ϕ32外圆
X36;	车阶台面
X38 W-1;	车倒角
Z-33;	精车ϕ38外圆
X45;	退刀
G00 X100 Z100;	快速退刀
M03 S400;	主轴正转，转速为400r/min
T0303;	换3号刀
G00 X42 Z-33 M08;	刀具快速定位，切削液开
G01 X1 F0.2;	车断
X45 M09;	退刀，切削液关
G00 X100 Z100 M05;	快速退刀
M30;	程序结束

实训内容

1. 任务描述

（1）生产要求：承接了某企业的外协加工产品，加工数量为200件。备品率4%，机械加工废品率不超过2%。工作条件可到数控加工车间获取，机床数控系统为FANUC 0i系统。

（2）任务工作量：设计零件的机械加工工艺过程，并填写数控加工工序卡、刀具卡、数控程序清单，完成零件的模拟仿真加工。

（3）零件图：如图6.13～图6.17所示，材料为45钢，图中未注尺寸公差按GB01804—m处理。

2. 任务实施说明

（1）小组讨论，进行零件工艺性分析。

（2）小组讨论，制订机械加工工艺方案。

（3）在图6.13～图6.17之间选择1个，独立编制数控技术文档，见表6.5～表6.7。

（4）独立完成工件仿真加工，并对数控技术文档进行优化。

3. 任务实施注意点

（1）编制数控加工程序时，注意采用直径编程方式。

（2）注意观察G00的走刀路线。

（3）注意G00、G01的应用场合。

（4）注意观察G90、G94的走刀路线。

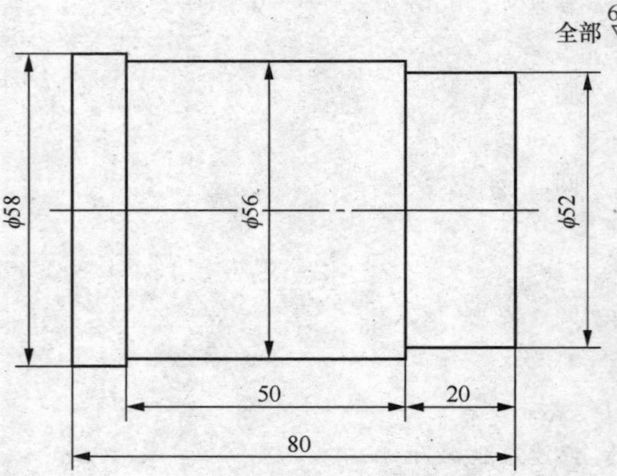

图6.13 实训题1

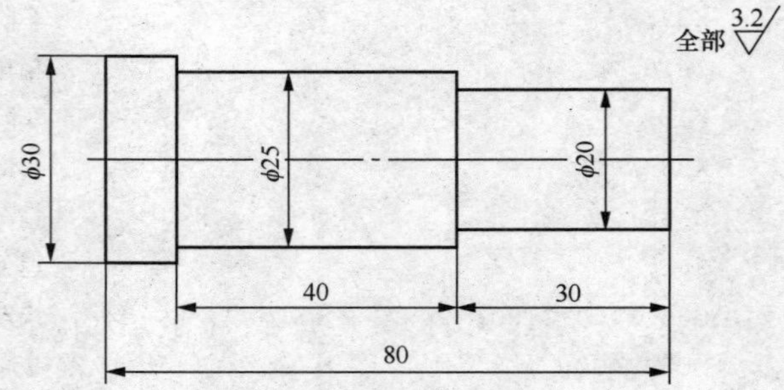

图6.14 实训题2

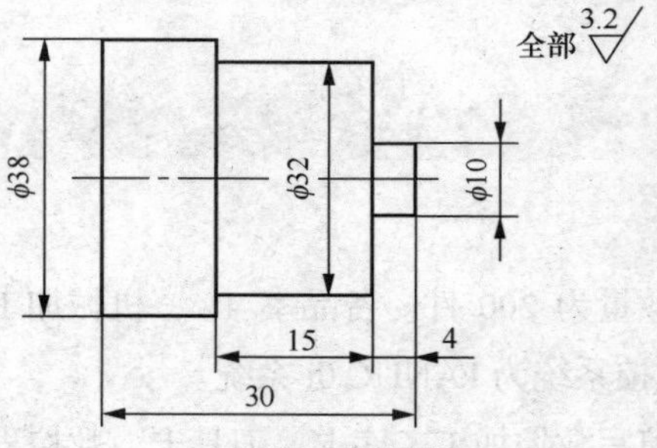

图6.15 实训题3

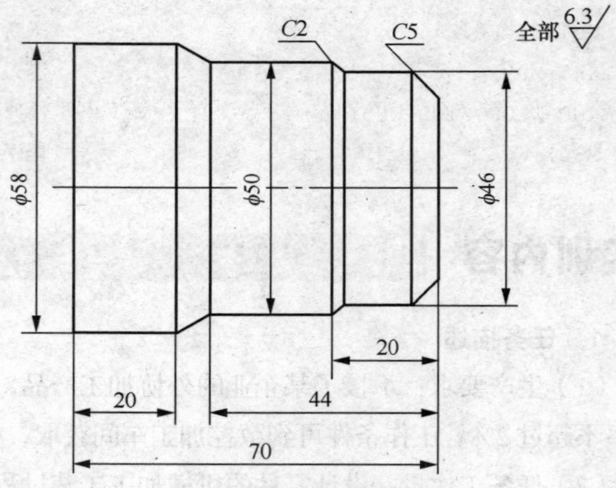

图6.16 实训题4

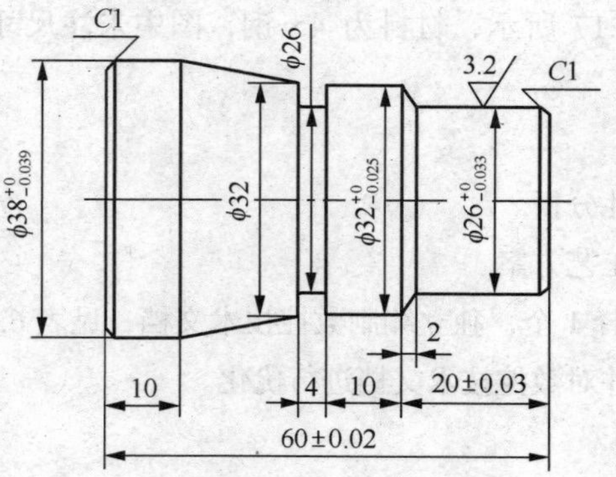

图6.17 实训题5

表 6.5 数控加工工序卡

数控加工工序卡					产品名称			零件名称		零件编号	
工序号	程序编号	材料		数量	夹具名称			使用设备		车间	
工步号	工步内容	切削用量				刀具				量具	
		v_c（m/min）	n（r/min）	f（mm/r）	a_p（mm）	编号	名称			编号	名称
编制		审核			批准			共 页		第 页	

表 6.6 车削加工刀具调整卡

产品名称或代号			零件名称		零件编号	
序号	刀具号	刀具规格名称	刀具参数		刀补地址	
			刀尖半径	刀杆规格	半径	形状
编制		审核	批准		共 页	第 页

表 6.7 数控加工程序卡

零件编号		零件名称		编制日期	
程序号		数控系统		编制	
程序内容及说明					

自测题

1. 选择题（请将正确答案的序号填写在题中的括号中，每题8分，满分40分）

（1）影响数控车床加工精度的因素很多，要提高加工工件的质量，有很多措施，但（ ）不能提高加工精度。

（A）将绝对编程改变为增量编程　　（B）正确选择车刀类型

（C）控制刀尖中心高误差　　（D）减小刀尖圆弧半径对加工的影响

（2）车床数控系统中，用（ ）指令进行恒线速控制。

（A）G0　S__；　（B）G96　S__；　（C）G01　F__；　（D）G98　S__；

（3）使用（ ）可使刀具作短时间的无进给光整加工，常用于车槽、镗平面、锪孔等场合，以提高表面光洁度。

（A）G02　（B）G04　（C）G06　（D）G03

（4）数控车床中，转速功能字S可指定（ ）。

（A）mm/r　（B）r/mm　（C）mm/min　（D）m/r

（5）执行程序段“G04 X2.0;”后，暂停进给时间是（ ）。

（A）3s　（B）2s　（C）2 000s　（D）1s

2. 判断题（请将判断结果填入括号中，正确的填“√”，错误的填“×”，每题8分，满分40分）

（ ）（1）“G01　X5”与“G01　U5”等效。

（ ）（2）在程序段“G00　X（U）__ Z（W）__ ”中，X、Z表示绝对坐标值地址，U、W表示相对坐标值地址。

（ ）（3）数控机床用恒线速度控制加工端面、锥度和圆弧时，必须限制主轴的最高转速。

（ ）（4）车床的进给方式分每分钟进给和每转进给2种，一般可用G98和G99区分。

（ ）（5）恒线速控制的原理是工件的直径越大，进给速度越慢。

3. 编程题（满分20分）

编制图6.18所示零件的数控加工程序。（毛坯是ϕ27的棒料，材料为45钢）

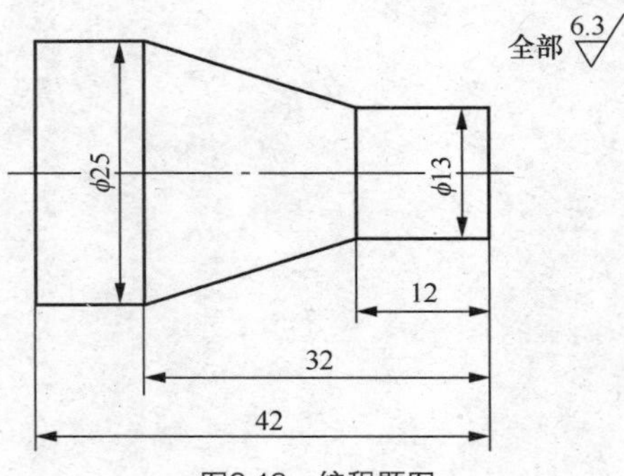

图6.18　编程题图

任务7

圆弧面零件的编程与加工

【学习目标】

掌握 FANUC 0i　Mate TB 数控系统的 G02、G03、G40、G41、G42 等指令的应用，能编写带圆弧面零件的精车数控加工程序。

任务导入

在 FANUC 0i　Mate TB 数控车床上加工图 7.1 所示零件，粗加工已经完成，现要求车端面、精车各外圆、切断。要求编写数控加工程序并进行仿真加工。

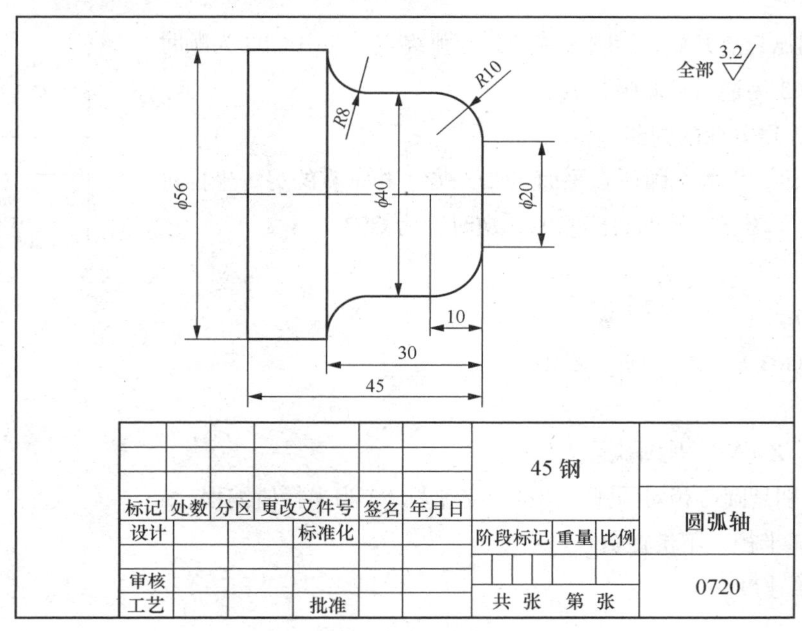

图7.1　任务7零件图

任务分析如下。

（1）根据加工要求确定加工工艺路线。

① 车端面。

② 精车各外圆。

③ 切断。

（2）选择刀具。

① 90° 外圆车刀 T0101：用于车端面。

② 35° 外圆车刀 T0202：用于精车外圆。

③ 切断刀（宽 4mm）T0303：用于切断。

（3）确定切削用量，如表 7.1 所示。

表 7.1 切削用量

加 工 内 容	主轴转速 *S*（r/min）	进给速度 *F*（mm/r）
车端面	1 000	0.15
精车各外圆	1 000	0.15
切断	300	0.05

知识准备

一、圆弧插补 G02、G03

1．功能

使刀具从圆弧起点开始，沿圆弧移动到圆弧终点。其中 G02 为顺时针圆弧插补，G03 为逆时针圆弧插补。

2．圆弧顺、逆方向的判断

如图 7.2 所示，沿与圆弧所在平面（如 *XOZ*）相垂直的另一坐标轴的负方向（如−*Y*）看去，顺时针为 G02，逆时针为 G03。

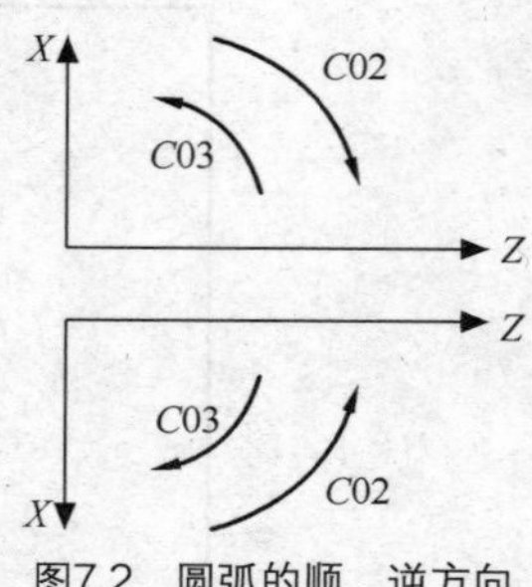

图7.2 圆弧的顺、逆方向

3．格式

G02（G03）X（U）__Z（W）__I__K__F__

或 G02（G03） X（U）__Z（W）__R__F__

4．说明

① X（U）、Z（W）是圆弧终点坐标。

② I、K 分别是圆心相对圆弧起点的增量坐标，I 为半径值编程。

③ R 是圆弧半径，不带正负号。

④ F 是进给速度。

【例 7-1】顺时针圆弧插补，如图 7.3 所示。

（1）绝对坐标方式编程。

```
G02  X64.5  Z-18.4  I15.7  K-2.5  F0.2;
或  G02 X64.5 Z-18.4  R15.9  F0.2;
```

（2）增量坐标方式编程。

```
G02  U32.3  W-18.4  I15.7  K-2.5  F0.2;
或  G02  U32.3  W-18.4  R15.9  F0.2;
```

【例 7-2】逆时针圆弧插补，如图 7.4 所示。

（1）绝对坐标方式编程。

```
G03  X64.6  Z-18.4  I0  K-18.4  F0.2;
或  G03  X64.6  Z-18.4  R18.4  F0.2;
```

（2）增量坐标方式编程。

```
G03  U36.8  W-18.4  I0  K-18.4  F0.2;
或  G03  U36.8  W-18.4  R18.4  F0.2;
```

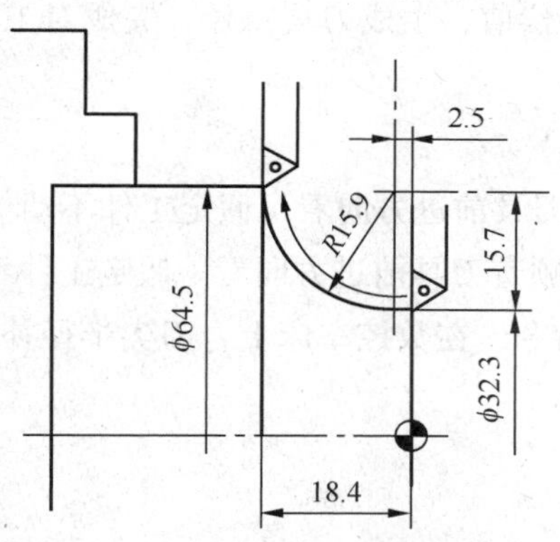

图7.3　G02顺时针圆弧插补

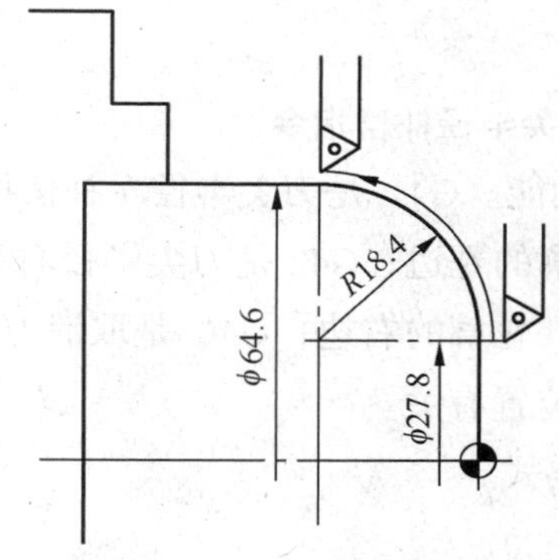

图7.4　G03逆时针圆弧插补

二、刀尖半径补偿 G41、G42、G40

目前的数控车床都具备刀具半径自动补偿功能。编程时，只需按工件的实际轮廓尺寸编程即可，不必考虑刀具的刀尖圆弧半径的大小。加工时，由数控系统将刀尖圆弧半径加以补偿，便可加工出所要求的工件来。

1．刀尖圆弧半径的概念

任何一把刀具，不论制造或刃磨得如何锋利，在其刀尖部分都存在一个刀尖圆弧，圆弧的半径值难以准确测量出来。编程时，若以假想刀尖位置为切削点，则编程很简单。但任何刀具都存在刀尖圆弧，当车削外圆柱面或端面时，刀尖圆弧的大小并不起作用；当车倒角、锥面、圆弧或曲面时，刀尖圆弧的大小就将影响零件的加工精度。图 7.5 表示了以假想刀尖位置编程时的过切削及欠切削现象。

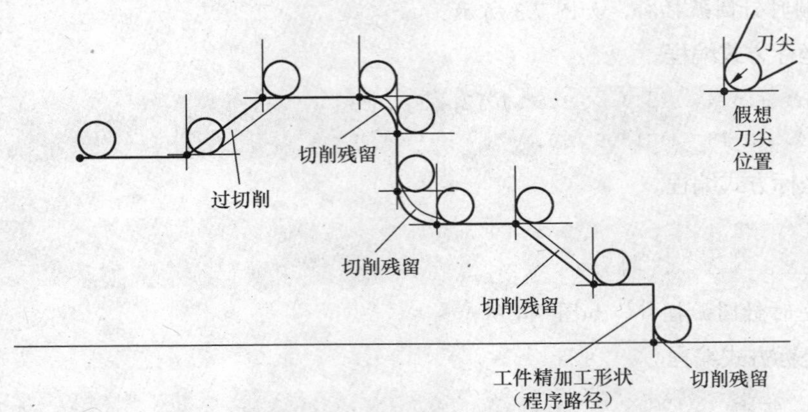

图7.5 过切削及欠切削现象

编程时若以刀尖圆弧中心编程，可避免过切削和欠切削现象，但计算刀位点比较麻烦，并且如果刀尖圆弧半径值发生变化，还需改动程序。

数控系统的刀具半径补偿功能正是为解决上述问题所设定的。它允许编程者以假想刀尖位置编程，然后给出刀尖圆弧半径，由系统自动计算补偿值，生成刀具路径，完成对工件的合理加工。

2. 刀尖半径补偿指令

（1）功能。G41 是刀尖半径左补偿指令，即顺着刀具前进方向看（假定工件不动），刀具位于工件轮廓的左边；G42 是刀尖半径右补偿指令，即顺着刀具前进方向看（假定工件不动），刀具位于工件轮廓的右边；G40 是取消刀尖半径补偿指令。在数控车床上，刀尖半径补偿的方向与刀架的位置有关。

（2）格式。

G41—G01
G42　　　　X（U）_Z（W）_
G40—G00

（3）说明。

① G41、G42、G40 必须与 G01 或 G00 指令组合完成。

② X（U）、Z（W）是 G01、G00 运动的目标点坐标。

G41、G42 只能预读 2 段程序。

3. 刀尖半径补偿量的设定

刀尖半径补偿量可以通过数控系统的刀尖补偿设定画面设定。T 指令要与刀尖补偿编号相对应，并且要输入假想刀尖号。假想刀尖号是对不同形式刀具的一种编码，如图 7.6（a）所示，常用车刀的假想刀尖号如图 7.6（b）所示。

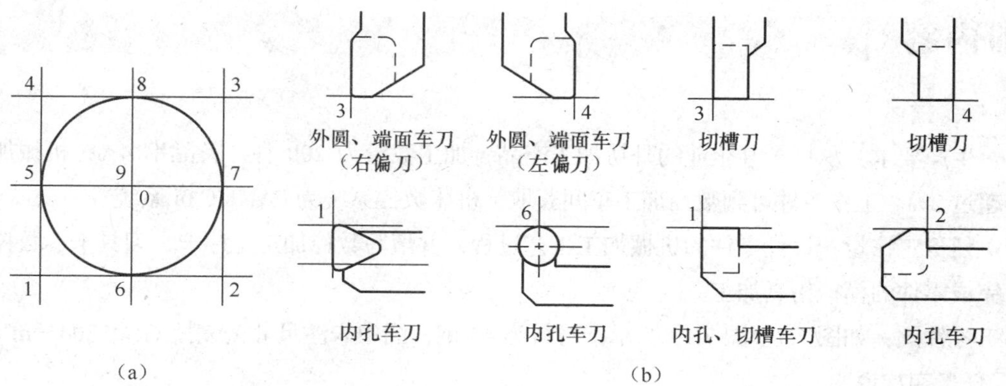

图7.6 假想刀尖号

任务实施

下面是编制圆弧轴的数控程序。

如图 7.1 所示，编程原点选择在工件右端面的中心处，数控加工程序编制如下。

程序	说明
O1501	程序名
N5 T0101;	调用 1 号刀（90°外圆车刀）
N10 M03 S1000;	主轴正转，1 000r/min
N20 X60 Z0;	快速定位，准备车端面
N25 G01 X0 F0.15;	车端面
N30 G00 X150 Z150	刀具回换刀点
N35 T0202;	调用 2 号刀（35°外圆车刀）
N40 G00 X65 Z10;	精车外圆
N45 G42 G01 X60 Z0 F0.15;	
N50 X20;	
N55 G03 X40 Z-10 R10;	
N60 G01 W-12;	
N65 G02 X56 Z-30 R8;	
N70 G01 Z-50;	
N75 G40 G00 X60 Z-55;	刀具回换刀点
N80 X150 Z150;	
N85 S300 M03 T0303;	调用 3 号刀（切断刀），转速 300r/min
N90 G00 X58 Z-49;	切断
N95 G01 X1 F0.05;	
N100 G00 X150;	刀具回换刀点
N105 Z150;	
N110 M05;	主轴停转
N115 M30;	程序结束

实训内容

1．任务描述

（1）生产要求：承接了某企业的外协加工产品，加工数量为 200 件。备品率 4%，机械加工废品率不超过 2%。工作条件可到数控加工车间获取，机床数控系统为 FANUC 0i 系统。

（2）任务工作量：设计零件的机械加工工艺过程，并填写数控加工工序卡、刀具卡、数控程序清单，完成零件的模拟仿真加工。

（3）零件图：如图 7.7～图 7.13 所示，材料为 45 钢，图中未注尺寸公差按 GB01804—m 处理。

2．任务实施说明

（1）小组讨论，进行零件工艺性分析。

（2）小组讨论，制订机械加工工艺方案。

（3）在图 7.7～图 7.13 之间选择 1 个，独立编制数控技术文档，如表 7.2～表 7.4 所示。

（4）独立完成工件仿真加工，并对数控技术文档进行优化。

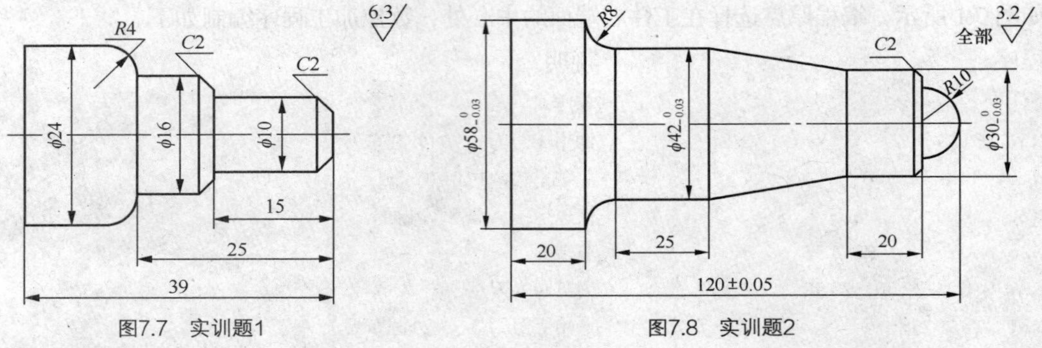

图7.7　实训题1　　图7.8　实训题2

3．任务实施注意点

（1）注意观察车锥面的走刀路线。

（2）注意圆弧顺逆方向的判断。

（3）选择合理的走刀路线，避免刀具干涉。

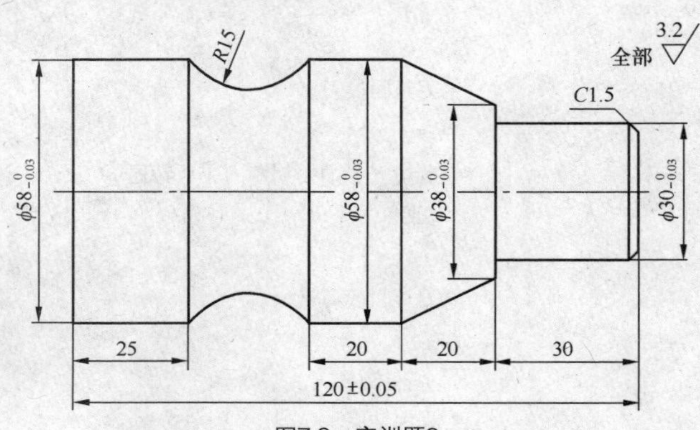

图7.9　实训题3

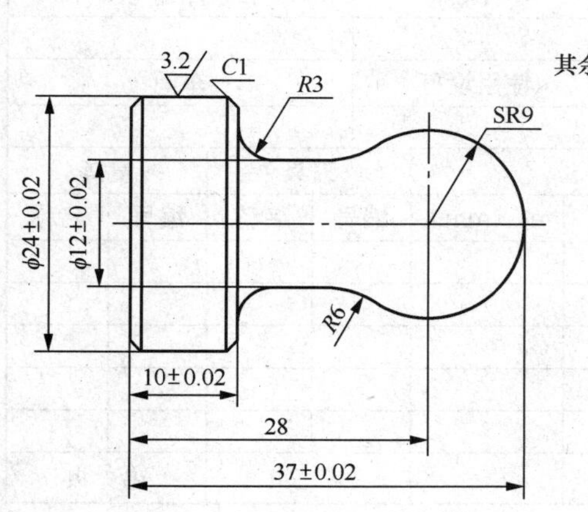

图7.10　实训题4

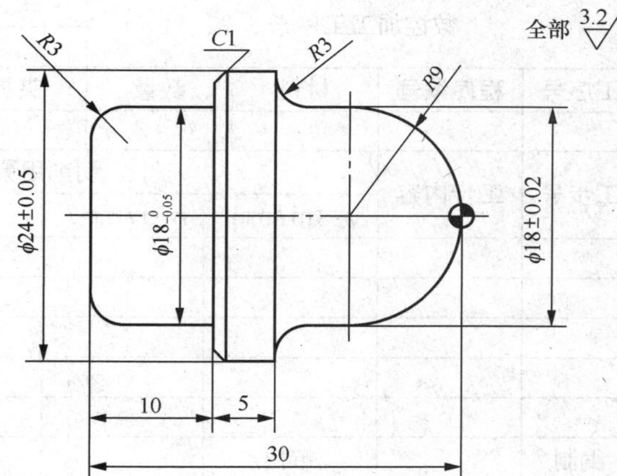

图7.11　实训题5

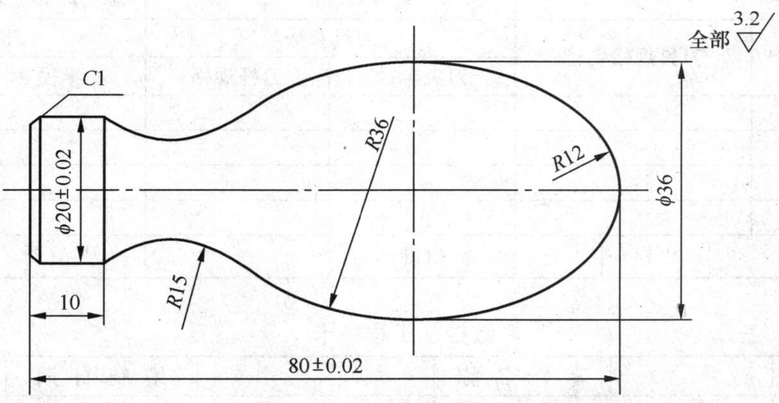

图7.12　实训题6

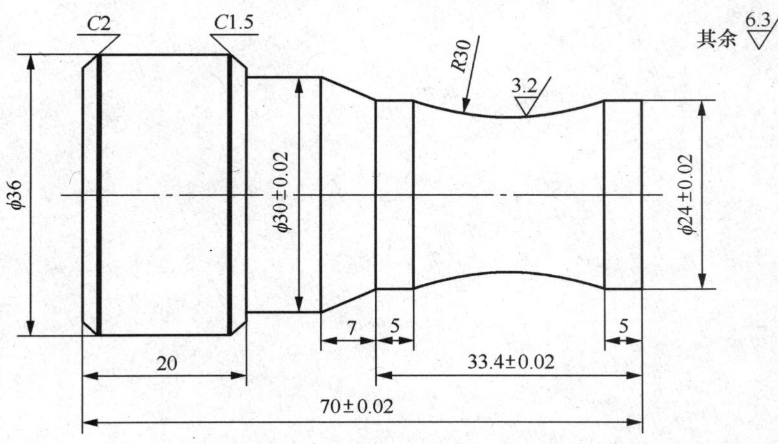

图7.13　实训题7

表 7.2 数控加工工序卡

数控加工工序卡				产品名称	零件名称	零件编号			
工序号	程序编号	材料	数量	夹具名称	使用设备	车间			
工步号	工步内容	切削用量				刀具		量具	
		v_C（m/min）	n（r/min）	f（mm/r）	a_P（mm）	编号	名称	编号	名称
编制		审核		批准		共 页		第 页	

表 7.3 车削加工刀具调整卡

产品名称或代号			零件名称		零件编号	
序号	刀具号	刀具规格名称	刀具参数		刀补地址	
			刀尖半径	刀杆规格	半径	形状
编制		审核	批准		共 页	第 页

表 7.4 数控加工程序卡

零件编号		零件名称		编制日期	
程序号		数控系统		编制	
程序内容及说明					

自测题

1. 选择题（请将正确答案的序号填写在题中的括号中，每题 4 分，满分 20 分）

（1）通常，在数控车床上加工圆弧时，圆弧顺、逆方向的判别与车床刀架位置有关，如图 7.14 所示，正确的说法是（　　）。

（A）图（a）表示刀架在机床内侧时的情况

（B）图（b）表示刀架在机床外侧时的情况

（C）图（b）表示刀架在机床内侧时的情况

（D）以上说法均不正确

（2）数控车床在加工中为了实现对车刀刀尖磨损量的补偿，可沿假设的刀尖方向，在刀尖半径值上附加一个刀具偏移量，这称为（　　）。

（A）刀具位置补偿　（B）刀具半径补偿　（C）刀具长度补偿　（D）刀具直径补偿

（3）逆时针圆弧插补指令是（　　）。

（A）G01　（B）G02　（C）G03　（D）G04

（4）圆弧插补方向（顺时针和逆时针）的规定与（　　）有关。

（A）X 轴　（B）Z 轴

（C）不在圆弧平面内的坐标轴　（D）都有关

（5）车床上，刀尖圆弧只有在加工（　　）时才产生加工误差。

（A）端面　（B）圆柱　（C）圆弧

2. 判断题（请将判断结果填入括号中，正确的填“√”，错误的填“×”，每题 4 分，满分 20 分）

（　　）（1）刀具位置偏置补偿可分为刀具形状补偿和刀具磨损补偿 2 种。

（　　）（2）沿着刀具前进方向看，刀具在被加工面的左边则为左刀补，用 G42 指令编程。

（　　）（3）不考虑车刀刀尖圆弧半径，车出的圆柱面是有误差的。

（　　）（4）T0101 表示选用第 1 号刀，使用第 1 号刀具位置补偿值。

（　　）（5）X 坐标的圆心坐标符号一般用 K 表示。

3. 编程题（满分 60 分）

编制图 7.15 所示零件的数控加工程序。（毛坯为 $\phi25$ 的棒料，材料为 45 钢）

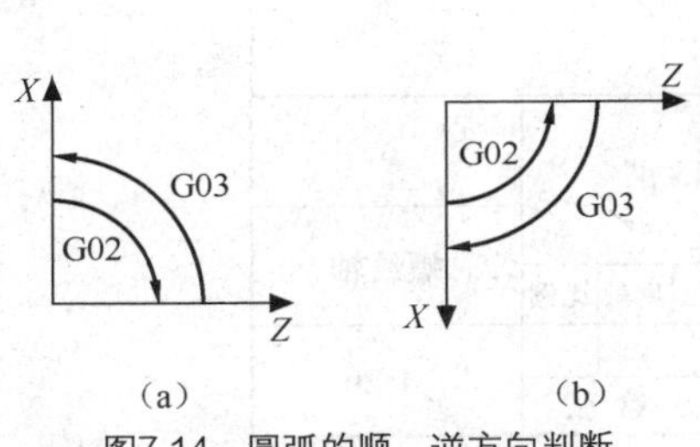

图7.14　圆弧的顺、逆方向判断

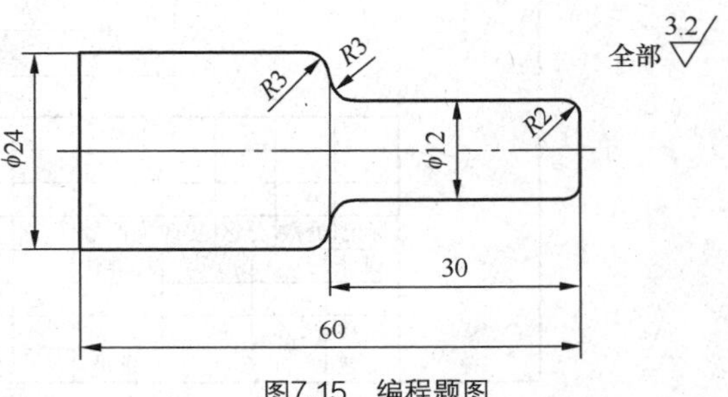

图7.15　编程题图

Chapter

8

任务8

| 螺纹的编程与加工 |

【学习目标】

掌握 FANUC 0i Mate TB 数控系统的 G32、G92、G76 等指令的应用，能编写螺纹的加工程序。

任务导入

在 FANUC 0i Mate TB 数控车床上加工图 8.1 所示零件，要求车端面，车 M30 螺纹大径、切槽、车螺纹，试编写数控加工程序并进行仿真加工。

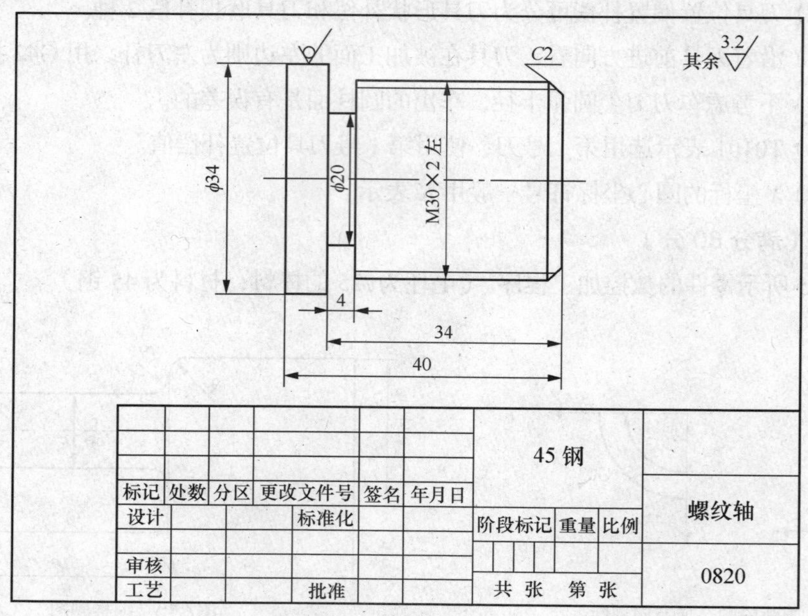

图8.1 任务8零件图

任务分析如下。

（1）根据零件图确定加工工艺路线。

① 车端面、车M30螺纹大径。

② 切ϕ20槽。

③ 车M30螺纹。

（2）选择刀具。

① 90°外圆车刀T0101：用于车端面、螺纹大径。

② 切槽刀（宽4mm）T0202：用于切槽。

③ 螺纹刀T0303：用于车螺纹。

（3）确定切削用量，如表8.1所示。

表8.1 切削用量

加工内容	主轴转速 S（r/min）	进给速度 F（mm/r）
车端面、螺纹大径	800	0.15
切ϕ20槽	300	0.05
车M30螺纹	400	2

知识准备

一、车螺纹G32

1．功能

该指令用于车削等螺距直螺纹、锥螺纹。

2．格式

G32 X（U）__ Z（W）__ F__

3．说明

① X（U）、Z（W）是螺纹终点坐标。

② F是螺纹螺距。

注意事项有以下几点。

① 在车螺纹期间，进给速度倍率、主轴速度倍率无效（固定100%）。

② 车螺纹期间不要使用恒表面切削速度控制，而要使用G97。

③ 车螺纹时，必须设置升速段L_1和降速段L_2，这样可避免因车刀升、降速而影响螺距的稳定，如图8.2所示。通常L_1、L_2按下面公式计算。

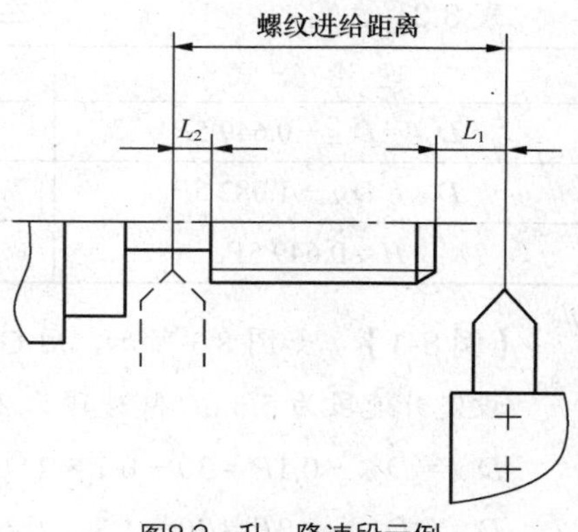

图8.2 升、降速段示例

$$L_1=n\times P/400,\qquad L_2=n\times P/1\,800$$

式中，n——主轴转速；

P——螺纹螺距。

以上公式所计算的 L_1、L_2 是理论上所需的进、退刀量，实际应用时一般取值比计算值略大。

④ 因受机床结构及数控系统的影响，车螺纹时主轴的转速有一定的限制。

⑤ 螺纹加工中的走刀次数和进刀量（背吃刀量）会直接影响螺纹的加工质量，车削螺纹时的走刀次数和背吃刀量可参考表 8.2。

表 8.2 普通螺纹走刀次数和背吃刀量参考表

普通螺纹（牙深=0.649 5P，P 是螺纹螺距）								
螺距		1	1.5	2.0	2.5	3	3.5	4
牙深		0.649	0.974	1.299	1.624	1.949	2.273	2.598
走刀次数和背吃刀量	1 次	0.7	0.8	0.9	1.0	1.2	1.5	1.5
	2 次	0.4	0.6	0.6	0.7	0.7	0.7	0.8
	3 次	0.2	0.4	0.6	0.6	0.6	0.6	0.6
	4 次		0.16	0.4	0.4	0.4	0.6	0.6
	5 次			0.1	0.4	0.4	0.4	0.4
	6 次				0.15	0.4	0.4	0.4
	7 次					0.2	0.2	0.4
	8 次						0.15	0.3
	9 次							0.2

注：表中背吃刀量为直径值，走刀次数和背吃刀量根据工件材料及刀具的不同可酌情增减。

⑥ 车螺纹各主要尺寸的计算。车螺纹时，根据图纸上的螺纹尺寸标注，可以知道螺纹的公称直径 $D_{公}$、头数、导程 F、螺距 P（$P=F/$头数）以及加工的尺寸等级。在编写数控加工程序时，必须根据上述参数计算出螺纹的实际大径 $D_{大}$、小径 $D_{小}$、牙型高 H，以便进行精度控制，具体计算见表 8.3。

表 8.3 车外螺纹各主要尺寸的计算

理论公式	经验公式	备注
$D_{大}=D_{公}-0.649\,5P$	$D_{大}=D_{公}-0.1P$	车螺纹时，通常采用经验公式
$D_{小}=D_{公}-1.082\,5P$	$D_{小}=D_{公}-1.3P$	
$H=0.649\,5P$	$H=(D_{大}-D_{小})/2$	

【例 8-1】 如图 8.3 所示，用 G32 指令进行圆柱螺纹切削。

设定升速段为 5mm，降速段为 3mm。

$D_{大}=D_{公}-0.1P=30-0.1\times2=29.8$（mm）

$D_{小}=D_{公}-1.3P=30-1.3\times2=27.4$（mm）

$H=(D_{大}-D_{小})/2=(29.8-27.4)/2=1.2$（mm）

程序编制如下。

```
…
G00  X29.1  Z5;
G32  Z-42.  F2;第 1 次车螺纹，背吃刀量为 0.9mm
G00  X32;
Z5;
X28.5;第 2 次车螺纹，背吃刀量为 0.6mm
G32  Z-42.F2;
G00  X32;
Z5;
X27.9;
G32  Z-42.  F2;第 3 次车螺纹,背吃刀量为 0.6mm
G00 X32;
Z5;
X27.5;
G32  Z-42.F2;第 4 次车螺纹,背吃刀量为 0.4mm
G00  X32;
Z5;
X27.4;
G32  Z-42.F2;最后一次车螺纹,背吃刀量为 0.1mm
G00  X32;
Z5;
…
```

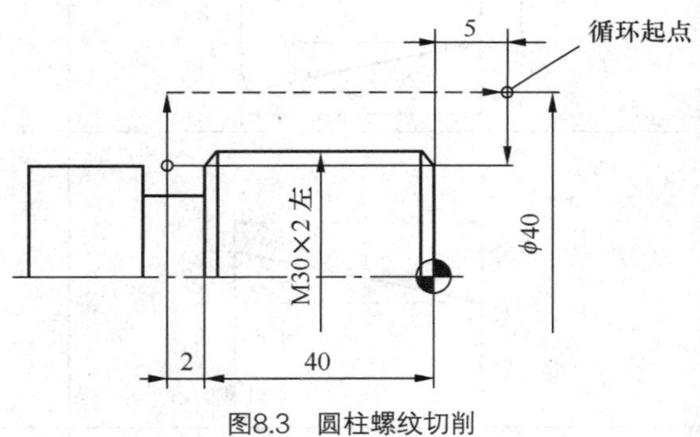

图8.3　圆柱螺纹切削

二、螺纹切削单一循环指令 G92

G92 指令适用于对直螺纹和锥螺纹进行循环切削，每指定一次，螺纹切削自动进行一次循环。

（1）直螺纹切削。

格式：G92　X（U）__Z（W）__F__

其中 F 为螺纹螺距，其轨迹如图 8.4 所示。

（2）锥螺纹切削。

格式：G92　X（U）__Z（W）__R__F__

其轨迹如图 8.5 所示。其中 *R* 的取值参如表 8.4 所示，F 为螺纹螺距。

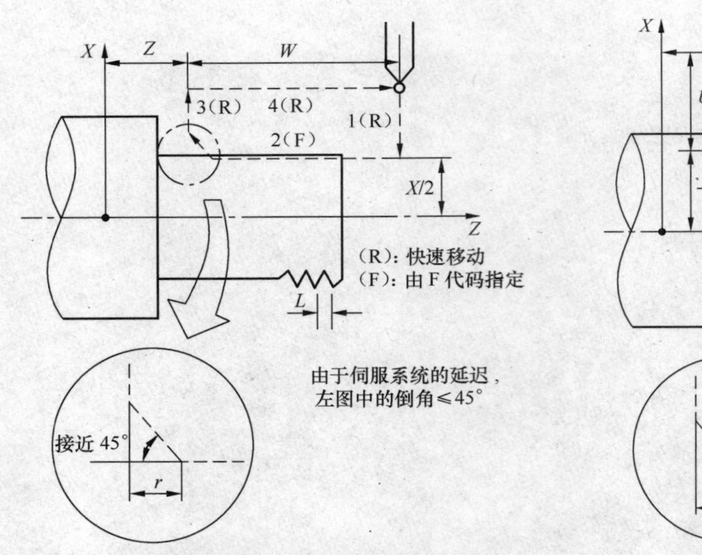

图8.4 用G92指令车直螺纹示意图

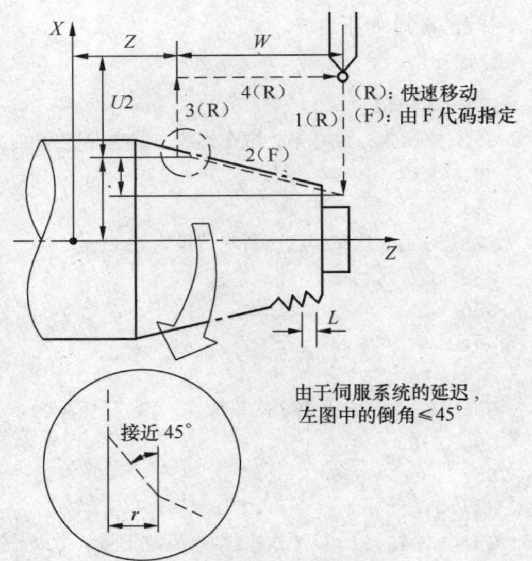

图8.5 用G92指令车锥螺纹示意图

表 8.4 G92 编程时，R 值的正负与刀具轨迹的关系

序号	示意图	U、W、R 值
1	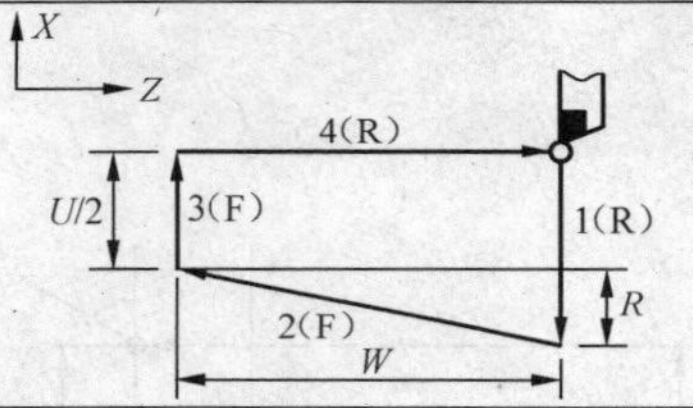	$U<0$ $W<0$ $R<0$
2	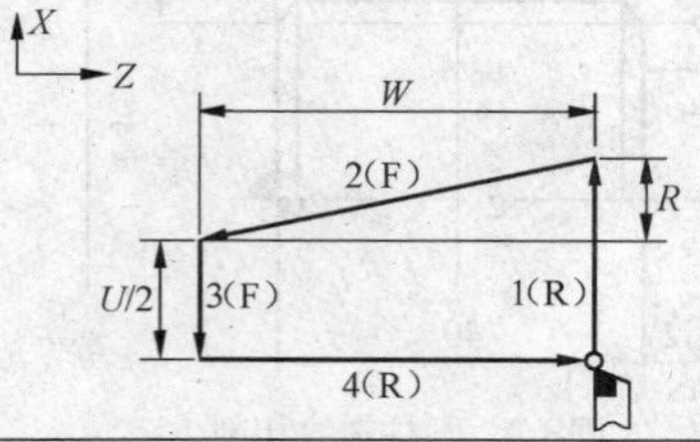	$U>0$ $W<0$ $R>0$
3	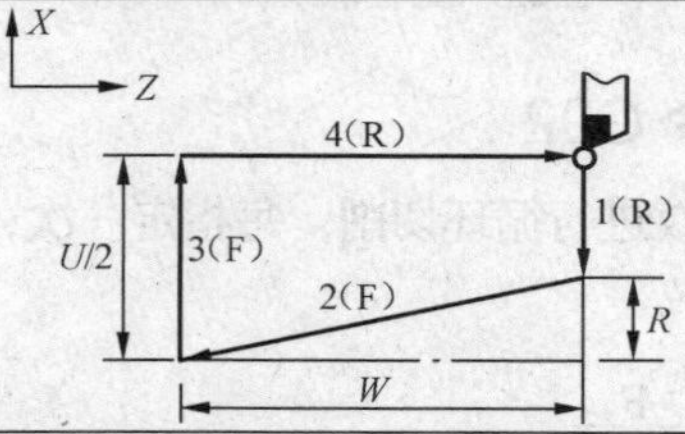	$U<0$ $W<0$ $R>0$
4	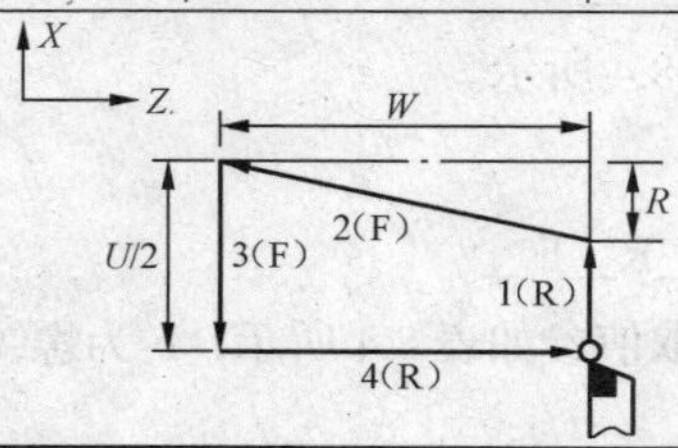	$U>0$ $W<0$ $R<0$

【例 8-2】 如图 8.3 所示，用 G92 指令编程。

```
…
G00  X40  Z5；刀具定位到循环起点
G92  X29.1  Z-42  F2；第 1 次车螺纹
X28.5；第 2 次车螺纹
X27.9；第 3 次车螺纹
X27.5；第 4 次车螺纹
X27.4；最后一次车螺纹
G00  X150  Z150；刀具回换刀点
…
```

三、车螺纹复合循环 G76

该指令用于多次自动循环车螺纹，在数控加工程序中只需指定一次，并在指令中定义好有关参数，则能自动进行加工。车削过程中，除第 1 次车削深度外，其余各次车削深度自动计算。该指令的执行过程如图 8.6 所示。

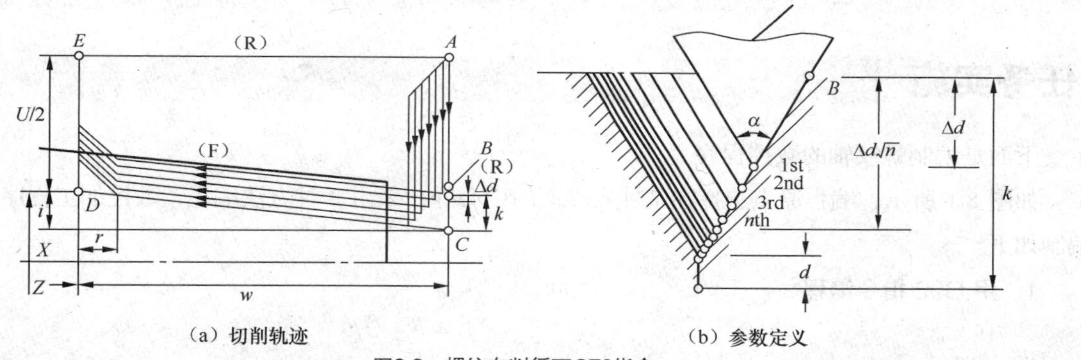

图8.6 螺纹车削循环G76指令

1. 格式

G76 需要同时用 2 条指令定义，其格式如下所示。

G76 P<u>m</u> <u>r</u><u>α</u>Q<u>Δdmin</u> R<u>d</u>

G76 X（u）__Z（W）__R<u>i</u> P<u>k</u> Q<u>Δd</u> F<u>L</u>

2. 说明

① m 是精车重复次数，取值范围为 1～99，该参数为模态量。

② r 是螺纹尾端倒角值，该值的大小可设置在 0.0*L*～9.9*L*，系数应为 0.1 的整数倍，用 00～99 之间的 2 位整数来表示，其中 *L* 为螺距。该参数为模态量。

③ α是刀具角度，可从 80°、60°、55°、30°、29°、0° 这 6 个角度中选择，用 2 位整数来表示。该参数为模态量。

④ m、r、α 用地址 P 同时指定，例如，m=2，r=1.2L，α =60°，表示为 P021260。

⑤ Δd_{min} 是最小车削深度，用半径值编程。车削过程中每次的车削深度为（$\Delta d\sqrt{n}-\Delta d\sqrt{n-1}$），当计算深度小于这个极限值时，车削深度锁定在这个值。该参数为模态量。

⑥ d是精车余量，用半径值编程，该参数为模态量。

⑦ X（U）、Z（W）是螺纹终点坐标值。

⑧ i是螺纹锥度值，用半径值编程。若 R=0，则为直螺纹。

⑨ k是螺纹高度，用半径值编程。

⑩ Δd是第1次车削深度，用半径值编程。

注：i、k、Δd的数值应以无小数点形式表示。

⑪ L是螺距。

【例8-3】 如图8.3所示，用G76指令编程。

```
…
G00 X40 Z5;                              刀具定位到循环起点
G76 P011060 Q100 R0.2;                   车螺纹
G76 X27.4 Z-42.0 R0 P1299 Q900 F2.0;     螺纹高度为1.299mm,第1次车削深度为0.9mm,螺距为2mm
G00 X150 Z150;                           刀具回换刀点
…
```

任务实施

下面是编制螺纹轴的数控程序。

如图8.1所示，编程原点选择在工件右端面的中心处，采用2种方法编程，数控加工程序分别编制如下。

1. 用G92指令编程

```
O8010
N2  T0101; 调用1号刀（90°外圆车刀）
N4  M03  S800; 主轴正转，转速800r/min
N6  G00  X10 Z10; 刀具快速定位
N8  X32  Z0; 快速定位，准备车端面
N10  G01  X0 F0.15; 车端面
N12  Z1;
N14  X24;
N16  X29.8  Z-2; 倒角
N18  Z-40; 车螺纹大径
N20  G00  X150;
N22  Z150; 刀具回换刀点
N24  T0202; 调用2号刀（切槽刀）
N26  M03  S300; 转速300r/min
N28  G00  X32  Z-34;
N30  G01  X20  F0.05; 切槽
N32  G00  X150;
N34  Z150; 刀具回换刀点
N36  T0303; 调用3号刀（螺纹刀）
```

```
N38 M03 S400; 转速 400r/min
N40 G00 X32 Z3; 刀具定位到循环起点
N42 G92 X29.1 Z-32 F2; 第 1 次车螺纹
N44 X28.5; 第 2 次车螺纹
N46 X27.9; 第 3 次车螺纹
N48 X27.5; 第 4 次车螺纹
N50 X27.4; 最后一次车螺纹
N52 G00 X150 Z150; 刀具回换刀点
N54 M05; 主轴停转
N56 M30; 程序结束
```

2. 用 G76 指令编程

```
O8020
N2 T0101; 调用 1 号刀（90°外圆车刀）
N4 M03 S800; 主轴正转，转速 800r/min
N6 G00 X10 Z10; 刀具快速定位
N8 X32 Z0; 快速定位，准备车端面
N10 G01 X0 F0.15; 车端面
N12 Z1;
N14 X24;
N16 X29.8 Z-2; 倒角
N18 Z-40; 车螺纹大径
N20 G00 X150; 刀具回换刀点
N22 Z150;
N24 T0202; 调用 2 号刀（切槽刀）
N26 M03 S300; 转速 300r/min
N28 G00 X32 Z-34;
N30 G01 X20 F0.05; 切槽
N32 G00 X150; 刀具回换刀点
N34 Z150;
N36 T0303; 调用 3 号刀（螺纹刀）
N38 M03 S400; 转速 400r/min
N40 G00 X32 Z3; 刀具定位到循环起点
N42 G76 P010060; 车螺纹
N44 G76 X27.4 Z-32 P1200 Q400 F2;
N46 G00 X150 Z150; 刀具回换刀点
N48 M05; 主轴停转
N50 M30; 程序结束
```

实训内容

1. 任务描述

（1）生产要求：承接了某企业的外协加工产品，加工数量为 200 件。备品率 4%，机械加工废

品率不超过 2%。工作条件可到数控加工车间获取，机床数控系统为 FANUC 0i 系统。

（2）任务工作量：设计零件的机械加工工艺过程，并填写数控加工工序卡、刀具卡、数控程序清单，完成零件的模拟仿真加工。

（3）零件图：如图 8.7～图 8.15 所示，材料为 45 钢，图中未注尺寸公差按 GB01804—m 处理。

2. 任务实施说明

（1）小组讨论，进行零件工艺性分析。

（2）小组讨论，制订机械加工工艺方案。

（3）在图 8.7～图 8.15 选择 1 个，独立编制数控技术文档，如表 8.5～表 8.7 所示。

（4）独立完成工件仿真加工，并对数控技术文档进行优化。

3. 任务实施注意点

（1）注意观察螺纹车刀的结构。

（2）注意观察车螺纹 G92 与 G76 走刀路线的不同之处。

（3）注意 G76 指令各参数的含义及其单位。

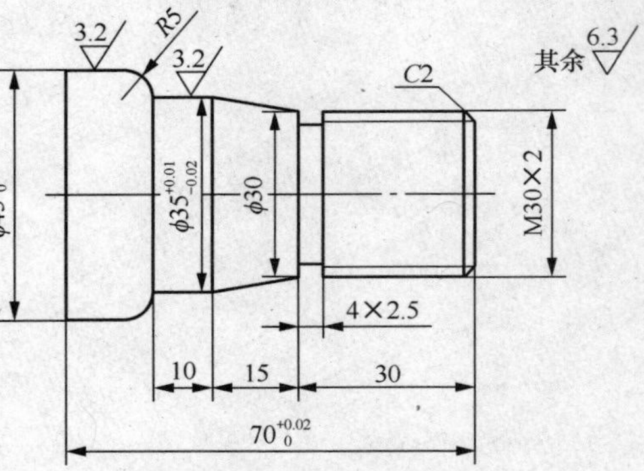

图8.7 实训题1

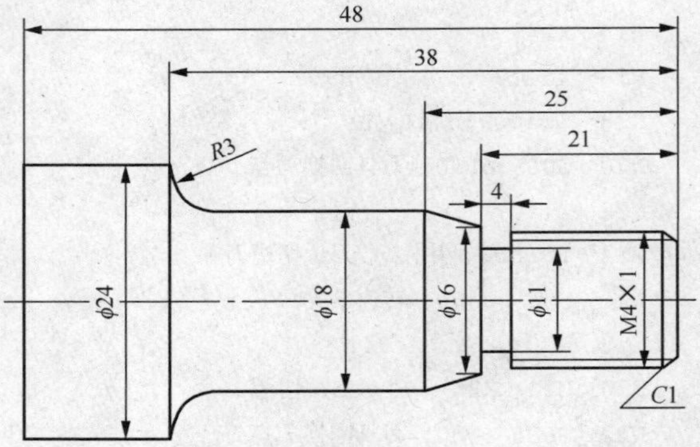

图8.8 实训题2

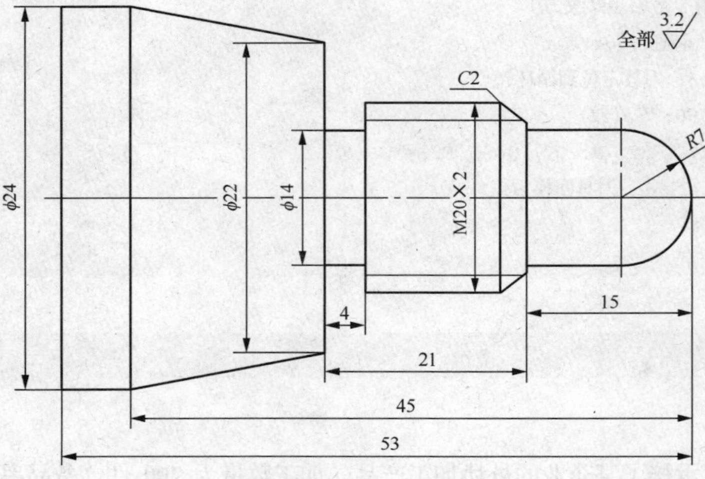

图8.9 实训题3

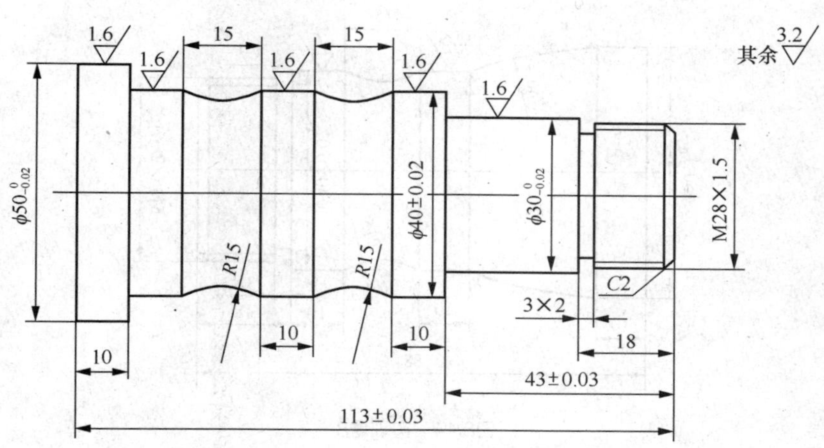

图8.10　实训题4

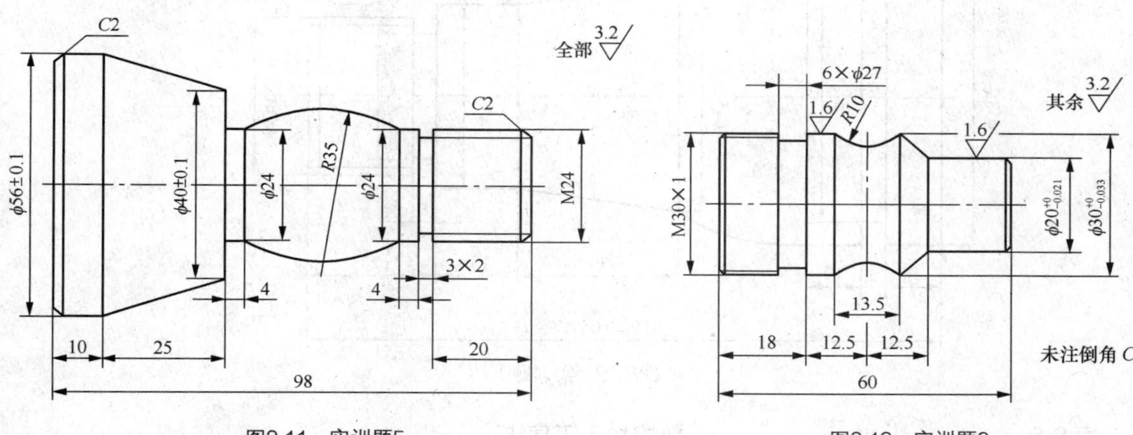

图8.11　实训题5　　　　图8.12　实训题6

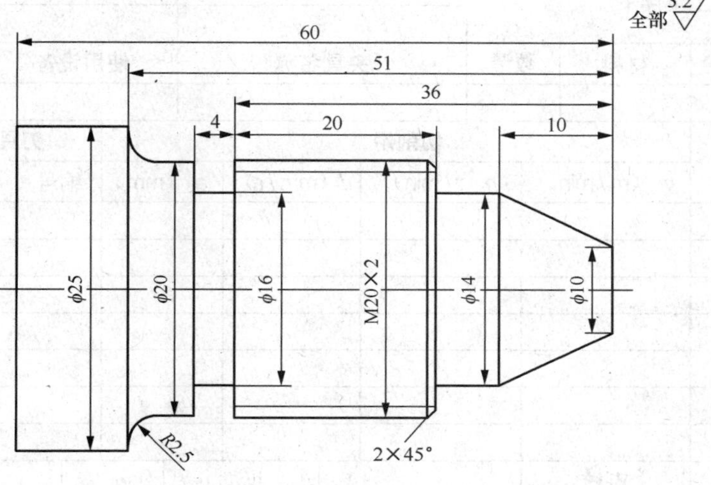

图8.13　实训题7

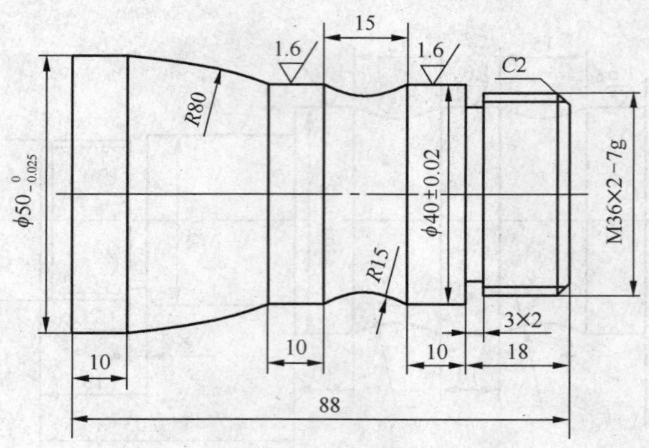

图8.14　实训题8

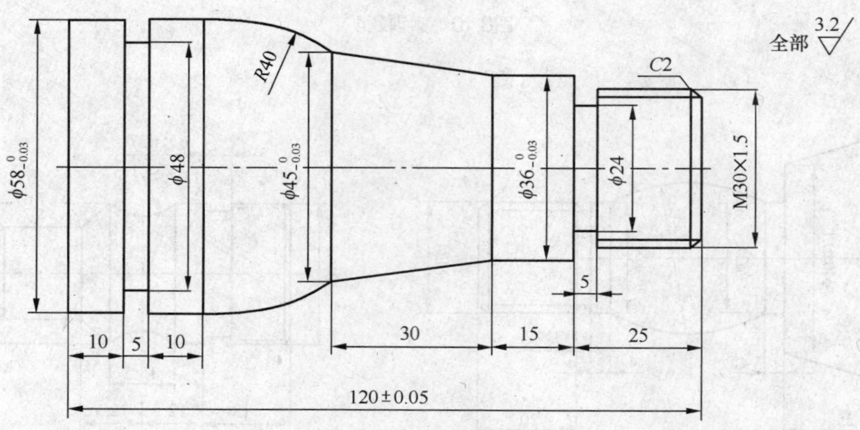

图8.15　实训题9

表 8.5　　数控加工工序卡

<table>
<tr><td colspan="4" rowspan="2">数控加工工序卡</td><td colspan="4">产 品 名 称</td><td colspan="2">零 件 名 称</td><td colspan="3">零 件 编 号</td></tr>
<tr><td colspan="4"></td><td colspan="2"></td><td colspan="3"></td></tr>
<tr><td>工序号</td><td>程序编号</td><td>材料</td><td>数量</td><td colspan="4">夹具名称</td><td colspan="2">使用设备</td><td colspan="3">车间</td></tr>
<tr><td></td><td></td><td></td><td></td><td colspan="4"></td><td colspan="2"></td><td colspan="3"></td></tr>
<tr><td rowspan="2">工步号</td><td rowspan="2">工步内容</td><td colspan="6">切削用量</td><td colspan="2">刀具</td><td colspan="3">量具</td></tr>
<tr><td colspan="2">v_c（m/min）</td><td>n（r/min）</td><td colspan="2">f（mm/r）</td><td>a_p（mm）</td><td>编号</td><td>名称</td><td>编号</td><td colspan="2">名称</td></tr>
<tr><td></td><td></td><td colspan="2"></td><td></td><td colspan="2"></td><td></td><td></td><td></td><td></td><td colspan="2"></td></tr>
<tr><td></td><td></td><td colspan="2"></td><td></td><td colspan="2"></td><td></td><td></td><td></td><td></td><td colspan="2"></td></tr>
<tr><td></td><td></td><td colspan="2"></td><td></td><td colspan="2"></td><td></td><td></td><td></td><td></td><td colspan="2"></td></tr>
<tr><td></td><td></td><td colspan="2"></td><td></td><td colspan="2"></td><td></td><td></td><td></td><td></td><td colspan="2"></td></tr>
<tr><td></td><td></td><td colspan="2"></td><td></td><td colspan="2"></td><td></td><td></td><td></td><td></td><td colspan="2"></td></tr>
<tr><td></td><td></td><td colspan="2"></td><td></td><td colspan="2"></td><td></td><td></td><td></td><td></td><td colspan="2"></td></tr>
<tr><td></td><td></td><td colspan="2"></td><td></td><td colspan="2"></td><td></td><td></td><td></td><td></td><td colspan="2"></td></tr>
<tr><td>编制</td><td></td><td colspan="2">审核</td><td colspan="2"></td><td colspan="2">批准</td><td colspan="2"></td><td colspan="2">共　页</td><td>第　页</td></tr>
</table>

表 8.6　　车削加工刀具调整卡

产品名称或代号			零件名称		零件编号	
序号	刀具号	刀具规格名称	刀具参数		刀补地址	
			刀尖半径	刀杆规格	半径	形状
编制		审核		批准		共　页　第　页

表 8.7　　数控加工程序卡

零件编号		零件名称		编制日期	
程序号		数控系统		编制	
程序内容及说明					

自测题

1. 选择题（请将正确答案的序号填写在题中的括号中，每题 4 分，满分 20 分）

（1）梯形螺纹测量一般是用三针测量法测量螺纹的（　　）。

（A）大径　　（B）小径　　（C）底径　　（D）中径

（2）螺纹指令编制时，F参数是指（　　）。

（A）进给速度　　（B）螺距　　（C）头数　　（D）不一定

（3）下列（　　）指令不是螺纹加工指令。

（A）G76　　（B）G92　　（C）G32　　（D）G90

（4）需要多次自动循环的螺纹加工，应选择（　　）指令。

（A）G76　　（B）G92　　（C）G32　　（D）G90

（5）若要加工规格为“M30×2”的螺纹，则螺纹底径为（　　）mm。

（A）27.4　　（B）28　　（C）27　　（D）27.6

2. 判断题（请将判断结果填入括号中，正确的填“√”，错误的填“×”，每题4分，满分20分）

（　　）（1）螺纹指令“G32　X41.0　W-43.0　F1.5”是以1.5mm/min的速度加工螺纹。

（　　）（2）数控车床可以车削直线、斜线、圆弧、公制和英制螺纹、圆柱螺纹、圆锥螺纹，但是不能车削多头螺纹。

（　　）（3）刃磨车削右旋丝杠的螺纹车刀时，左侧工作后角应大于右侧工作后角。

（　　）（4）G92指令适用于对直螺纹和锥螺纹进行循环切削，每指定一次，螺纹切削自动进行一次循环。

（　　）（5）锥螺纹“R_”参数的正负由螺纹起点与目标点的关系确定，若起点坐标比目标点的 X 坐标小，则R应取负值。

3. 编程题（满分60分）

编制图8.16所示零件的数控加工程序，螺纹部分程序请分别用G32、G92、G76这3种方式编程。（毛坯为 $\phi40$ 的棒料，材料为45钢）

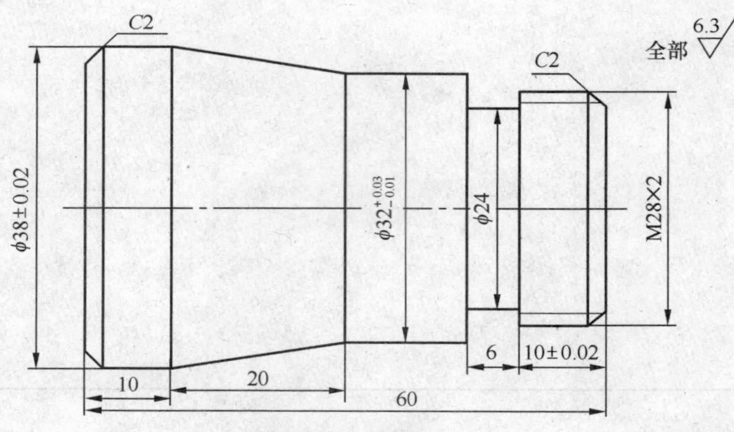

图8.16　编程题图

任务9 中等复杂轴套类零件的编程与加工

【学习目标】

掌握 FANUC 0i Mate TB 数控系统的 G70、G71、G72、G73 等指令的应用，能编写较复杂轴类零件的加工程序。

任务导入

加工定位套 1 件，零件图如图 9.1 所示，要求设计数控加工工艺方案，编制机械加工工艺过程卡、数控加工工序卡、数控车刀具调整卡、数控加工程序卡，进行仿真加工，优化走刀路线和程序。

任务分析如下。

（1）对零件进行工艺性分析。如图 9.1 所示，该零件属于轴套类零件，加工内容包括外圆柱面、外圆弧面、外倒角、内圆柱面、内锥面、内沟槽、内螺纹和内倒角。

该零件图尺寸完整，主要尺寸分析如下。

$\phi58_{-0.046}^{\ 0}$：经查表，加工精度等级为 IT8。

$\phi50_{-0.016}^{\ 0}$：经查表，加工精度等级为 IT6。

$\phi40_{-0.025}^{\ 0}$：经查表，加工精度等级为 IT7。

M30 × 1.5−7H：加工精度等级为 IT7。

其他尺寸的加工精度等级为 IT14。

$\phi50_{-0.016}^{\ 0}$ mm 圆柱面的表面粗糙度为 1.6μm，ϕ20mm 底孔的表面粗糙度为 6.3μm，其他表面的表面粗糙度为 3.2μm。

根据分析，定位套的所有表面都可以加工出来，经济性能良好。

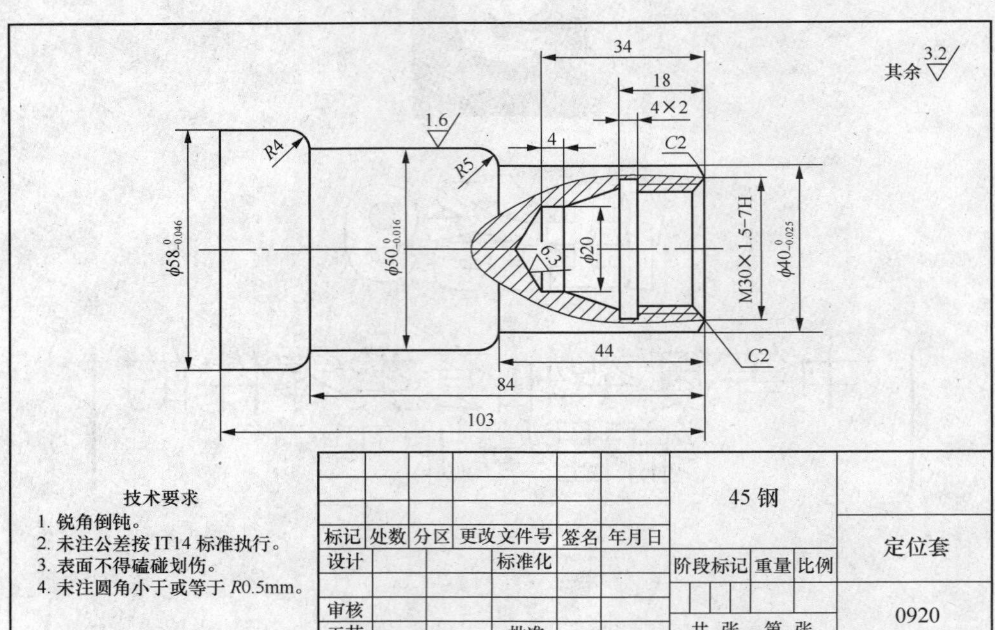

图9.1 任务9零件图

（2）制订机械加工工艺方案。零件数量为 1 件，属于单件小批量生产。

确定坯料轴线和左端面为定位基准。

该零件的加工表面均为回转体，加工表面的最高加工精度等级为 IT6，表面粗糙度为 1.6μm。采用加工方法为粗车、半精车、精车。

拟订工艺路线（见表 9.1）。

（3）编制数控技术文档。编制机械加工工艺过程卡如表 9.1 所示。

表 9.1 定位套的机械加工工艺过程卡

机械加工工艺过程卡		产品名称	零件名称	零件图号	材料	毛坯规格
			定位套	**0920**	45 钢	**ϕ60mm×150mm**
工序号	工序名称	工序简要内容	设备	工艺装备		工时
5	下料	按ϕ60mm×150mm 下料	锯床			
10	数控车	车削各表面至图样尺寸	CK7150A	三爪卡盘、游标卡尺、外径千分尺、ϕ20mm 麻花钻、外圆车刀、内孔镗刀、内槽刀、内螺纹车刀、切断刀		
15	钳	去毛刺		钳工台		
20	检验					
编制		审核	批准		共 页	第 页

接下来是针对数控车这道工序，编制数控加工工序卡和刀具调整卡（见表 9.2 和表 9.3）。

表 9.2 定位套的数控加工工序卡

数控加工工序卡				产品名称		零件名称		零件图号	
						定位套		0920	
工序号	程序编号	材料	数量	夹具名称		使用设备		车间	
10	O1701	45 钢	1	三爪卡盘		CK7150A		数控加工车间	
工步号	工步内容	切削用量				刀具		量具	
		v_c（m / min）	n（r / min）	f（mm / r）	a_p（mm）	编号	名称	编号	名称
1	采用手动方式，钻ϕ20 孔至 40 mm 长	25	398	0.1	20	T0505	ϕ20mm 麻花钻	1	游标卡尺
2	车端面，见平即可	150	800	0.2	1	T0101	外圆车刀	1	游标卡尺
3	粗车、半精车外圆，留加工余量 0.5mm	150	800	0.2	1.5	T0101	外圆车刀	1	游标卡尺
4	精车外圆至图样尺寸	220	1 200	0.1	0.25	T0101	外圆车刀	2	外径千分尺
5	粗车内孔，留加工余量 0.5mm	50	800	0.15	1	T0202	内孔镗刀	1	游标卡尺
6	精车内孔至图样尺寸	94	1 000	0.1	0.25	T0202	内孔镗刀	1	游标卡尺
7	车内退刀槽至图样尺寸	35	400	0.05		T0303	内槽刀		
8	车内螺纹至图样尺寸	68	720	1.5		T0404	内螺纹车刀	3	M30 × 1.5−7H 塞规
9	切断，保证总长为 103mm		400	0.05		T0606	切断刀	1	游标卡尺
编制		审核		批准			共 页		第 页

注：ϕ20 孔的深度=34+0.3×D（D 为麻花钻的直径）=34+0.3×20=40（mm）。

表 9.3 定位套的数控车刀具调整卡

产品名称或代号			零件名称	定位套	零件图号	0920
序号	刀具号	刀具规格名称	刀具参数		刀补地址	
			刀尖半径	刀杆规格	半径	形状
1	T0101	外圆车刀	0.4mm	25mm×25mm	01	01
2	T0202	内孔镗刀	0.4mm	ϕ16mm		02
3	T0303	3mm 宽内槽刀		25mm×25mm		03
4	T0404	内螺纹车刀		25mm×25mm		04

续表

产品名称或代号			零件名称	定位套	零件图号	0920
序号	刀具号	刀具规格名称	刀具参数		刀补地址	
			刀尖半径	刀杆规格	半径	形状
5	T0505	ϕ20mm 麻花钻		莫氏锥柄		
6	T0606	4mm 宽切断刀		25mm×25mm		06
编制		审核		批准	共 页	第 页

知识准备

一、粗车循环指令 G71 和精车循环指令 G70

1. 粗车循环指令 G71

该指令只需指定精加工路线，系统会自动给出粗加工路线，适于车削圆棒料毛坯，如图 9.2 所示。

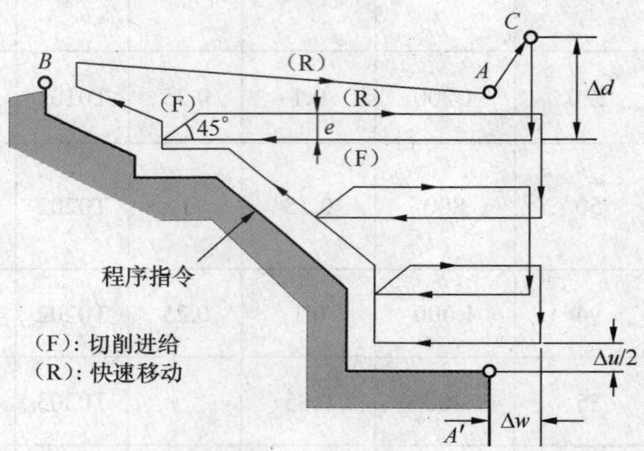

图9.2 外径、内径粗车循环示意图

（1）编程格式。

G71 U$\underline{\Delta d}$ R$\underline{e}$

G71 P$\underline{n_s}$ Q$\underline{n_f}$ U$\underline{\Delta u}$ W$\underline{\Delta w}$ F__ S__ T__

（2）说明。

① Δd 是切深，无正负号，半径值。

② e 是退刀量，无正负号，半径值。

③ n_s 是指定精加工路线的第 1 个程序段的段号。

④ n_f 是指定精加工路线的最后 1 个程序段的段号。

⑤ Δu 是 X 方向上的精加工余量，直径值。车外圆时为正值，车内孔时为负值。

⑥ Δw 是 Z 方向上的精加工余量。

（3）指令循环路线分析。

① 如图 9.2 所示，刀具从循环起点 A 开始，快速退至 C 点，退刀量由 Δw 和 $\Delta u/2$ 决定；

② 快速沿 X 方向进刀 Δd 深度，按照 G01 切削加工，然后按照 45° 方向快速退刀，X 方向退刀量为 e，再沿 Z 方向快速退刀，第一次切削加工结束；

③ 沿 X 方向进行第二次切削加工，进刀量为 $e+\Delta d$，如此循环直至粗车结束；

④ 进行平行于精加工表面的半精加工，刀具沿精加工表面分别留 Δw 和 $\Delta u/2$ 的加工余量；

⑤ 半精加工完成后，刀具快速退至循环起点，结束粗车循环所有动作。

（4）注意。

① 零件沿 X 轴的外形必须是单调递增或单调递减。

② 粗车过程中，$n_s \rightarrow n_f$ 程序段中的 F、S、T 功能均被忽略，只有 G71 指令中指定的 F、S、T 功能有效。

③ 循环起点的确定：G71 粗车循环起点的确定主要考虑毛坯的加工余量、进退刀路线等。一般选择在毛坯轮廓外 1～2mm、端面 1～2mm 即可，不宜太远，以减少空行程，提高加工效率。

2．精车循环指令

用 G71 粗车完毕后，可以用 G70 进行精加工。精加工时，G71 程序段中的 F、S、T 指令无效，只有在 $n_s \rightarrow n_f$ 程序段中的 F、S、T 才有效。

（1）编程格式。

G70 P$\underline{n_s}$ Q$\underline{n_f}$;

（2）说明。

① n_s 是指定精加工路线的第 1 个程序段的段号。

② n_f 是指定精加工路线的最后 1 个程序段的段号。

③ 在使用 G70 精车循环时，要特别注意快速退刀路线，防止刀具与工件发生干涉。

【例 9-1】　设毛坯是 ϕ30 的棒料，零件图如图 9.3 所示，要求采用 G71、G70 指令编写数控加工程序。

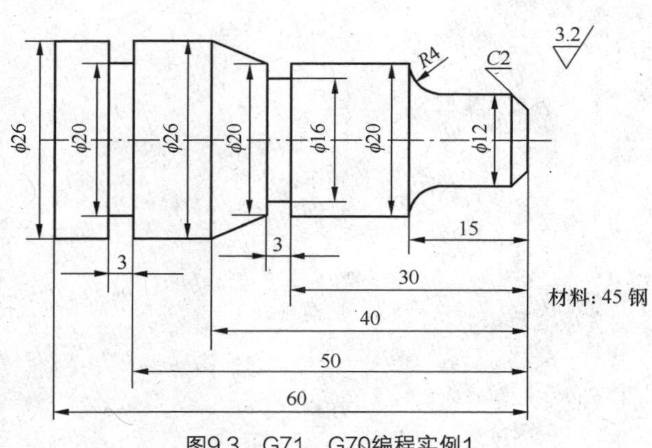

图9.3　G71、G70编程实例1

（1）确定工艺方案。

① 车端面。

② 从右至左粗加工各面。

③ 从右至左精加工各面。

④ 切槽、切断。

（2）选择刀具。

① 外圆车刀 T0101：车端面，粗车、精车各表面。

② 切断刀 T0202（宽 3mm）：切槽、切断。

（3）切削用量确定，如表 9.4 所示。

表 9.4　　切削用量表

加 工 内 容	主轴转速（或切削速度）	进给速度（mm / r）
车端面	120m/min	0.15
粗车外圆	500r/min	0.15
精车外圆	800r/min	0.08
切槽及切断	300r/min	0.05

（4）编程。编程原点设在零件图的右端面与中心线相交处。程序内容及说明如下。

```
程序                                      说明
O4010                                     程序名
N10 T0101 G96 G99;
N20 S120 M03;
N30 G50 S2000;
N40 G00 X32 Z5;
N50 G94 X0 Z0 F0.15;                      车端面
N60 G97 S500;
N70 G71 U1.5 R1;                          粗车各外圆
N80 G71 P90 Q150 U0.5 W0 F0.15;
N90 G00 X6 Z1;
N100 G01 X12 Z-2 F0.08;
N110 Z-11;
N120 G02 X20 W-4 R4;
N130 G01 W-18;
N140 X26 Z-40;
N150 Z-63;
N160 G70 P90 Q150;                        精车各外圆
N170 G00 X100 Z100 T0202;
N180 M03 S300;
N190 G00 X22 Z-33;
N200 G01 X16 F0.08;                       切槽φ16×3
N210 X28 F0.3;
N220 Z-53;
N230 X20 F0.08;                           切槽φ20×3
N240 X32 F0.3;
N250 Z-63;
N260 X1 F0.08;                            切断
N270 X32 F0.3;
N280 G00 X100 Z100 M05;
N290 M02;
```

【例 9-2】 加工图 9.4 所示内孔，毛坯预先钻 $\phi8$ 内孔。要求采用 G71、G70 指令编写数控加工程序。

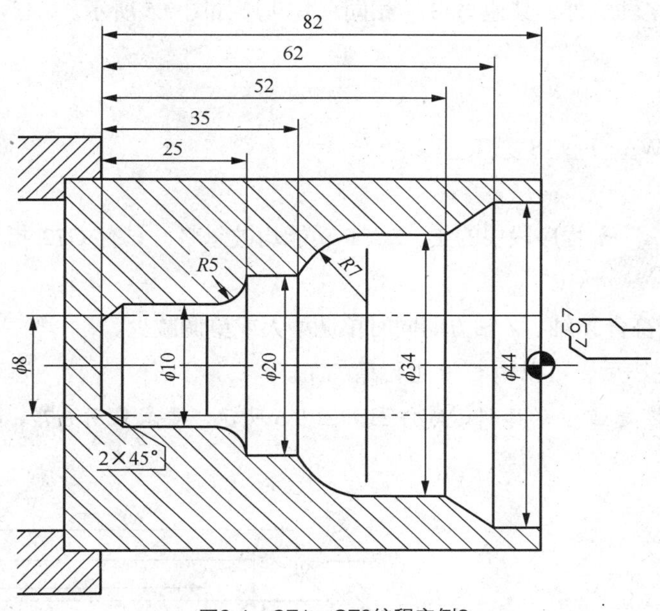

图9.4 G71、G70编程实例2

编程原点设在零件图的右端面与中心线相交处。将循环起点设置在直径为 $\phi6$，距离端面为 5mm 方，选择切削深度为 1.5mm 径值)，退刀量为 1mm；X 方向精加工余量为 0.4mm，Z 方向精加工余量为 0.1mm 序内容及说明如下。

程序	说明
O4020	程序名
N10 T0101 G97 G99;	
N20 M03 S800;	
N30 G00 X6.0 Z5.0;	
N40 G71 U1.5 R1.0;	
N50 G71 P60 Q140 U-0.4 W0.1 F0.15;	粗车内孔
N60 G00 G41 X44.0;	
N70 G01 W-25.0 F0.1;	
N80 X34.0 W-10.0;	
N90 W-10.0;	
N100 G03 X20.0 W-7.0 R7.0;	
N110 G01 W-10.0;	
N120 G02 X10.0 W-5.0 R5.0;	
N130 G01 W-18.0;	
N140 X6.0 Z-82.0;	
N150 S1000;	
N160 G70 P60 Q140;	精车内孔
N170 G00 G40 Z50.0;	
N180 X100.0;	
N190 M05;	
N200 M30;	

二、平端面粗车循环指令 G72

端面粗车循环指令（G72）适于 Z 向余量小，X 向余量大的棒料粗加工。该指令的执行过程除了其切削行程平行于 X 轴之外，其他与 G71 相同，其轨迹如图 9.5 所示。

（1）编程格式。

G72 W$\underline{\Delta d}$ R$\underline{e}$;

G72 P$\underline{n_s}$ Q$\underline{n_f}$ U$\underline{\Delta u}$ W$\underline{\Delta w}$ F__ S__ T__;

（2）说明。

① 粗车过程中，$n_s \rightarrow n_f$ 程序段中的 F、S、T 功能均被忽略，只有 G72 指令中指定的 F、S、T 功能有效。

② 零件轮廓必须符合 X 轴、Z 轴方向同时单调增大或单调减少。

③ 用 G72 粗车完毕后，可以用 G70 进行精加工。

【例 9-3】 设毛坯是 $\phi 75$ 的棒料，零件图如图 9.6 所示，要求采用 G72、G70 指令编写数控加工程序。

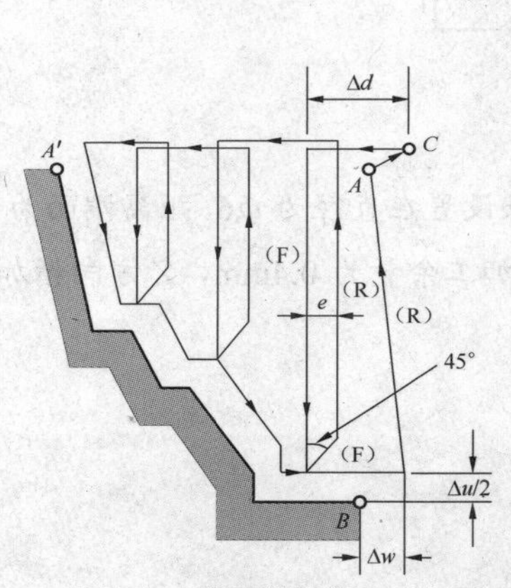

图9.5 平端面粗车循环示意图

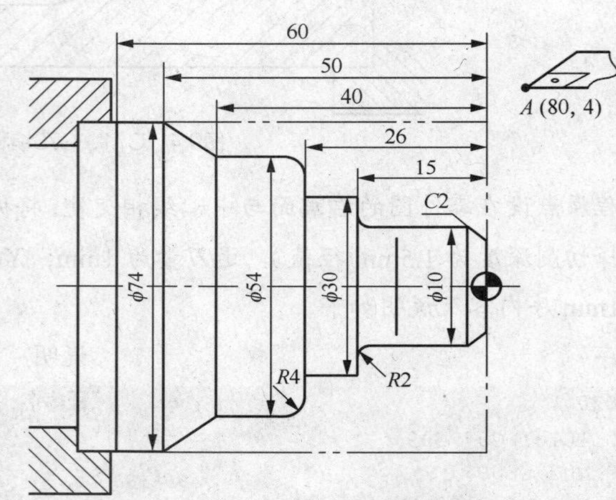

图9.6 G72、G70编程实例1

编程原点设在零件图的右端面与中心线相交处。将循环起点设置在 A（80，4），切削深度为 1.2mm，退刀量为 1mm，X 方向精加工余量为 0.2mm，Z 方向精加工余量为 0.5mm。程序内容及说明如下。

程序	说明
O4030	程序名
T0101 G97 G99;	
M03 S400;	
G00 X80.0 Z4.0;	
G72 W1.2 R1.0;	粗车
G72 P10 Q20 U0.2 W0.5F80.0;	
N10 G00 G41 Z-60.0;	
G01 X74.0 F50.0;	
Z-50.0;	
X54.0 Z-40.0;	
Z-30.0	

```
G02 X46.0 Z-26.0 R4.0;
G01 X30.0;
Z-15.0;
X14.0;
G03 X10.0 Z-13.0 R2.0;
G01 Z-2.0;
X6.0 Z0.0;
N20 X0.0;
S800;
G70 P10 Q20;                          精车
G40 G00 X100.0 Z50.0;
M05;
M30;
```

【例 9-4】 加工图 9.7 所示内孔，毛坯预先钻 $\phi8$ 内孔。要求采用 G72、G70 指令编写数控加工程序。

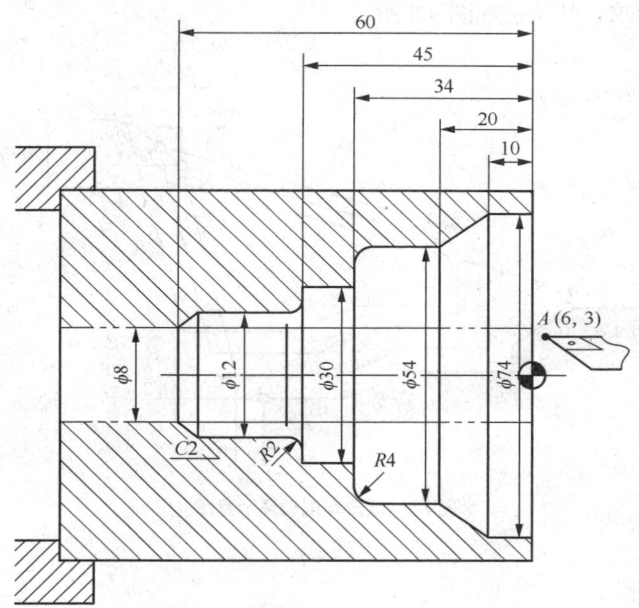

图9.7 G72、G70编程实例2

编程原点设在零件图的右端面与中心线相交处。切削循环起点在 A（6，3），切削深度为 1.2mm，退刀量为 1mm，X 方向精加工余量为 0.2mm，Z 方向精加工余量为 0.5mm。

```
O4040
T0101;
G98 M03 S400;
G00 X6.0 Z3.0;
G72 W1.2 R1.0;
G72 P10 Q20 U-0.2 W0.5 F50.0;
N10 G00 G42 Z-61.0;
G01 X12.0 W3.0 F30.0;
Z-47.0;
G03 X16.0 Z-45.0 R2.0;
```

```
G01 X30.0;
Z-34.0;
X46.0;
G02 X54.0 W4.0 R4.0;
G01 Z-20.0;
X74.0 Z-10.0;
N20 Z0.0;
S800;
G70 P10 Q20;
G40 G00 Z50.0;
X100.0;
M05;
M30;
```

三、车削循环指令 G73

成形车削循环指令（G73）可以车削固定的图形，适于车削铸造、锻造类毛坯或半成品，对零件轮廓的单调性没有要求，其轨迹如图 9.8 所示。

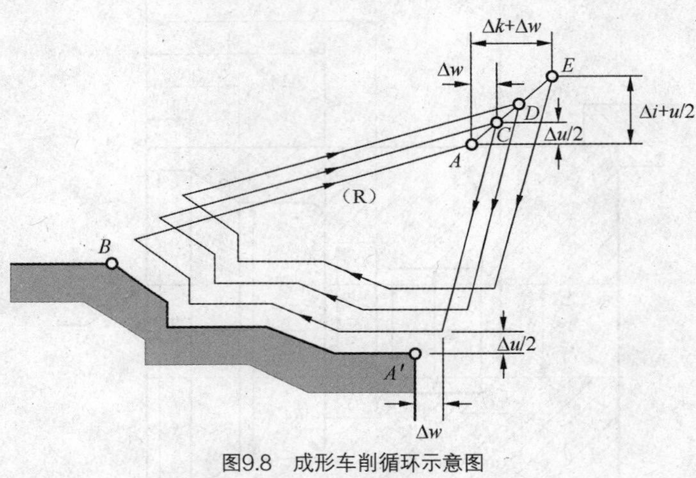

图9.8　成形车削循环示意图

（1）编程格式。

G73 U$\underline{\Delta i}$ W$\underline{\Delta k}$ R$\underline{d}$;

G73 P$\underline{n}_s$ Q$\underline{n}_f$ U$\underline{\Delta u}$ W$\underline{\Delta w}$ F__ S__ T__;

（2）说明。

① Δi 是 X 方向总退刀量，半径值。

② Δk 是 Z 方向总退刀量。

③ d 是循环次数。

④ n_s 是指定精加工路线的第 1 个程序段的段号。

⑤ n_f 是指定精加工路线的最后 1 个程序段的段号。

⑥ Δu 是 X 方向上的精加工余量，直径值。

⑦ Δw 是 Z 方向上的精加工余量。

⑧ 粗车过程中，$n_s \rightarrow n_f$ 程序段中的 F、S、T 功能均被忽略，只有 G73 指令中指定的 F、S、T 功能有效。

（3）指令循环路线分析。如图 9.8 所示，执行指令时每一次切削路线的轨迹形状是相同的，只是位置不断向工件轮廓推进，这样就可以将毛坯待加工表面的加工余量分层均匀切削掉，留出精加工余量。

（4）注意。

① G73 指令只适合于已经初步成形的毛坯粗加工。对于不具备类似成形条件的工件，如果采用 G73 指令编程加工，则反而会增加刀具切削时的空行程，而且不便于计算粗车余量。

② 用 G73 粗车完毕后，可以用 G70 进行精加工。

【例 9-5】 设毛坯是 $\phi30$ 的棒料，零件图如图 9.9 所示，要求采用 G73、G70 指令编写数控加工程序。

（1）确定工艺方案。

① 车端面。

② 从右至左粗加工各面。

③ 从右至左精加工各面。

④ 切槽、切断。

（2）选择刀具。

① 外圆车刀 T0101：车端面。

② 外圆车刀 T0202（选用 35° 刀片）：粗、精车各表面。

③ 切断刀 T0303（宽 3mm）：切槽、切断。

（3）切削用量确定，如表 9.5 所示。

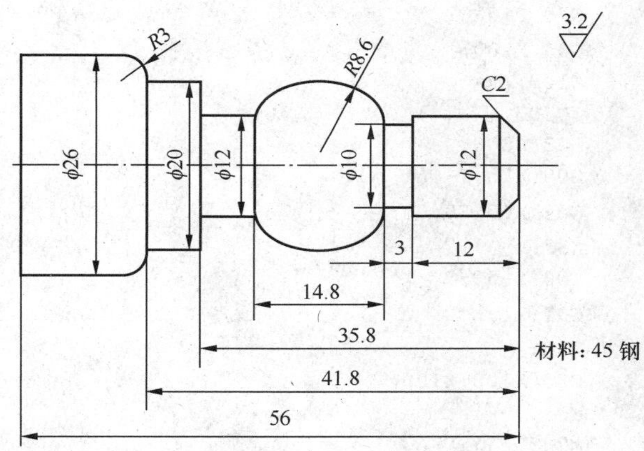

图9.9　G73编程实例

表 9.5　　切削用量表

加 工 内 容	主轴转速（或切削速度）	进给速度（mm / r）
车端面	120m/min	0.15
粗车各外圆面	500r/min	0.15
精车各外圆面	800r/min	0.08
切槽及切断	300r/min	0.05

（4）编程。编程原点设在零件图的右端面与中心线相交处。采用 G73 粗车各外圆，G70 精车各外圆，程序如下。

程序	说明
O4050	程序名
T0101;	
S120 M03;	
G50 S2000;	
G00 X32 Z5;	
G94 X0 Z0 F0.15;	车端面

```
G00 X100 Z100;
T0202;
G00 X32 Z5;
G97 S500;
G73 U9 W1 R6;                       粗车各外圆面
G73 P10 Q20 U0.5 W0;
N10 G00 X6 Z1 S800;
G01 X12 Z-2 F0.08;
Z-15;
G03 X12 W-14.8 R8.6;
G01 Z-35.8;
X20;
Z-41.8;
G03 U6 W-3 R3;
G01 X26 Z-59;
N20 X32;
G70 P10 Q20;                        精车各外圆面
G00 X100;
Z100;
T0303;
M03 S300;
G00 X15 Z-15;
G01 X10 F0.05;                      切槽
X32;
G00 Z-59;
G01 X1;                             切断
X32;
G00 X100 Z100;
M05;
M30;
```

四、子程序调用指令 M98、M99

当程序中出现某些固定顺序或重复出现的程序段时，将这部分程序段抽出来，按一定格式编成一个程序以供调用，这个程序就是“子程序”。子程序以外的加工程序称为“主程序”。

子程序调用不是数控系统的标准功能，不同的数控系统所用的指令和格式不同。

在主程序中调用子程序的指令：M98 表示调用子程序，M99 表示子程序结束。

调用子程序的格式：M98　P××× ××××;

子程序格式如下：

O× × × ×（子程序号）

…

M99;

说明：

① P 后的前 3 位数为子程序被重复调用的次数，当不指定重复次数时，子程序只调用一次，后 4 位数为子程序号；

② M99 为子程序结束，并返回主程序；

③ M98 程序段中不得有其他指令出现；

④ 主程序调用同一子程序执行加工，最多可执行 999 次，在子程序中也可以调用另一子程序执行加工。

【例 9-6】　如图 9.10 所示，工件上有 4 个相同尺寸的凹槽，用切槽刀 T0303 进行车削，将相同的加工程序编成 1 个子程序，再使用主程序去调用此子程序，编写数控程序如下：

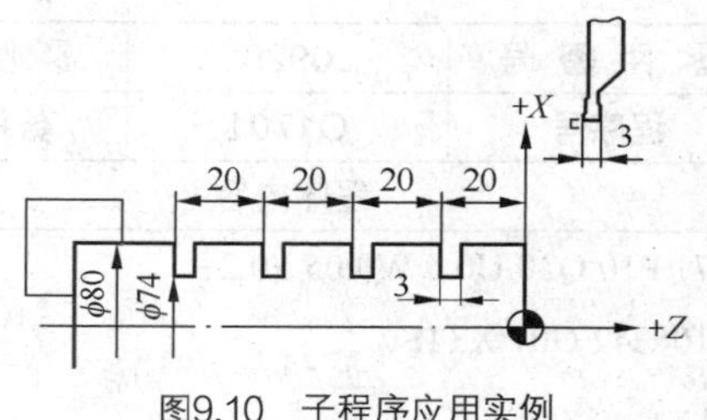

图9.10　子程序应用实例

程序	说明
O4060	主程序名
T0303;	
G97 S800 M03;	
M08;	开启切削液
G00 X82 Z0;	
M98 P42555;	调用子程序 O2555 执行 4 次，切削 4 个凹槽
G00 X100 Z100;	
M09;	关闭切削液
M30;	
O2555	子程序名
W-20.0;	
G01 X74 F0.05;	
G00 X82;	
M99;	

任务实施

下面是编制定位套的数控程序。

如图 9.1 所示，编程原点选择在工件右端面的中心处，数控加工程序如表 9.6 所示。

表 9.6　　定位套的数控加工程序卡

零件图号	0920	零件名称	定位套	编制日期	
程序号	O1701	数控系统	FANUC 0i	编制	
程序内容			程序说明		
T0101; M03 S800; G00 X65 Z5; G94 X0 Z0 F0.2;			换 1 号外圆车刀 车端面		
G00 X61 Z5; G71 U1.5 R0.5;			快速定位循环起点 粗车循环		

续表

零件图号	0920	零件名称	定位套	编制日期	
程序号	O1701	数控系统	FANUC 0i	编制	
程序内容			程序说明		
G71 P10 Q20 U0.5 W0.05 F0.2; N10 G42 G01 X34; Z1; X40 Z-2; Z-44; G03 X50 Z-49 R5; G01 Z-84; G03 X58 W-4R4; G01 Z-107;					
N20 G40 X61;					
M03 S1200; G70 P10 Q20 F0.1; G00 X150 Z150;			 精车循环		
T0202; M03 S800; M08; G00 X19 Z5; G71 U1 R0.5; G71 P30 Q40 U-0.5 W0.05 F0.15; N30 G01 X34.5; Z1; X28.5 Z-2; Z-18; X20 Z-30; Z-34; X19; N40 Z5;			换2号内孔镗刀 快速定位 粗车循环 注意：粗车内表面时，“U”为负值		
M03 S1000; G70 P30 Q40 F0.1; G00 X150 Z100;			 精车循环		
T0303; M03 S400; M08;			换3号内槽刀		

续表

零件图号	0920	零件名称	定位套	编制日期	
程序号	O1701	数控系统	FANUC 0i	编制	

程序内容	程序说明
G00 X28 Z5; Z-18; G01 X34 F0.05; X28; Z-17; X34 F0.05; X28;	
G00 Z150; X150; M09;	
T0404; M03 S720; M08; G00 X25 Z5; G76 P010160 Q100 R0.08; G76 X30 Z-15 P974 Q400 F1.5; G00 X150 Z150; M09; T0606;	换 4 号内螺纹车刀 快速定位 车削内螺纹（螺纹高度为 0.974mm，第 1 次切削深度为 0.4mm，螺距为 1.5mm） 换 6 号切断刀
M03 S300; M08; G00 X60 Z5; Z-106; G01 X1 F0.05; X60 F0.2; G00 X150; Z150; M09; M05; M30;	程序结束，返回程序起始点

程序编制完成后，进入数控车仿真软件进行模拟加工，要注意 G70～G73 指令的循环起点一般设置在最接近粗加工开始的工件拐角处，*X* 方向一般设置为 *X*（毛坯直径）+（1～5）mm，*Z* 方向一般设置为离工件端面 1～5mm。

实训内容

1. 任务描述

（1）生产要求：承接了某企业的外协加工产品，加工数量为 200 件。备品率 4%，机械加工废品率不超过 2%。工作条件可到数控加工车间获取，机床数控系统为 FANUC 0i 系统。

（2）任务工作量：设计零件的机械加工工艺过程，并填写数控加工工序卡、刀具卡、数控程序清单，完成零件的模拟仿真加工。

（3）零件图：如图 9.11～图 9.18 所示，毛坯为 ϕ50× 80 的 45 钢棒材，已预钻 ϕ20 的通孔，图中未注尺寸公差按 GB01804－m 处理，未注倒角为 C2。

2. 任务实施说明

（1）小组讨论，进行零件工艺性分析。

（2）小组讨论，制订机械加工工艺方案。

（3）在图 9.11～图 9.18 之间选择 1 个，独立编制数控技术文档，如表 9.7～表 9.9 所示。

（4）独立完成工件仿真加工，并对数控技术文档进行优化。

3. 任务实施注意点

（1）注意观察粗车循环 G71、G72 与 G73 走刀路线的不同之处。

（2）注意观察内孔车刀的结构。

（3）注意 G71、G72 与 G73 指令各参数的含义。

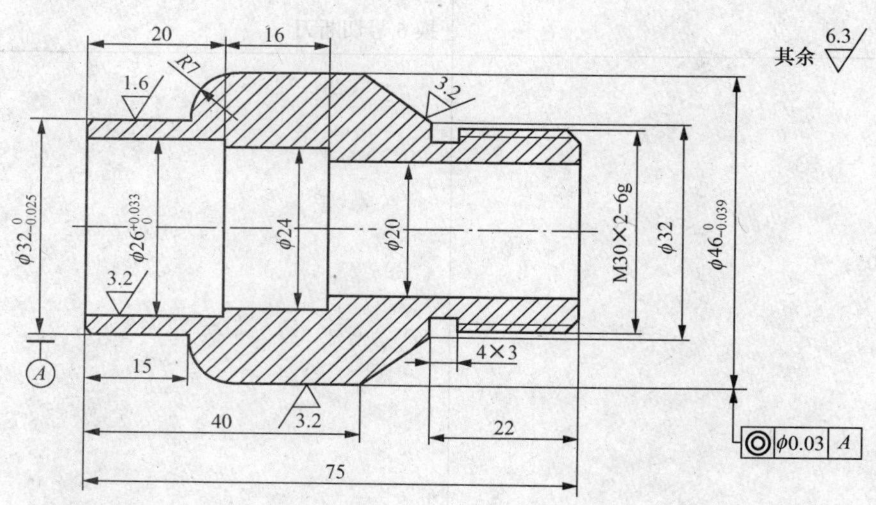

图9.11 实训题1

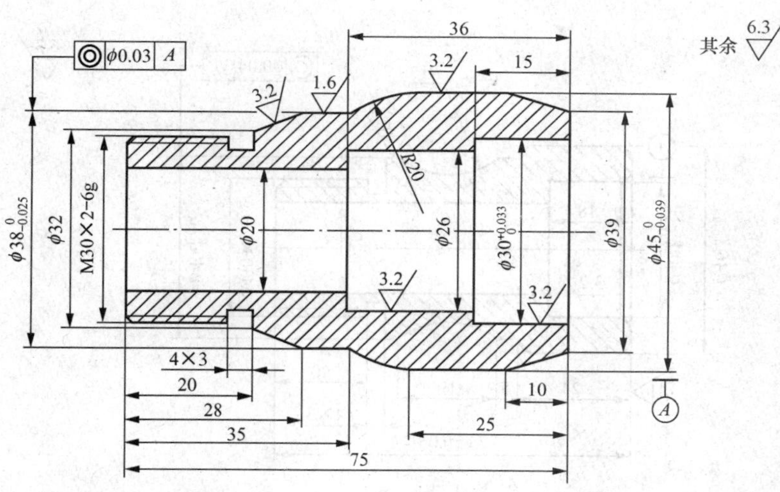

图9.12　实训题2

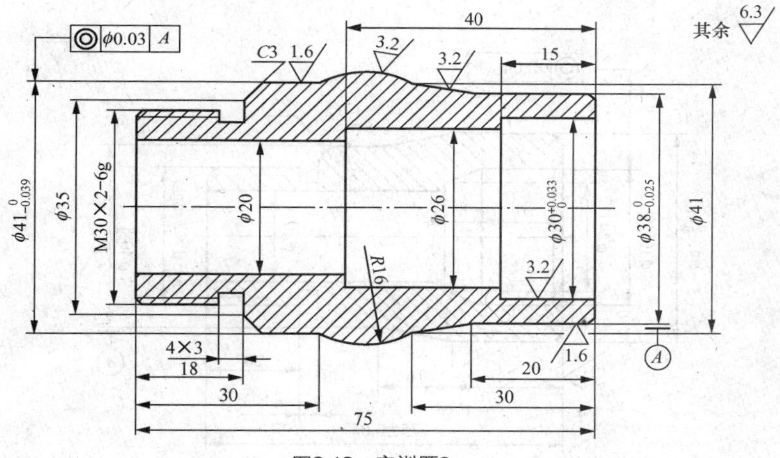

图9.13　实训题3

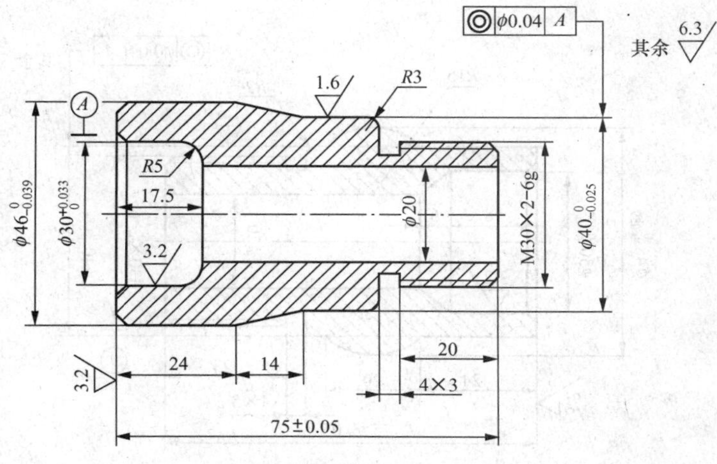

图9.14　实训题4

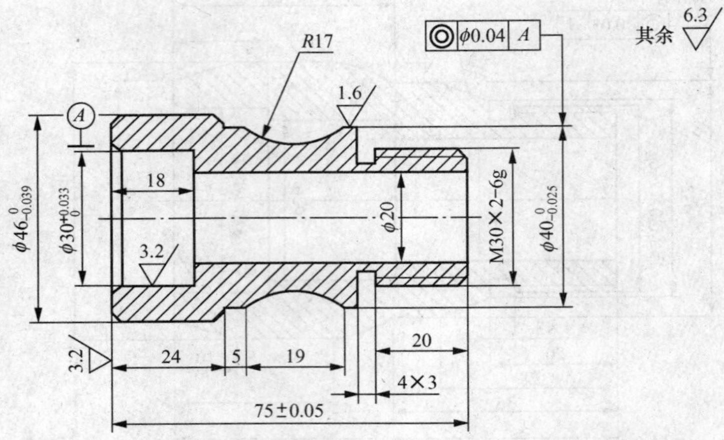

图9.15 实训题5

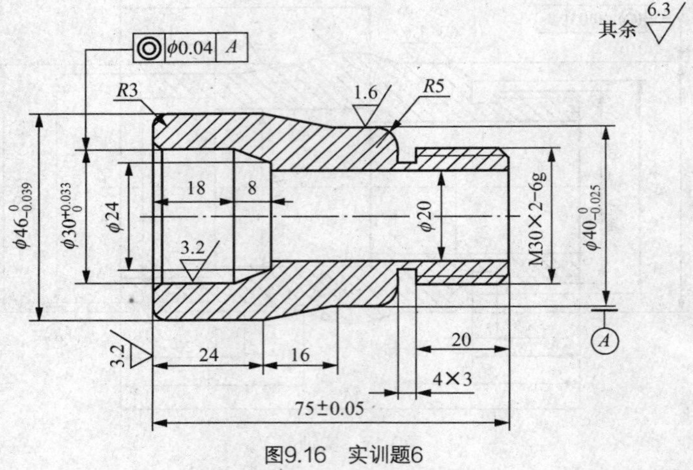

图9.16 实训题6

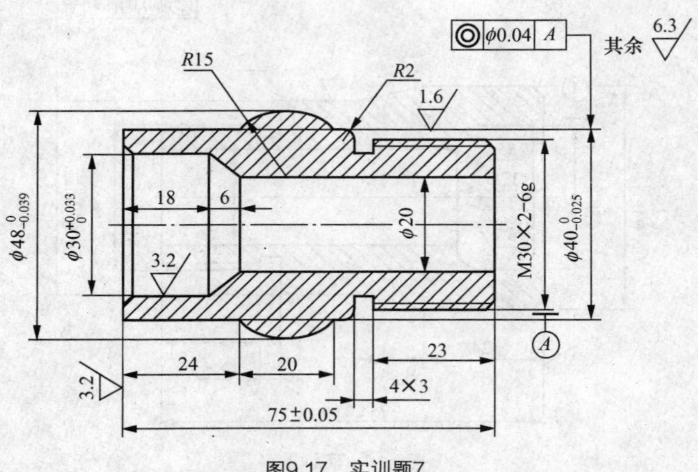

图9.17 实训题7

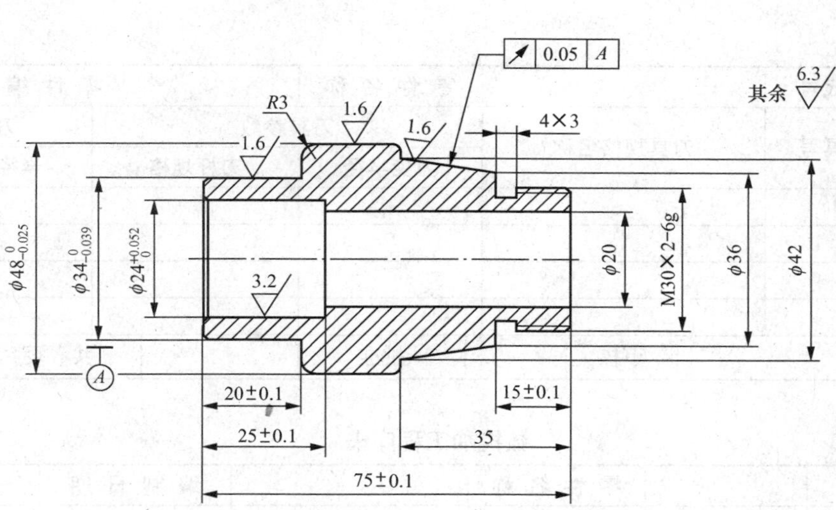

图9.18　实训题8

表 9.7　　数控加工工序卡

数控加工工序卡				产品名称		零件名称		零件编号	
工序号	程序编号	材料	数量	夹具名称		使用设备		车间	
工步号	工步内容	切削用量				刀具		量具	
		v_c（m/min）	n（r/min）	f（mm/r）	a_p（mm）	编号	名称	编号	名称
编制		审核		批准		共　页		第　页	

表 9.8　　车削加工刀具调整卡

产品名称或代号			零件名称		零件编号	
序号	刀具号	刀具规格名称	刀具参数		刀补地址	
			刀尖半径	刀杆规格	半径	形状

续表

产品名称或代号			零件名称		零件编号	
序号	刀具号	刀具规格名称	刀具参数		刀补地址	
			刀尖半径	刀杆规格	半径	形状
编制		审核		批准		共 页	第 页

表 9.9　数控加工程序卡

零件编号		零件名称		编制日期	
程序号		数控系统		编制	
程序内容及说明					

自测题

1. 选择题（请将正确答案的序号填写在题中的括号中，每题 4 分，满分 20 分）

（1）在 FANUC 数控系统中，（　　）适合粗加工铸、锻造类毛坯。

（A）G71　　（B）G70　　（C）G73　　（D）G72

（2）用单一固定循环 G90 指令编制锥体车削循环加工时，“R”参数的正负由刀具起点与目标点的关系确定，若起点坐标比目标点的 X 坐标小，则 R 应取（　　）。

（A）负值　　（B）正值　　（C）不一定

（3）下面的（　　）指令属于单一固定循环。

（A）G72　　（B）G90　　（C）G71　　（D）G73

（4）若待加工零件具有凹圆弧面时，则应选择（　　）指令完成粗车循环。

（A）G70　　（B）G71　　（C）G73　　（D）G72

（5）在 FANUC 数控系统中，（　　）适合于加工棒料毛坯，以除去较大余量的切削。

（A）G71　　（B）G70　　（C）G73　　（D）G72

2. 判断题（请将判断结果填入括号中，正确的填“√”，错误的填“×”，每题 5 分，满分 20 分）

（　　）（1）在实际加工中，各粗车循环指令可据实际情况结合使用，即某部分用 G71，某部分用 G73，尽可能提高效率。

（　　）（2）G71、G72、G73、G76 均属于复合固定循环指令。

（　　）（3）单一固定循环方式可对工件的内、外圆柱面及内、外圆锥面进行粗车。

（　　）（4）套类工件因受刀体强度、排屑状况的影响，所以每次切削深度要少一点，进给速度要慢一点。

3. 编程题（满分 60 分）

编制图 9.19 所示零件的数控加工程序。（毛坯为ϕ50 × 80 的棒料，材料为 45 钢，已预钻 ϕ20 的通孔）

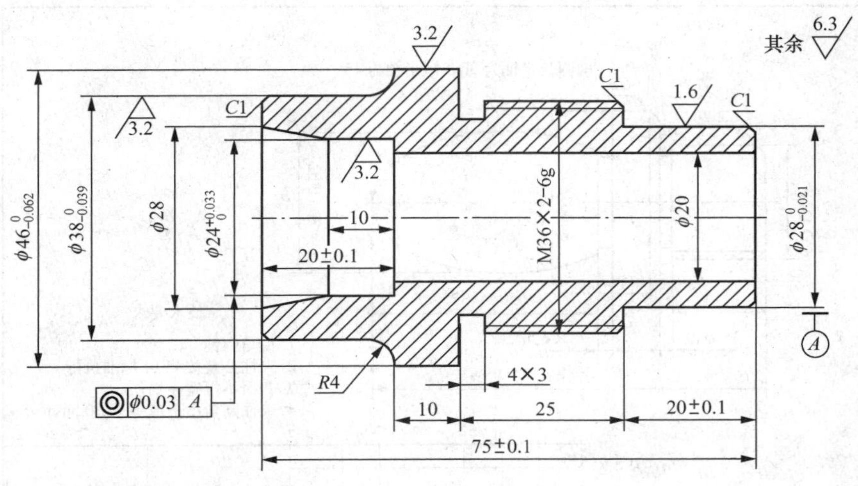

图9.19　编程题图

Chapter 10

任务10

异形面的编程与加工

【学习目标】

掌握用户宏程序功能的编程规则和方法，能运用变量编程编制含有公式曲线的复杂轴类零件的数控加工程序。

任务导入

加工椭圆手柄100件，零件图如图10.1所示，要求设计数控加工工艺方案，编制机械加工工艺过程卡、数控加工工序卡、数控车刀具调整卡、数控加工程序卡，进行仿真加工，优化走刀路线和程序。

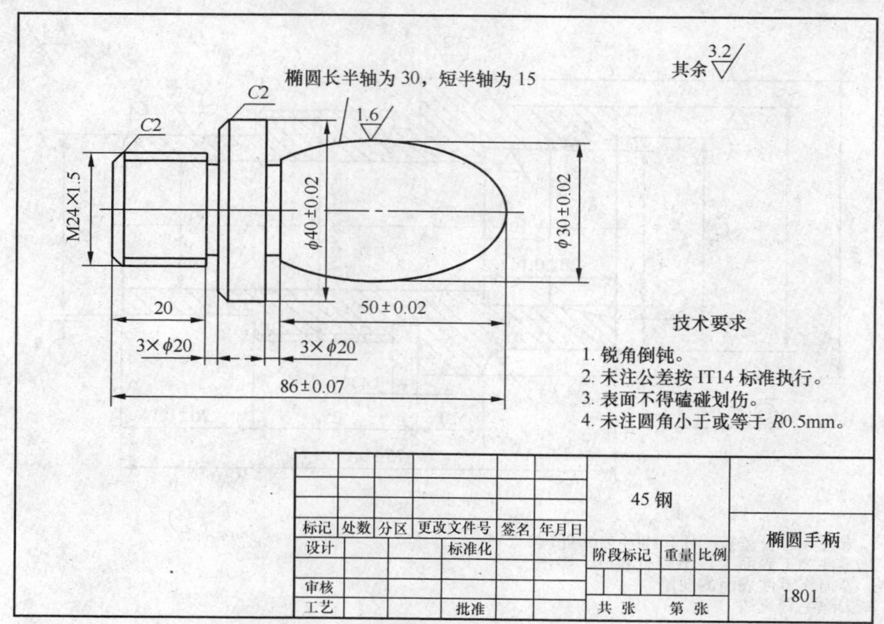

图10.1 任务10零件图

任务分析如下。

（1）对零件进行工艺性分析。如图 10.1 所示，该零件属于轴类零件，加工内容包括椭圆面、圆柱、沟槽、螺纹、倒角。

该零件图尺寸完整。主要尺寸分析如下。

$\phi40\pm0.02$：经查表，加工精度等级为 IT8。

$\phi30\pm0.02$：经查表，加工精度等级为 IT8。

50 ± 0.02：经查表，加工精度等级为 IT8。

86 ± 0.07：经查表，加工精度等级为 IT10。

其他尺寸的加工精度等级为 IT14。

除椭圆面的表面粗糙度为 1.6 外，其他表面的表面粗糙度为 3.2。

根据分析，椭圆手柄的所有表面都可以加工出来，经济性能良好。

（2）制订机械加工工艺方案。

确定生产类型：零件数量为 100 件，属于小批量生产。

确定坯料轴线和左端面为定位基准。

该零件的加工表面均为回转体，加工表面的最高加工精度等级为 IT8，表面粗糙度为 1.6。采用加工方法为粗车、半精车、精车。

拟订工艺路线如表 10.1 所示。

设计数控车加工工序如下。

① 选择加工设备。选用长城机床厂生产的 CK7150A 型数控车床，系统为 FANUC 0i，配置后置式刀架。

② 选择工艺装备。该零件采用三爪自动定心卡盘自定心夹紧。

刀具选择为：外圆机夹粗车刀 T0101 用于车端面，粗车、半精车圆柱面，倒角。切槽刀（宽 3 mm）T0202 用于切槽。螺纹刀 T0303 用于车螺纹。外圆机夹车刀 T0404（刀片的刀尖角为 35°）用于车椭圆面。

量具选择为：量程为 200mm、分度值为 0.02 的游标卡尺，M24 × 1.5 环规。

③ 三陵确定工步和走刀路线。

粗精车工件左端的工步为：车端面→粗车螺纹外圆和 $\phi40$ 外圆→精车螺纹外圆和 $\phi40$mm 外圆→切槽→车螺纹。

粗精车工件右端的工步为：车端面→粗车椭圆→精车椭圆→切槽。

④ 确定切削用量。

背吃刀量：粗车时，确定背吃刀量为 2mm；精车时，确定背吃刀量为 0.5mm。

主轴转速：粗车外圆时，确定主轴转速为 800r/min；精车外圆柱面时，确定主轴转速为 1 200r/min；精车椭圆面时，确定主轴转速为 1 500r/min；车螺纹时，确定主轴转速为 800r/min；切槽时，确定主轴转速为 500r/min。

进给量：粗车外圆时，确定进给量为 0.2mm/r；精车外圆时，确定进给量为 0.08mm/r；切槽，

确定进给量为 0.05mm/r。

（3）编制数控技术文档。编制机械加工工艺过程卡如表 10.1 所示。

表 10.1　　椭圆手柄的机械加工工艺过程卡

机械加工工艺过程卡		产品名称	零件名称	零件图号	材料	毛坯规格
			椭圆手柄	1801	45	ϕ45 × 95
工序号	工序名称	工序简要内容	设备型号	工艺装备		工时
5	下料	按 ϕ45 × 95 下料	锯床			
10	车	粗精车工件左端成形	CK7150A	三爪自定心卡盘、游标卡尺、M24 × 1.5 环规		
20	车	粗精车工件右端成形	CK7150A	三爪自定心卡盘、游标卡尺、外圆车刀、切槽刀、外螺纹刀		
30	钳	去毛刺		钳工台		
50	检验					
编制		审核	批准		共 1 页	第 1 页

编制数控加工工序卡，如表 10.2 和表 10.3 所示。

表 10.2　　椭圆手柄的数控加工工序卡 1

数控加工工序卡					产品名称		零件名称		零件图号	
							椭圆手柄		1801	
工序号	程序编号	材料	数量		夹具名称		使用设备		车间	
10	O1801	45 钢	100		三爪卡盘		CK7150A		数控加工车间	
工步号	工步内容	切削用量				刀具		量具		
		u_c（m / min）	n（r / min）	f（mm / r）	a_p（mm）	编号	名称	编号	名称	
1	车端面	125	800	0.2						
2	粗车螺纹外圆至 ϕ24.5 mm，ϕ40 外圆至 ϕ40.5 mm	113	800	0.2	2	T0101	外圆车刀	01	游标卡尺	
3	精车螺纹外圆至 ϕ23.85 mm，精车 ϕ40 mm 外圆至尺寸要求	153	1 200	0.08	0.25	T0101	外圆车刀	02	千分尺	
4	切槽 3 × ϕ20	64	500	0.05		T0202	3 mm 宽切槽刀	01	游标卡尺	
5	车螺纹 M24 × 1.5	60	800	1.5		T0303	外螺纹刀	03	螺纹检规	
编制		审核		批准			共　页		第　页	

表 10.3　　椭圆手柄的数控加工工序卡 2

数控加工工序卡				产品名称		零件名称		零件图号	
						椭圆手柄		1801	
工序号	程序编号	材料	数量	夹具名称		使用设备		车间	
20	O1802	45 钢	1 00	三爪卡盘		CK7150A		数控加工车间	
工步号	工步内容	切削用量				刀具		量具	
		v_c（m / min）	n（r / min）	f（mm / r）	a_p（mm）	编号	名称	编号	名称
1	车端面，保证总长 86 mm	125	800	0.2					
2	粗车椭圆留精加工余量 0.5 mm	113	800	0.2	1	T0404	外圆车刀	01	游标卡尺
3	精车椭圆至尺寸要求	150	1 500	0.08	0.25	T0404	外圆车刀		
4	切槽 3 × ϕ20	64	500		0.05	T0202	3 mm 宽槽刀	01	游标卡尺
编制		审核		批准			共　页		第　页

编制刀具调整卡如表 10.4 所示。

表 10.4　　椭圆手柄的车削加工刀具调整卡

产品名称或代号			零件名称	椭圆手柄	零件图号	1801
序号	刀具号	刀具规格名称	刀具参数		刀补地址	
			刀尖半径	刀杆规格	半径	形状
1	T0101	外圆车刀	0.8 mm	25 mm × 25 mm		01
2	T0202	切槽刀（宽 3mm）	0.8 mm	25 mm × 25 mm		02
3	T0303	螺纹车刀		25 mm × 25 mm		03
4	T0404	外圆车刀（副偏角 55°或刀片的刀尖角 35°）	0.8mm	25 mm × 25 mm		04
编制		审核		批准	共　页	第　页

知识准备

一、用户宏程序概述

1. 用户宏程序的概念

用户宏程序的主体是一系列指令，相当于子程序体。使用中，通常把能完成某一功能的一系列

指令像子程序一样存入存储器，然后用一个总指令代表它们，使用时只需给出这个总指令就能执行其功能。

用户宏程序的最大特点是可以对变量进行运算，使程序应用更加灵活、方便。

FANUC-0i 系统提供两种用户宏程序，即用户宏程序功能 A 和用户宏程序功能 B。用户宏程序功能 A 是 FANUC 系统的标准配置功能，任何配置的 FANUC 系统都具备此功能，而用户宏程序功能 B 虽然不是 FANUC 系统的标准配置功能，但绝大部分的 FANUC 系统也都支持用户宏程序功能 B。

2．变量

普通数控加工程序直接用数值指定 G 代码和移动距离，而使用宏程序时，数值可以直接指定或用变量指定。当用变量指定时，变量值可用程序或用 MDI 面板上的操作改变。

（1）变量的表示。一个变量由符号“#”和变量号组成，如“# *i* (*i*=1,2,3,⋯)”。

表达式可以用于指定变量号。此时，表达式必须封闭在括号中，如“#[#1+#2−10]”。

（2）变量的引用。当在程序中定义变量值时，应指定其后变量号的地址。

如“G01 X#100 Y#101 F#102;”，当#100=800、#101=500、#102=80 时，程序即表示为“G01 X800 Y500 F80;”。

（3）变量的类型。变量分为空变量、局部变量、公共变量（全局变量）、系统变量 4 种。

① 空变量（#0）总是空，没有值能赋给该变量。

② 局部变量（#1～#33）是在宏程序中局部使用的变量。当宏程序 1 调用宏程序 2，而且都有变量#1 时，由于变量#1 服务于不同的局部，所以 1 中的#1 与 2 中的#1 不是同一个变量，因此可以赋予不同的值，且互不影响。局部变量只能用在宏程序中存储数据，例如运算结果。断电后，局部变量被初始化为空。调用宏程序时，自变量对局部变量赋值。

③ 公共变量（#100～#199，#500～#999）在不同的宏程序中的意义相同。例如，当宏程序 1 和 2 都有变量#100 时，由于#100 是全局变量，所以 1 中的#100 与 2 中的#100 是同一个变量。断电后，变量#100～#199 初始化为空，变量#500～#999 的数据保存，即使断电也不丢失。

④ 系统变量（#1000～）是指有固定用途的变量，它的值决定系统的状态。系统变量包括刀具偏置值变量、接口输入与接口输出信号变量及位置信号变量等。

（4）赋值与变量。赋值是指将一个数据赋予一个变量。如#1=0，表示#1 的值是 0。其中#1 代表变量，0 就是给变量#1 赋的值。这里“=”是赋值符号，起语句定义作用。

赋值的规律有以下几点。

① 赋值号“=”两边内容不能随意互换，左边只能是变量，右边可以是表达式、数值或变量。

② 一个赋值语句只能给一个变量赋值。

③ 可以多次给一个变量赋值，新变量值将取代原变量值（即最后赋的值生效）。

④ 赋值语句具有运算功能，它的一般形式为：变量=表达式。在赋值运算中，表达式可以是变量自身与其他数据的运算结果，如#1=#1+1，则表示#1 的值为#1+1。

⑤ 赋值表达式的运算顺序与数学运算顺序相同。

⑥ 辅助功能（M 代码）的变量有最大值限制，例如，将 M30 赋值为 300 显然是不合理的。

3．宏程序语句和NC语句

（1）宏程序语句和NC语句的定义。在宏程序中，可以将程序段分为两种语句，一种为宏程序语句，一种为NC语句。以下程序段为宏程序语句。

① 包含算术或逻辑运算（=）的程序段。

② 包含控制语句（如GOTO、DO、END）的程序段。

③ 包含宏程序调用指令（例如用G65、G66、G67或其他G代码、M代码调用宏程序）的程序段。

除了宏程序语句以外的任何程序段都为NC语句。

（2）宏程序语句和NC语句的区别。宏程序语句即使置于单程序段运行方式，机床也不停止运行。但是，当参数No.6000#5SBM设定为1时，在单程序段方式中也执行单程序段停止（这只在调试时才使用）。

在刀具半径补偿方式中宏程序语句段不作为不移动程序段处理。

（3）宏程序语句的处理。为了平滑加工，CNC系统会预读下一个要执行的NC语句，这种运行称为缓冲。

在刀具半径补偿方式（G41、G42）中，CNC系统为了找到交点会提前预读2或3个程序段的NC语句。

算术表达式和条件转移的宏程序语句在它们被读进缓冲寄存器后立即被处理。

CNC系统不预读以下3种类型的程序段：包括M00、M01、M02或M30的程序段；包含由参数No.3411～No.3420设置的禁止缓冲的M代码的程序段；包含G31的程序段。

（4）用户宏程序的使用限制。

① MDI运行。在MDI方式中，不可以指定宏程序，但可进行下列操作：调用子程序；调用一个宏程序，但该宏程序在自动运行状态下不能调用另一个宏程序。

② 顺序号检索。用户宏程序不能检索顺序号。

③ 单程序段。除了包含宏程序调用指令、运算指令和控制指令的程序段之外，可以执行一个程序段作为一个单程序的停止（在宏程序中）。换言之，即使宏程序在单程序段方式下正在执行，程序段也能停止。

包含宏程序调用指令（G65/G66）的程序段，即使在单程序段方式时也不能停止。

当设定参数SBM（参数No.6000的#5位）为1时，包含算术运算指令和控制指令的程序段可以停止（即单程序段停止）。该功能主要用于检查和调试用户宏程序本体。

在刀具半径补偿方式中，当宏程序语句中出现单程序段停止时，该语句被认为不包含移动的程序段，并且在某些情况下，不能执行正确的补偿（严格地说，该程序段被当作指定移动距离为0的移动。）

④ 使用任选程序段跳过（跳跃功能）。在<表达式>中间出现的“/”符号（即在算术表达式的右边，封闭在[]中）被认为是除法运算符，而不作为任选程序段跳过代码。

⑤ 在 DEIT 方式下的运行。当设定参数 NE8（参数 No.3202 的#0 位）和 NE9（参数 No.3202 的#4 位）为 1 时，可对程序号为 8000～8999 和 9000～9999 的用户宏程序和子程序进行保护。

当存储器全清时，存储器的全部内容包括宏程序（子程序）将被清除。

⑥ 复位。复位后，所有局部变量和从#100～#149 的公共变量被清除为空值。

当设定参数 CLV（参数 No.6001 的#7 位）和 CCV（参数 No.6001 的#6 位）为 1 时，它们可以不被清除。

复位不清除的系统变量是#1000～#1133。

复位可清除任何用户宏程序和子程序的调用状态及 DO 状态并返回到主程序。

⑦ 程序再启动的显示。和 M98 一样，子程序调用使用的 M、T 代码不显示。

⑧ 进给暂停。在宏程序语句的执行期间，且进给暂停有效时，宏程序执行完成之后机床停止。当复位或出现报警时，机床也停止。

⑨ <表达式>中可以使用的常数值。表达式中可以使用的常数值为“+0.0000001～+99999999”以及“−99999999～−0.0000001”范围内的 8 位十进制数，如果超过这个范围，会触发 P/S 报警 No.003。

4. 宏程序指令的应用场合

（1）适合抛物线、椭圆、双曲线等没有插补指令的曲线的编程。

（2）适合图形一样，只是尺寸不同的系列零件的编程。

（3）适合工艺路径一样，只是位置数据不同的系列零件的编程。

二、用户宏程序功能 A

用户宏程序功能 A 可以用以下方法调用宏程序：宏程序非模态调用（G65）；宏程序模态调用（G66、G67）；子程序调用（M98）；用 M 代码调用子程序（M<m>）；用 T 代码调用子程序（T< t >）。其中，宏程序非模态调用 G65 应用较广泛，本节主要介绍 G65 的编程方法。

1. 功能

宏指令 G65 可以实现丰富的宏功能，包括算术运算、逻辑运算等处理功能。

2. 格式

G65 Hm P(#i) Q(#j) R(#k)

说明：

（1）m 可以是 01～99 中的任何一个整数，表示运算指令或转移指令的功能；

（2）#i 表示存放运算结果的变量；

（3）#j 为需要运算的第 1 个变量，可以是常数，常数可以直接表示，不带#。

（4）#k 为需要运算的第 2 个变量，可以是常数，常数可以直接表示，不带#。

（5）G65 表示：#i=#j⊙#k；⊙代表运算符号，它由 Hm 指定。

3. G65Hm 宏指令

（1）算术运算指令（见表 10.5）。

表 10.5 算术运算指令

指令	H码	功能	定义
G65	H01	定义，替换	#i=#j
G65	H02	加	#i=#j+#k
G65	H03	减	#i=#j−#k
G65	H04	乘	#i=#j × #k
G65	H05	除	#i=#j/#k
G65	H21	平方根	$\#i=\sqrt{\#j}$
G65	H22	绝对值	$\#i=\lvert\#j\rvert$
G65	H23	求余	#i=#j−Trunc(#j/#k) × #k Trunk:丢弃小于 1 的分数部分
G65	H24	十进制码变为二进制码	#i=BIN（#j）
G65	H25	二进制码变为十进制码	#i=BCD（#j）
G65	H26	复合乘/除	#i=(#i × #j) ÷ #k
G65	H27	复合平方根 1	$\#i=\sqrt{\#j^2+\#k^2}$
G65	H28	复合平方根 2	$\#i=\sqrt{\#j^2-\#k^2}$

① 变量的定义和替换：#i=#j

编程格式：G65 H01 P#i Q#j

例 G65 H01 P#101 Q1005;（#101=1005）

G65 H01 P#101 Q−#112;（#101=−#112）

② 加法：#i=#j+#k

编程格式：G65 H02 P#i Q#j R#k

例 G65 H02 P#101 Q#102 R#103; （#101=#102+#103）

③ 减法：#i=#j-#k

编程格式：G65 H03 P#i Q#j R#k

例 G65 H03 P#101 Q#102 R#103; （#101=#102−#103）

④ 乘法：#i=#j × #k

编程格式：G65 H04 P#i Q#j R#k

例 G65 H04 P#101 Q#102 R#103; （#101=#102 × #103）

⑤ 除法：#i=#j/#k

编程格式：G65 H05 P#i Q#j R#k

例 G65 H05 P#101 Q#102 R#103; （#101=#102/#103）

⑥ 平方根：$\#i=\sqrt{\#j}$

编程格式：G65 H21 P#i Q#j

例 G65 H21 P#101 Q#102; （$\#101=\sqrt{\#102}$）

⑦ 绝对值：#i =|# j|

编程格式：G65 H22 P#i Q#j

例 G65 H22 P#101 Q#102;（#101=|#102|）

⑧ 复合平方根 1：$\#i=\sqrt{\#j^2+\#k^2}$

编程格式：G65 H27 P#i Q#j R#k

例 G65 H27 P#101 Q#102 R#103;（$\#101=\sqrt{\#102^2+\#103^2}$）

⑨ 复合平方根 2：$\#i=\sqrt{\#j^2-\#k^2}$

编程格式：G65 H28 P#i Q#j R#k

例 G65 H28 P#101 Q#102 R#103;（$\#101=\sqrt{\#102^2-\#103^2}$）

（2）逻辑运算指令（见表 10.6）。

表 10.6 逻辑运算指令

指 令	H 码	功 能	定 义
G65	H11	逻辑或	#i=#j OR #k
G65	H12	逻辑与	#i=#j AND #k
G65	H13	异或	#i=#j XOR #k

① 逻辑或：#i=#j OR #k

编程格式：G65 H11 P#i Q#j R#k

例 G65 H11 P#101 Q#102 R#103;（#101=#102 OR #103）

② 逻辑与：#i=#j AND #k

编程格式：G65 H12 P#i Q#j R#k

例 G65 H12 P#101 Q#102 R#103;（#101=#102 AND #103）

（3）三角函数指令（见表 10.7）。

表 10.7 三角函数指令

指 令	H 码	功 能	定 义
G65	H31	正弦	#i=#j SIN（#k）
G65	H32	余弦	#i=#j COS（#k）
G65	H33	正切	#i=#j TAN（#k）
G65	H34	反正切	#i=#j ATAN（#k）

① 正弦函数。

编程格式：G65 H31 P#i Q#j R#k（单位为°）

例 G65 H31 P#101 Q#102 R#103;（#101=#102 × sin（#103））

② 余弦函数。

编程格式：G65 H32 P#i Q#j R#k（单位为°）

例 G65 H32 P#101 Q#102 R#103; （#101=#102 × cos（#103））

③ 正切函数。

编程格式：G65 H33 P#i Q#j R#k（单位为°）

例 G65 H33 P#101 Q#102 R#103; （#101=#102 × tan（#103））

④ 反正切函数。

编程格式：G65 H34 P#i Q#j R#k（单位为°，0≤#j≤360）

例 G65 H34 P#101 Q#102 R#103; （#101=#102 × arctan（#103））

（4）控制类指令（见表 10.8）。

表 10.8 控制类指令

指 令	H 码	功 能	定 义
G65	H80	无条件转移	GOTO n
G65	H81	条件转移 1（EQ）	IF #j=#k, GOTO n
G65	H82	条件转移 2（NE）	IF #j≠#k, GOTO n
G65	H83	条件转移 3（GT）	IF #j>#k, GOTO n
G65	H84	条件转移 4（LT）	IF #j<#k, GOTO n
G65	H85	条件转移 5（GE）	IF #j≥#k, GOTO n
G65	H86	条件转移 6（LE）	IF #j≤#k, GOTO n
G65	H99	产生 P/S 报警	P/S 报警号 500+n 出现

① 无条件转移。

编程格式：G65 H80 Pn（n 为程序段号）

例 G65 H80 P120;（转移到 N120）

② 条件转移 1。

编程格式：G65 H81 Pn Q#j R#k（n 为程序段号）

例 G65 H81 P1000 Q#101 R#102;（若#101=#102，转移到 N1000 程序段；若#101≠#102，执行下一程序段）

③ 条件转移 2。

编程格式：G65 H82 Pn Q#j R#k（n 为程序段号）

例 G65 H82 P1000 Q#101 R#102;（若#101≠#102，转移到 N1000 程序段；若#101=#102，执行下一程序段）

④ 条件转移 3。

编程格式：G65 H83 Pn Q#j R#k（n 为程序段号）

例 G65 H83 P1000 Q#101 R#102;（若#101>#102，转移到 N1000 程序段；若#101≤#102，执行下一程序段）

⑤ 条件转移4。

编程格式：G65 H84 Pn Q#j R#k（n为程序段号）

例 G65 H84 P1000 Q#101 R#102;（若#101<#102，转移到N1000程序段；若#101≥#102，执行下一程序段）

⑥ 条件转移5。

编程格式：G65 H85 Pn Q#j R#k（n为程序段号）

例 G65 H85 P1000 Q#101 R#102;（若#101≥#102，转移到N1000程序段；若#101<#102，执行下一程序段）

⑦ 条件转移6。

编程格式：G65 H86 Pn Q#j R#k（n为程序段号）

例 G65 H86 P1000 Q#101 R#102;（若#101≤#102，转移到N1000程序段；若#101>#102，执行下一程序段）

4．编程时的注意事项

为了保证宏程序的正常运行，在使用用户宏程序的过程中，应注意以下几点。

（1）由G65规定的H码不影响偏移量的任何选择。

（2）在分支转移目标地址中，如果序号为正值，则检索过程是先向大程序号查找，如果序号为负值，则检索过程是先向小程序号查找。

（3）转移目标序号可以是变量。

（4）变量值是不含小数点的数值，它以系统的最小输入单位作为其值的单位。例如当系统的最小输入单位为0.001时，#101=10，则X#101代表0.01mm。当运算结果出现小数点后的数值时，其值将被舍去。

（5）当变量以角度形式指定时，其单位为0.001°。

（6）在各运算中，当必要的Q、R没有指定时，系统自动将其值作为“0”处理。

（7）运算、转移指令中的H、P、Q、R都必须写在G65之后，在G65之前的地址符只能是O、N。

【例10-1】 如图10.2所示，采用用户宏程序功能A编写椭圆手柄的精加工程序。

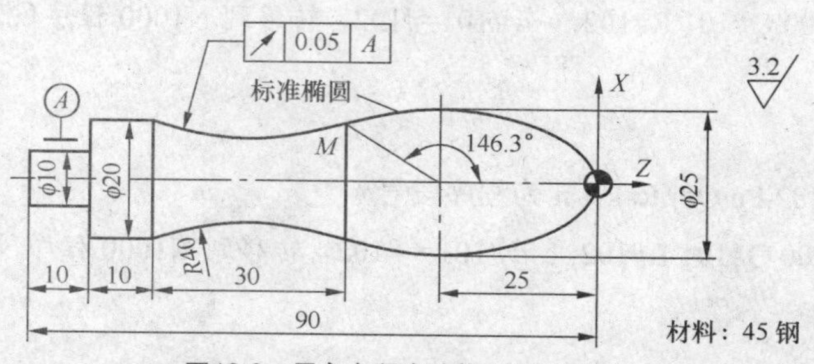

图10.2 用户宏程序功能A编程实例1

（1）编程思路。图10.2所示的轮廓表面为椭圆，无法采用常规的直线和圆弧指令进行编程。因此，采用宏程序编程的方式进行曲线拟合编程。

该椭圆的方程为$\frac{X^2}{12.5^2}+\frac{(Z+25)^2}{25^2}=1$（另一种表达方式为“$X=12.5\sin\alpha$，$Z=25\cos\alpha-25$”），椭圆上各点坐标分别是（12.5sin$\alpha$，25cos～25），坐标值随角度的变化而变化，“α”是自变量，每次角度增量为0.1°，坐标“X”和“Z”是因变量。注意：用极坐标编写该椭圆程序时，M点处的极角不等于图样上已知的平面角146.3°，而是经过换算后得到该点的极角为126.86°。

在编程时，使用以下变量进行运算。

#100：椭圆X向半轴A的长度。

#101：椭圆Z向半轴B的长度。

#102：椭圆上各点对应的角度α。

#103：$A\sin\alpha$。

#104：$B\cos\alpha$。

#105：椭圆上各点在编程坐标系中的X坐标（直径编程）。

#106：椭圆上各点在编程坐标系中的Z坐标。

（2）刀具选择。T0101：93°硬质合金外圆车刀。

（3）编程。

程序	说明
O1810	主程序
T0101;	
M03 S1200;	
G00 X0.0 Z5.0;	宏程序起点
M98 P4010;	调用精加工宏程序
G02 X20.0 Z-70.0 R40.0 F80;	加工圆弧
G01 Z-85.0;	
G00 X100.0 Z100.0;	
M30;	主程序结束
O4010;	椭圆精加工宏程序
G65 H01 P#100 Q12500;	短半轴A赋初值，A=12.5mm
G65 H01 P#101 Q25000;	短半轴B赋初值，B=25mm
G65 H01 P#102 Q0;	角度α赋初值，α=0°
G65 H31 P#103 Q#100 R#102;	#103=#100sin[#102]
G65 H32 P#104 Q#101 R#102;	#104=#101cos[#102]
G65 H04 P#105 Q#103 R2;	X坐标变量，#105=2#103
G65 H03 P#106 Q#104 R25000;	Z坐标变量，#106=#104-25.0
G01 X#105 Z#106 F100;	直线轨迹拟合
G65 H02 P#102 Q#102 R100;	角度增量为0.1°
G65 H86 P40 Q#102 R126860;	条件判断，极角α≤126.86°
M99;	子程序结束，返回主程序

【例10-2】 如图10.3所示，采用用户宏程序功能A编写$A\rightarrow B$的数控精加工程序。

（1）编程思路。$A \rightarrow B$ 的轮廓表面为抛物线，无法采用常规的直线和圆弧指令进行编程。因此，采用宏程序编程的方式进行曲线拟合编程。

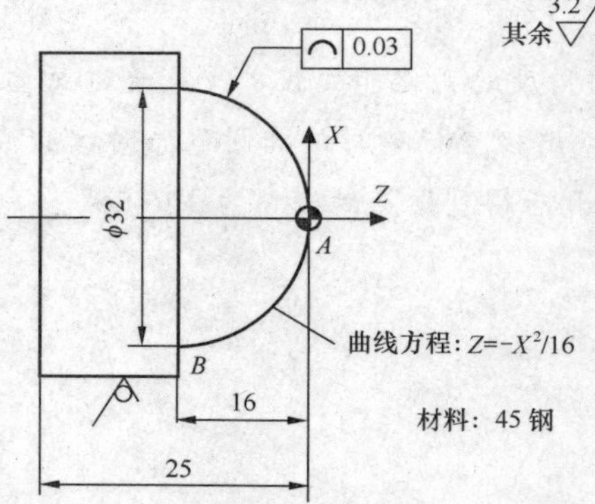

图10.3 用户宏程序功能A编程实例2

该抛物线的方程为 $Z=-X^2/16$，即 $X^2=-16Z$（注意：X 为半径值）。设 Z 是自变量，每次增量为−0.1mm。X 是因变量，当采用直径编程时，$X=2\sqrt{-16Z}=\sqrt{-64Z}$。

在编程时，使用以下变量进行运算。

#101：抛物线上各点的 Z 坐标。

#102：抛物线上各点的 X 坐标。

（2）刀具选择。T0101：93° 硬质合金外圆车刀。

（3）编程。

程序	说明
O1820	主程序
T0101;	
M03 S1200;	
G00 X0.0 Z2.0;	宏程序起点
G65 H01 P#101 Q0;	Z 坐标赋初值
G65 H01 P#102 Q0;	X 坐标赋初值
N100 G01 X#102 Z#101 F100	
G65 H03 P#101 Q#101 R100;	Z 坐标值每次减 0.1mm
G65 H04 P#100 Q#101 R-64000;	注意 R 值是 64000，而不是 65
G65 H21 P#102 Q#100;	计算 X 坐标值
G65 H86 P100 Q102 R32000;	如果 X 坐标小于 32mm，则返回 N100
G01 X42.0;	
G00 X100.0 Z100.0;	
M30;	主程序结束

三、用户宏程序功能 B

1．宏程序非模态调用指令（G65）

功能：当指定 G65 时，调用以地址 P 指定的用户宏程序，数据（自变量）能传递到用户宏程序中。

格式：G65 P<p> L<l> <自变量赋值>;

其中，<p>为要调用的程序号；<l>为重复次数（默认值为 1）；<自变量赋值>为传递到宏程序的数据。

图 10.4 所示为应用该指令的程序实例。

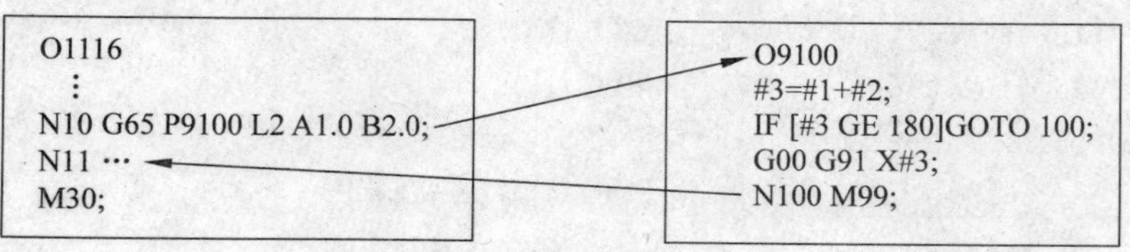

图10.4 指令G65调用实例一

（1）调用说明。

① 在 G65 之后，用地址 P 指定用户宏程序的程序号。

② 任何自变量前必须指定 G65。

③ 当要求重复时，在地址 L 后指定从 1～9999 的重复次数，省略 L 值时，默认 L 值等于 1。

④ 使用自变量指定（赋值），其值被赋值给宏程序中相应的局部变量。

（2）自变量指定（赋值）。自变量指定又称为自变量赋值，即若要向用户宏程序本体传递数据时，须由自变量赋值来指定，其值可以有符号和小数点，且与地址无关。

这里使用的是局部变量（#1～#33 共有 33 个），与其对应的自变量赋值共有两种类型：

① 自变量赋值Ⅰ：用英文字母后加数值进行赋值，除了 G、L、O、N 和 P 之外，其余所有 21 个英文字母都可以给自变量赋值，每个字母赋值一次。赋值不必按字母顺序进行，但使用 I、J、K 时，必须按字母顺序指定（赋值），不赋值的地址可以省略。

② 自变量赋值Ⅱ：使用 A、B、C 和 Ii、Ji、Ki（i 为 1～10），同组的 I、J、K 必须按字母顺序指定，不赋值的地址可以省略。

自变量赋值Ⅰ和自变量赋值Ⅱ与用户宏程序本体中局部变量的对应关系如表 10.9 所示。

表 10.9　　FANUC 0i 地址与局部变量的对应关系

自变量赋值Ⅰ地址	变量号	自变量赋值Ⅱ地址	变量号
A	#1	A	#1
B	#2	B	#2
C	#3	C	#3
I	#4	I1	#4
J	#5	J1	#5
K	#6	K1	#6
D	#7	I2	#7
E	#8	J2	#8
F	#9	K2	#9
-	#10	I3	#10
H	#11	J3	#11
-	#12	K3	#12
M	#13	I4	#13
-	#14	J4	#14
-	#15	K4	#15
-	#16	I5	#16
Q	#17	J5	#17
R	#18	K5	#18
S	#19	I6	#19
T	#20	J6	#20
U	#21	K6	#21
V	#22	I7	#22
W	#23	J7	#23

续表

自变量赋值Ⅰ地址	变 量 号	自变量赋值Ⅱ地址	变 量 号
X	#24	K7	#24
Y	#25	I8	#25
Z	#26	J8	#26
		K8	#27
		I9	#28
		J9	#29
		K9	#30
		I10	#31
		J10	#32
		K10	#33

注意：表10.5中，I、J、K的下标用于确定自变量指定的顺序，在实际编写中不写。

（3）自变量赋值的其他说明。

① 自变量赋值Ⅰ、Ⅱ的混合使用。CNC内部自动识别自变量赋值Ⅰ和Ⅱ。如果自变量赋值Ⅰ和Ⅱ混合赋值，较后赋值的自变量类型有效（以从左到右书写的顺序为准，左为先，右为后）。

建议在实际编程时，使用自变量赋值Ⅰ进行赋值。

② 小数点的问题。没有小数点的自变量数据的单位为各地址的最小设定单位。传递的没有小数点的自变量的值将根据机床实际的系统配置而定。建议在宏程序调用中一律使用小数点。

③ 调用嵌套。调用可以4级嵌套，包括非模态调用（G65）和模态调用（G66），但不包括子程序调用（M98）。

④ 局部变量的级别。局部变量嵌套从0级到4级，主程序是0级。用G65或G66调用宏程序，每调用一次（2、3、4级），局部变量级别加1，而前一级的局部变量值保存在CNC中，即每级局部变量（1、2、3级）被保存，下一级的局部变量（2、3、4级）被准备，可以进行自变量赋值。

当在宏程序中执行M99时，控制返回到调用的程序，此时，局部变量级别减1，并恢复宏程序调用时保存的局部变量值，即上一级被储存的局部变量被恢复，如同它被储存一样，而下一级的局部变量被清除。

（4）用户宏程序调用（G65）与子程序调用（M98）之间的差别。

① G65可以进行自变量赋值，即指定自变量（数据传递到宏程序），M98则不能。

② 当M98程序段包含另一个NC指令（如G01 X200.0 M98 P<p>）时，在执行完这种含有非N、P或L的指令后可调用（或转移到）子程序，相反，G65则只能无条件地调用宏程序。

③ 当M98程序段包含有O、N、P、L以外的地址的NC指令时（如G01 X200.0 M98 P<p>），在单程序段方式中，可以单程序段停止（即停机）。相反，G65则不行（即不停机）。

④ G65改变局部变量的级别，M98不改变局部变量的级别。

2．宏程序模态调用与取消指令（G66、G67）

功能：当指定 G66 时，则指定宏程序模态调用，即指定沿移动轴移动的程序段后调用宏程序，G67 取消宏程序模态调用。

格式：G66 P<p> L<l> <自变量赋值>;

其中，<p>为要调用的程序号；<l>为重复次数（默认值为 1）；<自变量赋值>为传递到宏程序的数据。

图 10.5 所示为应用该指令的程序实例。

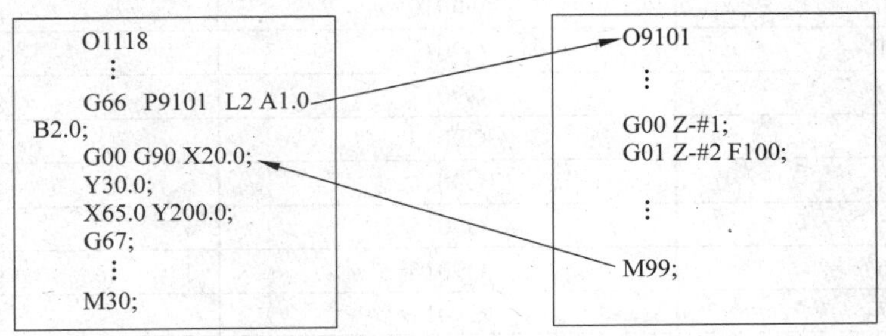

图10.5 指令G66调用实例二

说明：

（1）在 G66 之后，用地址 P 指定用户宏程序的程序号；

（2）任何自变量前必须指定 G66；

（3）当要求重复时，在地址 L 后指定从 1～9999 的重复次数，省略 L 值时，默认 L 值等于 1；

（4）与 G65 相同，使用自变量指定（赋值），其值被赋值给宏程序中相应的局部变量；

（5）指定 G67 时，取消 G66，即其后面的程序段不再执行宏程序模态调用。G66 和 G67 应该成对使用；

（6）可以调用 4 级嵌套，包括非模态调用（G65）和模态调用（G66），但不包括子程序调用（M98）；

（7）在模态调用期间，指定另一个 G66 代码，可以嵌套模态调用；

（8）在 G66 程序段中，不能调用多个宏程序；

（9）在只有辅助功能（M 代码），但无移动指令的程序段中不能调用宏程序；

（10）局部变量（自变量）只能在 G66 程序段中指定，注意，每次执行模态调用时，不再设定局部变量。

3．用 G 代码调用宏程序指令（G<g>）

数控系统可以用 G<g>代码代替 G65 P<p>，即

G<g> <自变量赋值> = G65 P<p> L<l> <自变量赋值>。

说明：

（1）与 G65 一样，地址 L 可以指定从 1～9999 的重复次数；

（2）自变量赋值与 G65 完全一样；

（3）在用 G 代码调用的程序中，不能用一个 G 代码调用多个宏程序。这种程序中的 G 代码被处理成普通的 G 代码；

（4）在用 M 或 T 代码作为子程序调用的程序中，不能用一个 G 代码调用多个宏程序；

（5）在参数 No.6050～No.6059 中设定调用宏程序的 G 代码<g>，调用宏程序的方法与 G65 相同。参数号与程序号之间的对应关系如表 10.10 所示。

表 10.10　FANUC 0i 参数、G 代码与宏程序号之间的对应关系

参　数　号	程　序　号	G 代码<g>
6050	O9010	g1
6051	O9011	g2
6052	O9012	g3
6053	O9013	g4
6054	O9014	g5
6055	O9015	g6
6056	O9016	g7
6057	O9017	g8
6058	O9018	g9
6059	O9019	g10

注：<g>值范围为 1～255（65～67 除外）。

例如：假设在系统中将 No.6050 参数设置为 50（为了识别的方便性和条理性，建议将 g1～g10 依次设置为 50～59），则 G50 即为 G65 P9010。程序实例如图 10.6 所示。

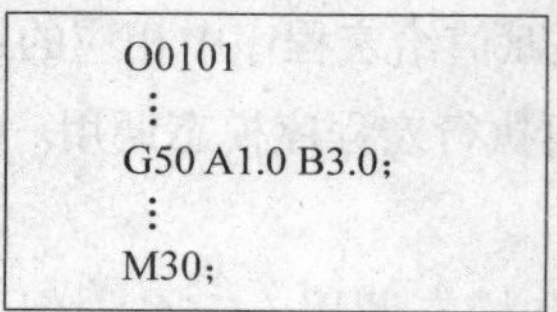

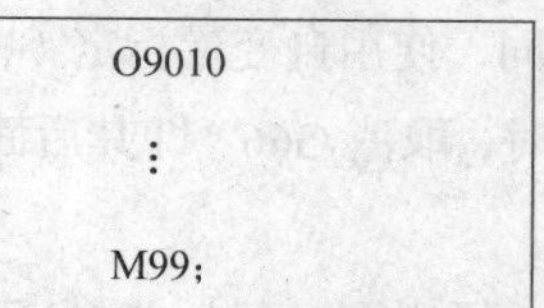

图10.6　用G代码调用宏程序指令实例

4．用 M 代码调用宏程序指令（M<m>）

数控系统可以用 M<m>代码代替 G65 P<p>，即

M<m> <自变量赋值> = G65 P<p> L<l> <自变量赋值>。

说明：

（1）与 G65 一样，地址 L 可以指定从 1～9999 的重复次数；

（2）自变量赋值与 G65 完全一样；

（3）调用宏程序的 M 代码必须在程序段的开头指定；

（4）在用 G 代码调用的宏程序或用 M、T 代码作为子程序调用的程序中，不能用一个 M 代码调用多个宏程序。这种程序中的 M 代码被处理成普通的 M 代码；

（5）在参数 No.6080～No.6089 中设定调用宏程序的 M 代码< m >，调用宏程序的方法与 G65 相同。参数号与程序号之间的对应关系如表 10.11 所示。

表 10.11　　FANUC 0i 参数、M 代码与程序号之间的对应关系

参 数 号	程 序 号	M 代码< m >
6080	O9020	m 1
6081	O9021	m2
6082	O9022	m3
6083	O9023	m4
6084	O9024	m5
6085	O9025	m6
6086	O9026	m7
6087	O9027	m8
6088	O9028	m9
6089	O9029	m10

注：< m >值范围为 6～255。

例如：假设在系统中将 No.6080 参数设置为 80（为了识别的方便性和条理性，建议将 m1～m10 依次设置为 80～89），则 M80 即为 G65 P9020。程序实例如图 10.7 所示，参数 No.6080=80。

5．用 M 代码调用子程序指令

在参数 No.6071～No.6079 中设定调用子程序的 M 代码< m >，与子程序调用指令 M98 相同的方法调用子程序。参数号与程序号之间的对应关系如表 10.12 所示。

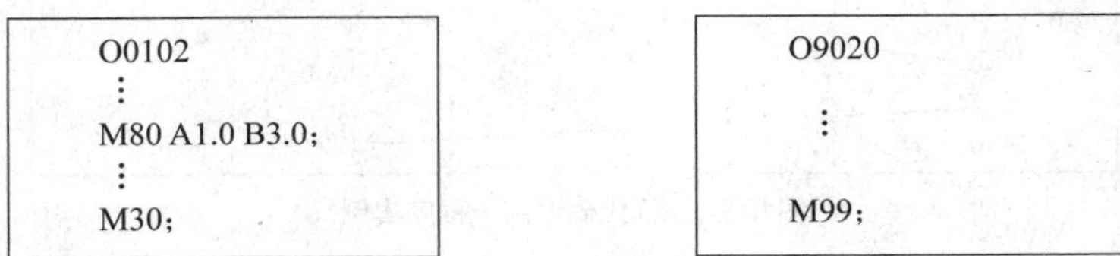

图10.7　用M代码调用宏程序指令实例

表 10.12　　FANUC 0i 参数、M 代码与程序号之间的对应关系

参 数 号	被调用的程序号	M 代码< m >
6071	O9001	m1
6072	O9002	m2
6073	O9003	m3
6074	O9004	m4
6075	O9005	m5
6076	O9006	m6
6077	O9007	m7
6078	O9008	m8
6079	O9009	m9

注：<m>值可从 03～97 中选取，但是 30 和不能进入缓冲器的 M 代码除外。

例如：假设在系统中将No.6072参数设置为72（为了识别的方便性和条理性，建议将m1～m9依次设置为71～79），则M72即为M98 P9002。程序实例如图10.8所示，参数No.6072=72。

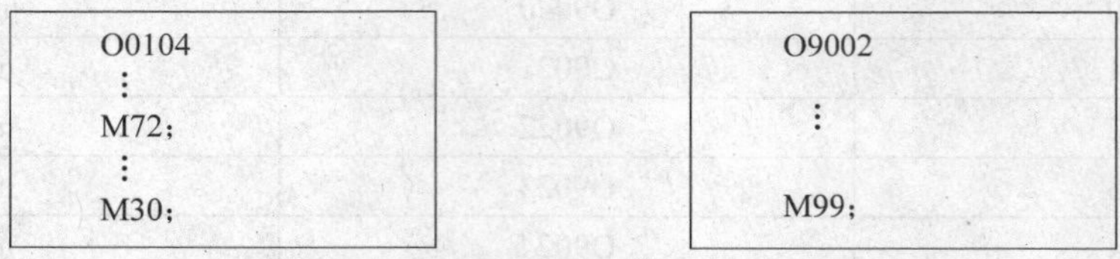

图10.8　用M代码调用子程序实例

6. 用T代码调用子程序指令

在参数中设置调用子程序（宏程序）的T代码<t>，可与子程序调用（M98）相同的方法用该代码调用子程序。

说明：

（1）设置参数No.6001的#5位TCS=1时，可用T <t>代码代替M98 P9000。在加工程序中指定的T代码<t>赋值到（存储）公共变量#149中；

（2）在用G代码调用的宏程序或用M、T代码作为子程序调用的程序中，不能用一个T代码调用多个子程序。这种程序中的T代码被处理成普通的M代码。

图10.9所示为应用该指令的程序实例。参数No.6001的#5位TCS=1，公共变量#149=22。

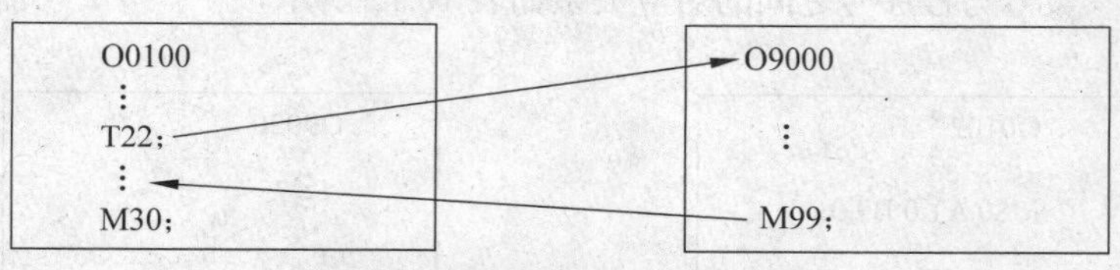

图10.9　用T代码调用子程序实例

四、控制指令

在宏程序中，使用控制指令可以改变程序的流向，具体有以下3种指令。

1. 无条件转移（GOTO语句）

功能：转移（跳转）到标有顺序号n的程序段。

格式：GOTO n;

说明：n为顺序号（1～99999）。

例　GOTO 99; 表示转移至第99行。

2. 条件转移（IF语句）

IF之后指定条件表达式。

（1）IF[<条件表达式>] GOTO n

功能：如果指定的条件表达式满足时，则转移（跳转）到标有顺序号n的程序段；如果不满足指定的条件表达式，则顺序执行下一个程序段。

例　IF[#1GT10] GOTO 90;

…

N90 G00 G90 Z30;

该程序段表示如果变量#1 的值大于 10，即转移（跳转）到标有顺序号 N90 的程序段。

（2）IF[<条件表达式>] THEN

功能：如果指定的条件表达式满足时，则执行预先指定的宏程序语句，而且只执行一个宏程序语句。

例　IF[#1EQ#2] THEN #3=5;

说明：该语句表示如果#1 和#2 的值相同，5 赋值给#3。条件表达式必须包括运算符。运算符插在两个变量中间或变量和常量中间，并且用“[ ]”封闭。表达式可以替代变量。运算符由 2 个字母（见表 10.13）组成，用于 2 个值的比较，以决定它们是相等还是一个值小于或大于另一个值。

表 10.13　运算符

运　算　符	含　　义	英 文 注 释
EQ	等于（=）	EQual
NE	不等于（≠）	Not Equal
GT	大于（>）	Great Than
GE	大于或等于（≥）	Great Than or Equal
LT	小于（<）	Less Than
LE	小于或等于（≤）	Less Than or Equal

3．循环（WHILE 语句）

在 WHILE 后指定一个条件表达式。

功能：当指定条件满足时，则执行从 DO 到 END 之间的程序。否则，转到 END 后的程序段。DO 后面的号是指定程序执行范围的标号，标号值为 1、2、3。

格式：WHILE[<条件表达式>]DO m;（m=1、2、3）

…

END m

下面通过 2 个实例介绍用户宏程序功能 B 在数控车床上的应用。

【例 10-3】　如图 10.10 所示，设毛坯是$\phi 50\times 100$的 45 钢棒料，现要求编制椭圆面的数控加工程序。

（1）编程思路。编程原点设在零件图右端面与零件回转轴的交点处，从右到左粗、精加工椭圆部分，采用主/子程序指令编程。

（2）刀具选择。

外圆车刀 T0101：主偏角为 93°，副偏角为 35°，刀尖圆弧半径为 1.2mm，用于粗加工。

外圆车刀 T0202：主偏角为93°，副偏角为35°，刀尖圆弧半径为0.8mm，用于精加工。

（3）编程。

程序	说明
O0091	主程序名
N5 G99 G97;	
N10 T0101 S800 M3;	
N15 G0 X51 Z5;	
N20 #150=11;	设置切削余量为11mm
N25 IF [#150 LT 1] GOTO 45;	毛坯余量小于1，则跳转到N45
N30 M98 P0004;	调用椭圆子程序
N35 #150=#150-2;	每次切深2mm（直径）
N40 GOTO 25;	跳转到N25
N45 G0 G42 X49 Z2;	建立刀具半径右补偿，准备精车
N50 S1200 M3;	
N55 #150=0;	设置毛坯余量为0
N60 M98 P0004;	调用椭圆子程序
N65 G0 G40 X200 Z100;	
N70 M5;	
N80 M30;	
O0004;	子程序名
N10 #101=40;	
N20 #102=23;	
N25 #103=22;	
N30 IF [#103 LET-22] GOTO 60;	
N35 #104=23 * SQRT[#101 * #101-#103 *#103] /40;	
N40 G1 X [2 * #104] Z [#103-22] F0.2;	
N45 #103=#103-1.2;	
N50 GOTO 30;	
N55 G1 U30 Z5;	
N60 M99;	返回主程序

【例 10-4】 如图10.11所示，设毛坯是$\phi 55\times 100$的45钢棒料，现要求编制椭圆面的数控加工程序。

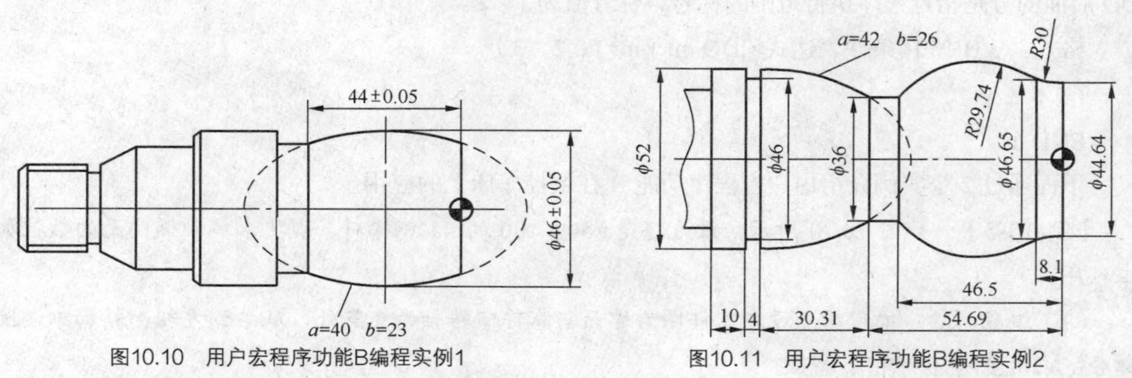

图10.10 用户宏程序功能B编程实例1　　图10.11 用户宏程序功能B编程实例2

（1）编程思路。编程原点设在零件图右端面与零件回转轴的交点处，从右到左粗、精加工椭圆部分，采用G73/G70指令编程。

（2）刀具选择。

外圆车刀 T0101：主偏角为 93°，副偏角为 35°，刀尖圆弧半径为 1.2mm，用于粗加工。

外圆车刀 T0202：主偏角为 93°，副偏角为 35°，刀尖圆弧半径为 0.8mm，用于精加工。

（3）编程。

程序	说明
O0092	主程序名
N5 G99 G97;	每转进给、恒转速
N10 M3 S800;	主轴正转，转速 800r/min
N15 T0101;	换 1 号外圆车刀
N20 G0 X58 Z10;	快进
N25 G73 U10 W0 R12;	外径粗车循环
N30 G73 P35 Q110 U0.5 W0.1 F0.2;	
N35 G0 G42 X46;	建立刀具半径右补偿
N40 G1 X44.644 Z0 F0.12;	
N45 G2 X46.648 Z-8.1 R30;	
N50 G3 X36 Z-46.5 R29.74;	
N55 G1 Z-54.69;	
N60 U3 W3;	退出零件轮廓
N65 #101=42;	椭圆长半轴
N70 #102=26;	椭圆短半轴
N75 #103=30.31;	椭圆中心到椭圆 Z 向起始尺寸
N80 WHILE [#103 GE-1] DO 1;	判断是否走到 Z 轴终点
N85 #104=26 * SQRT[#101 * #101-#103 * #103] /42;	椭圆公式
N90 G1 X [2 * #104] Z [#103-85];	椭圆插补
N95 #103=#103-1.2;	Z 轴步距，每次 1.2mm
N100 END1;	
N105 G1 W-15;	
N110 G0 G40 X65;	退刀，撤销刀具补偿
N115 X200 Z100;	
N120 M5;	
N130 S1200 M3;	
N135 T0202;	
N140 G0 X58 Z10;	
N145 G70 P35 Q110 ;	精车轮廓
N150 G0 X150 Z150;	
N155 M5;	
N160 M30;	

任务实施

下面是编制椭圆手柄的数控程序。

如图 10.1 所示，编程原点选择在工件右端面的中心处。车工件左端的程序如表 10.14 所示，车工件右端的程序如表 10.15 所示，车椭圆面时采用了用户宏程序功能 B 编程。

表 10.14 椭圆手柄左端的数控加工程序卡

零件图号	1801	零件名称	椭圆手柄	编制日期	
程序号	O1801	数控系统	FANUC 0i	编制	
程序内容			程序说明		
T0101 M03 S800； G00 X50 Z5； G94 X0 Z0 F0.2；			换1号外圆刀加工外圆 车端面		
G71 U2 R1 G71 P10 Q20 U0.5 W0.05 F0.2 N10 G01 X18 Z1 X23.85 Z−2 Z−23 X36 X40 W−2 Z−55 N20 G01 X46			粗车外圆		
M03 S1200 G70 P10 Q20 F0.08			 精车外圆		
G00 X150 Z150； T0202； M03 S500 G00 X41 Z5 Z−23 G01 X40.5 F0.2 X20 F0.05 X40.5 F0.2			 换2号切槽刀 快速定位		
G00 X150 Z150 T0303 M03 S800 G00 X25 Z5； G76 P010160 Q100 R0.08； G76 X22.04 Z−21 P974 Q400 F1.5 G00 X150 Z150 M05 M30			 换3号外螺纹车刀 快速定位 螺纹循环车削 程序结束，返回程序头		

表 10.15 椭圆手柄右端的数控加工程序卡

零件图号	1801	零件名称	椭圆手柄	编制日期	
程序号	O1802	数控系统	FANUC 0i	编制	
程序内容			程序说明		
T0101 G00 X50 Z5； G94 X0 Z0 F0.2			换1号外圆刀 车端面		

续表

<table>
<tr><td>零件图号</td><td>1801</td><td>零件名称</td><td>椭圆手柄</td><td>编制日期</td><td></td></tr>
<tr><td>程序号</td><td>O1802</td><td>数控系统</td><td>FANUC 0i</td><td>编制</td><td></td></tr>
<tr><td colspan="3">程序内容</td><td colspan="3">程序说明</td></tr>
<tr><td colspan="3">G00 X150 Z150
T0404
M03 S800；
G00 X46 Z5；
G73 U23 W1 R20；</td><td colspan="3">
换 4 号外圆刀，加工椭圆圆弧

快速定位循环起点
粗车循环</td></tr>
<tr><td colspan="3">G73 P10 Q20 U0.5 W0.05 F0.15
N10 G01 X0
Z0
#1=30
#2=-20
WHILE[#1GE#2]DO1
#3=15*SQRT[30*30-#1*#1]/30
G01 X[#3*2] Z[#1-30]
#1=#1-0.5
END1
G01 Z-53
N20 X46</td><td colspan="3"></td></tr>
<tr><td colspan="3">G50 S1500</td><td colspan="3">限定最高限速为 1 500r/min</td></tr>
<tr><td colspan="3">G96 S150</td><td colspan="3">设定线速度为 150m/min</td></tr>
<tr><td colspan="3">G70 P10 Q20 F0.08</td><td colspan="3">精车循环</td></tr>
<tr><td colspan="3">G00 X150 Z150
T0202
G97 S500
G00 X40.5 Z-53</td><td colspan="3">换 2 号切槽刀</td></tr>
<tr><td colspan="3">G01 X20 F0.05</td><td colspan="3">切槽 3 × ϕ20</td></tr>
<tr><td colspan="3">X40.5
G00 X150 Z150</td><td colspan="3"></td></tr>
<tr><td colspan="3">M05</td><td colspan="3"></td></tr>
<tr><td colspan="3">M30</td><td colspan="3">程序结束，返回程序头</td></tr>
</table>

用宏程序 B 编写椭圆的数控加工程序时，要注意以下几点。

① 在宏程序中要注意椭圆起刀点不能和当前刀位点重合，否则发生过切报警。

② 在宏程序中要注意椭圆步距不能小于当前刀具圆弧半径值，否则发生过切报警。

③ 若椭圆在零件中间部位，粗加工时就必须进行刀补，若椭圆在零件的最右侧，可以考虑精加工时才进行刀补。

程序编制完成后，进入数控车仿真软件进行模拟加工，要注意快速进刀和快速退刀时，刀具一定要注意不要碰上工件、车床尾座和三爪自定心卡盘。

实训内容

1. 任务描述

（1）生产要求：承接了某企业的外协加工产品，加工数量为 200 件。备品率 4%，机械加工废品率不超过 2%。工作条件可到数控加工车间获取，机床数控系统为 FANUC 0i 系统。

（2）任务工作量：设计零件的机械加工工艺过程，并填写数控加工工序卡、刀具卡、数控程序清单，完成零件的模拟仿真加工。

（3）零件图：如图 10.12～图 10.18 所示，图中未注尺寸公差按 GB01804－m 处理。

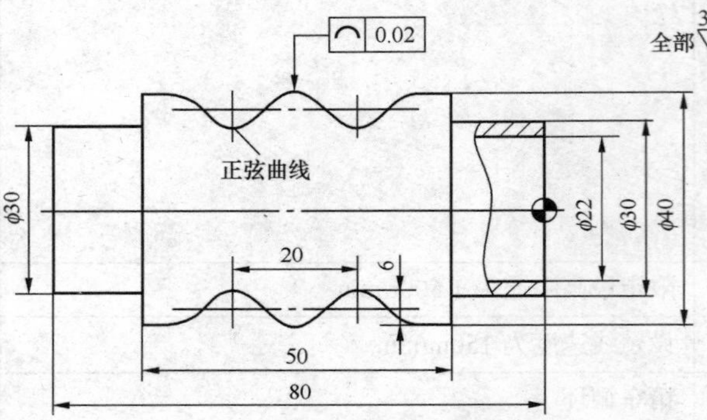

图10.12 实训题1

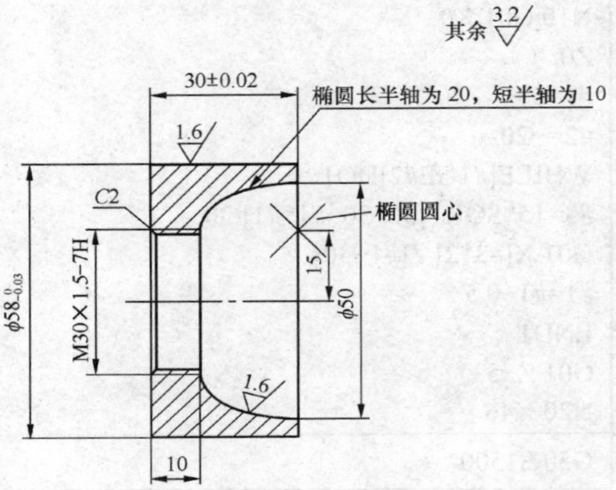

技术要求：
未注倒角 C1。

图10.13 实训题2

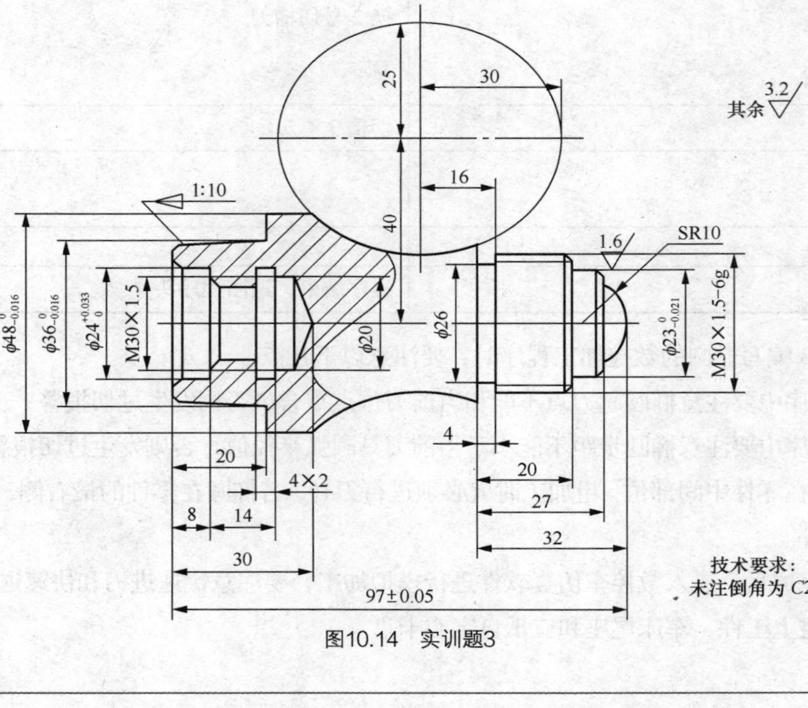

技术要求：
未注倒角为 C2。

图10.14 实训题3

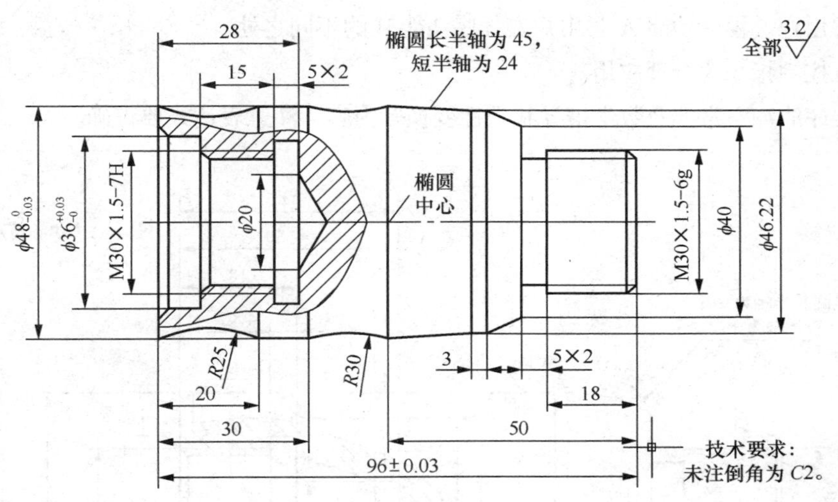

图10.15 实训题4

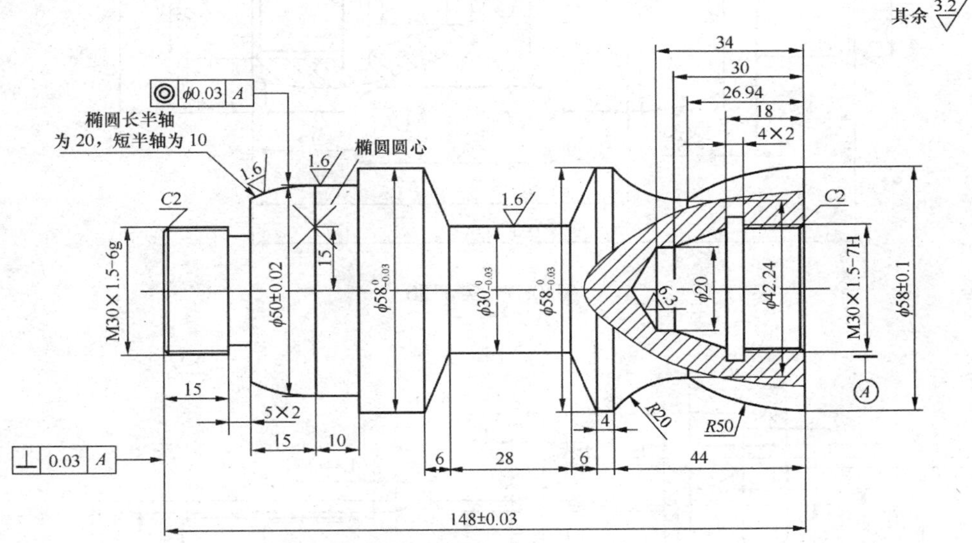

技术要求：
未注倒角 C1。

图10.16 实训题5

2. 任务实施说明

（1）小组讨论，进行零件工艺性分析。

（2）小组讨论，制订机械加工工艺方案。

（3）在图 10.12～图 10.18 之间选择 1 个，独立编制数控技术文档，如表 10.16～表 10.18 所示。

（4）独立完成工件仿真加工，并对数控技术文档进行优化。

3. 任务实施注意点

（1）注意用户宏程序功能 A 与用户宏程序功能 B 的不同之处。

（2）注意控制指令的合理应用。

（3）宏程序的编写常涉及数学推导和坐标变换等内容，注意表达式要正确。

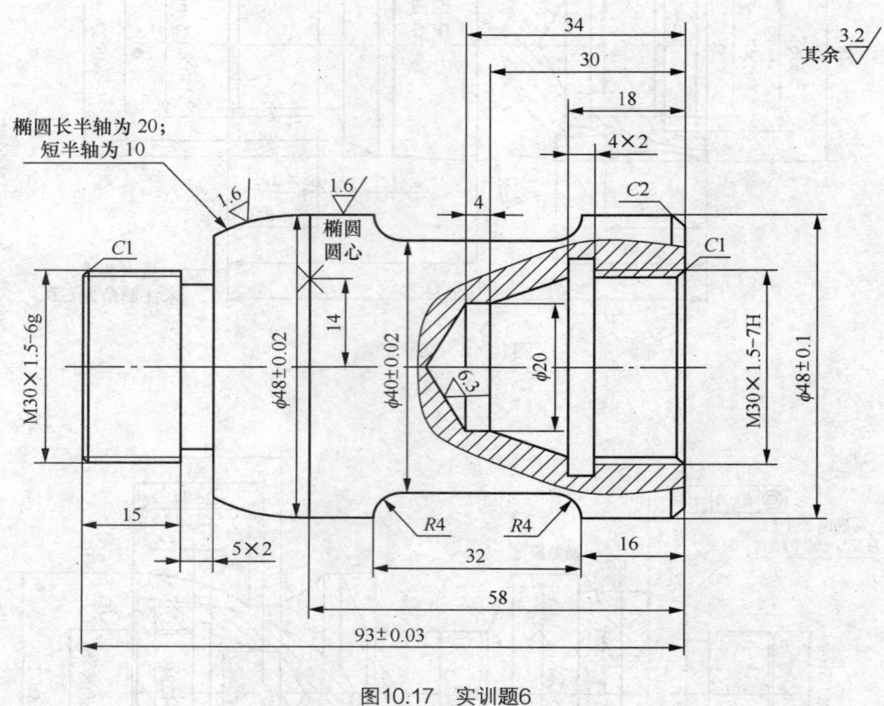

图10.17 实训题6

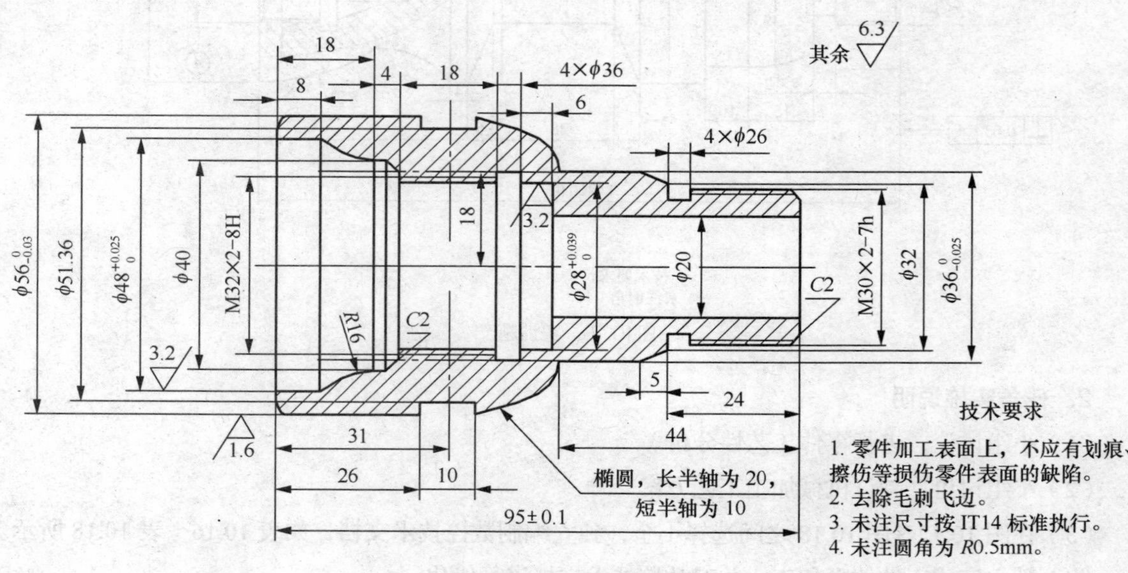

图10.18 实训题7

表 10.16 数控加工工序卡

数控加工工序卡				产品名称				零件名称		零件编号	
工序号	程序编号	材料	数量	夹具名称				使用设备		车间	
工步号	工步内容	切削用量				刀具		量具			
		v_c（m/min）	n（r/min）	f（mm/r）	a_p（mm）	编号	名称	编号	名称		
编制		审核		批准		共 页		第 页			

表 10.17 车削加工刀具调整卡

产品名称或代号			零件名称		零件编号	
序号	刀具号	刀具规格名称	刀具参数		刀补地址	
			刀尖半径	刀杆规格	半径	形状
编制		审核		批准	共 页	第 页

表 10.18 数控加工程序卡

零件编号		零件名称		编制日期	
程序号		数控系统		编制	
程序内容及说明					

自测题

1. 选择题（请将正确答案的序号填写在题中的括号中，每题4分，满分20分）

（1）在运算指令中，形式为#i=#jOR#k代表的意义是（　　）。

（A）平均误差　（B）逻辑或　（C）极限值　（D）立方根

（2）在变量赋值方法Ⅰ中，引数（自变量）B对应的变量是（　　）。

（A）#230　（B）#2　（C）#110　（D）#25

（3）在变量赋值方法Ⅰ中，引数（自变量）F对应的变量是（　　）。

（A）#23　（B）#9　（C）#110　（D）#125

（4）在运算指令中，形式#i=#j−#k代表的意义是（　　）。

（A）坐标值　（B）极限　（C）差　（D）立方根

（5）在运算指令中，形式#i=#jMOD#k代表的意义是（　　）。

（A）三次方根　（B）负数　（C）取余　（D）反余切

2. 判断题（请将判断结果填入括号中，正确的填"√"，错误的填"×"，每题4分，满分20分）

（　　）（1）在变量赋值方法Ⅰ中，引数（自变量）A对应的变量是#1。

（　　）（2）在变量赋值方法Ⅰ中，引数（自变量）J对应的变量是#25。

（　　）（3）在运算指令中，形式为#i=#j/#k代表的意义是倒数。

（　　）（4）在运算指令中，形式为#i=#j*#k代表的意义是积。

（　　）（5）#jGT#k表示#j大于#k。

3. 编程题（满分60分）

编制图10.19所示零件的数控加工程序。（毛坯为$\phi26$的棒料，材料为45钢）

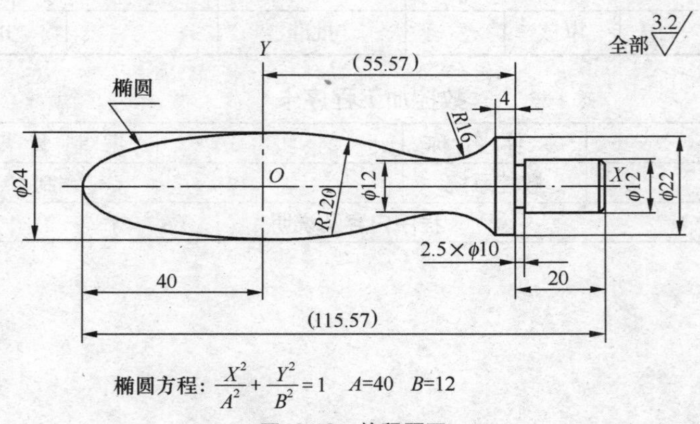

椭圆方程：$\frac{X^2}{A^2}+\frac{Y^2}{B^2}=1$　$A=40$　$B=12$

图10.19　编程题图

PART

3

数控铣床（加工中心）仿真操作与编程篇

任务 11　宇龙数控铣仿真软件的操作

任务 12　数控铣削加工工艺分析

任务 13　直槽的编程与加工

任务 14　圆弧槽的编程与加工

任务 15　内、外轮廓的编程与加工

任务 16　孔系的编程与加工

任务 17　曲面的编程与加工

任务11

|宇龙数控铣仿真软件的操作|

【学习目标】

熟悉 FANUC 0i 数控铣床（加工中心）的操作面板功能，掌握宇龙 FANUC 0i 系统数控铣仿真软件的操作流程。

任务导入

加工的零件如图 11.1 所示，毛坯尺寸为 125mm × 125mm × 42mm。加工工艺路线为铣平面→铣型腔→钻孔，选择刀具如表 11.1 所示，加工程序已编写完成，现要求在数控铣仿真软件中进行模拟加工。

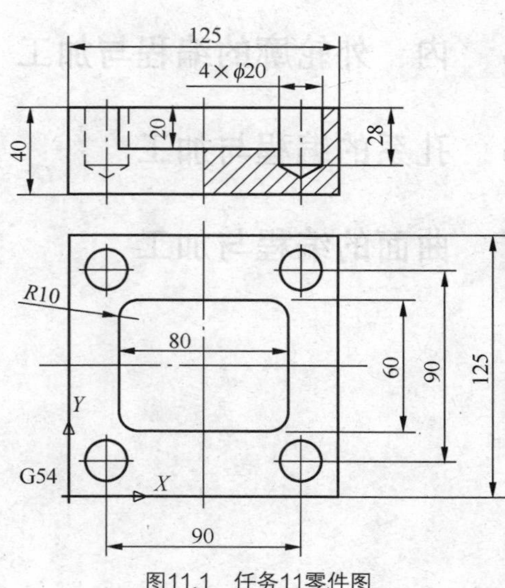

图11.1 任务11零件图

表 11.1　刀具参数

序　号	刀具类型	直径（mm）	刃　数	总长（mm）	刃长（mm）	刀库位置
1	平底刀	15	4	130	70	1
2	钻头	10	2	100	66.7	2

编程原点选择在毛坯左前上角点，程序如下。

```
O0001
G54  G90  G17  G21  G40  G49  G80;
M05;
G91  G28  Z0.; 到换刀点
T1  M06;
M04  S800;
G90  G00  X-10.  Y0.;
G00  Z-2.;
M98  P130002; 调用子程序，程序名为O0002，13次，铣平面
G90  G00  Z50;
G00  X62.5  Y62.5; 定位至工件中心
G01  Z-2.;
M98  P100003; 调用子程序，程序名为O0003，10次，铣型腔
M05;
G91  G28  Z50.;
T2  M06;
M03  S650;
G90;
G00  X62.5  Y62.5;
G43  G00  Z30.  H02; 建立长度补偿
G99  G73  X17.5  Y17.5  R5.  Z-28.  Q-5.  K3.F60; 高速深孔钻
X107.5  Y17.5;
X107.5  Y107.5;
X17.5  Y107.5;
M05;
M30;

O0002
G91  G01X145.;
G00  Z10.;
G00  X-145.;
G00  Z-10.;
G00  Y10.;
M99;

O0003;
G91;
G02  X0.  Y0.I15.  J0.  Z-2.;
```

```
G42  G01  Y30.  D01;
G01  X30.;
G02  X10.  Y-10.  R10.;
G01  Y-40.;
G02  X-10.  Y-10.  R10.;
G01  X-60.;
G02  X-10.  Y10.  R10.;
G01  Y40.;
G02  X10.  Y10.  R10.;
G01  X35.;
G90  G40  G00  X62.5  Y62.5;
G91  G01 X-25.; 清料
G01  Y15.;
G01  X50.;
G01  Y-15.;
G01  X-50.;
G01  Y-15.;
G01  X50.;
G01  Y15.;
G01  X-25.;
M99;
```

知识准备

一、宇龙（FANUC）数控铣仿真软件的进入和退出

在“开始”→“程序”→“数控加工仿真系统”菜单里单击“数控加工仿真系统”，或者在桌面上双击图标，弹出登录窗口，如图 11.2 所示。

单击“快速登录”按钮，或者输入“用户名”和“密码”，即可进入数控仿真软件界面。单击工具栏中的按钮，弹出“选择机床”设置窗口，如图 11.3 所示。

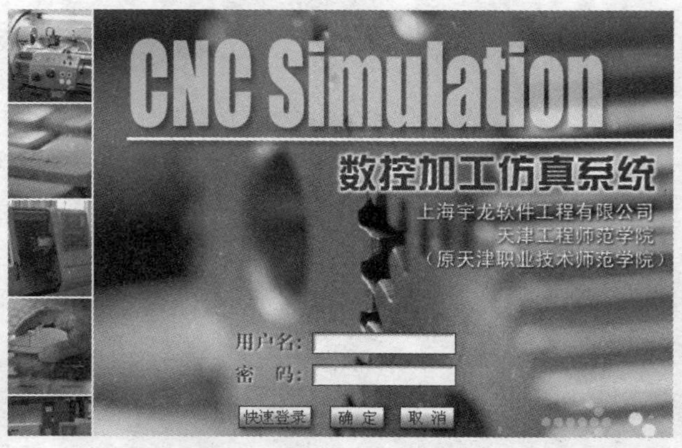

图11.2　宇龙仿真软件登录窗口

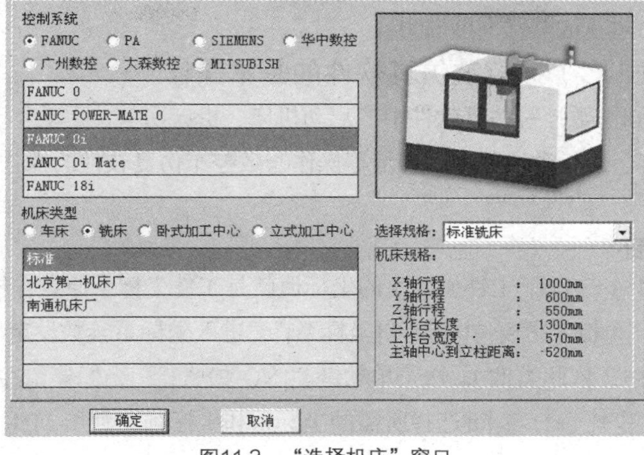

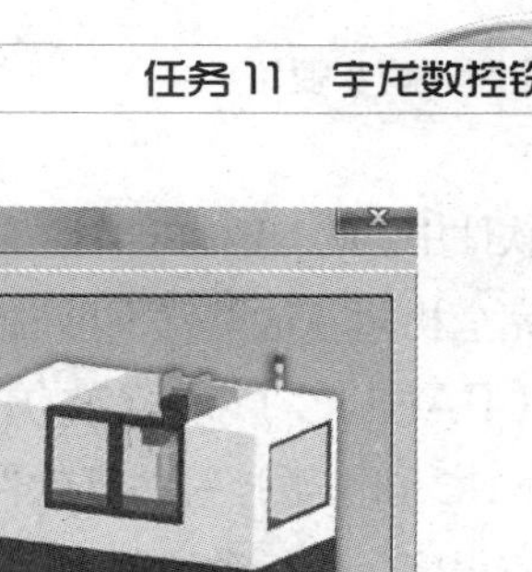

图11.3　“选择机床”窗口

选择图 11.3 所示的“控制系统”、“机床类型”选项后，就进入 FANUC 0i 标准数控铣床的机床界面，单击仿真软件窗口右上角的☒按钮，即退出仿真软件。

二、宇龙（FANUC）数控铣仿真软件的工作窗口

1．机床操作面板区

FANUC 0i 标准数控铣床的操作面板如图 11.4 所示。

图11.4　FANUC 0i标准数控铣床操作面板

2．MDI 键盘及数控系统操作区

FANUC 0i 数控铣床的 MDI 键盘及数控系统操作区如图 11.5 所示。

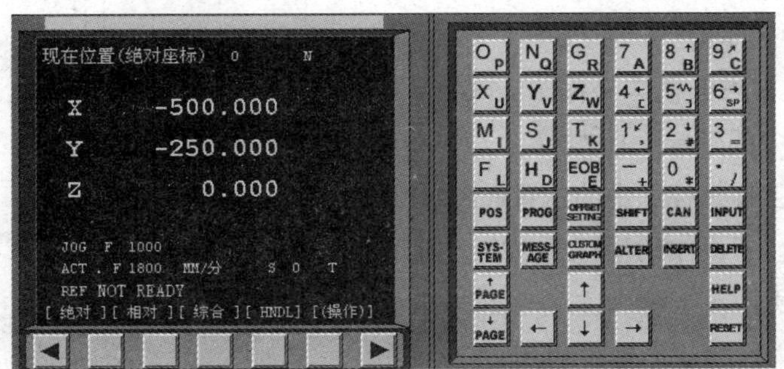

图11.5　FANUC 0i标准数控铣床的MDI键盘及数控系统操作区

在宇龙仿真软件中，FANUC 0i 数控铣床与 FANUC 0i 数控车床的操作面板、数控系统操作区的按钮布局和功能完全相同，这里就不再说明。

三、宇龙（FANUC）数控铣仿真软件的基本操作

在宇龙（FANUC 0i）数控铣仿真软件中，启动机床、机床回零、手动移动机床、MDI 手动数据输入、编辑数控程序、运行数控程序和测量等操作与数控车仿真软件的操作相同，下面仅介绍与对刀有关的操作。

1. 工件坐标系设置

工件坐标系包括 G54～G59，工件坐标系的坐标值就是工件坐标系原点在机床坐标系的坐标值。

在 MDI 键盘上单击OFFSET SETTING键，按菜单软键“[坐标系]”，进入坐标系参数设定界面，输入“0*x*”（01 表示 G54，02 表示 G55，依此类推），按菜单软键“[NO 检索]”，光标停留在选定的坐标系参数设定区域，也可以用↑、↓、←、→键选择所需的坐标系和坐标轴。利用 MDI 键盘输入通过对刀所得到的工件坐标系原点在机床坐标系中的坐标值。假设通过对刀得到工件坐标系原点在机床坐标系中的坐标值为“−500、−415、−404”，则首先将光标移到 G54 坐标系的 *X* 位置，在 MDI 键盘上输入“−500.00”，按菜单软键“[输入]”或按INPUT键，将参数输入到指定区域。按CAN键可逐个删除输入域中的字符。单击↓键，将光标移到 *Y* 的位置，输入“−415.00”，按菜单软键“[输入]”或按INPUT键，将参数输入到指定区域。同样可以输入 *Z* 坐标值。

X 坐标值为−500 时，必须输入“X−500.00”；若输入“X−500”，则系统默认为−0.500。

如果按菜单软键“[＋输入]”，键入的数值将和原有的数值相加以后输入。

也可以输入 *X*_，单击菜单软键“[测量]”；输入 *Y*_，单击菜单软键“[测量]”；输入 *Z*_，单击菜单软键“[测量]”。指令字后的数值为对刀点在工件坐标系中的坐标值，如图 11.6 所示。

在图 11.6 中，如果塞尺的厚度为 2mm，刀具半径为 5mm，对刀时输入“*X*−7.0”，单击菜单软键“[测量]”，将自动计算出 *X* 方向刀偏；输入“*Y*−7.0”，单击菜单软键“[测量]”，将自动计算出 *Y* 方向刀偏。实际计算公式如下所示。

X 方向刀偏＝对刀点的机床坐标（X83.17）−对刀点在工件坐标系中的坐标（*X*−7.0）

Y 方向刀偏＝对刀点的机床坐标（Y56.72）−对刀点在工件坐标系中的坐标（*Y*−7.0）

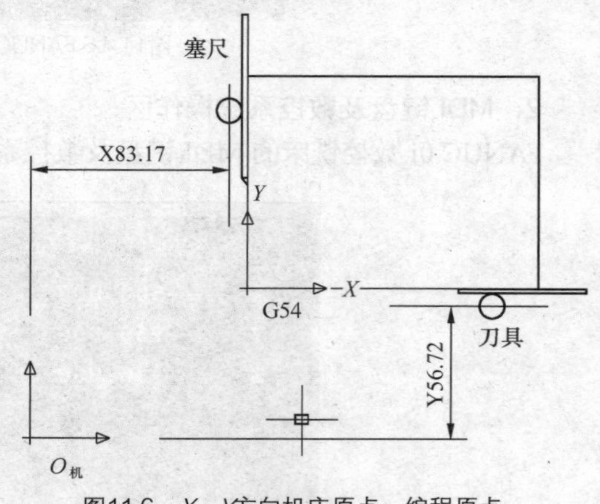

图11.6 *X*、*Y*方向机床原点、编程原点、对刀点之间的关系

Z 方向对刀点在工件坐标系中的位置如图 11.7 所示，对刀点在工件坐标系中的坐标为 *Z*2.0，所以 *Z* 方向的补偿如下式所示。

Z 方向刀偏＝对刀点的机床坐标（Z65.49）−对刀点在工件坐标系中的坐标（*Z*－2.0）

2．刀具补偿参数

在MDI键盘上单击键，按菜单软键“[补正]”，进入刀具补偿参数设定界面，如图11.8所示。

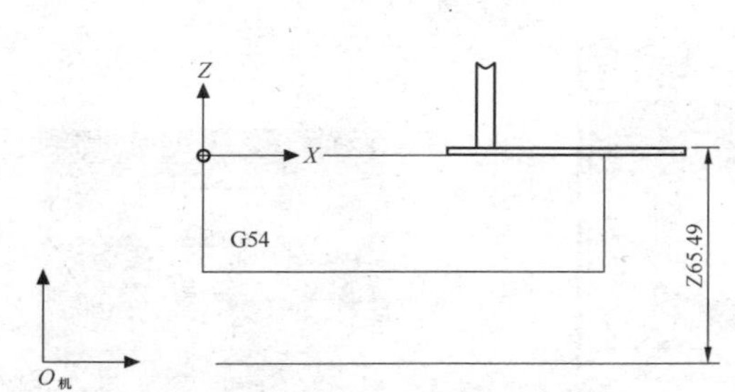

图11.7　Z方向机床原点、编程原点、对刀点之间的关系

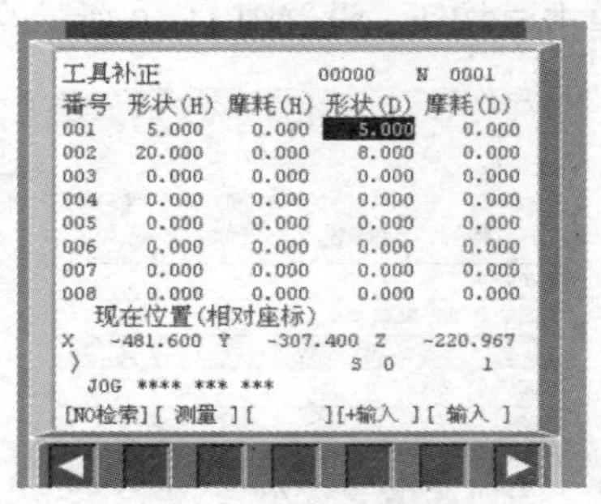

图11.8　刀具补偿表

输入“0x”（01表示001，02表示002，依此类推），按菜单软键“[NO检索]”，光标停留在选定的坐标系参数设定区域，也可以用↑、↓、←、→键选择所需的刀补。

番号：刀具补偿调用时补偿编号。

形状（H）：刀具的长度补偿值。对于数控铣床来说，长度补偿基本上不会使用到，主要在加工中心使用。在加工中心中，如果使用2把以上的刀具，编程原点一致，且只使用一个工件坐标系，那么假如以1号刀为标准刀设定工件坐标系，其他刀具就可以不再设定其他工件坐标系，而以其他刀具相对于1号刀的总长的差值建立长度补偿即可。

磨耗（H）：刀具长度磨损补偿。

刀具长度实际的补偿值是形状（H）和磨耗（H）的代数和。

形状（D）：刀具半径补偿值。

磨耗（D）：刀具半径磨损补偿值。

刀具半径实际的补偿值是形状（D）和磨耗（D）的代数和。

任务实施

对图11.1所示零件进行模拟加工的操作步骤如下。

1．选择机床

单击机床选择按钮，弹出“选择机床”窗口，选择图11.9所示的机床类型，即北京第一机床厂FANUC 0i立式加工中心。

2．启动机床

单击按钮启动机床，数控系统加电。

3．机床回零

依次选择Z按钮，单击+按钮；选择Y按钮，单击+按钮；选择X按钮，单击+按钮。完成后，

回零指示灯亮起，CRT 面板显示的坐标为 X0.000、Y0.000、Z0.000。

4．定义毛坯

单击按钮，设置图 11.10 所示的毛坯。

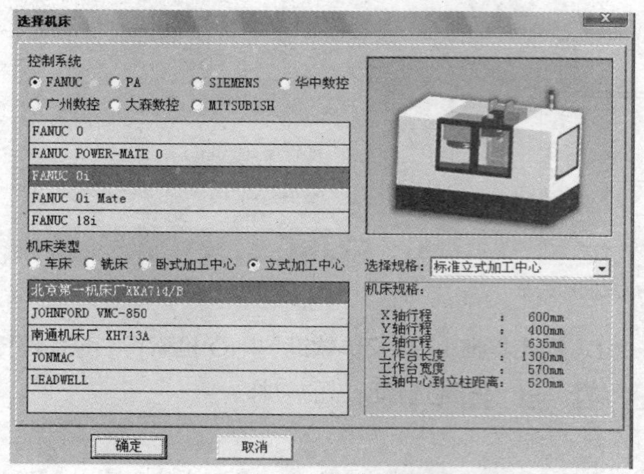

图11.9 机床选择窗口

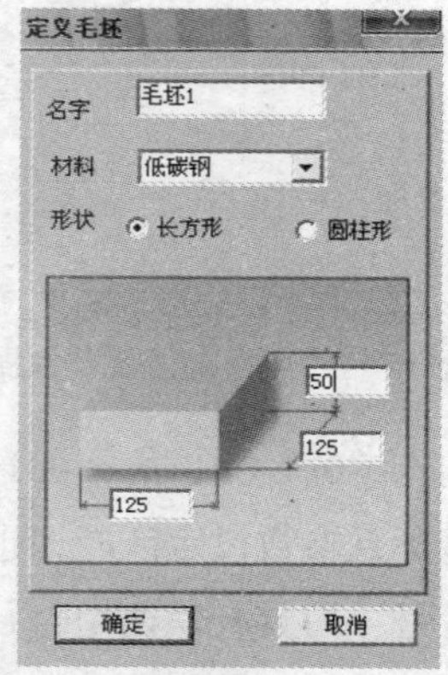

图11.10 毛坯定义窗口

5．夹具定义

单击按钮，零件选择“毛坯 1”，夹具选择“工艺板”，单击“确定”按钮，退出夹具定义窗口。

6．安装零件

单击按钮，在弹出的“选择零件”窗口中选择刚才定义的毛坯、夹具组合，单击“安装零件”按钮，退出零件选择窗口。将毛坯、夹具组合放置在工作台上，弹出移动零件按钮，如图 11.11 所示。

7．定义压板

在“零件”菜单中选择“安装压板”命令，弹出“选择压板”窗口，如图 11.12 所示，选择第 2 种。

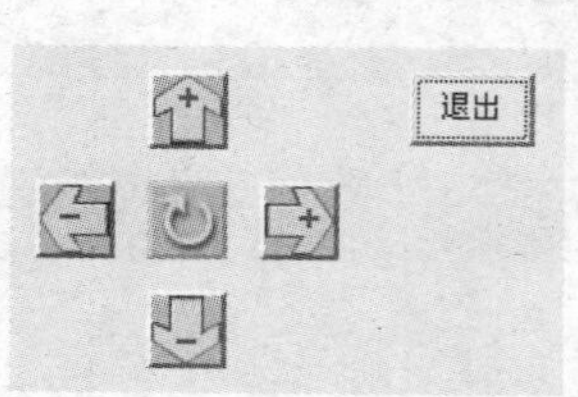

图11.11 移动零件按钮

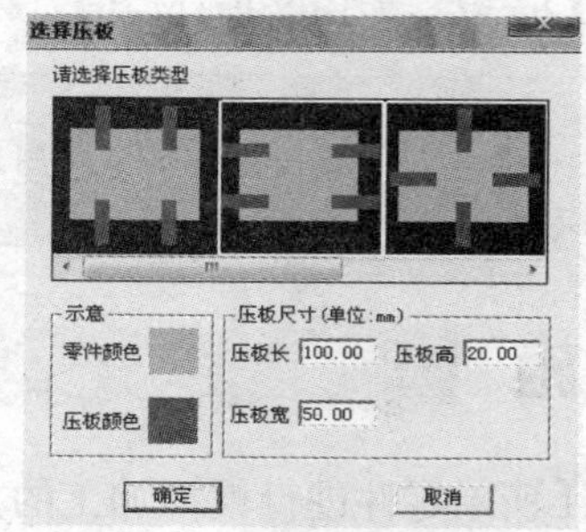

图11.12 压板选择窗口

8．关闭机床罩的显示

单击按钮，弹出“视图选项”窗口，取消“显示机床罩子”前复选框的选择，单击“确定”按钮，即可退出。

9．定义刀具

单击按钮，弹出“选择铣刀”窗口，如图 11.13 所示。

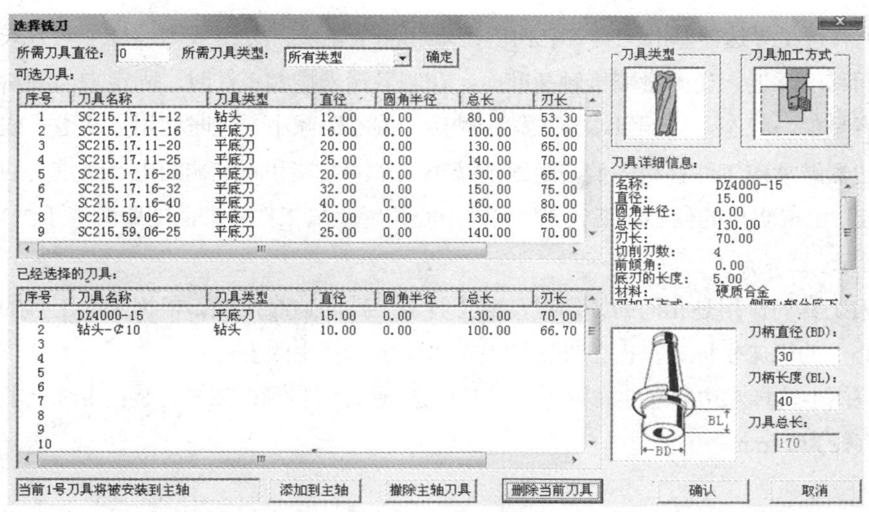

图11.13　铣刀选择窗口

首先定义平底铣刀。在图 11.13 中，先选中 1 号刀位，输入刀具直径“15”，单击“确定”按钮后，在可选刀具列表中只列出了直径 15mm 的刀具，选择名称为 DZ4000-15 的刀具，以同样的方法安装 2 号刀钻头。

10. 安装对刀基准

单击⊕按钮，弹出图 11.14 所示的对刀基准选择窗口。

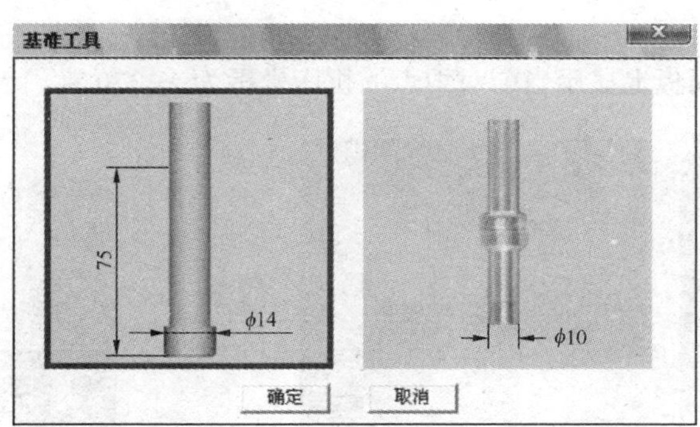

图11.14　对刀基准选择窗口

图 11.14 左边是刚性靠棒基准工具，它采用检查塞尺松紧的方式对刀，如图 11.15 所示。

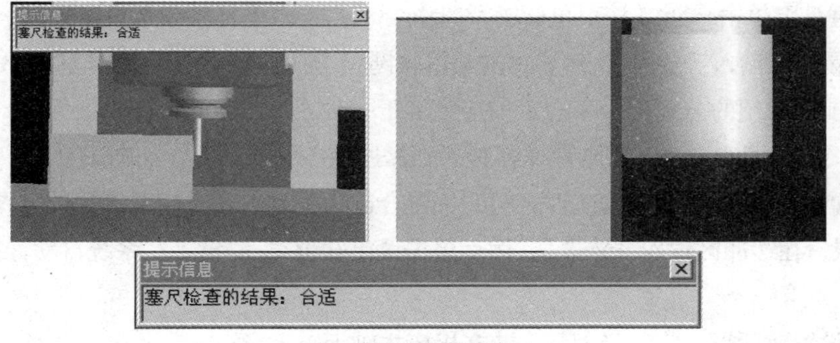

图11.15　对刀检查窗口

图 11.14 右边是寻边器基准工具，它由固定端和测量端 2 部分组成。通过手动方式，使寻边器向工件基准面移动靠近，让测量端接触基准面。在测量端未接触工件时，固定端与测量端的中心线不重合，两者呈偏心状态。当测量端与工件接触后，偏心距减小，这时使用点动方式或手轮方式微调进给，寻边器继续向工件移动，偏心距逐渐减小。在测量端和固定端的中心线重合的瞬间，测量端会明显偏出，出现明显的偏心状态，这时主轴中心位置距离工件基准面的距离等于测量端的半径，如图 11.16 所示。

2 种对刀工具的作用是相同的，通过基准工具与工件的边缘接触，根据基准工具的直径和刀位点（基准中心）的机床坐标计算出工件坐标系在机床坐标系中的坐标。

本操作范例中选择左边的刚性靠棒作为对刀基准，这样就将刚性靠棒安装在主轴上了。同时注意，刚性靠棒的直径为 14mm。

11．对刀

X 方向：单击操作面板中的手动按钮，其上方的手动状态灯变亮，进入手动方式。结合正视图、左视图、平移、缩放等工具，将机床移动到靠近毛坯的左侧面，单击菜单“塞尺检查\1mm”，置入厚度 1mm 的塞尺，如图 11.17 所示。

单击操作面板上的手动脉冲按钮或，使上方的手动脉冲指示灯变亮，采用手动脉冲方式精确移动机床。单击显示手轮，将手轮对应轴旋钮置于 X 挡，调节手轮进给速度旋钮，在手轮上单击鼠标左键或右键精确移动靠棒，使提示信息对话框显示“塞尺检查的结果：合适”。

单击POS键，在 CRT 面板上显示当前对刀点的机床坐标为 *X*−370.5。

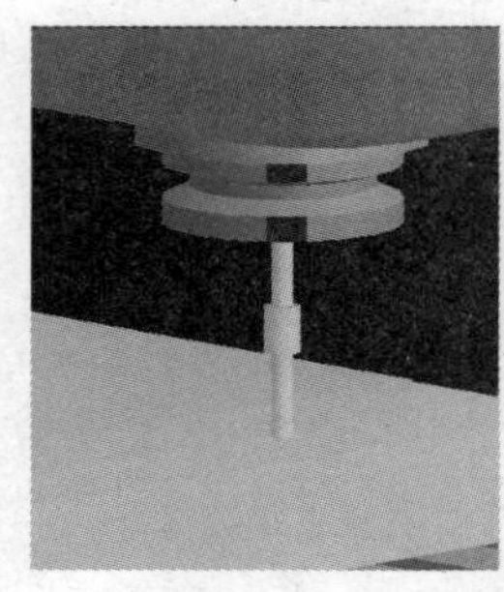
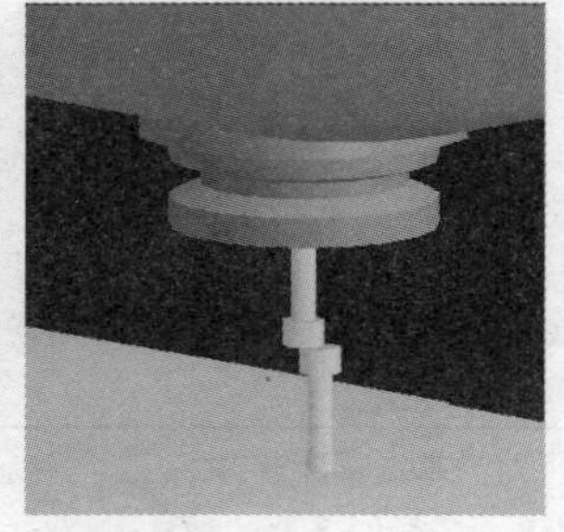
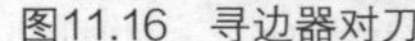
图11.16　寻边器对刀

图11.17　刚性靠棒对零件左侧面

在 MDI 键盘上单击OFFSET SETTING键，按菜单软键“[坐标系]”，进入坐标系参数设定界面，将光标移动到 G54 区域，在缓冲区输入“X−8.”，然后单击菜单软键“[测量]”，系统自动计算出 G54 的 *X* 值，收回塞尺。根据前面介绍的公式，G54 的 *X* 值应该等于−362.5。

Y 方向：采用相同的方法，将刚性靠棒移动到靠近毛坯的前侧面，如图 11.18 所示。置入塞尺，微调机床的位置，直到提示机床与工件之间的位置合适为止。进入坐标系参数设定界面，将光标移动到 G54 区域，在缓冲区输入“Y−8.”，然后单击菜单软键“[测量]”，系统自动计算出 G54 的 *Y* 值，收回塞尺。

打开刀具设置对话框，将 1 号刀具安装在机床主轴上。

Z 方向：*Z* 方向上的对刀有 2 种方法，一是设置多个工件坐标系 G54～G59；二是用其中一把刀具建立一个坐标系，将此刀作为标准刀，然后调用长度补偿。本例中采用第 2 种方法。

将刀具移动到工件上表面，如图 11.19 所示。置入塞尺，微调机床的位置，直到提示机床与工件之间的位置合适为止。进入坐标系参数设定界面，将光标移动到 G54 区域，在缓冲区输入“Z1.”，然后单击菜单软件“[测量]”，系统自动计算出 G54 的 *Z* 值，收回塞尺。

图11.18　刚性靠棒对零件前侧面

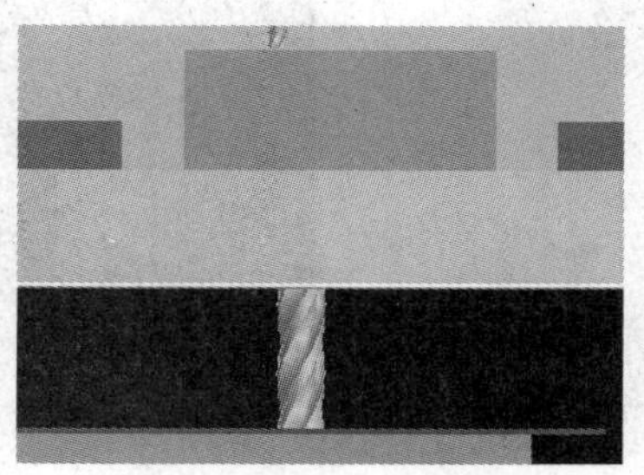

图11.19　刚性靠棒对零件上表面

12．验证对刀结果

单击、按钮，在 CRT 区域显示程序输入窗口，输入图 11.20 所示的程序。

该段程序的作用是让刀具停在编程原点。选择单段执行程序，以免撞刀。

13．设置刀具长度和半径补偿

在 MDI 键盘上单击键，按菜单软键“[补正]”，进入刀具补偿参数设定界面，设置参数如图 11.21 所示。

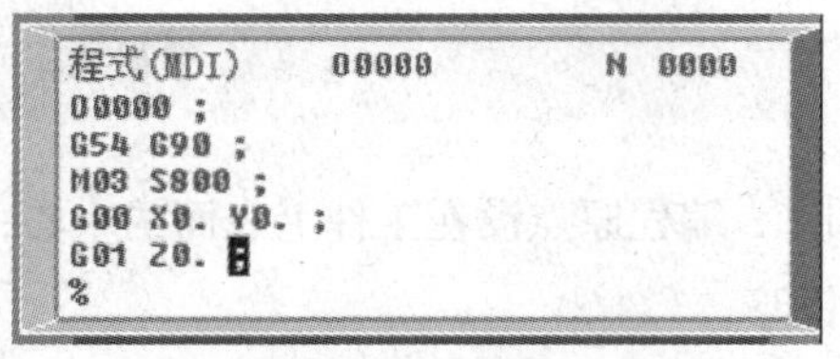

图11.20　MDI程序输入窗口

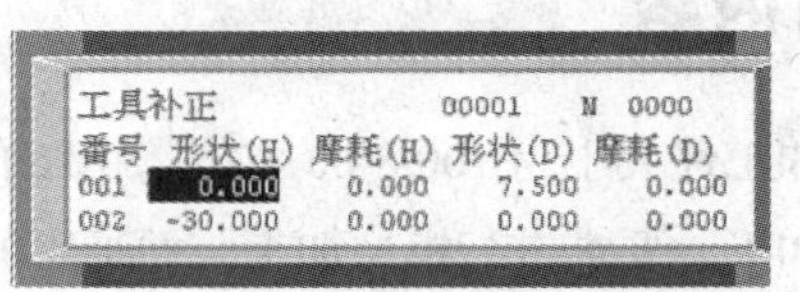

图11.21　刀具补偿窗口

“001”为 1 号刀补偿参数。因为 1 号刀除了铣平面之外，同时还加工型腔轮廓，所以需要设置刀具半径补偿。同时，1 号刀被设置为标准刀，2 号刀具比 1 号刀具短了 30mm，补偿值为 2 把刀的代数差。

14．程序录入

将程序录入数控系统，用记事本或 Word 输入程序，保存为 3 个文件，主程序名为“O0001.NC”，其余 2 个程序名分别为“O0002.NC”、“O0003.NC”。在编辑模式下，单击键，单击“[（操作）]”菜单软键。按▶键向后翻页，执行“[READ]”命令后，浏览加工程序存储目录。单击工具栏中的按钮，弹出文件选择窗口，选中“O0003.NC”，在缓冲区输入程序编号“O0001”，执行“[EXEC]”命令，将子程序导入数控系统。完成后，将主程序放在当前通道中。

15．模拟加工

单击按钮，将机床设置为自动运行模式。单击按钮，程序开始执行。

16．工件测量

单击菜单“测量”→“剖面图测量”，弹出图 11.22 所示的工件测量窗口。

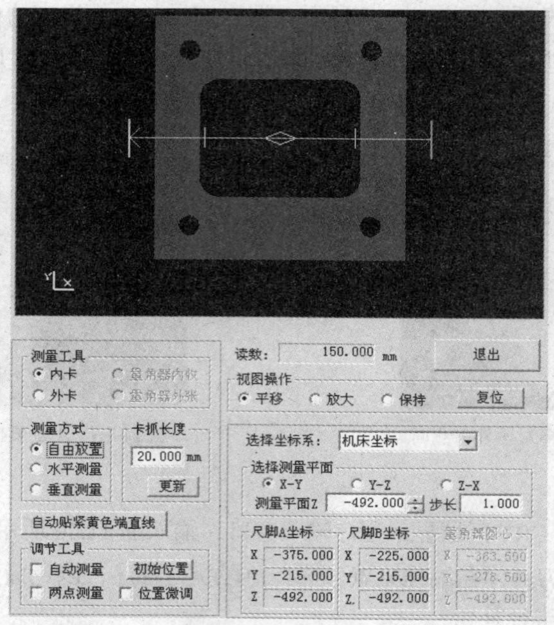

图11.22　工件测量窗口

加工结果如图 11.22 所示，测量时选中“自动测量”后可进行智能捕捉。

实训内容

已知工件大小为 100 × 80 × 40，用ϕ6 的立铣刀加工，编程原点设在工件上表面的中心，数控加工程序如下，要求进行模拟加工，并画出加工零件的图形。

```
O1212
N1  T01;
N2  G90  G54  X0  Y0;
N3  G43  H01  Z20;
N4  M03  S1000;
N5  G00  X-30  Y-20  Z1;
N6  G01  Y20  Z-3  F50;
N7  X0  F100;
N8  G02  X0  Y-20  R20;
N9  G01  X-30;
N10  Y20;
N11  G00  Z100;
N12  X0  Y0  M05;
N13  M02;
```

自测题

1. 选择题（请将正确答案的序号填写在题中的括号中，每题 5 分，满分 50 分）

（1）在 CRT/MDI 面板的功能键中，用于报警显示的键是（　　）。

（A）DGNOS　（B）ALARM　（C）PARAM　（D）SYSTEM

（2）英文词汇“BOTTON”的中文含义是（　　）。

（A）软键　（B）硬键　（C）按钮　（D）开关

（3）数控升降台铣床的拖板前后运动坐标轴是（　　）。

（A）X 轴　（B）Y 轴　（C）Z 轴　（D）A 轴

（4）把输入域内的数据输入参数页面应用（　　）键。

（A）INPUT　（B）OFSET　（C）PRGRM　（D）INSRT

（5）在编辑状态下编制程序时，在输入域内误输了某个字符，用（　　）键可修改。

（A）INSRT　（B）ALTER　（C）DELET　（D）CANCLE

（6）目前世界先进的 CNC 数控系统的平均无故障时间（MTBF）大部分在（　　）h。

（A）1 000～10 000　（B）10 000～100 000

（C）10 000～30 000　（D）30 000～100 000

（7）当 H01 = 10，执行 G91　G43　G01　Z50.　H01 指令时，机床 Z 方向的位移为（　　）mm。

（A）50　（B）40　（C）60　（D）0

（8）单段运行功能有效时，（　　）。

（A）执行一段加工结束　（B）执行一段保持进给

（C）连续加工　（D）程序校验

（9）当数控机床的故障排除后，按（　　）键清除警报。

（A）RESET　（B）GRAPH　（C）PAPAM　（D）MACRO

（10）进给保持功能有效时，（　　）。

（A）进给停止　（B）主轴停止　（C）程序结束　（D）加工结束

2. 判断题（请将判断结果填入括号中，正确的填“√”，错误的填“×”，每题 10 分，满分 50 分）

（　　）（1）机床回零后，显示的机床坐标位置一定为零。

（　　）（2）数控铣床中刀具的切削速度与刀具直径成反比，与主轴转速成正比。

（　　）（3）数控机床开机后，必须先进行返回参考点操作。

（　　）（4）手工编程时，球头刀的刀位点一般选择在球面的最低点。

（　　）（5）用球头刀加工平坦曲面时，为改善切削性能，工件通常应该倾斜安装。

任务12

数控铣削加工工艺分析

【学习目标】

掌握数控铣削加工工艺分析过程，能够正确填写各种工艺文件。

任务导入

分析图 12.1 所示零件的数控加工工艺，并编制工艺文件。

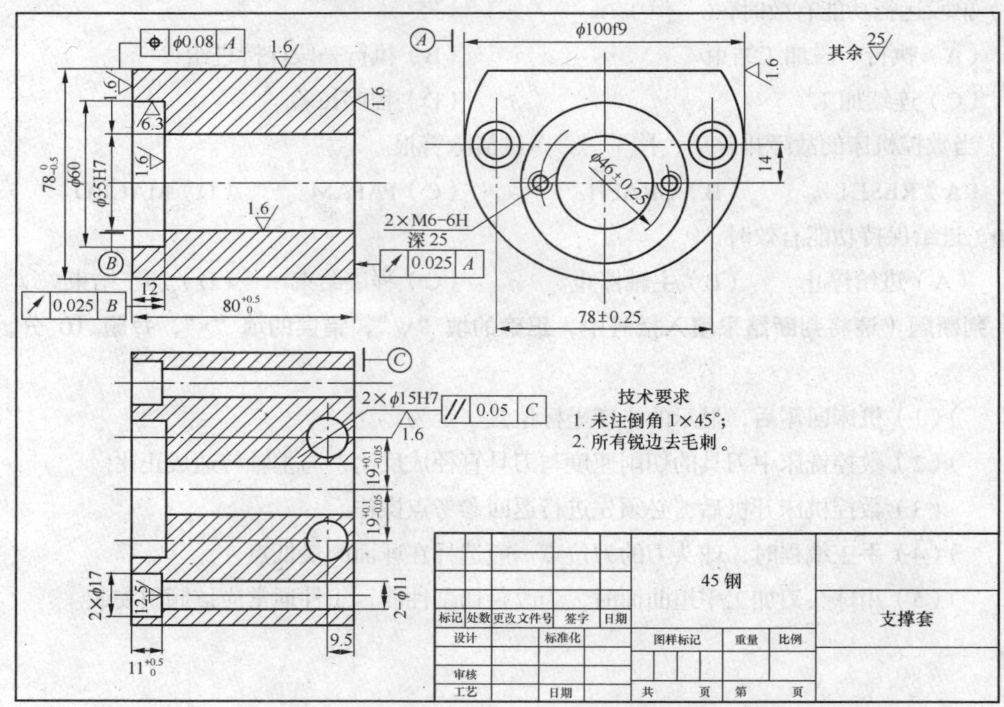

图12.1 支撑套

知识准备

在选择数控铣削加工内容时，应充分发挥数控铣床的优势和关键作用。主要选择的加工内容如下。

① 工件上的曲线轮廓，特别是由数学表达式给出的非圆曲线、列表曲线等曲线轮廓，如正弦曲线、余弦曲线。

② 已给出数学模型的空间曲面，如球面。

③ 形状复杂、尺寸繁多、划线与检测困难的部位。

④ 用通用铣床加工时难以观察、测量和控制进给的内外凹槽。

⑤ 精度要求高的孔和面。

⑥ 用数控铣削方式加工后，能成倍提高生产率，大大减轻劳动强度的一般加工内容。

此外，立式数控铣床和立式加工中心适于加工箱体、箱盖、平面凸轮、样板、形状复杂的平面或立体零件，以及模具的内、外型腔等；卧式数控铣床和卧式加工中心适于加工复杂的箱体类零件、泵体、阀体、壳体等；多坐标联动的卧式加工中心还可以用于加工各种复杂的曲线、曲面、叶轮、模具等。

不宜采用数控铣削加工的内容如下：

① 需要长时间占机和进行人工调整的粗加工内容，如以毛坯为粗基准定位划线找正的加工；

② 必须按专用工装协调的加工内容（如标准样件、协调平板、模胎等）；

③ 毛坯上的加工余量不太充分或不太稳定的部位；

④ 简单的粗加工面；

⑤ 必须用细长铣刀加工的部位，一般指狭长深槽或高筋板小转接圆弧部位。

一、零件数控铣削加工方案的拟定

1. 数控加工工艺路线的拟定

同常规工艺路线拟定过程相似，数控加工工艺路线的设计，最初也需要找出所有加工的零件表面并逐一确定各表面的加工获得过程，加工获得过程中的每一个步骤相当于一个工步；然后将所有工步内容按一定原则排列成先后顺序，再确定哪些相邻工步可以为一个工序，即进行工序的划分；最后再将需要的其他工序如常规工序、辅助工序、热处理工序等插入，衔接于数控加工工序序列之中，就得到了要求的工艺路线。

数控加工的工艺路线设计与普通机床加工的常规工艺路线拟定的区别主要在于前者仅是几道数控加工工艺过程的概括，而不是指从毛坯到成品的整个工艺过程。由于数控加工工序一般穿插于零件加工的整个工艺过程中间，因此在工艺路线设计中一定要兼顾常规工序的安排，使之与整个工艺过程协调吻合。

2. 工序的划分

根据数控加工的特点，数控加工工序的划分有以下几种方式。

（1）按定位方式划分工序。这种方法一般适合于加工内容不多的工件，加工完后就能达到待检状态，通常是以一次安装、加工作为一道工序。

（2）刀具集中分序法。这种方法就是按所用刀具来划分工序，用同一把刀具加工完成所有可以加工的部位，然后再换刀。这种方法可以减少换刀次数，缩短辅助时间，减少不必要的定位误差。

（3）粗、精加工分序法。根据零件的形状、尺寸精度等因素，按粗、精加工分开的原则，先粗加工，再半精加工，最后精加工。

（4）按加工部位分序法。即先加工平面、定位面，再加工孔；先加工形状简单的几何形状，再加工复杂的几何形状；先加工精度比较低的部位，再加工精度比较高的部位。

综上所述，在划分工序时，一定要视零件的结构与工艺性、机床的功能、零件数控加工内容的多少、安装次数以及生产组织状况等实际情况灵活掌握。

3．工步的划分

划分工步主要从加工精度和效率两个方面考虑。合理的工艺不仅要保证加工出符合图样要求的工件，同时应使机床的功能得到充分发挥，因此，在一个工序内往往需要采用不同的刀具和切削用量对不同的表面进行加工。为了便于分析和描述较复杂的工序，在工序内又细分为工步。下面以加工中心为例来说明工步划分的原则。

（1）同一加工表面按粗加工、半精加工、精加工依次完成，或全部加工表面按先粗加工后精加工分开进行。若加工尺寸精度要求较高时，考虑到零件尺寸、精度、刚性等因素，可采用前者；若加工表面位置精度要求较高时，建议采用后者。

（2）对于既有面又有孔的零件，可以采用"先面后孔"的原则划分工步。先铣面可提高孔的加工精度。因为铣削时切削力较大，工件易发生变形，而先铣面后镗孔，则可使其变形有一段时间恢复，减小由于变形引起的对孔的精度的影响；反之，如先镗孔后铣面，则铣削时极易在孔口产生飞边、毛刺，从而破坏孔的精度。

（3）按所用刀具划分工步。某些机床工作台回转时间比换刀时间短，因而可采用刀具集中工步，以减少换刀次数和辅助时间，提高加工效率。

（4）在一次安装中，尽可能完成所有能够加工的表面。

4．加工顺序的安排

加工顺序的安排应根据零件的结构和毛坯状况，结合定位和夹紧的需要一起考虑，重点应保证工件的刚度不被破坏，尽量减少变形。加工顺序的安排应遵循下列原则。

（1）上道工序的加工不能影响下道工序的定位与夹紧。

（2）先内后外原则，即先进行内型和内腔加工工序，后进行外形加工工序。

（3）以相同安装方式或用同一刀具加工的工序最好连续进行，以减少重复定位及换刀次数。

（4）在同一次安装中进行的多道工序，应先安排对工件刚性破坏较小的工序。

5．数控加工工序的设计

数控加工工序设计的主要任务是进一步将本工序的加工内容、进给路线、工艺装备、定位夹紧方式等具体确定下来，为编制加工程序做好充分准备。

在数控加工中，刀具刀位点相对于工件运动的轨迹称为进给路线。进给路线不仅包括了加工内容，也反映出加工顺序，是编程的依据之一。

确定进给路线的原则有：①加工路线应保证被加工工件的精度和表面粗糙度；②应使加工路线最短，以减少空行程时间，提高加工效率；③在满足工件精度、表面粗糙度、生产率等要求的情况下，尽量简化数学处理时的数值计算工作量，以简化编程工作；④当某段进给路线重复使用时，为了简化编程、缩短程序长度，应使用子程序。

此外，确定加工路线时，还要考虑工件的形状与刚度、加工余量、机床与刀具的刚度等情况，以确定是一次进给还是多次进给来完成加工，以及设计刀具的切入与切出方向和在铣削加工中是采用顺铣还是逆铣等。

（1）轮廓铣削进给路线的分析。对于连续铣削轮廓，特别是加工圆弧时，要注意安排好刀具的切入、切出，要尽量避免交接处重复加工，否则会出现明显的界限痕迹。如图 12.2 所示，用圆弧插补方式铣削外整圆时，要安排刀具从切向进入圆周铣削加工，当整圆加工完毕后，不要在切点处直接退刀，而要让刀具多运动一段距离，最好沿切线方向，以免取消刀具补偿时刀具与工件表面相碰撞，造成工件报废。铣削内圆弧时，也要遵守从切向切入的原则，安排切入、切出过渡圆弧，如图 12.3 所示。若刀具从工件坐标原点出发，其加工路线为 1→2→3→4→5，这样可提高内孔表面的加工精度和质量。

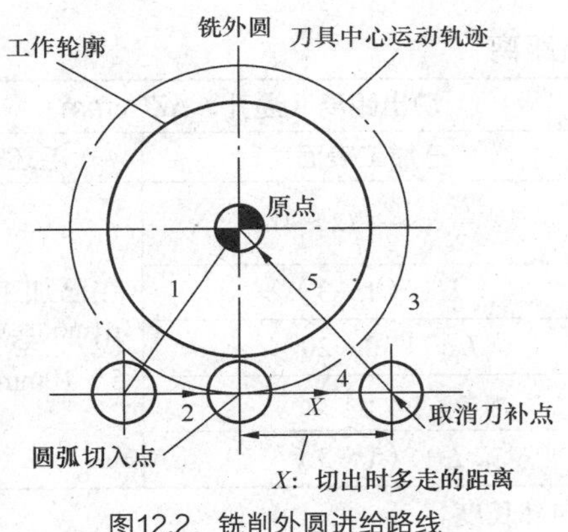

图12.2　铣削外圆进给路线

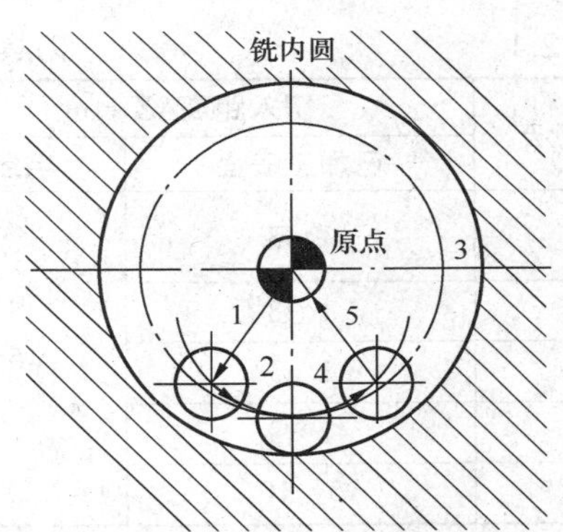

图12.3　铣削内孔进给路线

（2）位置精度要求高的孔进给路线的分析。加工孔时，只要求定位精度较高，即将刀具在 XY 平面内快速定位到对准孔中心线的位置，因此要按空行程最短安排进给路线，然后刀具再轴向运动（Z 向）进行加工。所以进给路线的确定要解决好下面几个问题。

① 孔位确定及其坐标值的计算。一般在零件图上孔位尺寸都已给出，但有时孔距尺寸的公差或对基准尺寸距离的公差是非对称性尺寸公差，应将其转换为对称性公差。如某零件图上两孔间距尺寸 $L = 90^{+0.055}_{+0.027}$ mm，应转换成 $L = 90.041 \pm 0.014$mm，编程时按基本尺寸 90.041mm 进行，其实这就是工艺学中所讲的中间公差的尺寸。

② 孔加工轴向有关距离尺寸的确定。孔加工编程时还需要知道以下 2 种尺寸数据：刀具快速趋近距离 Z_s（见图 12.4）和刀具工作进给距离 Z_f（见图 12.5）。

$$Z_s = Z_0 - (Z_T + Z_d + \Delta Z)$$

式中，Z_d 为工件及夹具高度尺寸；ΔZ 为刀具轴向切入长度；Z_0 为刀具主轴端面到工作台面的距离；Z_T 为刀具长度。

Z_s除按上述公式计算外，也可以在加工现场实测确定。

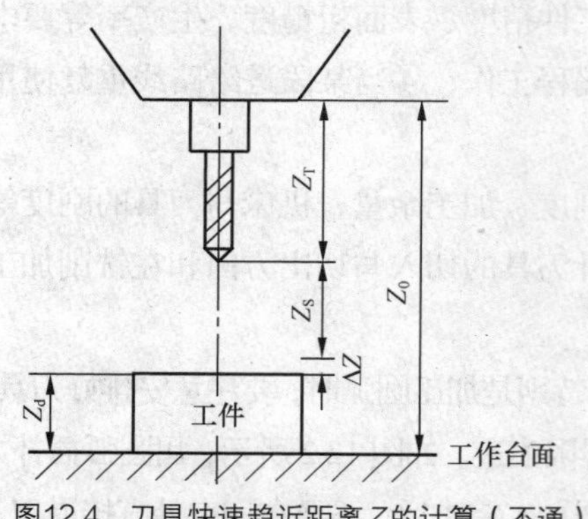

图12.4 刀具快速趋近距离Z_s的计算（不通）

图12.5 刀具工作进给距离Z_f的计算

$$Z_f = Z_p + \Delta Z + Z_d + \Delta Z'$$

式中，Z_p为钻头尖端锥度部分长度，一般$Z_p = 0.3D$（D为刀具直径），对于平端刀具，$Z_p = 0$；Z_d为工件中被加工孔的深度；$\Delta Z'$为刀具轴向切出长度，若是盲孔则为0。ΔZ与$\Delta Z'$推荐值如表12.1所示。

表12.1 刀具切入、切出距离

加工方法	切入距离ΔZ（mm）		切出距离（通孔）ΔZ′（mm）	
	已加工表面	毛坯表面	已加工表面	毛坯表面
钻	1～3		$\frac{D}{2}\cos\frac{\varphi}{2}+(2\sim4)$	
扩	1～3		L＋（1～3）	
铰	1～3	5～8	L＋（10～20）	在已加工表面切出的基础上加5～10mm
镗	1～3		2～4	
攻丝	5～10		L＋（1～3）	

注：D为刀具直径；φ为钻头刀尖角度；L为切削刃导向部长度。

加工位置精度要求较高的孔系时，应特别注意安排孔的加工顺序。若安排不当，将坐标轴的反向间隙带入，将直接影响位置精度。如图12.6所示，镗削图中零件上6个尺寸相同的孔，有2种进给路线。按1→2→3→4→5→6路线加工时，由于5、6孔与1、2、3、4孔定位方向相反，Y向反向间隙会使定位误差增加，从而影响5、6孔与其他孔的位置精度。按1→2→3→4→P→6→5路线加工时，加工完4孔后往上多移动一段距离至P点，然后折回来在6、5孔处进行定位加工，这样加工进给方向一致，可避免反向间隙的引入，提高5、6孔与其他孔的位置精度。

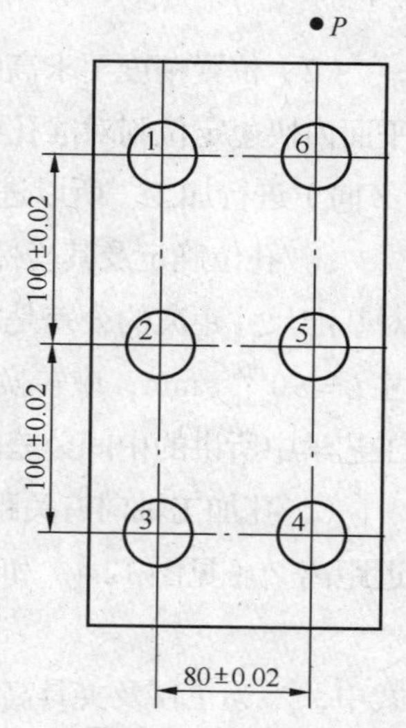

图12.6 孔系加工

走刀路线包括在XY平面上的走刀路线和Z方向的走刀路线。欲使刀具在XY平面上的走刀路线最短，必须保证各定位点间的路线的总长最短。图12.7（a）所示为点群零件图，经计算发现图12.7（c）所示走刀路线总长较图12.7（b）短。

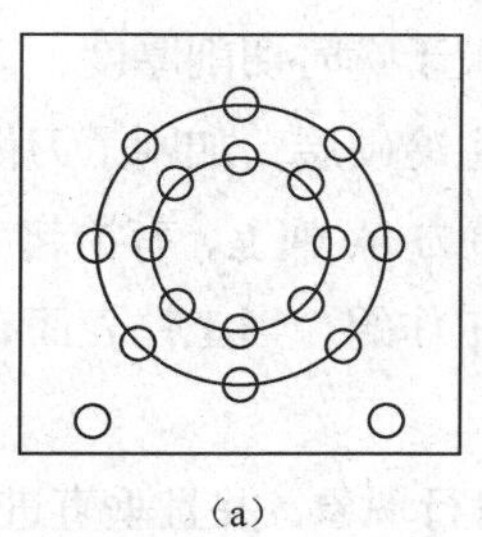
(a)

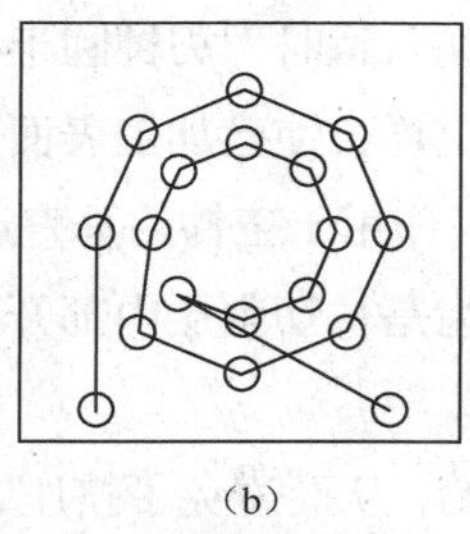
(b)

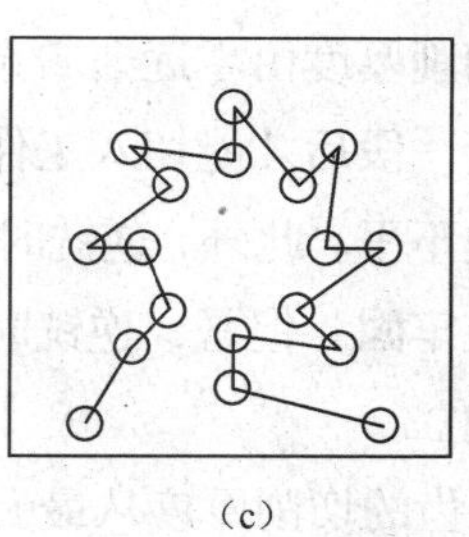
(c)

图12.7　最短走刀路线设计

（3）铣削曲面进给路线的分析。铣削曲面时，常用球头刀采用“行切法”进行加工。所谓行切法，是指刀具与零件轮廓的切点轨迹是一行一行的，而行间的距离是按零件加工精度的要求确定的。对于边界敞开的曲面加工，可采用两种加工路线。如图 12.8 所示，对于发动机大叶片，当采用图 12.8（a）所示的加工方案时，每次沿直线加工，刀位点计算简单，程序少，加工过程符合直纹面的形成，可以准确保证母线的直线度；当采用图 12.8（b）所示的加工方案时，符合这类零件数据给出情况，便于加工后检验，叶形的准确度高，但程序较多。由于曲面零件的边界是敞开的，没有其他表面限制，所以曲面边界可以延伸，球头刀应由边界外开始向内加工。

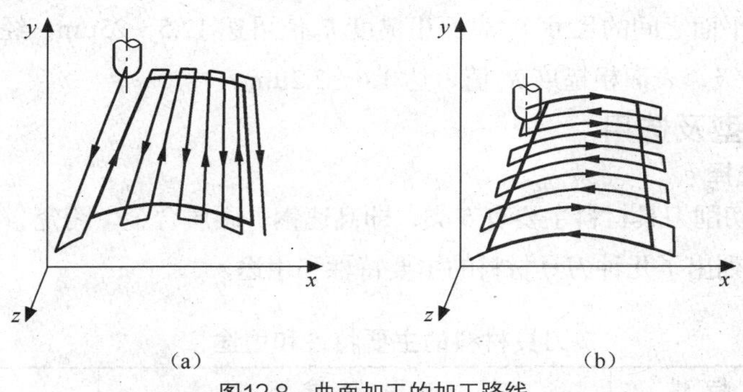

图12.8　曲面加工的加工路线

以上通过几例分析了数控加工中常用的加工路线，在实际生产中，加工路线的确定要根据零件的具体结构特点，综合考虑，灵活运用。确定加工路线的总原则是：在保证零件加工精度和表面质量的前提下，尽量缩短加工路线，以提高生产率。

铣削有逆铣和顺铣两种方式。如图 12.9 所示，铣刀旋转切入工件的方向与工件的进给方向相反时称为逆铣，相同时称为顺铣。

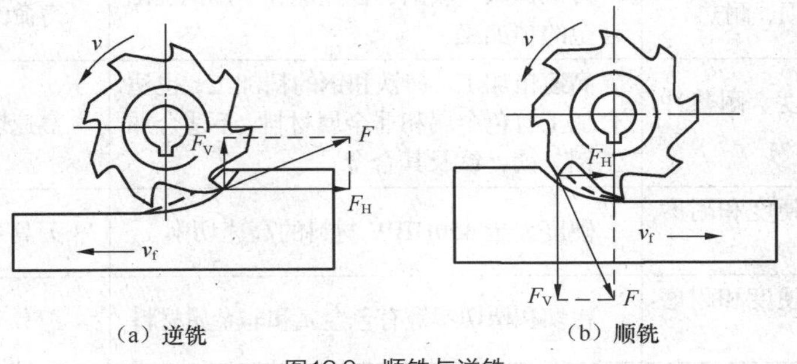

图12.9　顺铣与逆铣

逆铣时，切削厚度由零逐渐增大，切入瞬时刀刃钝圆半径大于瞬时切削厚度，刀齿在工件表面上要挤压和滑行一段后才能切入工件，这样会使已加工表面产生冷硬层，加剧了刀齿的磨损，同时使工件表面粗糙不平。此外，逆铣时刀齿作用于工件的垂直进给力 F_V 朝上，有抬起工件的趋势，这就要求工件装夹牢固。但是，逆铣时刀齿是从切削层内部开始工作的，当工件表面有硬皮时，对刀齿没有直接影响。

顺铣时，刀齿的切削厚度从最大开始，从而避免了挤压、滑行现象，并且垂直进给力 F_V 朝下压向工作台，有利于工件的夹紧，可提高铣刀耐用度和加工表面质量。与逆铣相反，顺铣加工要求工件表面没有硬皮，否则刀齿极易磨损。

对于铝镁合金、钛合金和耐热合金等材料来说，建议采用顺铣加工，这对于降低表面粗糙度值和提高刀具耐用度都有利。但如果零件毛坯为黑色金属锻件或铸件，表皮硬而且余量一般较大，这时采用逆铣较为有利。

加工中心加工零件的表面不外乎平面、曲面、轮廓、孔和螺纹等几种，主要应考虑所选加工方法要与零件的表面特征、所要求达到的精度及表面粗糙度相适应。

平面、平面轮廓及曲面在加工中心上唯一的加工方法是铣削。经过粗铣的平面，尺寸精度可达IT12～IT14级（指两平面之间的尺寸），表面粗糙度 R_a 值可达12.5～25μm。经粗、精铣的平面，尺寸精度可达IT7～IT9级，表面粗糙度 R_a 值可达1.6～3.2μm。

二、刀具的类型及选用

1. 刀具材料的选择

当前使用的金属切削刀具材料主要有5类，即高速钢、硬质合金、陶瓷、立方氮化硼（CBN）、聚晶金刚石。表12.2列出了几种刀具材料的主要特性和用途。

表12.2 刀具材料的主要特性和用途

材料	主要特性	用途	优点
高速钢（HSS）	比工具钢硬	低速或不连续切削	刀具寿命较长，加工的表面较平滑
高性能高速钢	强韧、抗边缘磨损性强	可粗切或精切几乎任何材料，包括铁、钢、不锈钢、高温合金、非铁和非金属材料	切削速度可比高速钢高，强度和韧性较粉末冶金高速钢好
粉末冶金高速钢	良好的抗热性和抗碎片磨损能力	切削钢、高温合金、不锈钢、铝、碳钢、合金钢和其他不易加工的材料	切削速度可比高性能高速钢高15%
硬质合金	耐磨损、耐热	可锻铸铁、碳钢、合金钢、不锈钢、铝合金的精加工	寿命比一般传统碳钢高20倍
陶瓷	高硬度、耐热冲击性好	高速粗加工、铸铁和钢的精加工，也适合加工有色金属和非金属材料，不适合加工铝、镁、钛及其合金	高速切削速度可达5 000m/s
立方氮化硼（CBN）	超强硬度和耐磨性好	硬度大于450HBW材料的高速切削	刀具寿命长
聚晶金刚石	超强硬度和耐磨性好	粗切和精切铝等有色金属和非金属材料	刀具寿命长

根据数控加工对刀具的要求，选择刀具材料的一般原则是尽可能选用硬质合金刀具，但不同国家和生产厂家有不同的标准和系列。表 12.3 列出了常见厂家、国家和组织的牌号。

2．刀具的选择

从刀具的结构应用方面来看，数控加工应尽可能采用镶块式机夹可转位刀片，以减少刀具磨损后的更换和预调时间。

表 12.3　　硬质合金牌号近似对照

ISO	ANSI	中　国	山特维克	适合加工材料
P01		YN05	F02	
P05	C8	YN10	S1P	
P10	C7	YN15	S1P	
P15	C6		S2	
P20		YT14	S2	产生带状切屑的铁金属
P25	C5		S4	
P30		YT5	S4	
P40			S6	
P50			S8	
M10		YW1	H1P	
M20		YW2	H1P	产生节状切屑或粒状切屑的铁金属；非铁金属
M30				
M40			R4	
K01		YG3X	H05	
K05	C4	YG3		
K10	C3	YG6X	H10	产生粒状切屑或崩碎切屑的铁金属；非铁金属；非金属材料
K20	C2	YG6	H20	
K30	C1	YG8N	H20	
K40				

（1）铣刀的选择。选择铣刀时，要使刀具的尺寸与被加工工件的表面尺寸和形状相适应。粗铣平面时，因切削力大，故宜选较小直径的铣刀，以减小切削扭矩；精铣时，可选大直径铣刀，并尽量包容工件加工面的宽度，以提高效率和加工质量。

（2）孔加工刀具的选择。数控钻孔一般无钻模，钻孔刚度差，应使钻头直径 D 满足 $L/D \leqslant 5$（L 为钻孔深度）。钻大孔时，可采用刚度较大的硬质合金扁钻；钻浅孔时（$L/D \leqslant 2$），宜采用硬质合金的浅孔钻，以提高效率和加工质量。

钻孔时，应选用大直径钻头或中心钻先锪一个内锥坑，作为钻头切入时的定心锥面，再用钻头钻孔，所锪的内锥面也是孔口的倒角。有硬皮时，可用硬质合金铣刀先铣去孔口表皮，再锪锥孔和钻孔。

精铰孔可采用浮动铰刀，但铰前孔口要倒角。

镗孔一般是悬臂加工，应尽量采用对称的 2 刃或 2 刃以上的镗刀头进行切削，以平衡径向力，减轻镗削振动。对阶梯孔的镗削加工采用组合镗刀，以提高镗削效率。精镗宜采用微调镗刀。选择镗刀主偏角大于 75°，接近 90°。

镗孔加工除选择刀片与刀具外，还要考虑镗杆的刚度，尽可能选择较粗（接近镗孔直径）的刀杆及较短的刀杆臂，以防止或消除振动。当刀杆臂小于4倍刀杆直径时可用钢制刀杆，加工要求较高的孔时最好选用硬质合金制刀杆。当刀杆臂为4～7倍的刀杆直径时，小孔用硬质合金制刀杆，大孔用减振刀杆。当刀杆臂为7～10倍的刀杆直径时，需采用减振刀杆。此外，在加工中心上，各种刀具分别装在刀库上，按程序规定随时进行选刀和换刀工作。

（3）平面铣刀的种类和选择。

① 常用铣刀的种类。

圆柱形铣刀：一般用于加工较窄的平面。

立铣刀：应用范围广，用于加工各种凹槽、台阶面以及成型表面。其主切削刃位于圆周面上，端面上的切削刃是副切削刃，故切削时一般不宜沿轴线方向进给。

键槽铣刀：用于加工封闭键槽。其外形类似立铣刀，有2个刀齿，端面切削刃为主切削刃，圆周的切削刃是副切削刃。

模具铣刀：属于立铣刀类，主要用于加工模具型腔或凸模成型表面。

② 铣削刀具参数的选择。刀具的选择是数控加工工艺中的重要内容之一，它不仅影响机床的加工效率，而且直接影响加工质量。编程时，选择刀具通常要考虑机床的加工能力、工序内容、工件材料等因素。与传统的加工方法相比，数控加工对刀具的要求更高，不仅要求刀具的精度高、刚度好、耐用，而且要求刀具的尺寸稳定、安装调整方便。这就要求采用新型优质材料制造数控加工刀具，并优选刀具参数。

选取刀具时，要使刀具的尺寸与被加工工件的表面尺寸和形状相适应。生产中，平面零件周边轮廓的加工常采用立铣刀；铣削平面时，应选硬质合金刀片铣刀；加工凸台、凹槽时，选高速钢立铣刀；加工毛坯表面或粗加工孔时，可选镶硬质合金的玉米铣刀。绝大部分铣刀由专业工具厂制造，只需选好铣刀的参数即可。铣刀的主要结构参数有直径 d_0、宽度（或长度）L 及齿数 Z。

刀具半径 r 应小于零件内轮廓面的最小曲率半径ρ，一般取 $r=(0.8\sim0.9)\rho$。

零件的加工高度 $H<(1/4\sim1/6)r$，以保证刀具有足够的刚度。

对不通孔（深槽），选取 $L=H+(5\sim10)$ mm（L 为刀具切削部分长度，H 为零件高度）。

加工通孔及通槽时，选取 $L=H+r_c+(5\sim10)$ mm（r_c 为刀尖角半径）。

如图12.10所示，粗加工内轮廓面时，铣刀最大直径 D_t 可按下式计算

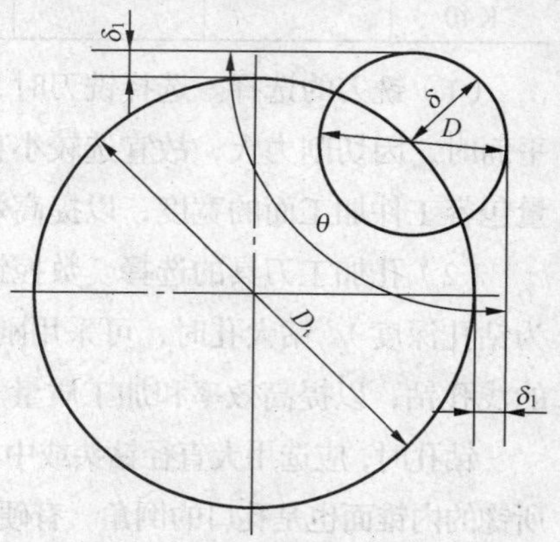

图12.10 粗加工铣刀直径的估算

$$D_t=\frac{2\left(\delta\sin\dfrac{\theta}{2}-\delta_1\right)}{1-\delta\sin\dfrac{\theta}{2}}+D$$

式中，D 为轮廓的最小凹圆角直径；δ 为圆角邻边夹角等分线上的精加工余量；δ_1 为精加工余量；θ 为圆角两邻边的夹角。

加工肋时，刀具直径 $D=(5\sim10)b$，其中 b 为肋的厚度。

铣刀直径 D 是铣刀的基本结构参数，其大小对铣削过程和铣刀的制造成本有直接影响。选择较大的铣刀直径时，可以采用较粗的心轴，提高加工系统刚性，使切削平稳，加工表面质量好，还可增大容屑空间，提高刀齿强度，改善排屑条件。另外，刀齿不切削时间长，散热好，可采用较高的铣削速度。但选择大直径铣刀也有一些不利因素，如刀具成本高、切削扭矩大、动力消耗大、切入时间长等。综合以上考虑，在保证足够的容屑空间及刀杆刚度的前提下，宜选择较小的铣刀直径。某些情况下应由工件加工表面尺寸确定铣刀直径。例如，铣键槽时，铣刀直径应等于槽宽。

铣刀齿数 Z 对生产效率和加工表面质量有直接影响。同一直径的铣刀，齿数越多，同时切削的齿数也越多，使铣削过程较平稳，从而可获得较好的加工质量。另外，当每齿进给量一定时，可随齿数的增多而提高进给速度，从而提高生产率。但过多的齿数会减小刀齿的容屑空间，因此不得不降低每齿进给量，这样反而降低了生产率。一般按工件材料和加工性质选择铣刀的齿数。例如，粗铣钢件时，首先为了保证容屑空间及刀齿强度，应采用粗齿铣刀；半精铣或精铣钢件、粗铣铸铁件时，可采用中齿铣刀；精铣铸铁件或铣削薄壁铸铁件时，宜采用细齿铣刀。

曲面加工常采用球头铣刀，但加工曲面较平坦部位时，刀具以球头顶端刃切削，切削条件较差，因而应采用环形铣刀（圆鼻刀）。在单件或小批量生产中，为取代多坐标联动机床，常采用鼓形铣刀或锥形铣刀来加工一些变斜角零件，其效率比用球头铣刀高近 10 倍，并可获得较好的加工精度。球头铣刀一般在曲面曲率变化较大、易发生干涉或精加工中采用。对于一些立体型面和变斜角轮廓外形的加工，常用的刀具有球头铣刀、环形铣刀、鼓形铣刀、锥形铣刀和盘形铣刀，如图 12.11 所示。

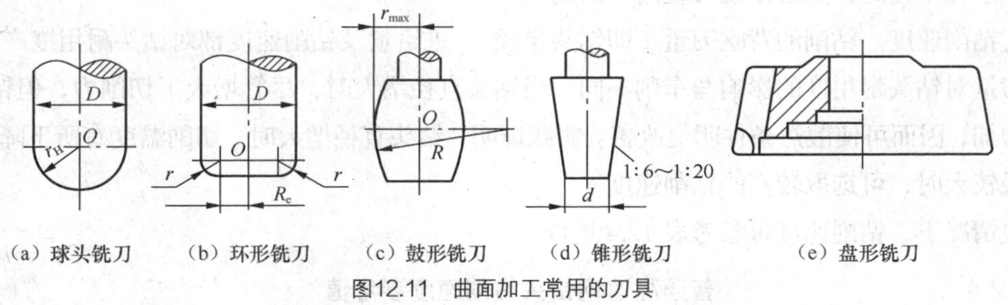

图12.11　曲面加工常用的刀具

三、切削用量的确定

切削用量是加工过程中重要的组成部分，合理地选择切削用量，不但可以提高切削效率，还可以提高零件的表面精度。影响切削用量的因素有机床的刚度、刀具的使用寿命、工件的材料和切削液。

1. 铣削用量的选择

铣削用量的选择是否合理直接影响工件加工质量、生产效率和刀具耐用度。合理选择切削用量的原则是：粗加工时，一般以提高生产率为主，但也应考虑经济性和加工成本；半精加工和精加工

时，应在保证加工质量的前提下，兼顾切削效率、经济性和加工成本，具体数值应根据机床说明书、切削用量手册，并结合经验来确定。

确定铣削深度时，如果机床功率和工艺系统刚性允许而加工质量要求不高（$R_a \geqslant 5\mu m$），且加工余量又不大（一般不超过 6mm），可以一次铣去全部余量。若加工质量要求较高或加工余量太大，则铣削应分 2 次进行。在工件宽度方向上，一般应将余量一次切除。

加工条件不同，选择的切削速度 v_c 和每齿进给量 f_z 也应不同。工件材料较硬时，f_z 及 v_c 值应取得小些；刀具材料韧性较大时，f_z 值可取得大些。刀具材料硬度较高时，v_c 的值可取得大些；铣削深度较大时，f_z 及 v_c 值应取得小些。

各种切削条件下的 f_z、v_c 值及计算公式可查阅《金属机械加工工艺手册》或相关刀具提供商的刀具手册等有关资料。

2. 钻削用量的选择

（1）钻头直径。钻头直径由工艺尺寸确定。工件孔径不大时，可将孔一次钻出。工件孔径大于 35mm 时，若仍一次钻出孔径，往往由于受机床刚度的限制，必须大大减小进给量；若 2 次钻出，可取大的进给量，这样既不降低生产效率，又提高了孔的加工精度。先钻后扩时，钻孔的钻头直径可取孔径的 50%～70%。

（2）进给量。小直径钻头主要受钻头的刚性及强度限制，大直径钻头主要受机床进给机构强度及工艺系统刚性限制。在以上条件允许的情况下，应取较大的进给量，以降低加工成本，提高生产效率。

普通麻花钻钻削进给量可按以下经验公式估算选取。

$$f = (0.01 \sim 0.02)\, d_0$$

式中，d_0 为孔的直径。

加工条件不同时，其进给量可查阅切削用量手册。

（3）钻削速度。钻削的背吃刀量（即钻头半径）、进给量及钻削速度都对钻头耐用度产生影响，但背吃刀量对钻头耐用度的影响与车削不同。当钻头直径增大时，尽管增大了切削力，但钻头体积也显著增加，因而可使散热条件明显改善。实践证明，钻头直径增大时，切削温度有所下降。因此，钻头直径较大时，可选取较高的钻削速度。

一般情况下，钻削速度可参考表 12.4 选取。

表 12.4　　普通高速钢钻头钻削速度参考值　　（m/min）

工件材料	低碳钢	中、高碳钢	合金钢	铸　铁	铝合金	铜合金
钻削速度	25～30	20～25	15～20	20～25	40～70	20～40

目前有不少用高性能材料制作的钻头，其钻削速度宜取更高值，可由有关资料中查取。

四、工件的安装与夹具的选择

1. 工件安装的基本原则

为了提高数控铣床的效率，在确定定位基准与夹紧方案时应注意以下几点。

（1）力求设计基准、工艺基准与编程计算的基准统一。

（2）尽量减少装夹次数，尽可能在一次定位装夹后就能加工出全部待加工表面。

（3）避免采用占机人工调整式方案，以充分发挥数控铣床的效能。

2．夹具的选择

数控加工的特点对夹具提出了 2 个基本要求：一是要保证夹具的坐标方向与机床的坐标方向相对固定；二是要能协调零件与机床坐标系的尺寸关系。除此之外，还要考虑以下几点。

（1）当零件加工批量不大时，应尽量采用组合夹具、可调夹具和其他通用夹具，以缩短准备时间，节省生产费用。

（2）在成批生产时才考虑采用专用夹具，并力求结构简单。

（3）夹具要开敞，加工部位开阔，夹具的定位、夹紧机构元件不能影响加工中的进给（如产生碰撞等）。

（4）装卸零件要快速、方便、可靠，以缩短准备时间，批量较大时应考虑采用气动或液压夹具、多工位夹具。

任务实施

下面对图 12.1 所示零件进行加工工艺分析。

1．分析零件图样

图 12.1 所示为升降台铣床的支撑套，该零件材料为 45 钢，毛坯选棒料。在 2 个互相垂直的方向上有多个孔要加工，其中ϕ35H7 孔对ϕ100f9 外圆、ϕ60 孔底平面对ϕ35H7 孔、2 × ϕ15H7 孔对端面 C 及端面 C 对ϕ100f9 外圆均有位置精度要求。若在普通机床上加工，则需要多次安装才能完成，效率较低；若在加工中心上加工，则只需一次安装即可完成。为便于在加工中心上定位与夹紧，将ϕ100f9 外圆、$80^{+0.5}_{0}$ 尺寸两端面、$78^{0}_{-0.5}$ 尺寸上平面均安排在前面工序中由普通机床完成，其余加工表面（2 × ϕ15H7 孔、ϕ35H7 孔、ϕ60 孔、2 × ϕ11 孔、2 × ϕ17 孔、2 × M6—6H 螺孔）确定在加工中心上一次装夹完成。支撑套的工艺过程如表 12.5 所示。

表 12.5　支撑套的工艺过程卡

工序号	工序名称	工 序 内 容	加 工 设 备	设备型号	定位及夹紧
1	备料	备料			
10	车	车削外圆及端面	车床	CA6140	
15	车	精车端面	车床	CA6140	
20	铣	粗精铣平面至 $78^{0}_{-0.5}$	铣床		
25	数控镗铣	孔的加工	加工中心	XH754	
30	钳工	倒角去毛刺，清洗	钻床	Z5140A	
35	检验	检验合格后入库			

2．设计工艺

（1）选择加工方法。从表 12.5 中得知，工序号 25 在加工中心上完成，工序内容是孔的加工。所有孔都是在实体上加工，为防钻偏，均先用中心钻钻引孔，然后再钻孔。为保证ϕ35H7 及 2 × ϕ15H7

孔的精度，根据其尺寸，选择铰削作为其最终加工方法。对ϕ60 孔，根据孔径精度、孔深尺寸和孔底平面的加工，选择粗铣→精铣。具体加工方案如下。

ϕ35H7 孔：钻中心孔→钻孔→粗镗→半精镗→铰孔。

ϕ15H7 孔：钻中心孔→钻孔→扩孔→铰孔。

ϕ60 孔：粗铣→精铣。

ϕ11 孔：钻中心孔→钻孔。

ϕ17 孔：锪孔（在ϕ11 底孔上）。

M6—6H 螺孔：钻中心孔→钻底孔→孔端倒角→攻螺纹。

（2）确定加工顺序。为减少变换工位的辅助时间和工作台分度误差的影响，各个工位上的加工表面在工作台一次分度下按先粗后精的原则加工完毕。具体加工顺序如下。

第 1 工位：钻ϕ35H7、2 × ϕ11 中心孔→钻ϕ35H7 孔→钻 2 × ϕ11 孔→锪 2 × ϕ17 孔→粗镗ϕ35H7 孔→粗铣、精铣ϕ60 × 12 孔→半精镗ϕ35H7 孔→钻 2 × M6—6H 螺纹中心孔→钻 2 × M6—6H 螺纹底孔→2 × M6—6H 螺纹孔端倒角→攻 2 × M6—6H 螺纹→铰ϕ35H7 孔。

第 2 工位：钻 2 × ϕ15H7 中心孔→钻 2 × ϕ15H7 孔→扩 2 × ϕ15H7 孔→铰 2 × ϕ15H7 孔。

以上加工程序列于表 12.6 内。

（3）选择加工设备。因加工表面位于零件的相互垂直的 2 个表面（左侧面与上平面）上，需要 2 工位才能加工完成，故选择卧式加工中心。加工工步有钻孔、扩孔、镗孔、锪孔、铰孔及攻螺纹孔等，所需刀具不超过 20 把。国产 XH754 型卧式加工中心可满足上述要求。

（4）确定装夹方案、选择夹具。ϕ35H7 孔、ϕ60 孔、2 × ϕ11 孔及 2 × ϕ17 孔的设计基准均为ϕ100f9 外圆中心线，遵循基准重合原则，选择ϕ100f9 外圆中心线为主要定位基准。因ϕ100f9 外圆不是整圆，故用 V 形块作为主要定位元件。在支撑套长度方向，若选择右端面定位，则很难保证ϕ17 孔深尺寸 $11^{+0.5}_{0}$ mm，故选择左端面定位。所用夹具为专用夹具，工件的装夹简图如图 12.12 所示。在装夹时，应使工件上平面在夹具中保持垂直，以消除转动自由度。

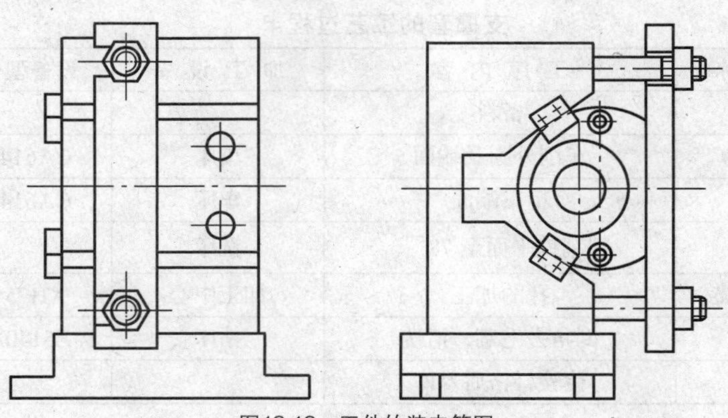

图12.12　工件的装夹简图

（5）选择切削用量。在机床说明书允许的切削用量范围内查表选取切削速度和进给量，然后算出主轴转速和进给速度，具体如表 12.6 所示。

表 12.6　　　　　　　　　　支撑套数控加工工序卡

单位名称			产品名称		零件名称	零件图号	
					支撑套		
工序号	程序编号		夹具名称		使用设备	车间	
			专用夹具		XH754		
工步号	工步内容	刀具号	刀具规格	主轴转速（r/min）	进给速度（mm/min）	背吃刀量	备注
	第 1 工位						
1	钻ϕ35H7、2 × ϕ11 中心孔	T01	ϕ3	1 200	40		
2	钻ϕ35H7 孔至ϕ31	T13	ϕ31	150	30		
3	钻 2 × ϕ11 孔	T02	ϕ11	500	70		
4	锪 2 × ϕ17 孔	T03	ϕ17	150	15		
5	粗镗ϕ35H7 孔至ϕ34	T04	ϕ34	400	30		
6	粗铣ϕ60 × 12 至ϕ59 × 11.5	T05	ϕ32	500	70		
7	精铣ϕ60 × 12	T05	ϕ32	600	45		
8	半精镗ϕ35H7 至ϕ34.85	T06	ϕ34.85	450	35		
9	钻 2 × M6—6H 螺纹中心孔	T01		1 200	40		
10	钻 2 × M6—6H 底孔至ϕ5	T07	ϕ5	650	35		
11	2 × M6—6H 孔端倒角	T02		500	20		
12	攻 2 × M6—6H 螺纹	T08	M6	100	100		
13	铰ϕ35H7 孔	T09	ϕ35AH7	100	50		
	第 2 工位						
14	钻 2 × ϕ15H7 孔中心孔	T01		1 200	40		
15	钻 2 × ϕ15H7 孔至ϕ14	T10	ϕ14	450	60		
16	扩 2 × ϕ15H7 孔至ϕ14.85	T11	ϕ14.85	200	40		
17	铰 2 × ϕ15H7 孔	T12	ϕ15AH7	100	60		
编制	审核	批准		年 月 日		共 1 页	第 1 页

（6）选择刀具。各工步刀具直径根据加工余量和孔径确定，如表 12.7 所示。

表 12.7　　　　　　　　　　支撑套数控加工刀具卡

产品代号		零件名称	支撑套	零件图号		程序号	
工步号	刀具号	刀具名称	刀柄型号	刀具		补偿量（mm）	备注
				直径（mm）	刀长（mm）		
1	T01	中心钻ϕ3	JT40—Z6—45	ϕ3	280		
2	T13	锥柄麻花钻ϕ31	JT40—M3—75	ϕ31	330		
3	T02	锥柄麻花钻ϕ11	JT40—M1—35	ϕ11	330		
4	T03	锥柄埋头钻ϕ17	JT40—M2—50	ϕ17	300		
5	T04	粗镗刀ϕ34	JT40—TQ30—165	ϕ34	320		
6	T05	立铣刀ϕ32	JT40—MW4—85	ϕ32	300		
7	T05						

续表

产品代号		零件名称	支撑套	零件图号		程序号	
工步号	刀具号	刀具名称	刀柄型号	刀具		补偿量（mm）	备注
				直径（mm）	刀长（mm）		
8	T06	镗刀ϕ34.85	JT40—TZC30—165	ϕ34.85	320		
9	T01						
10	T07	直柄麻花钻ϕ5	JT40—Z6—45	ϕ5	300		
11	T02						
12	T08	机用丝锥 M6	JT40—G1JT3	M6	280		
13	T09	套式铰刀ϕ35AH7	JT40—K19—140	ϕ35AH7	330		
14	T01						
15	T10	锥柄麻花钻ϕ14	JT40—M1—35	ϕ14	320		
16	T11	扩孔钻ϕ14.85	JT40—M2—50	ϕ14.85	320		
17	T12	铰刀ϕ15AH7	JT40—M2—50	ϕ15AH7	320		
编制		审核		批准		共 1 页	第 1 页

实训内容

分析图 12.13 所示零件的数控加工工艺，并编制工艺文件。

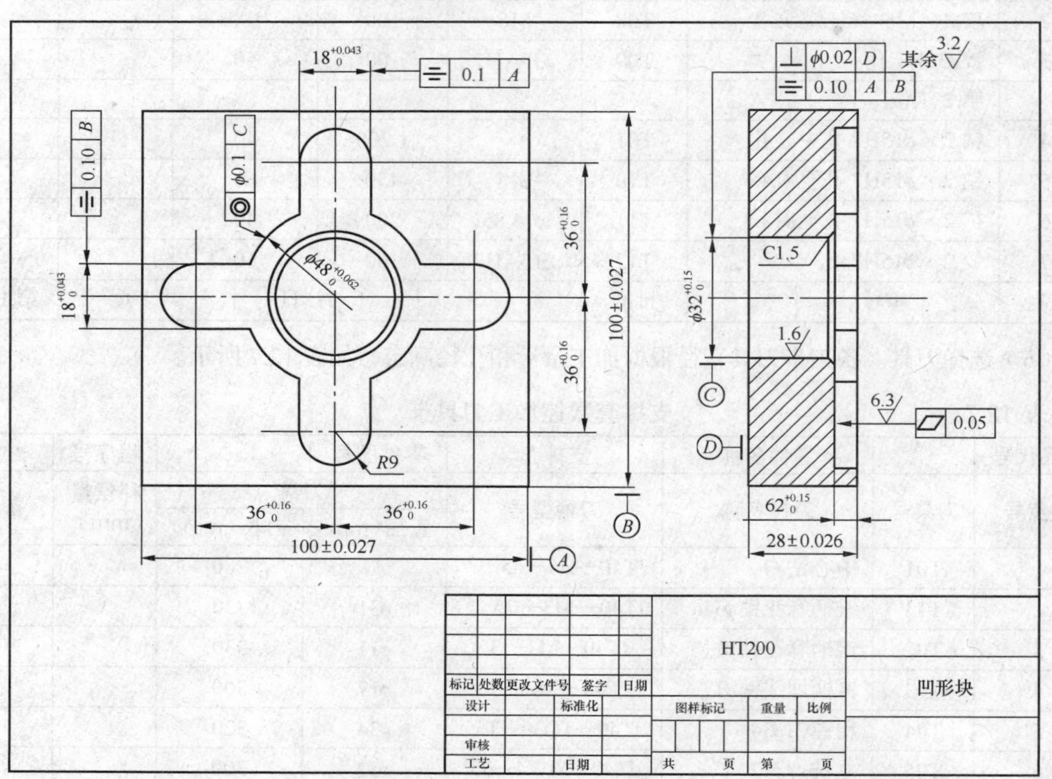

图12.13 实训题

自测题

1. 选择题（请将正确答案的序号填写在题中的括号中，每题 4 分，满分 32 分）

（1）下列较适合在数控铣床上加工的内容是（　　）。

（A）形状复杂、尺寸繁多、画线和检测困难的部位

（B）毛坯上的加工余量不太充分或不太稳定的部位

（C）需长时间占机人工调整的粗加工内容

（D）简单的粗加工表面

（2）数控精铣时，一般应选用（　　）。

（A）较大的吃刀量、较低的主轴转速、较高的进给速度

（B）较小的吃刀量、较低的主轴转速、较高的进给速度

（C）较小的吃刀量、较高的主轴转速、较低的进给速度

（3）数控机床由主轴进给镗削内孔时，床身导轨与主轴若不平行，会使加工件的孔出现（　　）误差。

（A）锥度　　（B）圆柱度　　（C）圆度　　（D）直线度

（4）在铣削一个凹槽的拐角时，很容易产生过切。为避免这种现象的产生，通常采取的措施是（　　）。

（A）降低进给速度　　（B）提高主轴转速

（C）更换直径大的铣刀

（5）加工中心刀具系统可分为整体式和（　　）2 种。

（A）分体式　　（B）组合式　　（C）模块式　　（D）通用式

（6）用数控铣床加工较大平面时，应选择（　　）。

（A）立铣刀　　（B）面铣刀　　（C）圆锥形立铣刀　　（D）鼓形铣刀

（7）有一平面轮廓的数学表达式为$(x-2)^2+(y-5)^2=64$的圆，欲加工其内轮廓，请在下列刀中选一把（　　）。

（A）ϕ16 立铣刀　　（B）ϕ20 立铣刀　　（C）ϕ12 立铣刀　　（D）密齿端铣刀

（8）数控铣床上，在不考虑进给丝杠间隙的情况下，为提高加工质量，宜采用（　　）。

（A）外轮廓顺铣，内轮廓逆铣　　（B）外轮廓逆铣，内轮廓顺铣

（C）内、外轮廓均为逆铣　　（D）内、外轮廓均为顺铣

2. 判断题（请将判断结果填入括号中，正确的填"√"，错误的填"×"，每题 4 分，满分 24 分）

（　　）（1）同一工件，无论用数控机床加工还是用普通机床加工，其工序都一样。

（　　）（2）整体式工具系统的缺点是刀柄数量多。

（　　）（3）高速钢刀具具有良好的淬透性和较高的强度、韧性、耐磨性。

（　　）（4）检查加工零件的尺寸，应选精度高的测量器具。

（　　）（5）数控机床对刀具材料的基本要求是高的硬度、高的耐磨性、高的红硬性、足够的强度和韧性。

（　　）（6）在数控机床上加工零件时，应尽量选用组合夹具和通用夹具装夹工件，避免采用专用夹具。

3. 简答题（每题11分，满分44分）

（1）哪些加工内容不适合选择数控加工？

（2）划分数控加工工序时，有哪些方式？

（3）在数控铣床上对工件进行定位安装时，应遵循哪些基本原则？

（4）如何计算、确定铣削用量？应注意什么？

Chapter 13

任务13

| 直槽的编程与加工 |

【学习目标】

掌握 FANUC 0i 系统中 G92、G54、G91、G90、G00、G01、G43、G44、G49 指令的应用，能够编写具有简单形状槽的数控加工程序。

任务导入

如图 13.1 所示四方槽形，用$\phi 6$ 立铣刀加工，选择进给速度 F 为 100mm/min，主轴转速 S 为 1 000r/min，要求编写数控加工程序并进行仿真加工。

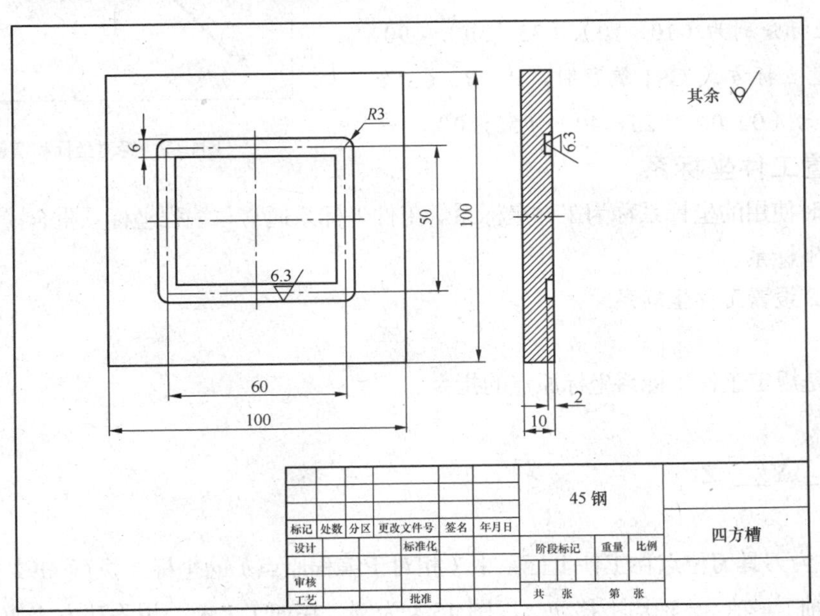

图13.1 任务13图

知识准备

一、选择尺寸单位

数控铣床可以用G代码选择英制或公制输入。

1. 功能

G20表示英寸（in）输入，G21表示毫米（mm）输入。

2. 格式

G20

G21

3. 说明

G20、G21必须编在程序的开头。在设定坐标系之前，以单独程序段指定。该组指令为模态指令，由于一般系统初始状态为G21状态，故编程时G21可省略。

二、绝对值G90与增量值G91

数控铣床有两种方法指定刀具的位置，即绝对值指令G90与增量值指令G91。

G90指令是指按绝对值方式设定刀具位置，即移动指令终点的坐标值 x、y、z 都是以编程原点为基准来计算。

G91指令是指按增量值方式设定刀具位置，即移动指令终点的坐标值 x、y、z 都是以前一点为基准来计算，再根据终点相对于前一点的方向判断正负，与坐标轴正方向一致取正值，相反取负值。

【例13-1】 如图13.2所示，已知刀具中心轨迹为"$A \rightarrow B \rightarrow C$"，使用绝对坐标方式G90编程时，$A$、$B$、$C$ 3点的坐标分别为（10，10）、（35，50）、（90，50）；使用增量坐标方式G91编程时，A、B、C 3个点的坐标分别为（0，0）、（25，40）、（55，0）。

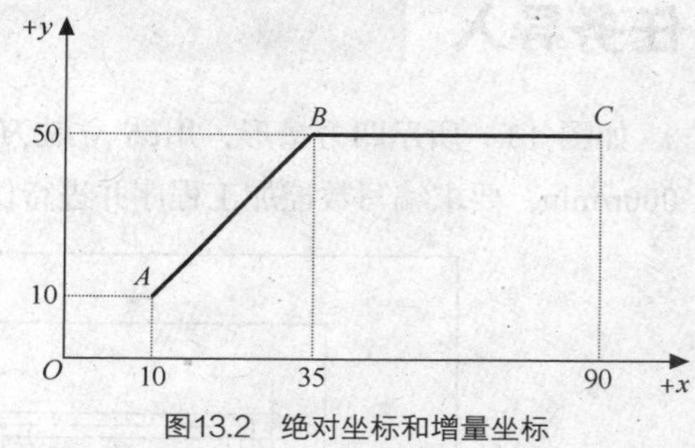

图13.2 绝对坐标和增量坐标

三、设置工件坐标系

工件加工时使用的坐标系称为工件坐标系。工件坐标系通常与编程坐标系重合。常用以下两种方法设置工件坐标系。

1. 用G92设置工件坐标系

（1）功能

G92指令是规定工件坐标系坐标原点的指令。

（2）格式

G92 X___ Y___ Z

（3）说明

X、Y、Z为刀具刀位点在工件坐标系中（相对于编程原点）的坐标。执行G92指令时，机床不动作，即 x 轴、y 轴、z 轴均不移动。以图13.3为例，在加工之前，用手动方式使刀具刀位点位

于刀具起点 A。若已知刀具起点在工件坐标系中的坐标值为（α,β,γ），则执行程序段：G92 X$\underline{\alpha}$ Y$\underline{\beta}$ Z$\underline{\gamma}$ 后，即建立了以 O_P 为编程原点的工件坐标系。

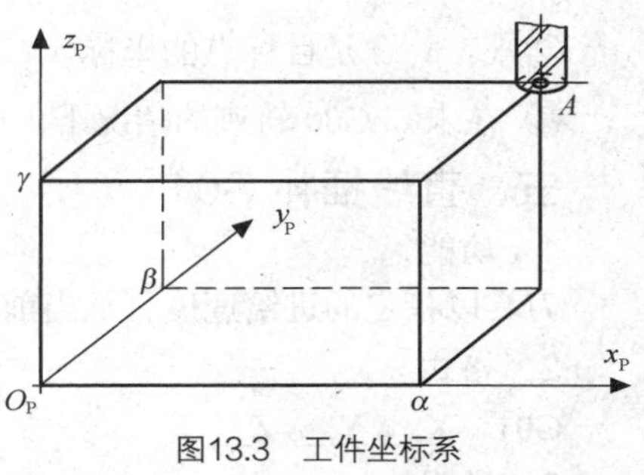

图13.3 工件坐标系

2．用 G54～G59 设置工件坐标系（又称零点偏置）

所谓零点偏置就是在编程过程中进行编程坐标系的平移变换，使编程坐标系的零点偏移到新的位置。

若在工作台上同时加工多个相同工件或一个较复杂的工件时，可以设定不同的工件零点，简化编程。如图 13.4 所示，可建立 G54～G59 共 6 个加工坐标系。这 6 个工件加工坐标系是通过 CRT/MDI 方式输入，系统自动记忆的。

指令执行后，所有坐标字指定的尺寸坐标都是指选定的工件坐标系中的位置。

在一个数控加工程序中，G54～G59 和 G92 不能混用。

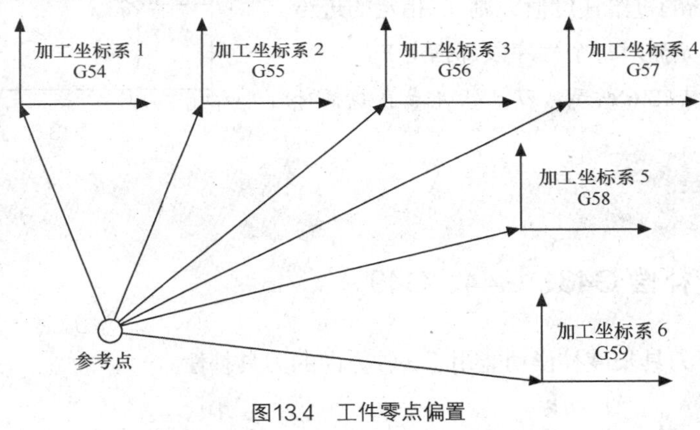

图13.4 工件零点偏置

四、快速点位运动 G00

1．功能

刀具以较快的移动速度，从刀具当前点移动到目标点。该过程只是快速定位，对中间空行程无轨迹要求；G00 移动速度是机床设定的空行程速度，与程序段中的进给速度无关。

2．格式

G00 X___ Y___ Z

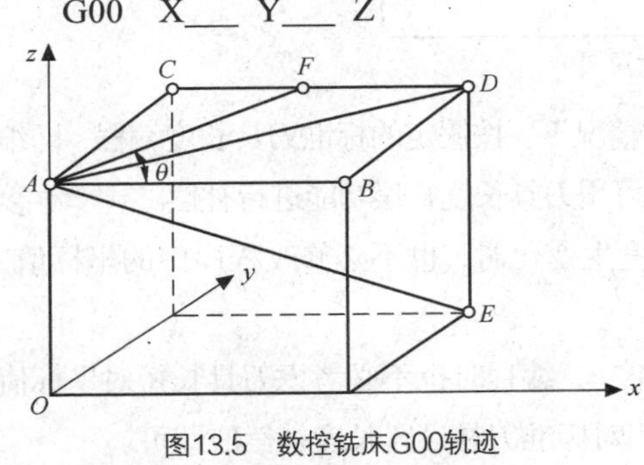

图13.5 数控铣床G00轨迹

3．说明

① 常见 G00 轨迹如图 13.5 所示。

刀具从 A 点快速点位运动到 E 点有 5 种方式，分别为直线 AE，直角线 ADE、$ACDE$、$ABDE$，折线 $AFDE$。在后 4 种方式中，当 z 轴按指令靠近工件时，先 xy 平面运动，再 z 轴运动；当 z 轴按指令离开工件时，先 z 轴运动，再 xy 平面运动。

② x、y、z 是目标点的坐标。

③ 在未知 G00 轨迹的情况下，应尽量不用三坐标编程，避免刀具碰撞工件或夹具。

五、直线插补 G01

1．功能

刀具以指定的进给速度，从当前点沿直线移动到目标点。

2．格式

G01 X___Y__ Z__ F

3．说明

① x、y、z 是目标点的坐标。

② F 是进给速度指令代码，进给速度值的单位由 G94、G95 指定。G94 表示每分钟进给量，即进给速度单位为 mm/min 或 in/min。G95 表示每转进给量，即进给速度单位为 mm/r 或 in/r。G94 是数控机床的初始状态，即数控机床通电后的状态。

③ 若没有出现新的进给速度值，则 F 指定的进给速度一直有效，因此无需对每个程序段都指定 F。

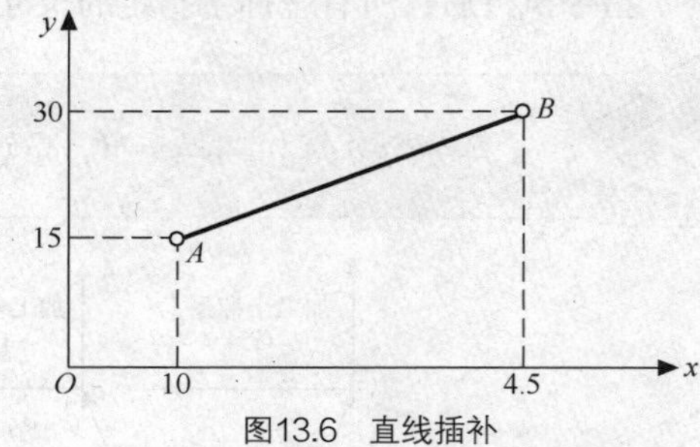

图13.6 直线插补

【例 13-2】 如图 13.6 所示，刀具从 A 点直线插补到 B 点，程序编制如下。

```
G90  G01  X45  Y30  F100;
或  G91  G01  X35  Y15  F100;
```

六、刀具长度补偿 G43、G44、G49

1．功能

如图 13.7 所示，刀具长度补偿功能用于 z 轴方向的刀具补偿。

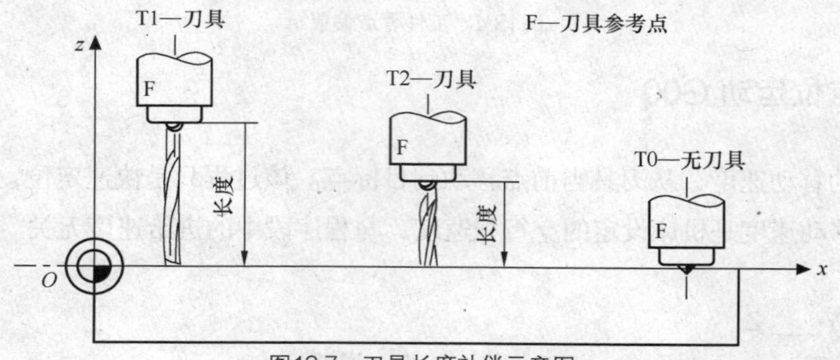

图13.7 刀具长度补偿示意图

有了刀具长度补偿功能，编程者可在不知道刀具长度的情况下，按假定的标准刀具长度编程，即编程不必考虑刀具的长度，实际用刀长度与标准刀长不同时，可用刀具长度补偿功能进行补偿。

同样，当加工中刀具因磨损、重磨、换新刀而使长度发生变化时，也不必修改程序中的坐标值，只要修改刀具参数库中的长度补偿值即可。

另外，若加工一个零件需用几把刀具，各刀具的长短不一，编程时也不必考虑刀具长短对坐标值的影响，只要把其中一把刀具设为标准刀具，其余各刀具相对标准刀具设置长度补偿值即可。

补偿指令包括 G43（建立刀具长度正补偿）、G44（建立刀具长度负补偿）、G49（取消刀具长度补偿）。

2. 格式

G43（G44）　G00（G01）　z___H

G49　G00（G01）　z

3. 说明

① z 为补偿轴的终点坐标，H 为长度补偿偏置号。

② 使用 G43、G44 指令时，无论用绝对尺寸还是用增量尺寸编程，程序中指定的 z 轴的终点坐标值，都要与 H 所指定寄存器中的长度补偿值进行运算，G43 时相加，G44 时相减，然后将运算结果作为终点坐标值进行加工。

执行 G43 时：$z_{实际值} = z_{指令值} + (H\times\times)$。

执行 G44 时：$z_{实际值} = z_{指令值} - (H\times\times)$。

式中，H× ×是指编号为× ×的寄存器中的长度补偿值。

③ G43 和 G44 为模态指令。

任务实施

下面是编制四方槽的数控程序。

如图 13.1 所示，编程原点选择在工件上表面的中心，数控加工程序编制如下。

注意：在运行程序 2 时，首先要在 MDI 方式，运行程序段"G90　G00　X0　Y0；G43　G00　Z100　H01；"，让刀具的刀位点位于（0，0，100）处。

程序 1：用 G54、G90 编程。

程序	说明
O1212	程序名
N5　G90　G54　G00　X0　Y0　T01;	设置编程原点，选择刀具
N10　G43　Z50　H01;	建立刀具长度补偿
N15　M03　S1000;	主轴正转，转速为 1 000r/min
N20　G00　X-30　Y-25　Z1;	刀具快速降至(-30,-25,1)
N25　G01　Y25　Z-2　F100;	刀具斜线下刀至 z-2mm 处
N30　X30　F100;	直线插补
N35　Y-25;	直线插补
N40　X-30;	直线插补
N45　Y25;	直线插补
N50　G00　Z100;	刀具 z 向快退
N55　X0　Y0;	刀具回起刀点
N60　M05;	主轴停转
N65　M02;	程序结束

程序2：用G92、G91编程。

程序	说明
O2222	程序名
N5 G90 G92 X0 Y0 Z100;	设置编程原点
N10 M03 S1000;	主轴正转，转速为1 000r/min
N15 G00 X-30 Y-25 Z1;	刀具快速降至（-30,-25,1）
N20 G91 G01 Y50 Z-3 F100;	刀具斜线下刀至z-2mm处
N25 X-60 F100;	直线插补
N30 Y-50;	直线插补
N35 X60;	直线插补
N40 Y50;	直线插补
N45 G90 G00 Z100;	刀具Z向快退
N50 X0 Y0 M05;	刀具回起刀点，主轴停转
N55 M02;	程序结束

实训内容

1. 任务描述

（1）生产要求：承接了某企业的外协加工产品，加工数量为100件。备品率4%，机械加工废品率不超过2%。工作条件可到数控加工车间获取，机床数控系统为FANUC 0i系统。

（2）任务工作量：设计零件的机械加工工艺过程，并填写数控加工工序卡、刀具卡、数控程序清单，完成零件的模拟仿真加工。

（3）零件图：如图13.8所示，材料为45钢，图中未注尺寸公差按GB01804—m处理。毛坯为100×100×50的45钢板材，六个面已被平磨，且保证垂直度<0.05mm,尺寸公差±0.05。

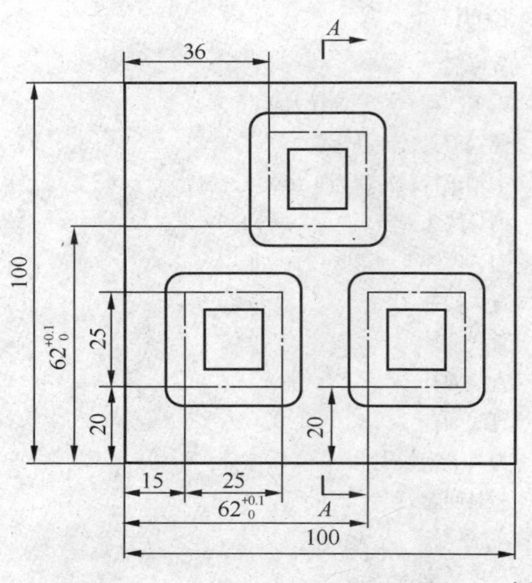

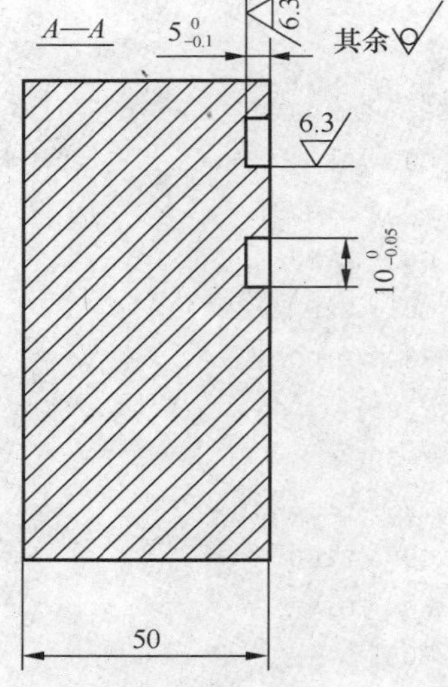

图13.8 实训题

2. 任务实施说明

（1）小组讨论，进行零件工艺性分析。

（2）小组讨论，制订机械加工工艺方案。

（3）独立编制数控技术文档，如表 13.1～表 13.3 所示。

（4）独立完成工件仿真加工，并对数控技术文档进行优化。

3. 任务实施注意点

（1）注意工件坐标系 G92 与 G54—G59 的区别。

（2）注意刀具长度补偿指令的建立与取消。

（3）注意刀具长度补偿值的输入。

（4）注意 G00、G01 的应用场合。

（5）注意观察铣刀的走刀路线。

表 13.1 数控加工工序卡

数控加工工序卡				产品名称			零件名称			零件编号	
工序号	程序编号	材料	数量	夹具名称			使用设备			车间	
工步号	工步内容	切削用量						刀具		量具	
		v_c（m/min）		n（r/min）	f（mm/r）		a_p（mm）	编号	名称	编号	名称
编制		审核			批准			共 页		第 页	

表 13.2 铣削加工刀具调整卡

产品名称或代号			零件名称		零件编号	
序号	刀具号	刀具规格名称	刀具参数		刀补地址	
			直径	长度	直径	长度
编制		审核	批准		共 页	第 页

表 13.3 数控加工程序卡

零件编号		零件名称		编制日期	
程序号		数控系统		编制	
程序内容及说明					

自测题

1. 选择题（请将正确答案的序号填写在题中的括号中，每题 4 分，满分 40 分）

（1）可用作直线插补的准备功能代码是（　　）。

（A）G01　（B）G03　（C）G02　（D）G04

（2）（　　）不是零点偏置指令。

（A）G55　（B）G57　（C）G54　（D）G53

（3）在 G00 程序段中，（　　）值将不起作用。

（A）X　（B）S　（C）F　（D）T

（4）数控机床上有一个机械原点，该点到机床坐标零点在进给坐标轴方向上的距离可以在机床出厂时设定，该点称（　　）。

（A）工件零点　（B）机床零点　（C）机床参考点　（D）编程原点

（5）“G91　G00　X30.0　Y−20.0;”表示（　　）。

（A）刀具按进给速度移至机床坐标系 $X=30$mm,$Y=-20$mm 点

（B）刀具快速移至机床坐标系 $X=30$mm,$Y=-20$mm 点

（C）刀具快速向 X 正方向移动 30mm，向 Y 负方向移动 20mm

（D）编程错误

（6）程序中指定刀具长度补偿值的代码是（　　）。

（A）G　　（B）D　　（C）H　　（D）M

（7）某直线控制数控机床加工的起始坐标为（0，0），接着分别是（0，5）、（5，5）、（5，0）、（0，0），则加工的零件形状是（　）。

（A）边长为5的平行四边形　　（B）边长为5的正方形

（C）边长为10的正方形　　（D）边长为10的平行四边形

（8）设H01＝6mm，则“G91　G43　G01　Z−15.0;”执行后的实际移动量为（　　）。

（A）9mm　　（B）1mm　　（C）15mm　　（D）6mm

（9）下列关于G54与G92指令的说法中不正确的是（　　）。

（A）G54与G92都是用于设定工件加工坐标系的

（B）G92是通过程序来设定加工坐标系的，G54是通过CRT/MDI在设置参数方式下设定工件加工坐标系的

（C）G92设定的加工坐标原点与当前刀具所在位置无关

（D）G54设定的加工坐标原点与当前刀具所在位置无关

（10）执行程序段“N10　G9O　G01　X30　Z6；N20　Z15;”后，Z方向实际移动量为（　　）。

（A）9mm　　（B）1mm　　（C）15mm　　（D）6mm

2. 判断题（请将判断结果填入括号中，正确的填“√”，错误的填“×”，每题4分，满分32分）

（　　）（1）G00、G01指令都能使机床坐标轴准确到位，因此它们都是插补指令。

（　　）（2）编制数控加工程序时一般以机床坐标系作为编程的坐标系。

（　　）（3）FANUC 0i数控铣床编程有绝对值编程和增量值编程2种方式，使用时不能将它们放在同一程序段中。

（　　）（4）利用G92定义的工件坐标系，在机床重开机时仍然存在。

（　　）（5）执行M03时，机床所有运动都将停止。

（　　）（6）“G90　G01　X0　Y0;”与“G91　G01　X0　Y0;”意义相同。

（　　）（7）刀具补偿功能字H12(D12)表示使用第12号刀。

（　　）（8）G43在编程时只可作为长度补偿使用，不可作他用。

3. 编程题（满分28分）

用$\phi 6$的立铣刀铣如图13.9所示槽，深度为5mm，要求编制数控加工程序。

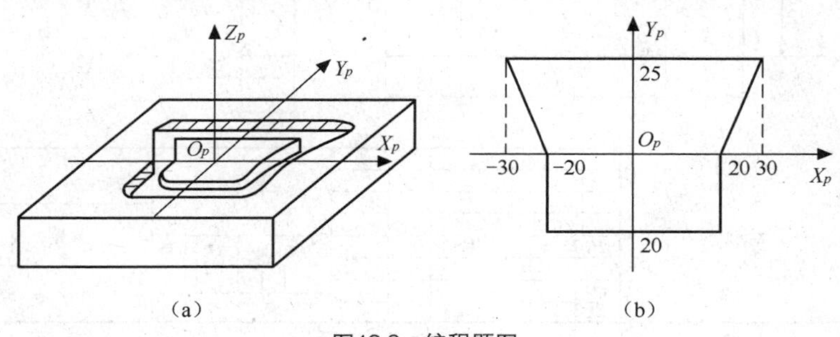

图13.9　编程题图

任务14

圆弧槽的编程与加工

【学习目标】

掌握 FANUC 0i 系统中圆弧插补指令的应用，熟悉螺旋线插补指令的功能及编程格式，能够编写带圆弧形状槽的数控加工程序。

任务导入

图 14.1 所示 S 槽，用ϕ6 立铣刀加工，选择进给速度 F 为 100mm/min，主轴转速 S 为 800r/min，要求编写数控加工程序并进行仿真加工。

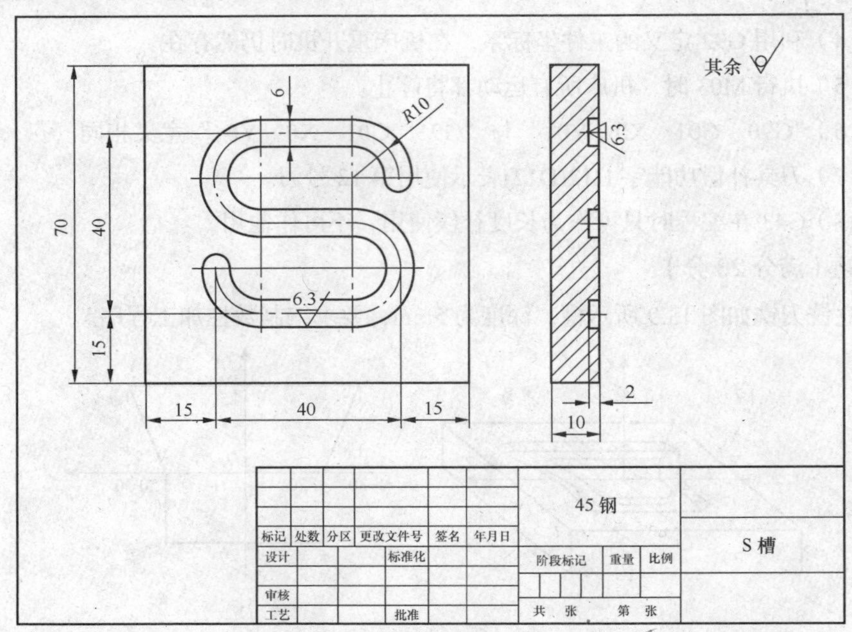

图14.1 任务14图

知识准备

一、插补平面选择 G17、G18、G19

该组指令用于选择直线、圆弧插补的平面。G17 选择 *xy* 平面，G18 选择 *xz* 平面，G19 选择 *yz* 平面，如图 14.2 所示。

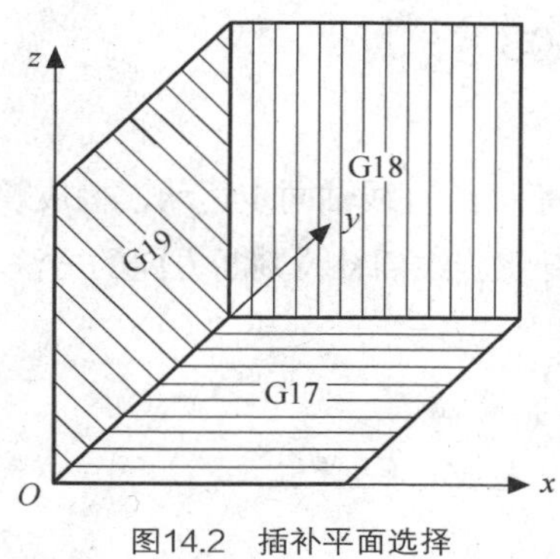

图14.2　插补平面选择

该组指令为模态指令，由于一般系统初始状态为 G17 状态，故编程时 G17 可省略。

二、圆弧插补 G02、G03

1．功能

使刀具从圆弧起点开始，沿圆弧移动到圆弧终点。G02 为顺时针圆弧（CW）插补，G03 为逆时针圆弧（CCW）插补。

圆弧方向的判断方法是以 *xy* 平面为例，从 *z* 轴的正方向往负方向看 *xy* 平面，顺时针圆弧用 G02 指令编程，逆时针圆弧用 G03 指令编程。其余平面的判断方法相同，如图 14.3 所示。

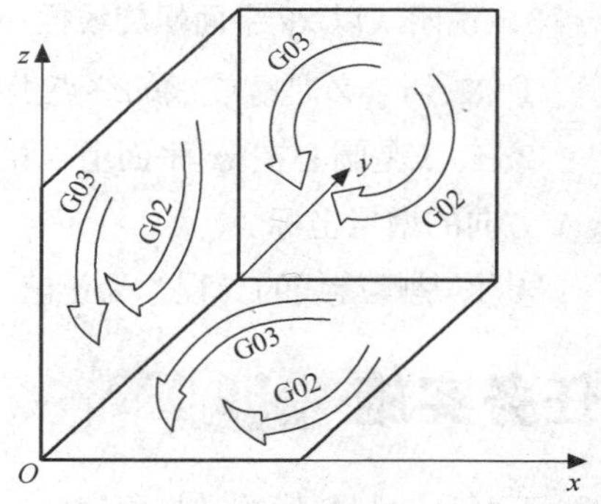

图14.3　圆弧方向的判断

2．格式

xy 平面圆弧：

$$G17\left\{\begin{matrix}G02\\G03\end{matrix}\right\}X\_\_\;Y\_\_\;\left\{\begin{matrix}I\_\_\;J\_\_\\R\_\_\end{matrix}\right\}F\_\_$$

xz 平面圆弧：

$$G18\left\{\begin{matrix}G02\\G03\end{matrix}\right\}X\_\_\;Z\_\_\;\left\{\begin{matrix}I\_\_\;K\_\_\\R\_\_\end{matrix}\right\}F\_\_$$

yz 平面圆弧：

$$G19\left\{\begin{matrix}G02\\G03\end{matrix}\right\}Y\_\_\;Z\_\_\;\left\{\begin{matrix}J\_\_\;K\_\_\\R\_\_\end{matrix}\right\}F\_\_$$

3．说明

① X、Y、Z为圆弧终点坐标。

② I、J、K分别为圆弧圆心相对圆弧起点在x轴、y轴、z轴方向的坐标增量。

③ 圆弧的圆心角小于或等于180°时用“+R”编程，圆弧的圆心角大于180°时用“−R”编程，若用半径R，则圆心坐标不用。

④ 整圆编程时不可以使用R。

三、螺旋线插补 G02、G03

1．功能

在圆弧插补时，作垂直于插补平面的直线轴同步运动，构成螺旋线插补运动，如图14.4所示。G02、G03分别表示顺时针、逆时针螺旋线插补，判断方向的方法与圆弧插补相同。

2．格式

*xy*平面螺旋线：

G17　G02（G03）　X__Y__I__J__Z__K__F__

*zx*平面圆弧螺旋线：

G18　G02（G03）　X__Z__I__K__Y__J__F__

*yz*平面圆弧螺旋线：

G19　G02（G03）　Y__Z__J__K__X__I__F__

3．说明（以*xy*平面螺旋线插补为例）

① X、Y、Z是螺旋线的终点坐标。

② I、J是圆心在*xy*平面上，相对螺旋线起点在*x*、*y*方向的增量坐标。

③ K是螺旋线的导程，为正值。

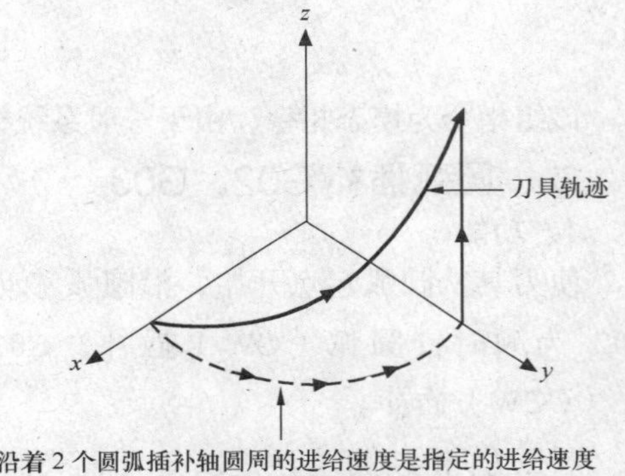

图14.4　螺旋线切削

任务实施

下面是编制S槽的数控程序。

如图14.1所示，编程原点选择在工件左上角，采用逆铣。下刀点选择在*S*图形的左下角，数控加工程序编制如下。

程序	说明
O3333	程序名
N5 G90 G54 G00 X0 Y0;	设置编程原点
N10 T01;	选择刀具
N15 M03 S800;	主轴正转，800r/min
N20 G43 H01 Z10;	建立刀具长度补偿
N25 M07;	开切削液
N30 G00 X15 Y25 Z1;	快速移动到下刀点的上方
N35 G01 Z-2 F50;	垂直下刀

```
N40  G03  X25  Y15  R10;          圆弧插补
N45  G01  X45  F100;              直线插补
N50  G03  X45  Y35  R10;          圆弧插补
N55  G01  X25;                    直线插补
N60  G02  X25  Y55  R10;          圆弧插补
N65  G01  X45;                    直线插补
N70  G02  X55  Y45  R10;          圆弧插补
N75  G00  Z100;                   抬刀
N80  X0  Y0;                      刀具回起始点
N85  M05;                         主轴停转
N90  M02;                         程序结束
```

实训内容

1. 任务描述

（1）生产要求：承接了某企业的外协加工产品，加工数量为 100 件。备品率 4%，机械加工废品率不超过 2%。工作条件可到数控加工车间获取，机床数控系统为 FANUC 0i 系统。

（2）任务工作量：设计零件的机械加工工艺过程，并填写数控加工工序卡、刀具卡、数控程序清单，完成零件的模拟仿真加工。

（3）零件图：如图 14.5～图 14.6 所示，材料为 45 钢，图中未注尺寸公差按 GB01804—m 处理。毛坯为 100×100×30 的 45 钢板材，6 个面已被平磨，且保证垂直度<0.05mm，尺寸公差±0.05。

2. 任务实施说明

（1）小组讨论，进行零件工艺性分析。

（2）小组讨论，制订机械加工工艺方案。

（3）在图 14.5～图 14.6 选择 1 个，独立编制数控技术文档，如表 14.1～表 14.3 所示。

（4）独立完成工件仿真加工，并对数控技术文档进行优化。

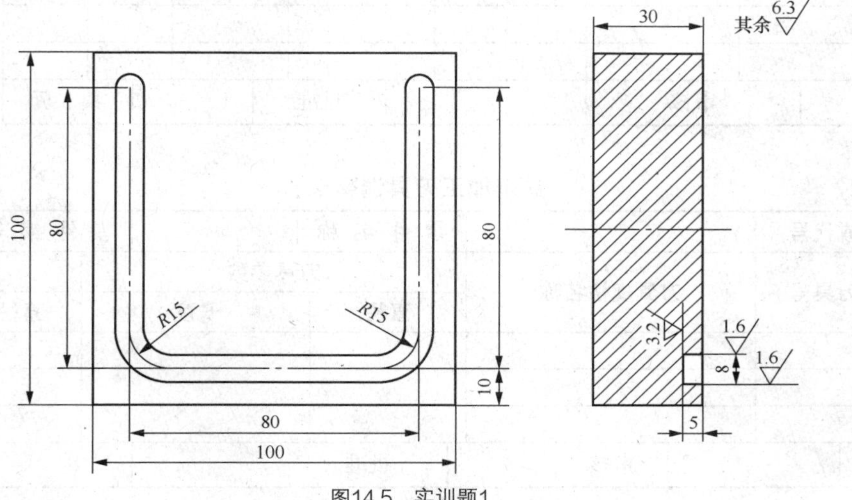

图14.5　实训题1

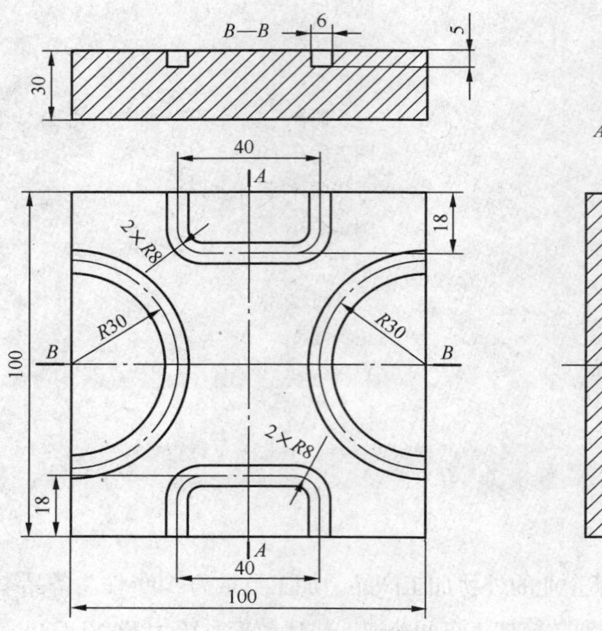

图14.6 实训题2

表 14.1 数控加工工序卡

数控加工工序卡				产品名称		零件名称		零件编号	
工序号	程序编号	材料	数量	夹具名称		使用设备		车间	
工步号	工步内容	切削用量				刀具		量具	
		v_c（m/min）	n（r/min）	f（mm/r）	a_p（mm）	编号	名称	编号	名称
编制		审核		批准		共 页		第 页	

表 14.2 铣削加工刀具调整卡

产品名称或代号			零件名称		零件编号	
序号	刀具号	刀具规格名称	刀具参数		刀补地址	
			直径	长度	直径	长度
编制		审核		批准	共 页	第 页

表 14.3　　数控加工程序卡

零 件 编 号		零 件 名 称		编 制 日 期	
程序号		数控系统		编制	
程序内容及说明					

3. 任务实施注意点

（1）编写圆弧程序时要正确判断圆弧方向。

（2）注意整圆编程时只能用圆心坐标编写。

自测题

1. 选择题（请将正确答案的序号填写在题中的括号中，每题 3 分，满分 24 分）

（1）顺圆弧插补指令为（　　）。

（A）G04　　（B）G03　　（C）G02　　（D）G01

（2）采用半径编程方法编制圆弧插补程序段时，当其圆弧所对应的圆心角（　　）180° 时，该半径 *R* 取负值。

（A）大于　　（B）小于　　（C）大于或等于　　（D）小于或等于

（3）在 *XY* 平面上，某圆弧圆心为（0,0），半径为 80，如果需要刀具从（80,0）沿该圆弧到达（0,80），程序指令为（　　）。

（A）G02　X0.　Y80.　I80.0　F300　　（B）G03　X0.　Y80.　I−80.0　F300

（C）G02　X80.　Y0.　J80.0　F300　　（D）G03　X80.　Y0.　J−80.0　F300

（4）整圆编程时，应采用（　　）编程方式。

（A）半径、终点　　（B）圆心、终点

（C）圆心、起点　　（D）半径、起点

（5）数控铣床的默认加工平面是（　　）。

（A）*xy* 平面　　（B）*xz* 平面　　（C）*yz* 平面　　（D）无默认平面

（6）铣削一个 *XY* 平面上的圆弧时，圆弧起点为（30,0），终点为（−30,0），半径为 50，圆弧起点到终点的旋转方向为顺时针，则程序为（　　）。

（A）G18　G90　G02　X−30.0　Y0　R50.0　F50

（B）G17　G90　G03　X−300.0　Y0　R-50.0　F50

（C）G17　G90　G02　X−30.0　Y0　R50.0　F50

（D）G18　G90　G02　X30.0　Y0　R50.0　F50

（7）偏置 *YZ* 平面由（　　）指令执行。

（A）G17　　（B）G18　　（C）G19　　（D）G20

（8）在 FANUC 0i 系统中，程序段 G02　X__Y__I__J__中，I 和 J 表示（　　）。

（A）圆心相对起点的位置　　（B）圆心的绝对位置

（C）圆心相对终点的位置　　（D）起点相对圆心的位置

2. 判断题（请将判断结果填入括号中，正确的填“√”，错误的填“×”，每题 6 分，满分 30 分）

（　　）（1）圆弧编程时须指定 F 参数。

（　　）（2）圆弧插补指令不是模态指令。

（　　）（3）同一零件上的过渡圆弧尽量一致，以避免换刀。

（　　）（4）判断顺、逆圆弧时，沿与圆弧所在平面相垂直的另一坐标轴的正方向看去，顺时针为 G02，逆时针为 G03。

（　　）（5）圆弧编程时先判断是在哪个平面内，若程序中没有指出是在哪个平面，则默认为 *XY* 平面。

3. 编程题（满分 46 分）

用 ϕ4 立铣刀铣图 14.7 所示 3 个字母，深度为 3mm，要求编写数控加工程序。

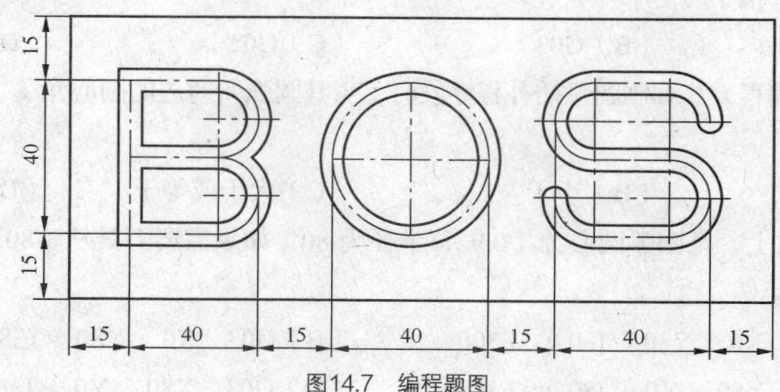

图14.7　编程题图

Chapter

15

任务15

内、外轮廓的编程与加工

【学习目标】

理解刀具半径补偿的概念及意义，掌握 FANUC 0i 系统中 G40、G41、G42 指令的应用，能够编写铣削内、外轮廓的数控加工程序。

任务导入

加工凹模板 300 件，零件图如图 15.1 所示，要求设计数控加工工艺方案，编制机械加工工艺过程卡、数控加工工序卡、数控铣刀具调整卡、数控加工程序卡，进行仿真加工，优化走刀路线和程序。

任务分析如下。

（1）零件工艺性分析。如图 15.1 所示，该零件属于板类零件，加工内容包括平面和由直线、圆弧组成的内外轮廓等。

该零件图尺寸完整，主要尺寸分析如下。

110 ± 0.14：经查表，加工精度等级为 IT10。

45 ± 0.1：经查表，加工精度等级为 IT10。

80 ± 0.14：经查表，加工精度等级为 IT10。

其他尺寸的加工精度等级为 IT14。

凹模板的上表面对下表面的平行度公差为 0.04。

表面的表面粗糙度为 3.2 和 6.3。

根据分析，凹模板的所有表面都可以加工出来，经济性能良好。

（2）制订数控工艺方案。零件数量为 300 件，属于单件小批量生产。

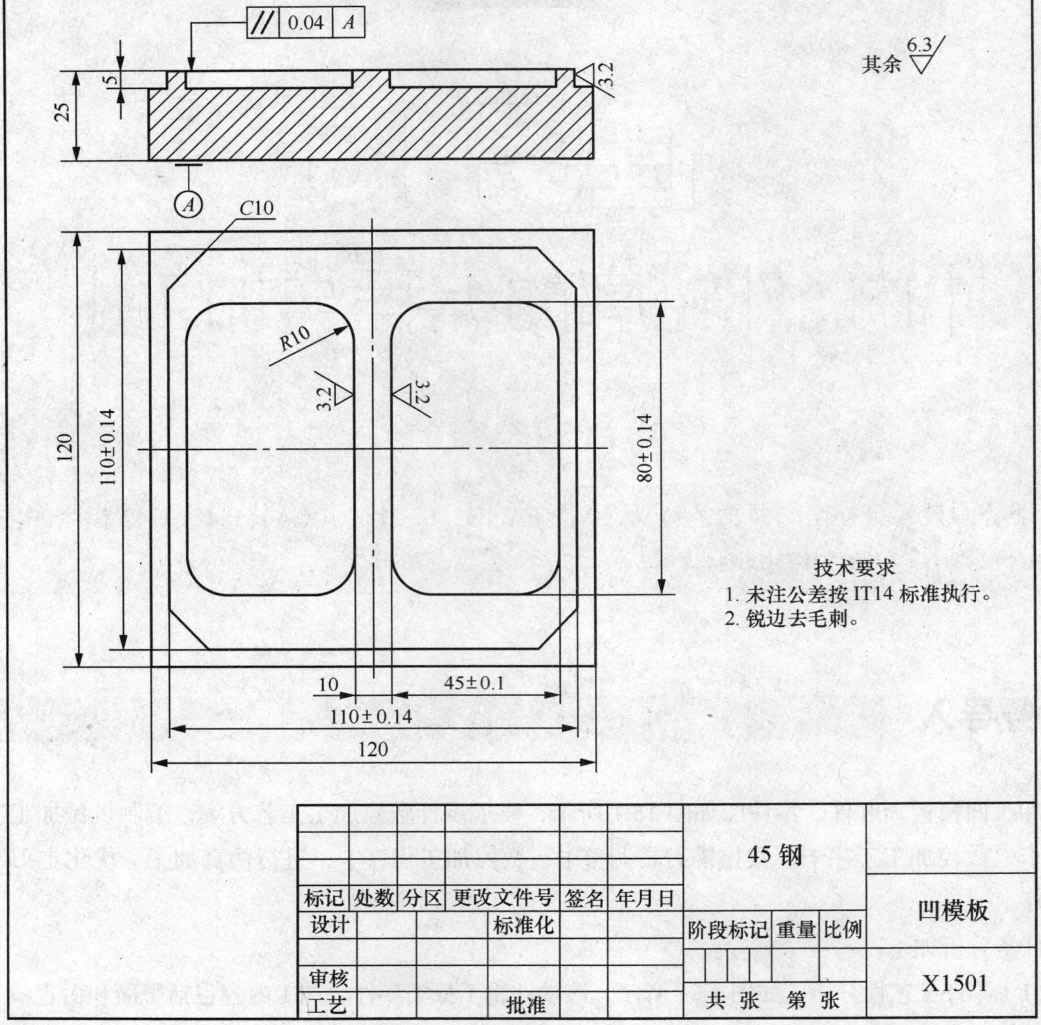

其余 6.3

技术要求

1. 未注公差按 IT14 标准执行。
2. 锐边去毛刺。

标记	处数	分区	更改文件号	签名	年月日	45 钢			凹模板
设计			标准化			阶段标记	重量	比例	
审核									X1501
工艺			批准			共 张		第 张	

图15.1　任务15图

该零件的加工表面为平面、内外轮廓，加工表面的最高加工精度等级为 IT8，表面粗糙度为 3.2 和 6.3。采用加工方法为粗铣、半精铣。

拟订工艺路线如表 15.1 所示。

设计数控铣加工工序如表 15.2 所示。加工设备选用南通机床厂生产的 XH713A 型加工中心，系统为 FANUC 0i。该零件采用平口钳定位夹紧；选用ϕ16 硬质合金立铣刀用于粗铣、精铣凸台和凹槽。选择量具 2 把，量程为 150mm、分度值为 0.02 的游标卡尺以及量程为 25～50mm、分度值为 0.001 的内径千分尺。

（3）编制数控技术文档。编制机械加工工艺过程卡如表 15.1 所示。

表 15.1　　凹模板的机械加工工艺过程卡

机械加工工艺过程卡		产品名称	零件名称	零件图号	材料	毛坯规格
			凹模板	X1501	45	140×140×30
序号	工序名称	工序简要内容	设备	工艺装备		工时
5	下料	按 140×140×30 规格下料	锯床			
10	普铣	铣削 6 个面，保证 120×120×25	X52	平口钳、面铣刀、游标卡尺		
15	钳	去毛刺		钳工台		
20	数铣	铣内外轮廓	XH7150A	虎钳、ϕ16 硬质合金立铣刀、游标卡尺、内径千分尺		
25	钳	去毛刺				
30	检	按图纸检				
编制	审核		批准	共　页		第　页

编制数控加工工序卡如表 15.2 所示。

表 15.2　　凹模板的数控加工工序卡

数控加工工序卡				产品名称		零件名称		零件图号	
						凹模板		X1501	
工序号	程序编号	材料	数量	夹具名称		使用设备		车间	
20	O3100 O1111 O2222 O3333	45	300	三爪卡盘		CK7150A		数控加工车间	
工步号	工步内容	切削用量				刀具		量具	
		v（m/min）	n（r/min）	f（mm/min）	a_p（mm）	编号	名称	编号	名称
1	粗铣内外轮廓留余量 0.1mm	18	300	100	22	1	ϕ16 硬质合金立铣刀	1	游标卡尺
2	精铣内外轮廓到尺寸要求	18.84	500	100	0.1	1	ϕ16 硬质合金立铣刀	1	游标卡尺
								2	内径千分尺
编制		审核		批准		共　页		第　页	

编制刀具卡如表 15.3 所示。

表 15.3　　凹模板的数控铣刀具调整卡

产品名称或代号			零件名称	凹模板		零件图号	X1501
序号	刀具号	刀具名称	刀具材料	刀具参数		刀补地址	
				直径	长度	直径	长度
1	T1	立铣刀	硬质合金	$\phi16$	100	D_{01}=16.2 D_{02}=16	H01
编制		审核		批准		共　页	第　页

知识准备

一、刀具半径补偿功能的作用

在数控铣床上进行轮廓加工时，因为铣刀有一定的半径，所以刀具中心（刀心）轨迹和工件轮廓不重合。若数控装置具有刀具半径补偿功能，则只需按零件轮廓编程。通过使用刀具半径补偿指令，并在控制面板上用键盘（CRT/MDI）方式人工输入刀具半径值，数控系统便能自动计算出刀具中心的偏移量，进而得到偏移后的中心轨迹，并使系统按刀具中心轨迹运动，如图 15.2 所示。

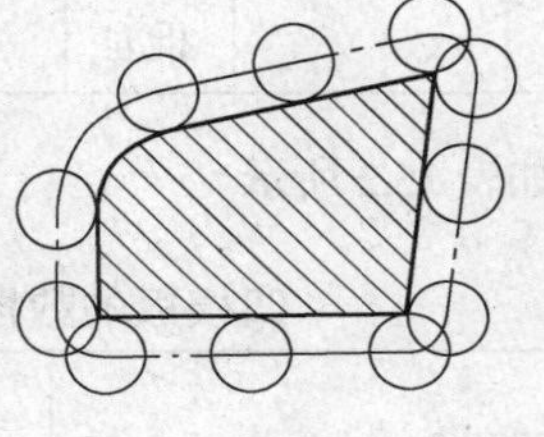

（a）外轮廓补偿

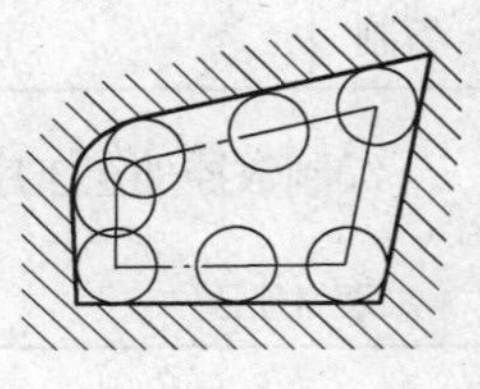

（b）内轮廓补偿

图15.2　刀具半径补偿

二、刀具半径补偿 G41、G42、G40

1．指令及功能

G41 是刀具左补偿指令，即顺着刀具前进方向看（假定工件不动），刀具位于工件轮廓的左边，称左刀补，如图 15.3（a）所示。

G42 是刀具右补偿指令，即顺着刀具前进方向看（假定工件不动），刀具位于工件轮廓的右边，称右刀补，如图 15.3（b）所示。

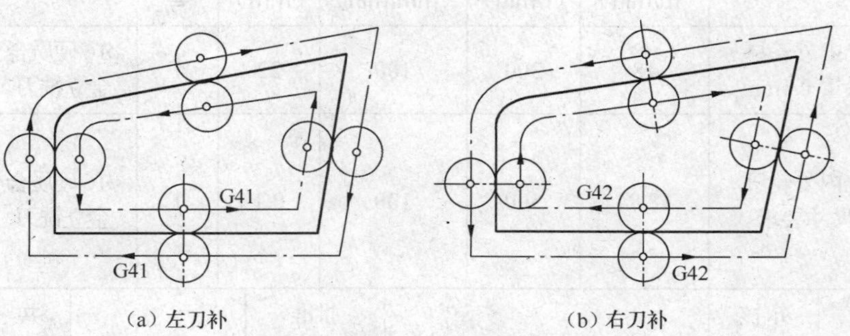

（a）左刀补　　（b）右刀补

图15.3　刀具半径的左、右补偿

G40 是取消刀具半径补偿指令。使用该指令后，G41、G42 指令无效。

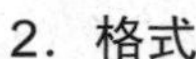

2．格式

$$\left.\begin{matrix}G17\\G18\\G19\end{matrix}\right\}\left\{\begin{matrix}G41\\G42\\G40\end{matrix}\right.\quad\left.\begin{matrix}G61\\ \\G00\end{matrix}\right\}\left\{\begin{matrix}X\_\ \ Y\_\ \ D\_\\X\_\ \ Z\_\ \ D\_\\Y\_\ \ Z\_\ \ D\_\end{matrix}\right.$$

3．说明

① G41、G42、G40 为模态指令，机床初始状态为 G40。

② 建立和取消刀补必须与 G01 或 G00 指令组合完成。如图 15.4 所示，建立刀补的过程是使刀具从无刀具补偿状态（P_0 点）运动到补偿开始点（P_1 点），加工轮廓完成后，还有一个取消刀补的过程，即从刀补结束点（P_2 点）运动到无刀补状态（P_0 点）。

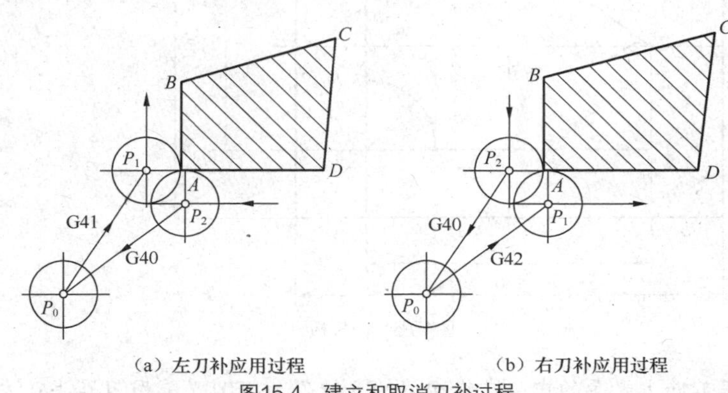

（a）左刀补应用过程　　（b）右刀补应用过程

图15.4　建立和取消刀补过程

③ 以 G17 为例，X、Y 是 G01、G00 运动的目标点坐标。如图 15.4 所示，建立刀补时，X、Y 是 A 点坐标；取消刀补时，X、Y 是 P_0 点坐标。

④ G41 或 G42 必须与 G40 成对使用。

⑤ D 为刀具补偿号，也称刀具偏置代号地址字，后面常用 2 位数字表示，一般有 D00～D99。D 代码中存放作为偏置量的刀具半径值，用于数控系统计算刀具中心的运动轨迹，偏置量可用 CRT/MDI 方式输入。

建立起正确的偏移向量后，系统就将按程序要求实现刀具中心的运动。要注意的是，在补偿状态中不得变换补偿平面，否则将出现系统报警。

二维轮廓加工一般均采用刀具半径补偿。在建立刀具半径补偿之前，刀具应远离工件轮廓适当的距离，且应与选定好的切入点和进刀方式协调，保证刀具半径补偿的有效，如图 15.5 所示。

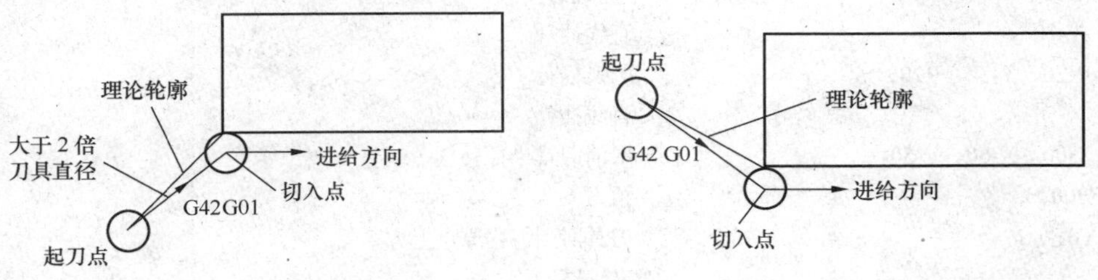

（a）合理的方式　　（b）不合理的方式

图15.5　建立刀具半径补偿

取消刀具半径补偿时，终点应放在刀具切出工件以后，否则会发生碰撞。

【例 15-1】 精加工图 15.6 所示外轮廓面，进给速度 F=100mm/min，主轴转速 S=1 000r/min，试用刀具补偿指令编程。

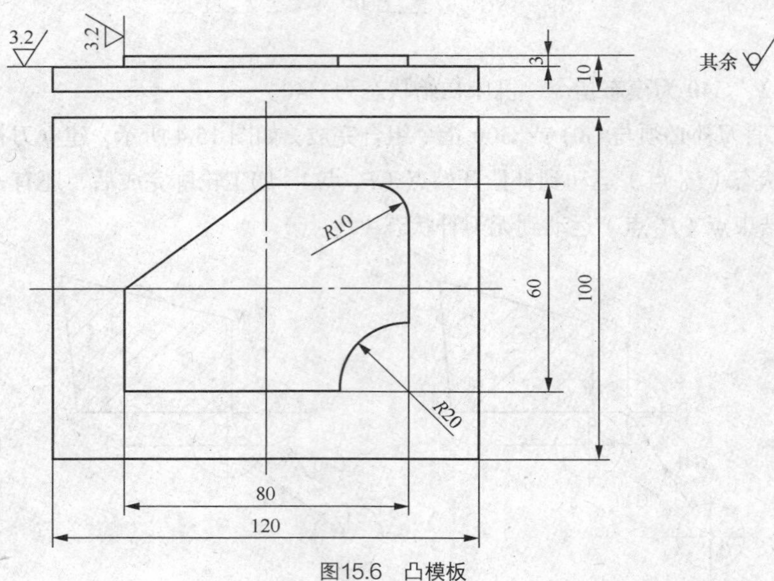

图15.6 凸模板

编程原点选择在工件上表面的中心，设ϕ16 的立铣刀为 T01，采用刀具半径左补偿功能，刀具偏置地址为 D01，并存入 8，数控程序编制如下。

程序	说明
O1520	程序名
G90 G54 G00 X0 Y0;	设置编程原点，刀具定位于编程原点上方
G43 H01 Z10;	建立刀具长度补偿
M03 S1000;	主轴正转，转速为 1 000r/min
G00 X-70 Y-70 Z2;	快速移动到下刀点上方
G01 Z-3 F100;	下刀
G41 G01 X-40 Y-40 D01;	建立刀具半径左补偿
Y0;	直线插补
X0 Y30;	直线插补
X30;	直线插补
G02 X40 Y20 R10;	圆弧插补
G01 Y-10;	直线插补
G03 X20 Y-30 R20;	圆弧插补
G01 X-50;	直线插补
G40 G00 X-60 Y-50;	取消刀具半径补偿
G00 Z200;	抬刀
X0 Y0;	刀具回到编程原点上方
M05;	主轴停转
M02;	程序结束

【例 15-2】 精加工图 15.7 所示内轮廓面，进给速度 F=100mm/min，主轴转速 S=1 000r/min，试用刀具补偿指令编程。

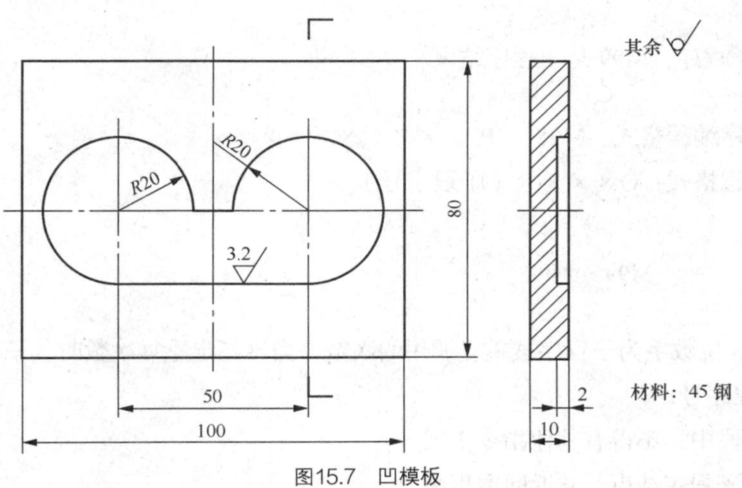

图15.7 凹模板

编程原点选择在工件上表面中心，设ϕ10 的立铣刀为 T01，采用刀具半径右补偿功能，刀具偏置地址为 D01，并存入 5，数控程序编制如下。

程序	说明
O1525	程序名
G90 G54 G00 X0 Y0;	设置编程原点，刀具定位到编程原点上方
G43 H01 Z10;	建立刀具长度补偿
S1000 M03;	主轴正转，转速为 1 000r/min
G00 X25 Y5 Z2;	快速移动到下刀点上方
G01 Z-2 F100;	切入工件
G42 G01 Y0 D01;	建立刀具半径右补偿
G02 X5 Y-20 R20;	圆弧切入工件
G01 X-25;	直线插补
G02 X-5 Y0 R-20;	圆弧插补
G01 X5;	直线插补
G02 X25 Y-20 R-20;	圆弧插补
G01 X5;	直线插补
G91 G02 X-6 Y6 R6;	圆弧切出工件
G90 G01 Z5;	抬刀
G40 G00 X0 Y0;	取消刀具半径补偿
G00 Z200;	抬刀
M05;	主轴停转
M02;	程序结束

三、子程序指令

当程序中含有某些固定顺序或重复出现的区域时，这些顺序或区域可以作为“子程序”存入存储器内，反复调用以简化程序。子程序以外的加工程序称为“主程序”。

现代 CNC 系统一般都提供调用子程序功能。但子程序调用不是 CNC 系统的标准功能，不同的 CNC 系统所用的指令和编程格式不同。

1．指令

M98 是调用子程序，M99 是子程序结束。

2．编程格式

① 调用子程序编程格式：M98　P ×××　××××

② 子程序编程格式：O××××（子程序号）

M99

3．说明

① P 后的前 3 位数字为子程序被重复调用的次数，当不指定重复次数时，子程序只调用一次。后 4 位数字为子程序号；

② M98 程序段中，不得有其他指令出现；

③ M99 表示子程序结束，并返回主程序。

【例 15-3】　如图 15.8 所示，加工 3 个形状大小相同的槽，进给速度 *F*=100mm/min，主轴转速 *S*=1 500r/min，试编程。

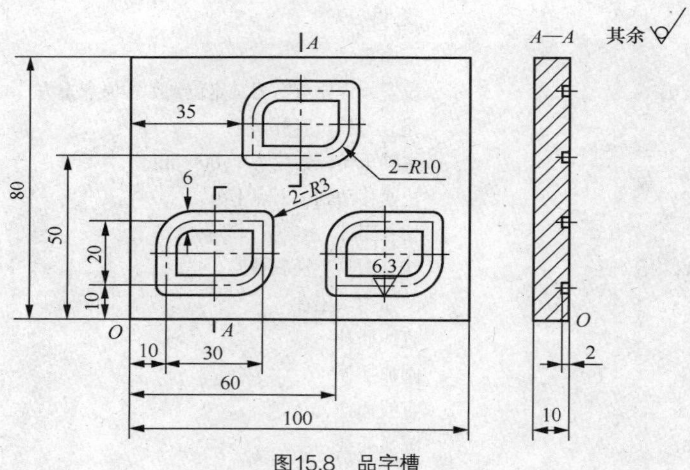

图15.8　品字槽

编程原点选择在工件左上角，如图 15.8 所示的 *O* 点，选用 $\phi 6$ 的立铣刀，采用逆铣。由于考虑到立铣刀不能垂直切入工件，所以采用斜线切入工件，数控程序编制如下。

主程序：

程序	说明
O1530	主程序名
N010 G90　G54　G00　X0　Y0;	设置编程原点，刀具定位于 *O* 点上方
N020 M03 S1500;	主轴正转，转速为 1 500r/min
N030 G43 H01 Z2;	建立刀具长度补偿
N040 G00　X10　Y20　M07;	刀具快进到(10,20)，开启冷却液

```
N050 M98  P8080;                    调用 P8080 子程序，加工槽
N060 G00  X60  Y20;                 快进到安全平面 P 点
N070 M98  P8080;                    调用 P8080 子程序，加工槽
N080 G00  X35  Y60;                 快进到安全平面 M 点
N090 M98  P8080;                    调用 P8080 子程序，加工槽
N100 G00 Z100 M09;                  刀具沿 Z 向快退至起始平面，关闭冷却液
N110 X0 Y0 M05;                     刀具回 O 点上方，主轴停转
N120 M02;                           主程序结束
```

子程序：

```
O8080                               子程序名
N1010 G91;                          增量编程
N1020 G01 Y-10 Z-4  F100;           刀具 Z 向斜线下刀
N1030 G01  X20  F100;
N1040 G03 X10 Y10 R10;
N1050 G01 Y10;
N1060 X-20;
N1070 G03 X-10 Y-10 R10;
N1080 G01 Y-10;
N1090 Z4;                           刀具 Z 向退刀到工件上表平面处
N1080 G90;                          绝对编程
N1090 M99;                          子程序结束，返回主程序
```

任务实施

下面是编制凹模板的数控程序。

如图 15.1 所示，编程原点选择在工件上表面中心，加工前已经将ϕ16 立铣刀装到主轴上。主程序如表 15.4 所示，子程序分别如表 15.5～表 15.7 所示，其中表 15.5 是凸台精加工程序，表 15.6 是凹槽粗加工程序，表 15.7 是凹槽精加工程序。

表 15.4　　铣削凹模板的主程序

零件图号	X1501	零件名称	凹模板	编制日期	
程序号	O3100	数控系统	FANUC 0i	编　制	
程序内容			程序说明		
G54 G90 G00 X0 Y0; M03 S300; G43 G00 Z50 H01; G00 X-65 Y-80; G00 Z2; G01 Z-5 F100;					

续表

零件图号	X1501	零件名称	凹模板	编制日期	
程序号	O3100	数控系统	FANUC 0i	编　制	
程序内容			程序说明		
D1 M98 P1111；			粗铣凸台		
D2 M98 P1111；			精铣凸台		
G00 Z5；					
X-35 Y-30；					
M98 P2222；			粗铣左边凹槽		
X20 Y-30；					
M98 P2222；			粗铣右边凹槽		
G00 X-27.5 Y0；					
D01 M98 P3333；			半精铣左边凹槽		
D02 M98 P3333；			精铣左边凹槽		
G00 X27.5 Y0；					
D01 M98 P3333；			半精铣右边凹槽		
D02 M98 P3333；			精铣右边凹槽		
G00 Z100；					
M30；					

表 15.5　　凸台精加工程序

零件图号	X1501	零件名称	凹模板	编制日期	
程序号	O1111	数控系统	FANUC 0i	编　制	
程序内容			程序说明		
G41 G01 X-55 Y-70 F100；					
Y45；					
X-45 Y55；					
X45；					
X55 Y45；					
Y-45；					
X45 Y-55；					
X-45；					
X-60 Y-40；					
G40 X-65 Y-70；					
M99；					

表 15.6 凹槽粗加工程序

零 件 图 号	X1501	零 件 名 称	凹 模 板	编 制 日 期	
程序号	O2222	数控系统	FANUC 0i	编 制	
程序内容			程序说明		
G91 G01 Y60 Z-10 F100； X15； Y-60； X-15； Y60； Z10； G90； M99；					

表 15.7 凹槽精加工程序

零 件 图 号	X1501	零 件 名 称	凹 模 板	编 制 日 期	
程序号	O3333	数控系统	FANUC 0i	编 制	
程序内容			程序说明		
G91； G01 Z-10； G42 G01 X10 Y-30； G02 X-10 Y-10 R10； G01 X-12.5； G02 X-10 Y10 R10； G01 Y60； G02 X10 Y10 R10； G01 X25； G02 X10 Y-10 R10； G01 Y-60； G02 X-10 Y-10 R10； G01 X-12.5； G02 X-10 Y10 R10； G40 G01 X10 Y30； G90 Z5； M99；					

实训内容

1. 任务描述

（1）生产要求：承接了某企业的外协加工产品，加工数量为 100 件。备品率 4%，机械加工废品率不超过 2%。工作条件可到数控加工车间获取，机床数控系统为 FANUC 0i 系统。

（2）任务工作量：设计零件的机械加工工艺过程，并填写数控加工工序卡、刀具卡、数控程序清单，完成零件的模拟仿真加工。

（3）零件图：如图 15.9～图 15.16 所示，材料为 45 钢，图中未注尺寸公差按 GB01804—m 处理。毛坯为 100×100×50 的 45 钢板材，6 个面已被平磨，且保证垂直度<0.05mm，尺寸公差±0.05。

2. 任务实施说明

（1）小组讨论，进行零件工艺性分析。

（2）小组讨论，制订机械加工工艺方案。

（3）在图 15.9～图 15.16 之间选择 1 个，独立编制数控技术文档，如表 15.8～表 15.10 所示。

（4）独立完成工件仿真加工，并对数控技术文档进行优化。

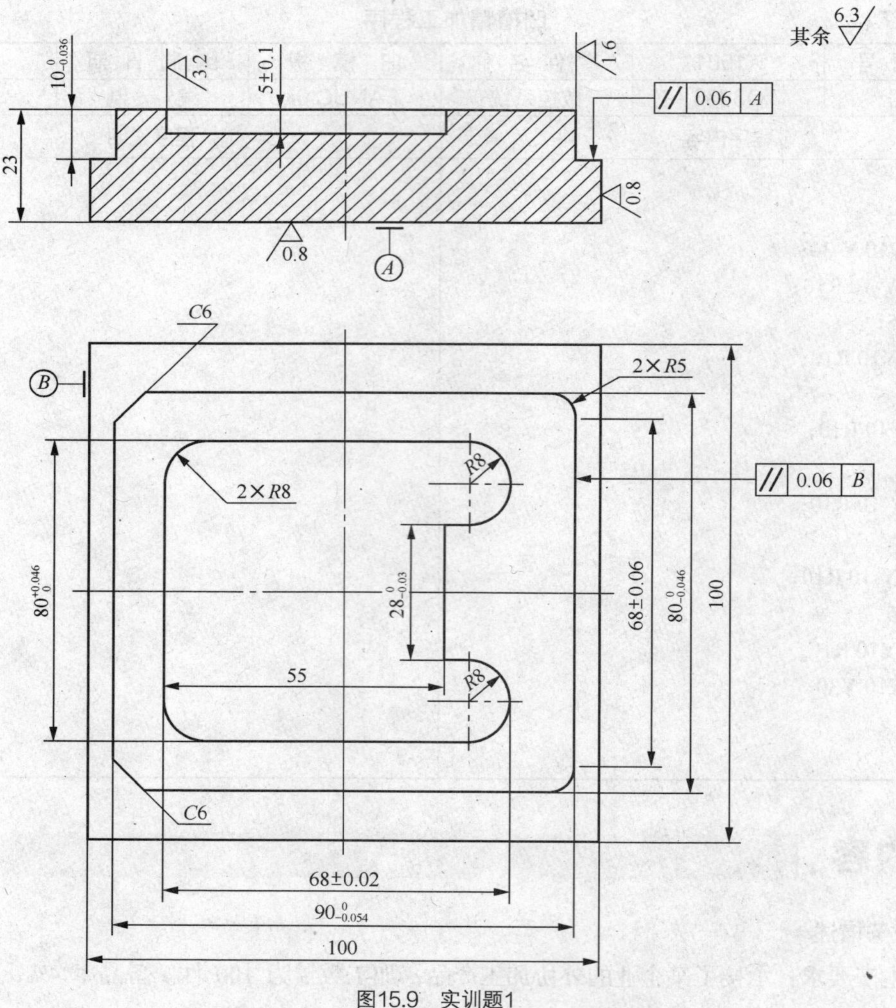

图15.9 实训题1

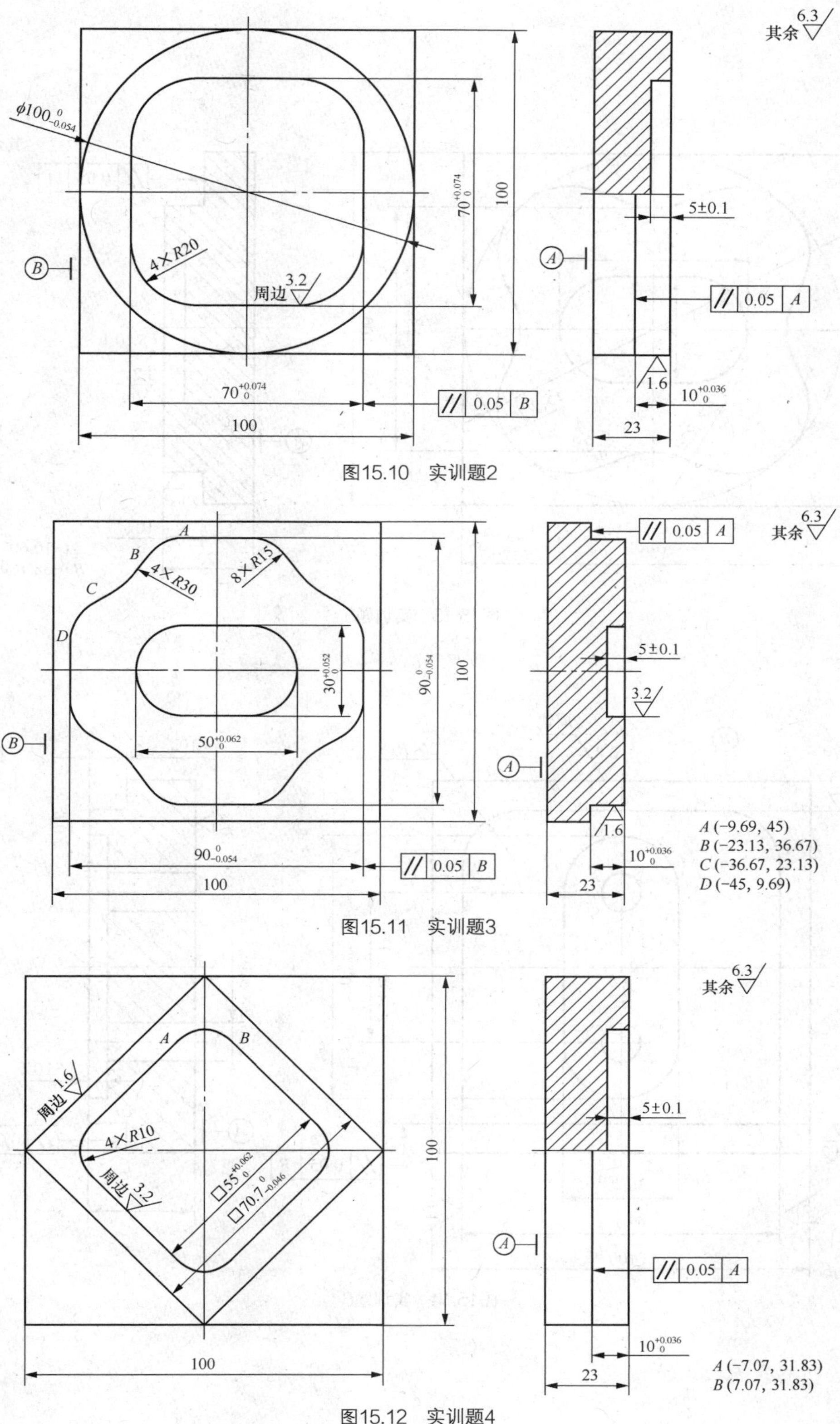

图15.10 实训题2

图15.11 实训题3

图15.12 实训题4

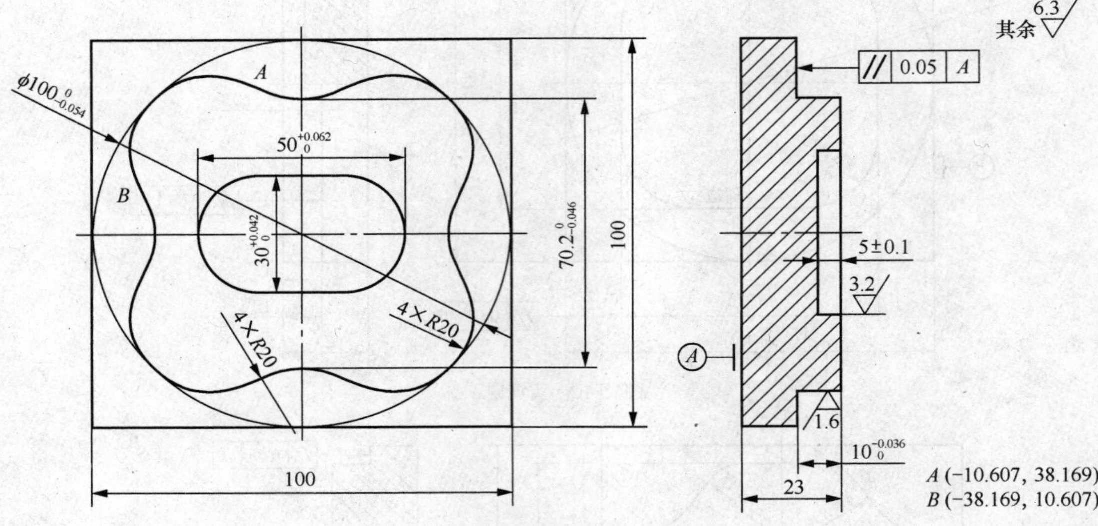

图15.13　实训题5

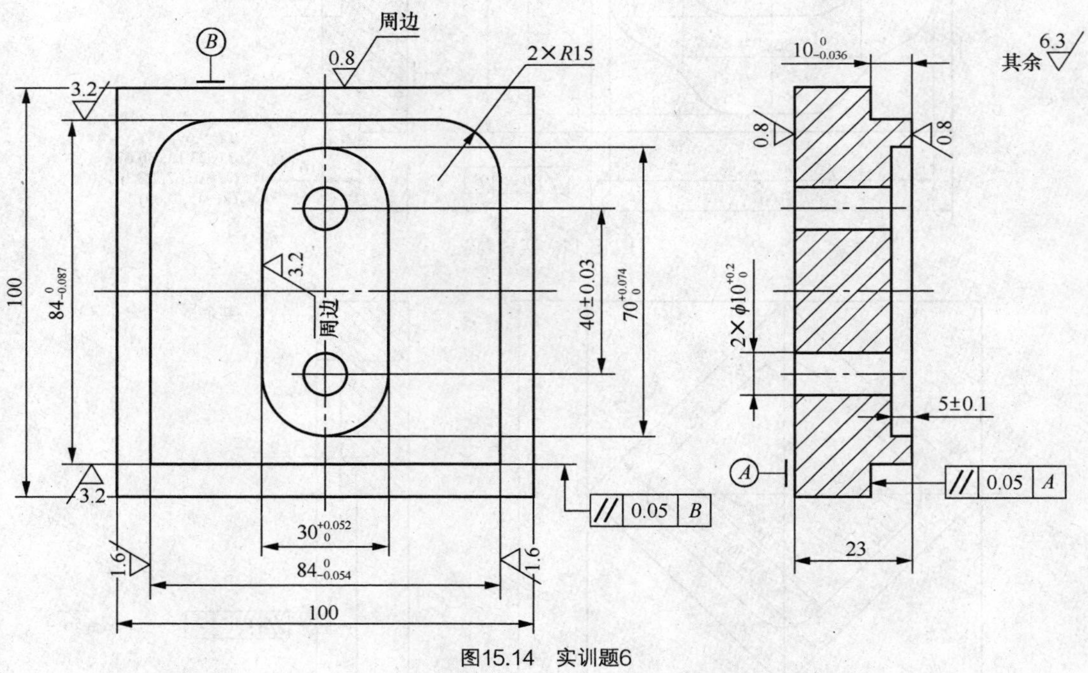

图15.14　实训题6

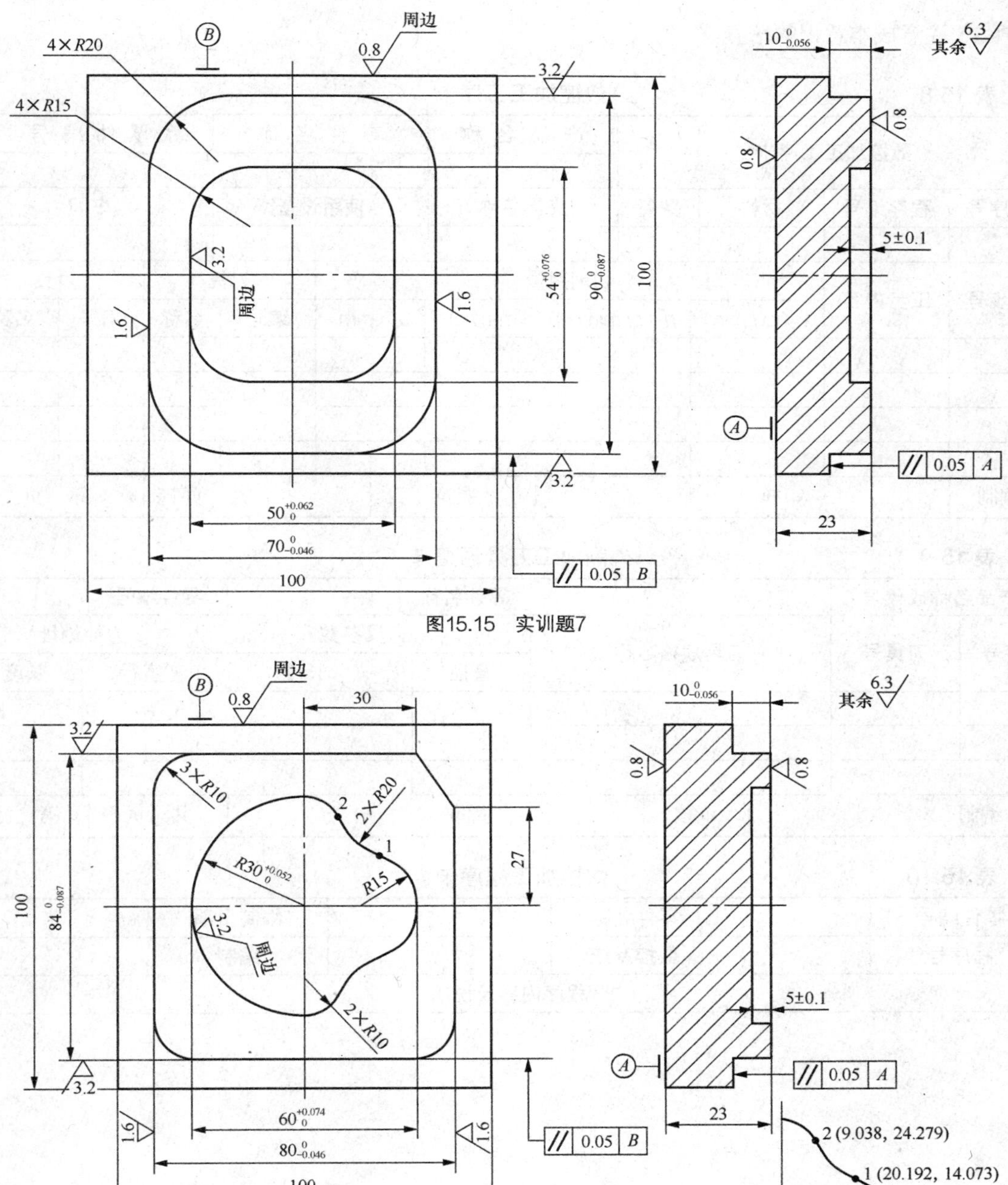

图15.15　实训题7

图15.16　实训题8

3. 任务实施注意点

（1）注意观察刀具补偿加工的刀具路径。

（2）注意内外轮廓刀具补偿指令的区别。

（3）编制数控加工程序时，注意刀具半径补偿指令的建立与取消。

（4）注意子程序的调用。

（5）注意成本意识的培养。

表 15.8　　　　数控加工工序卡

数控加工工序卡				产品名称		零件名称		零件编号	
工序号	程序编号	材料	数量	夹具名称		使用设备		车间	
工步号	工步内容	切削用量				刀具		量具	
		v_c（m / min）	n（r / min）	f（mm / r）	a_p（mm）	编号	名称	编号	名称
编制		审核		批准		共　页		第　页	

表 15.9　　　　铣削加工刀具调整卡

产品名称或代号			零件名称		零件编号	
序号	刀具号	刀具规格名称	刀具参数		刀补地址	
			直径	长度	直径	长度
编制		审核		批准	共　页	第　页

表 15.10　　　　数控加工程序卡

零件编号		零件名称		编制日期	
程序号		数控系统		编制	
程序内容及说明					

自测题

1. 选择题（请将正确答案的序号填写在题中的括号中，每题 3 分，满分 24 分）

（1）在数控加工中，刀具补偿功能除对刀具半径进行补偿外，在用同一把刀进行粗、精加工时，还可进行加工余量的补偿。设刀具半径为 r，精加工时半径方向余量为 Δ，则最后一次粗加工走刀的半径补偿量为（ ）。

（A）r （B）Δ （C）$r+\Delta$ （D）$2r+\Delta$

（2）假设主轴正转，为了实现顺铣加工，加工外轮廓时刀具应该（ ）走刀。

（A）逆时针 （B）顺时针 （C）A、B 均可 （D）无法实现

（3）在数控铣床上铣一个正方形零件（外轮廓），如果使用的铣刀直径比原来小 1mm，则计算加工后的正方形尺寸差（ ）。

（A）小于 1mm （B）小于 0.5mm （C）大于 1mm （D）大于 0.5mm

（4）如图 15.17 所示，刀具起点在（－40,－20），从切向切入到（－20,0）点，铣一个 ϕ40mm 的整圆工件，并切向切出，然后到达（－40,20）点。根据刀具轨迹判断，正确的程序是（ ）。

（A）

```
N010  G90  G00  G41 X-20.0 Y-20 D01;
N020  G01 X-20.0 Y0  F200.0;
N030  G02 X-20.0 Y0 I20.0 J0;
N040  G01 X-20.0 Y20;
N050  G00 G40 X-40.0 Y20.0;
```

（B）

```
N010  G90 G00  G41  X-20.0  Y-20  D01;
N020  G01 X-20.0 Y0 D01 F200.0;
N030  G02 X-20.0 Y0 I-20.0 J0;
N040  G01 X-20.0 Y20;
N050  G00 G40 X-40.0 Y20.0;
```

（C）

```
N010  G90 G00 X-20.0 Y-20.0;
N020  G01 X-20.0 Y0 F200.0;
N030  G02 X-20.0 Y0 I-20.0 J0;
N040  G01 X-20.0 Y20.0;
N040  G01 X-20.0 Y20.0;
```

（D）

```
N010  G90 G00 X-20.0 Y-20.0;
N020 G91 G01 G41 X20.0 Y0 D01 F200.0;
N030  G02 X-20.0 Y0 I20.0 J0;
N040  G01 X-20.0 Y20.0;
N040  G01 X-20.0 Y20.0;
```

（5）用 ϕ12 立铣刀进行轮廓的粗、精加工，要求精加工余量为 0.4，则粗加工偏移量为（ ）。

（A）12.4 （B）11.6 （C）6.4 （D）6.6

（6）程序中指定半径补偿值的代码是（ ）。

（A）D （B）H （C）G （D）M

（7）下列（ ）指令可取消刀具半径补偿。

（A）G49 （B）G40 （C）H00 （D）G42

（8）刀具半径右补偿值和刀具径向补偿值都存储在（ ）中。

（A）缓存器 （B）偏置寄存器 （C）存储器 （D）硬盘

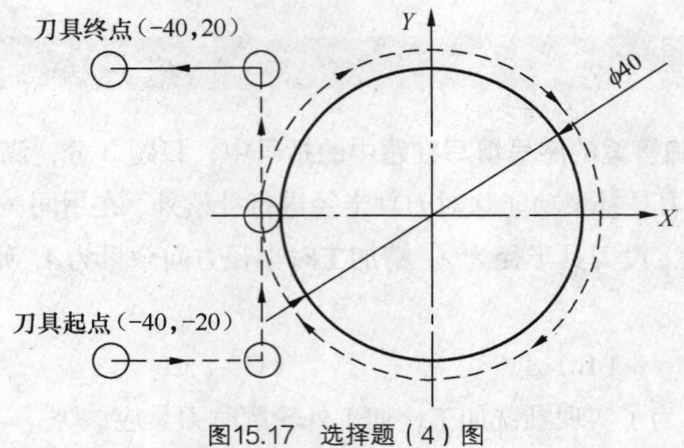

图15.17 选择题（4）图

2. 判断题（请将判断结果填入括号中，正确的填"√"，错误的填"×"，每题 4 分，满分 24 分）

（　　）（1）刀具半径补偿功能包括刀补的建立、刀补的执行和刀补的取消 3 个阶段。

（　　）（2）刀具补偿寄存器内只允许存入正值。

（　　）（3）采用立铣刀加工内轮廓时，铣刀直径应小于或等于工件内轮廓最小曲率半径的 2 倍。

（　　）（4）数控编程时，刀具半径补偿号必须与刀具号对应。

（　　）（5）加工圆弧时，刀具半径补偿值可大于被加工零件的最小圆弧半径。

（　　）（6）沿着刀具前进方向看，刀具在被加工表面的右边则为右刀补。

3. 编程题（任选 1 题，满分 52 分）

（1）零件图如图 15.18 所示，要求编写数控加工程序。

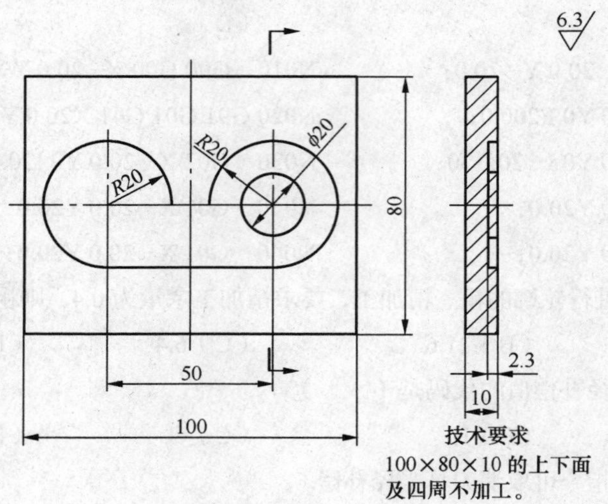

图15.18 编程题（1）图

（2）零件图如图 15.19 所示，要求编写数控加工程序。

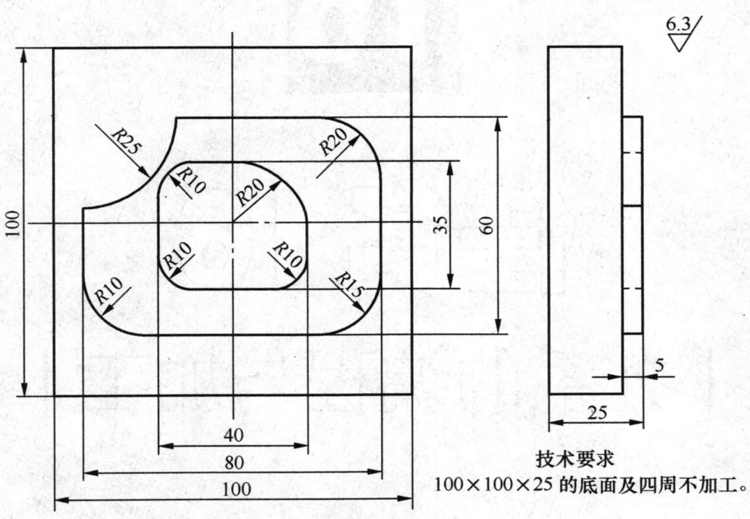
6.3
R25
R20
R10
R20
R10
R10
R10
R15
100
35
60
5
25
40
80
100
技术要求
100×100×25 的底面及四周不加工。

图15.19　编程题（2）图

Chapter 16

任务16

孔系的编程与加工

【学习目标】

掌握 FANUC 0i 系统中孔加工循环指令的功能及编程格式，能够编写孔的数控加工程序。

任务导入

加工调整板 5 件，零件图如图 16.1 所示，要求设计数控加工工艺方案，编制机械加工工艺过程卡、数控加工工序卡、数控铣刀具调整卡、数控加工程序卡，进行仿真加工，优化走刀路线和程序。

任务分析如下。

（1）零件工艺性分析。如图 16.1 所示，该零件的加工内容包括平面、孔、由圆弧组成的槽。该零件图尺寸完整，主要尺寸分析如下。

80 ± 0.027：经查表，加工精度等级为 IT8。

5 ± 0.06：经查表，加工精度等级为 IT12。

$\phi 10_{0}^{+0.018}$：经查表，加工精度等级为 IT7。

孔的中心相对于底面 A 的垂直度误差不大于 0.02 mm。

其他尺寸的加工精度等级为 IT14。

4 个孔的表面粗糙度为 3.2，其他表面的表面粗糙度为 6.3。

根据分析，调整板的所有表面都可以加工出来，经济性能良好。

（2）制订数控工艺方案。

确定生产类型：零件数量为 5 件，属于单件小批量生产。

确定工件的定位基准：以工件底面和两侧面为定位基准。

选择加工方法：该零件的加工表面为平面、孔、由圆弧组成的槽。其中，孔的尺寸精度、位置精度、表面粗糙度要求较高，采用的方法为钻孔→铰孔。加工平面的方法为：粗铣→精铣。加工圆弧槽的方法为粗铣。

拟订工艺路线，如表 16.1 所示。

设计数控铣加工工序如下。

选择加工设备为南通机床厂生产的 XH713A 型加工中心，系统为 FANUC 0i。

该零件采用平口钳定位夹紧。选择刀具为：$\phi3$ 高速钢中心钻用于钻中心孔，$\phi9.8$ 钻头用于钻孔，$\phi10$H7 铰刀用于铰孔，$\phi10$ 硬质合金立铣刀用于铣圆弧槽。选择量具 2 把，量程为 150 mm、分度值为 0.02 的游标卡尺以及量程为 25～50 mm、分度值为 0.001 的内径千分尺。

确定加工孔的工步如下：钻$\phi3$ 中心孔→钻$\phi9.8$ 孔→铰$\phi10$ 孔。

确定铣圆弧槽的工步如下：钻$\phi3$ 中心孔→钻$\phi9.8$ 孔→铣圆弧槽。

（3）编制数控技术文档。编制机械加工工艺过程卡如表 16.1 所示。

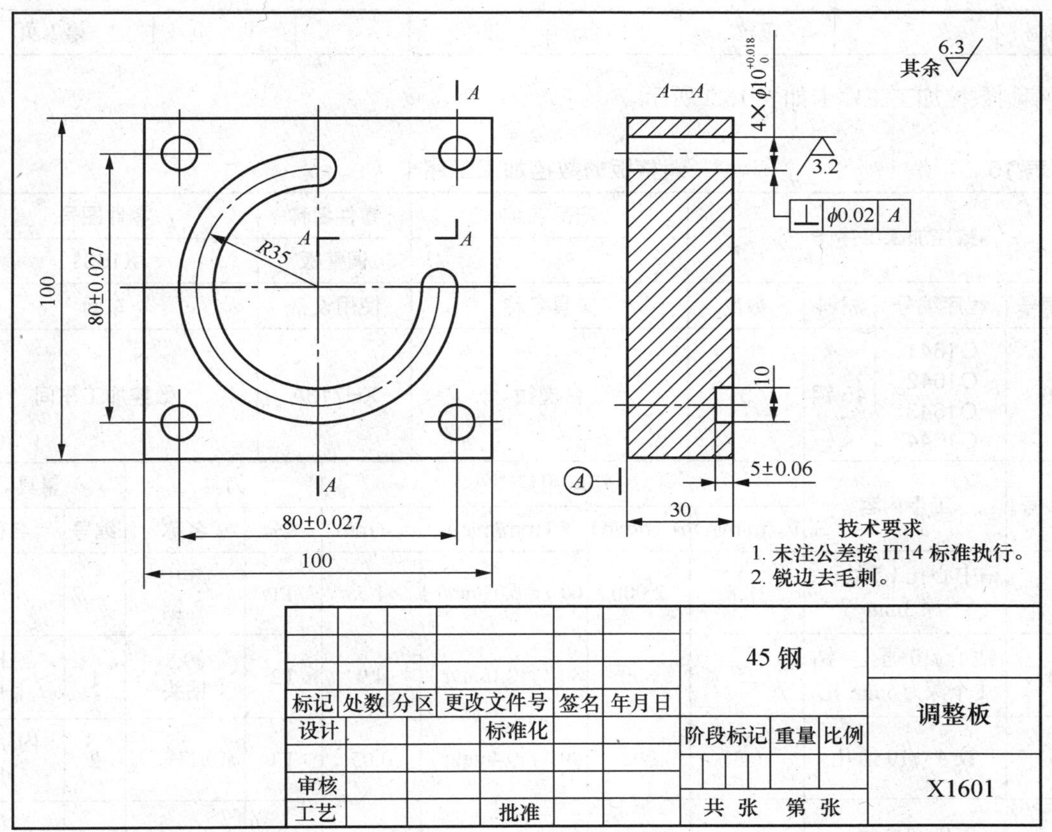

图16.1　任务16零件图

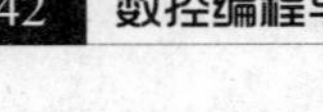

表 16.1　　调整板的机械加工工艺过程卡

机械加工工艺过程卡		产品名称	零件名称	零件图号	材料	毛坯规格
			调整板	X1601	45 钢	105×105×35
工序号	工序名称	工序简要内容	设备	工艺装备		工时
10	下料	105×105×35				
20	铣面	铣削 6 个面，保证 100×100×30	X52	平口钳、面铣刀、游标卡尺		
30	钳	去毛刺		钳工台		
40	数控铣	钻ϕ3 中心孔、钻ϕ9.8 孔、铰ϕ10 孔、铣圆弧槽	XH713A	平口钳、ϕ3 中心钻、ϕ9.8 钻头、ϕ10H7 铰刀、ϕ10 立铣刀、游标卡尺、内径千分尺		
50	钳	去毛刺		钳工台		
60	检验					
编制		审核	批准		共 1 页	第 1 页

编制数控加工工序卡如表 16.2 所示。

表 16.2　　调整板的数控加工工序卡

数控加工工序卡				产品名称			零件名称		零件图号	
							调整板		X1601	
工序号	程序编号	材料	数量	夹具名称			使用设备		车间	
40	O1641、O1642、O1643、O1644	45 钢	5	台虎钳			XH713A		数控加工车间	
工步号	工步内容	切削用量				刀具			量具	
		v（m/min）	n（r/min）	f（mm/min）	a_p（mm）	编号	名称		编号	名称
1	钻中心孔（5 处），深 3mm	18.8	2 000	60（f=0.03mm/r）	1.5	T1	ϕ3 中心钻			
2	钻 4×ϕ10 通孔，钻 1 个深为 5mm 孔	25	800	80（f=0.1mm/r）	4.9	T2	ϕ9.8 钻头		1	游标卡尺
3	铰 4×ϕ10 通孔	6.3	200	80（f=0.4mm/r）	0.05	T3	ϕ10H7 铰刀		2	内径千分尺
4	铣圆弧槽	31	1000	300（f=0.3mm/r）	5	T4	ϕ10 立铣刀		1	游标卡尺
编制		审核		批准			共　页		第　页	

编制刀具卡如表 16.3 所示。

表 16.3　调整板的数控铣刀具调整卡

产品名称或代号			零件名称		调整板	零件图号		X1601
序号	刀具号	刀具名称	刀具材料	刀具参数		刀补地址		
				直径	长度	直径	长度	
1	T1	中心钻	高速钢	$\phi3$	50		H01	
2	T2	钻头	高速钢	$\phi9.8$	200		H02	
3	T3	铰刀	高速钢	ϕ10H7	100		H03	
4	T4	立铣刀	硬质合金	$\phi10$	100		H04	
编制		审核		批准		共 1 页	第 1 页	

知识准备

一、孔加工循环的动作

孔加工循环一般由以下 6 个动作组成，如图 16.2 所示。

动作（1）：刀具在 x 轴和 y 轴定位。

动作（2）：刀具快速移动到 R 参考平面。

动作（3）：刀具进行孔加工。

动作（4）：刀具在孔底的动作。

动作（5）：刀具返回到 R 点。

动作（6）：刀具快速移动到初始平面。

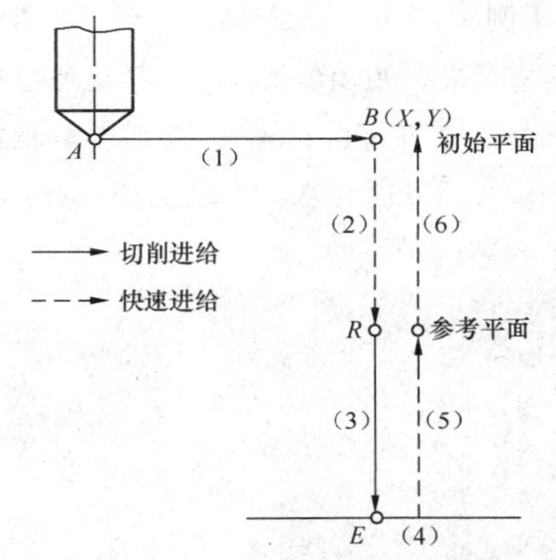

图16.2　孔加工循环的6个动作

二、孔加工循环指令

孔加工循环指令为模态指令，一旦某个孔加工循环指令有效，在其后的所有（X,Y）位置均采用该孔加工循环指令进行加工，直到用 G80 取消孔加工循环指令为止。

G98 和 G99 2 个模态指令控制孔加工循环结束后，刀具分别返回初始平面和参考平面，如图 16.3 所示，其中 G98 是默认方式。

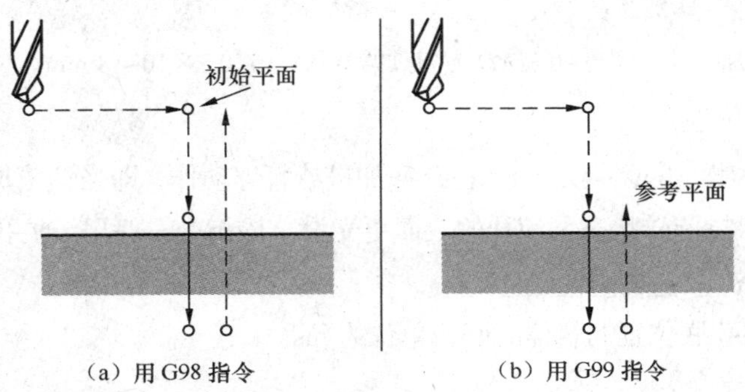

图16.3　钻孔加工循环G81

采用绝对坐标（G90）和相对坐标（G91）编程时，孔加工循环指令中的值有所不同，编程时建

议尽量采用绝对坐标编程。

1．钻孔循环指令 G81

如图 16.3 所示，主轴正转，刀具以进给速度向下运动钻孔，到达孔底位置后，快速退回（无孔底动作）。

格式：G81 X__Y__Z__F__R__K__

说明：

① X、Y 为孔的位置。

② Z 为孔底位置。

③ F 为进给速度（mm/min）。

④ R 为参考平面位置。

⑤ K 为重复次数（如果需要的话）。

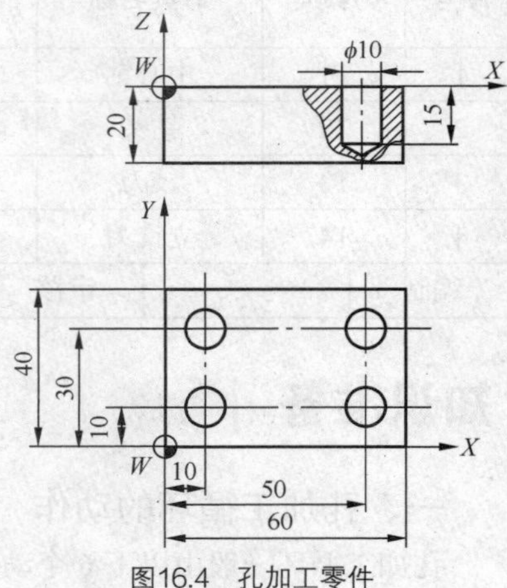

图16.4 孔加工零件

【例 16-1】 如图 16.4 所示，要求用孔加工循环指令加工所有的孔，用ϕ10 钻头，选择进给速度 *F* 为 20mm/min，主轴转速 *S* 为 600r/min，试编写其数控加工程序。

编程原点选择在工件左上角，ϕ10 钻头已装在机床主轴上，数控加工程序编制如下。

程序	说明
O1635	程序名
N10 G90 G54 G00 X0 Y0;	设置编程原点
N15 G43 G00 Z10 H03;	建立刀具长度补偿刀具定位到起始平面
N20 G99 M03 S600;	主轴正转，转速为 600r/min，钻孔加工循环采用返回参考平面的方式
N30 M07;	开启冷却液
N40 G81 X10 Y10 Z-18 R5 F20;	在（10，10）位置钻孔，孔的深度为 18mm，参考平面高度为 5mm
N50 X50;	在（50，10）位置钻孔
N60 Y30;	在（50，30）位置钻孔
N70 X10;	在（10，30）位置钻孔
N80 G80;	取消钻孔循环
N90 G00 Z50;	
N100 X0 Y0;	
N110 M30;	

注意：孔的深度=被加工孔的深度+0.3*D*(*D* 为刀具的直径)=15+0.3×10=18(mm)

2．钻孔循环指令 G82

与 G81 格式类似，唯一的区别是 G82 在孔底加进给暂停动作，即当钻头加工到孔底位置时，刀具不作进给运动，并保持旋转状态，使孔的表面更光滑。该指令一般用于扩孔和沉头孔加工。

格式：G82 X__Y__Z__R__P__F__K__

说明：P 为刀具在孔底位置的暂停时间，单位为 ms。

3．钻深孔循环指令 G83

G83 与 G81 的主要区别是，由于是深孔加工，采用间歇进给（分多次进给），有利于排屑。每次进给深度为 *Q*，直到至孔底位置为止，设置系统内部参数 *d* 控制退刀距离，如图 16.5 所示。

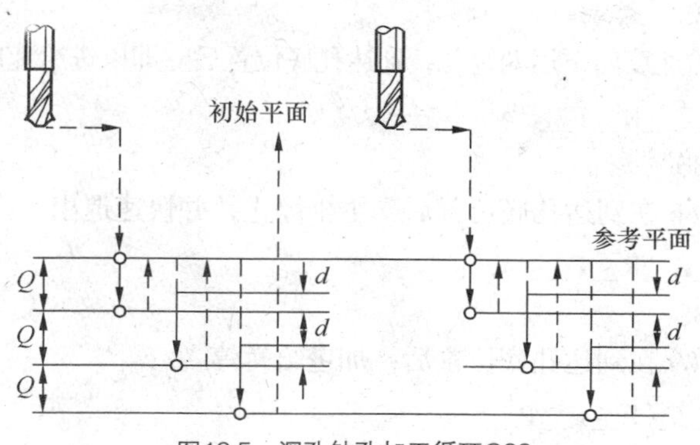

图16.5 深孔钻孔加工循环G83

格式：G83 X__Y__Z__R__Q__F__K__

说明：Q 为每次进给的深度，它必须用增量值设置。

4．攻螺纹循环指令 G84

攻螺纹进给时主轴正转，退出时主轴反转。

格式：G84 X__Y__Z__R__P__F__K__

与钻孔加工不同的是，攻螺纹结束后的返回过程不是快速运动，而是以进给速度反转退出。

攻螺纹过程要求主轴转速与进给速度成严格的比例关系，因此，编程时要求根据主轴转速计算进给速度。该指令执行前，用辅助功能使主轴旋转。

【例 16-2】 若对图 16.4 中的 4 个孔进行攻螺纹，深度为 10mm，主轴转速 S 为 150r/min，则数控加工程序编制如下。

程序	说明
O1640	程序名
N10 G90 G54 G00 X0 Y0;	设置编程原点
N20 T02;	选用 T02 号刀具（ϕ10 丝锥，导程 2mm）
N30 G43 Z30 M07;	建立刀具长度补偿，开启冷却液
N40 G99 M03 S150;	启动主轴正转 150r/min，钻孔加工循环采用返回参考平面的方式
N50 G84 X10 Y10 Z-10 R5 F300;	刀具在（10,10）位置攻螺纹，深度为 10mm，参考平面高度为 5mm
N60 X50;	刀具在（50,10）位置攻螺纹
N70 Y30;	刀具在（50,30）位置攻螺纹
N80 X10;	刀具在（10,30）位置攻螺纹
N90 G80;	取消攻螺纹循环
N100 G00 Z100 M09;	
N110 X0 Y0;	
N120 M02;	

注意：进给速度 F=150（主轴转速）×2（导程）=300（mm/min）

5．左旋攻螺纹循环指令 G74

G74 与 G84 的区别是，进给时主轴反转，退出时主轴正转。

格式：G74 X__Y__Z__R__P__F__K__

6．镗孔循环指令 G85

主轴正转，刀具以进给速度向下运动镗孔，到达孔底位置后立即以进给速度退出（没有孔底动作）。

格式：G85　X__Y__Z__R__F__

7．镗孔循环指令 G86

与 G85 的区别是，G86 在到达孔底位置后，主轴停止，并快速退出。

格式：G86　X__Y__Z__R__F__

8．镗孔循环指令 G89

与 G85 的区别是，G89 在到达孔底位置后，加进给暂停。

格式：G89　X__Y__Z__R__F__P__

9．背镗循环指令 G87

如图 16.6 所示，刀具运动到起始点 $B(X,Y)$后，主轴准停，刀具沿刀尖的反方向偏移 Q 值，然后快速运动到孔底位置，接着沿刀尖正方向偏移回 E 点，主轴正转，刀具向上进给运动，到 R 点，再主轴准停，刀具沿刀尖的反方向偏移 Q 值，快退，接着沿刀尖正方向偏移到 B 点，主轴正转，本次加工循环结束，继续执行下一段程序。

格式：G87　X__Y__Z__R__Q__F__P__

说明：Q 为偏移值。

10．精镗循环指令 G76

如图 16.7 所示，与 G85 的区别是，G76 在孔底有 3 个动作：进给暂停、主轴准停（定向停止）、刀具沿刀尖的反方向偏移 Q 值，然后快速退出。这样可以保证刀具不划伤孔的表面。

格式：G76　X__Y__Z__R__Q__F__P__

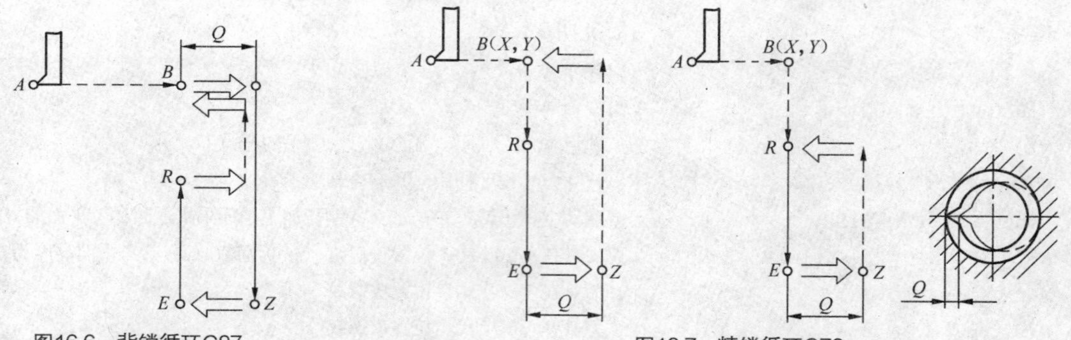

图16.6　背镗循环G87　　图16.7　精镗循环G76

11．高速钻深孔循环指令 G73

如图 16.8 所示，由于是深孔加工，采用间段进给（分多次进给），每次进给深度为 Q，最后一次进给深度小于或等于 Q，退刀量为 d（由系统内部设定），直至孔底位置为止。该钻孔加工方法因为退刀距离短，所以比 G83 钻孔速度快。

格式：G73　X__Y__Z__R__Q__F__K__

说明：Q 为每次进给的深度，为正值。

需要说明的是，不同的 CNC 系统，即使是同一功能的钻孔加工循环，其指令格式也有一定的差异，编程时应以编程手册的规定为准。

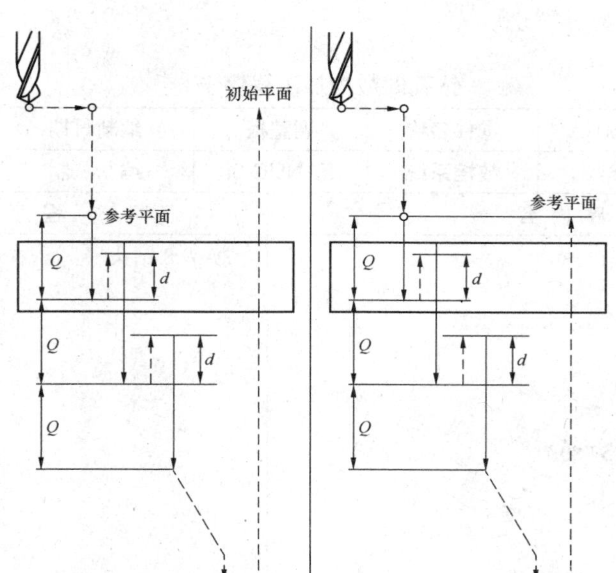

图16.8　高速深孔钻孔加工循环G73

任务实施

下面是编制调整板的数控程序。

如图 16.1 所示，编程原点选择在工件上表面的中心处，钻中心孔的程序如表 16.4 所示，钻孔的程序如表 16.5 所示，铰孔的程序如表 16.6 所示，铣圆弧槽的程序如表 16.7 所示。

表 16.4　　钻中心孔的数控加工程序卡

<table>
<tr><td>零件图号</td><td>X1601</td><td>零件名称</td><td>调整板</td><td>编制日期</td><td></td></tr>
<tr><td>程序号</td><td>O1641</td><td>数控系统</td><td>FANUC 0i</td><td>编　　制</td><td></td></tr>
<tr><td colspan="3">程 序 内 容</td><td colspan="3">程 序 说 明</td></tr>
<tr><td colspan="3">M06 T1;
G54 G90 G40 G49 G80;
G43 G00 Z10 H03;
M03 S2000;
M07;
G98 G81 X-40 Y-40 Z-3 R5 F60;
Y40;
X40 Y-40;
Y40;
X35 Y0;
G80;
G00 X0 Y0 Z100;
M09;
M05;
M02;</td><td colspan="3">换ϕ3 中心钻</td></tr>
</table>

表 16.5　　钻孔的数控加工程序卡

零件图号	X1601	零件名称	调整板	编制日期	
程序号	O1642	数控系统	FANUC 0i	编　制	
程 序 内 容			程 序 说 明		
M06 T2; G54 G90 G40 G49 G80; G43 G00 Z10 H02; M03 S800; M07; G98 G81 X-40 Y-40 Z-35 R5 F80; Y40; X40 Y-40; Y40; X35 Y0 Z-5; G80;			换ϕ9.8 钻头		
G00 X0 Y0 Z100; M09; M05; M02;					

表 16.6　　铰孔的数控加工程序卡

零件图号	X1601	零件名称	调整板	编制日期	
程序号	O1643	数控系统	FANUC 0i	编　制	
程 序 内 容			程 序 说 明		
M06 T3; G54 G90 G40 G49 G80; G43 G00 Z10 H03; M03 S200; M07; G98 G81 X-40 Y-40 Z-35 R5 F80; Y40; X40 Y-40; Y40; G80; G00 X0 Y0 Z100; M09; M05; M02;			换ϕ10H7 铰刀		

表 16.7　　铣圆弧槽的数控加工程序卡

零件图号	X1601	零件名称	调整板	编制日期	
程序号	O1644	数控系统	FANUC 0i	编　制	

程 序 内 容	程 序 说 明
M06 T4;	换ϕ10 立铣刀
G54 G90 G40 G49 G80;	
G43 G00 Z10 H04;	
M03 S1000;	
M07;	
G00 X35 Y0 Z5;	
G01 Z-5 F100;	
G02 X0 Y35 R-35 F300;	
G01 Z5;	
G00 X0 Y0 Z100;	
M09;	
M05;	
M02;	

实训内容

1．任务描述

（1）生产要求：承接了某企业的外协加工产品，加工数量为 100 件。备品率 4%，机械加工废品率不超过 2%。工作条件可到数控加工车间获取，机床数控系统为 FANUC 0i 系统。

（2）任务工作量：设计零件的机械加工工艺过程，并填写数控加工工序卡、刀具卡、数控程序清单，完成零件的模拟仿真加工。

（3）零件图：如图 16.9～图 16.16 所示，材料为 45 钢，图中未注尺寸公差按 GB01804—m 处理。毛坯为 100×100×50 的 45 钢板材，6 个面已被平磨，且保证垂直度<0.05mm，尺寸公差±0.05。

2．任务实施说明

（1）小组讨论，进行零件工艺性分析。

（2）小组讨论，制订机械加工工艺方案。

（3）在图 16.9～图 16.16 之间选择 1 个，独立编制数控技术文档，如表 16.8～表 16.10 所示。

（4）独立完成工件仿真加工，并对数控技术文档进行优化。

3．任务实施注意点

（1）注意观察孔固定循环指令的加工过程。

（2）注意观察孔加工刀具的结构。

（3）编制数控加工程序时，注意如何设计多个孔的走刀路线。

（4）注意 G81 指令与 G83 指令的区别。

（5）注意成本意识的培养。

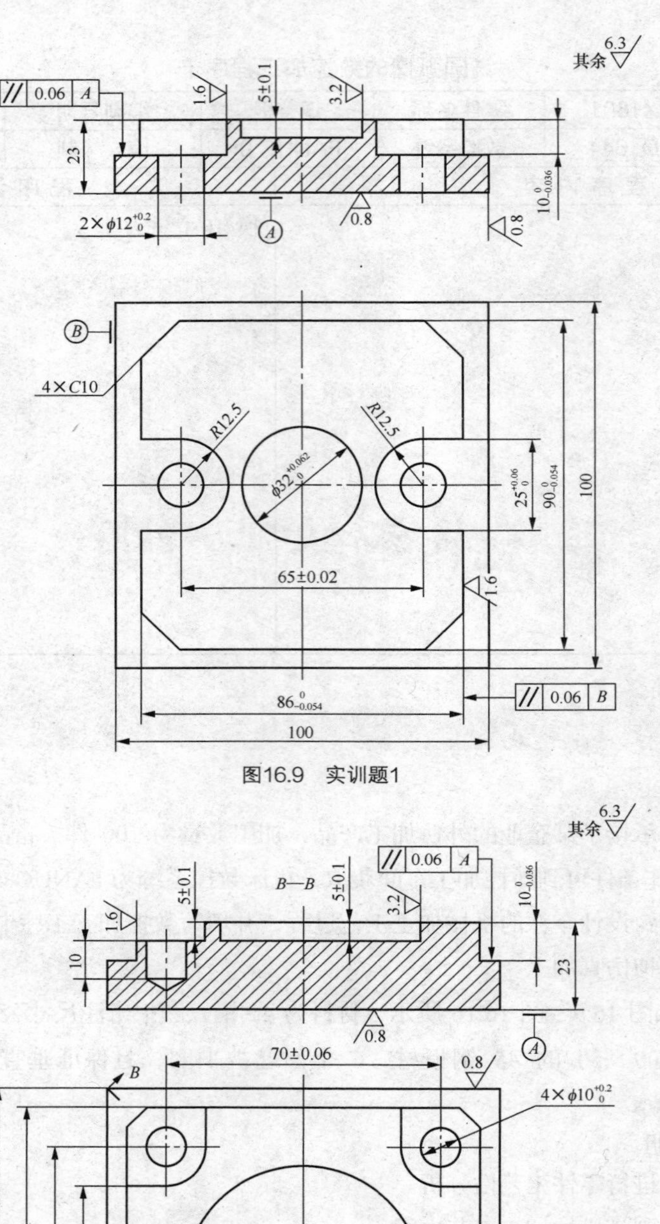

图16.9 实训题1

图16.10 实训题2

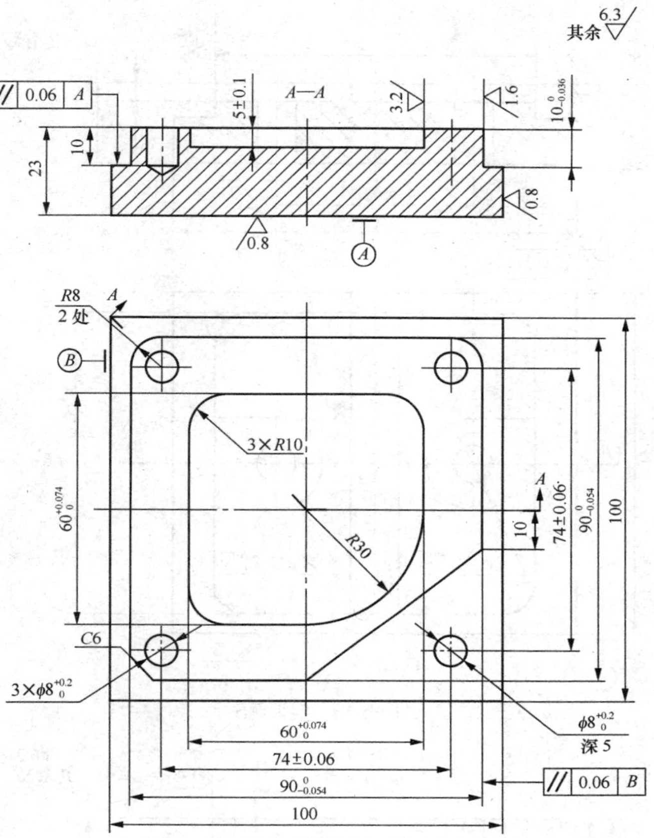

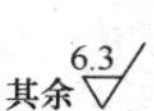

图16.11 实训题3

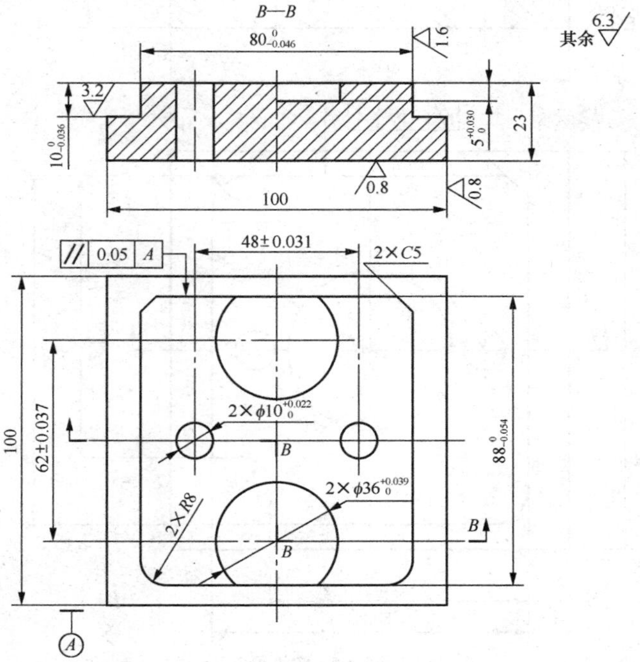

图16.12 实训题4

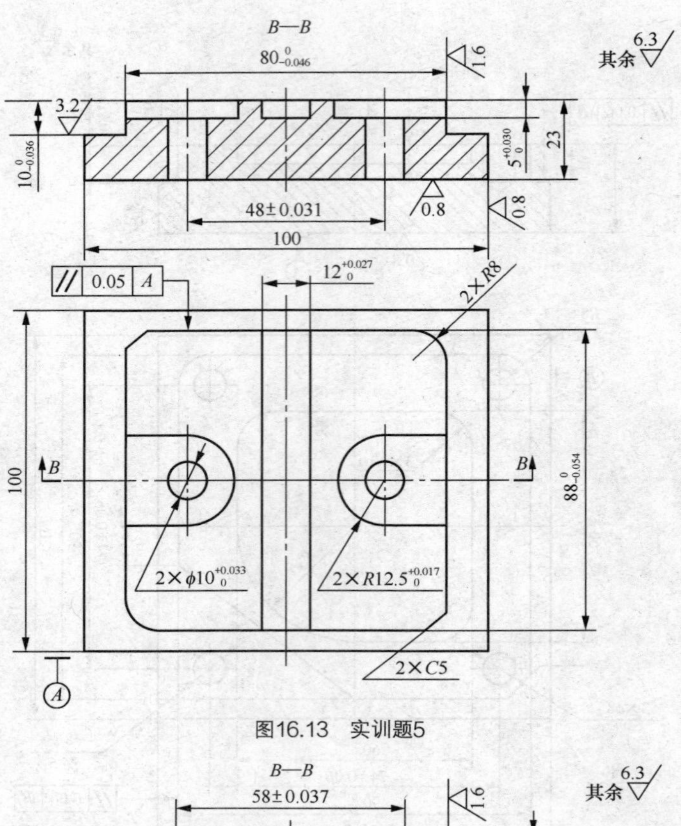

图16.13　实训题5

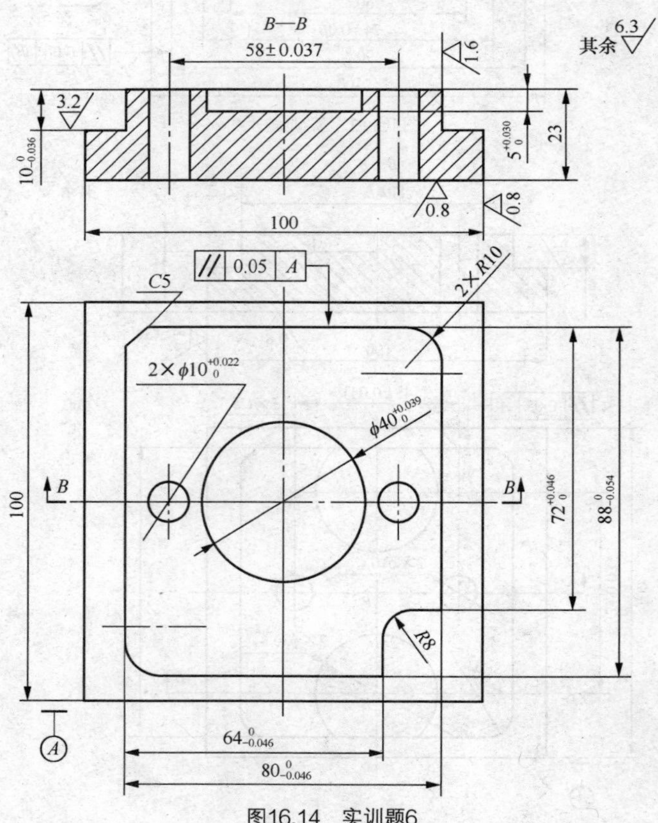

图16.14　实训题6

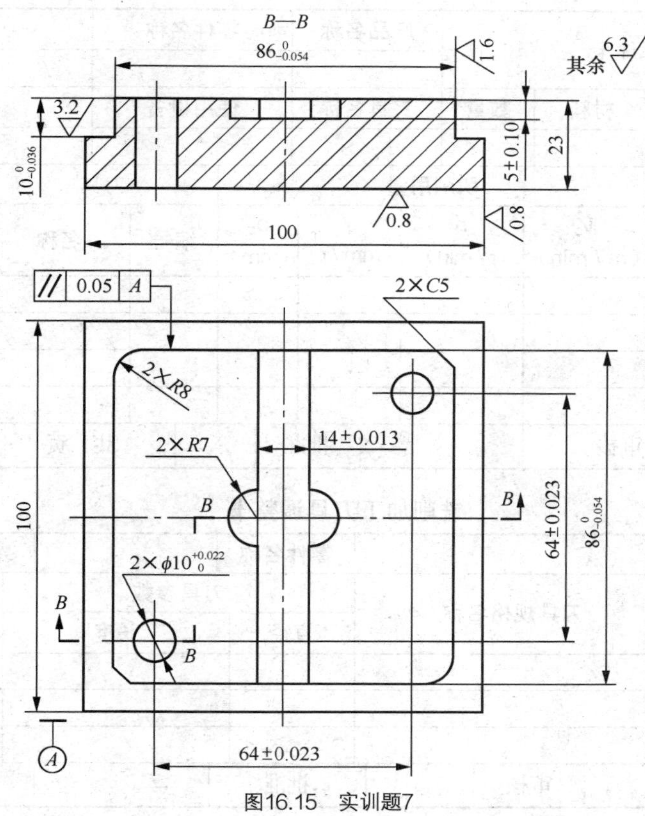

图16.15　实训题7

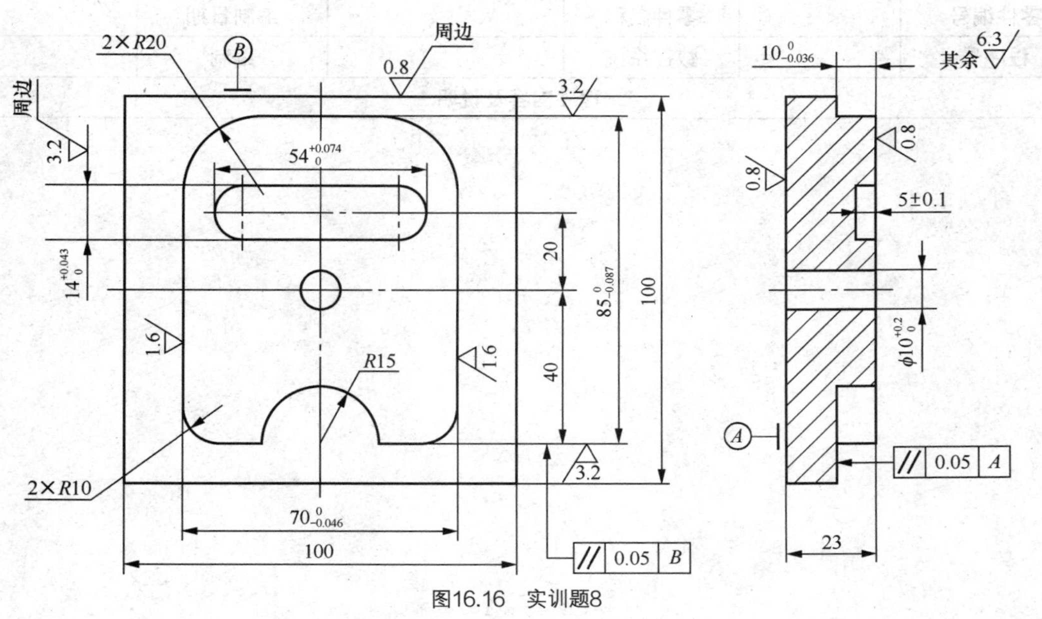

图16.16　实训题8

表 16.8　　数控加工工序卡

数控加工工序卡				产品名称		零件名称		零件编号	
工序号	程序编号	材料	数量	夹具名称		使用设备		车间	
工步号	工步内容	切削用量				刀具		量具	
		v_c（m / min）	n（r / min）	f（mm / r）	a_p（mm）	编号	名称	编号	名称
编制		审核		批准		共　页		第　页	

表 16.9　　铣削加工刀具调整卡

产品名称或代号			零件名称		零件编号	
序号	刀具号	刀具规格名称	刀具参数		刀补地址	
			直径	长度	直径	长度
编制		审核		批准	共　页	第　页

表 16.10　　数控加工程序卡

零件编号		零件名称		编制日期	
程序号		数控系统		编制	
程序内容及说明					

自测题

1. **选择题（请将正确答案的序号填写在题中的括号中，每题 3 分，满分 30 分）**

（1）镗削精度高的孔时，粗镗后，在工件上的切削热达到（　　）后再进行精镗。

（A）热平衡　（B）热变形　（C）热膨胀　（D）热伸长

（2）一般情况下，在（　　）范围内的螺孔可在加工中心上直接完成。

（A）M1～M5　（B）M6～M10

（C）M6～M20　（D）M10～M30

（3）在（50,50）坐标点，钻一个深 10mm 的孔，Z 轴坐标零点位于零件表面上，则指令为（　　）。

（A）G85　X50.0 Y50.0 Z–10.0 R0 F50；

（B）G81　X50.0　Y50.0　Z–10.0　R0　F50；

（C）G81　X50.0 Y50.0 Z–10.0 R5.0 F50；

（D）G83　X50.0　Y50.0　Z–10.0　R5.0　F50；

（4）在图 16.17 所示的孔系加工中，对加工路线描述正确的是（　　）。

（A）图（a）满足加工路线最短的原则　（B）图（b）满足加工精度最高的原则

（C）图（a）易引入反向间隙误差　（D）以上说法均正确

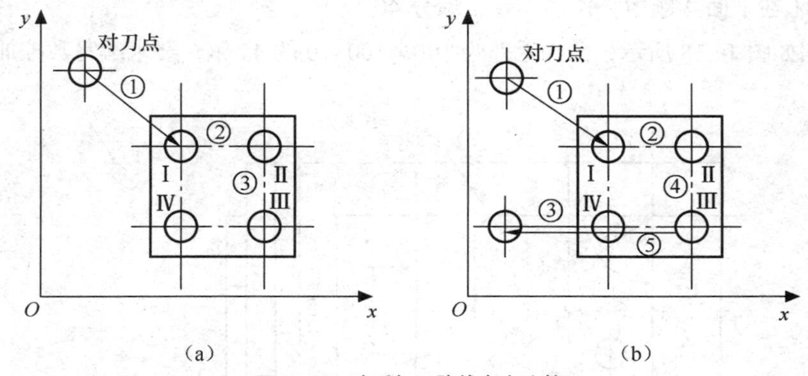

图16.17　孔系加工路线方案比较

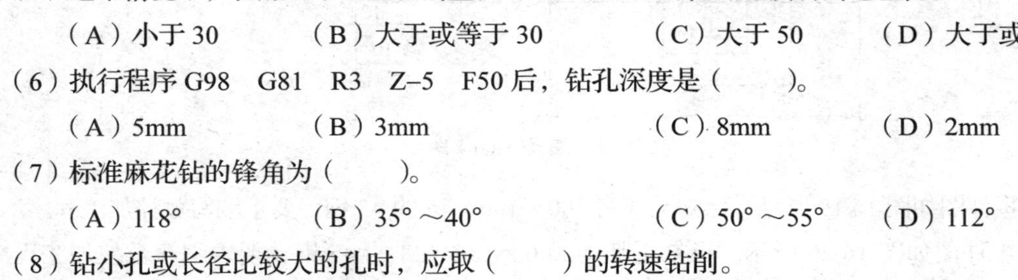

（5）通常情况下，在加工中心上切削直径（　　）mm 的孔都应预制出毛坯孔。

（A）小于 30　（B）大于或等于 30　（C）大于 50　（D）大于或等于 50

（6）执行程序 G98　G81　R3　Z–5　F50 后，钻孔深度是（　　）。

（A）5mm　（B）3mm　（C）8mm　（D）2mm

（7）标准麻花钻的锋角为（　　）。

（A）118°　（B）35°～40°　（C）50°～55°　（D）112°

（8）钻小孔或长径比较大的孔时，应取（　　）的转速钻削。

（A）较低　（B）中等　（C）较高　（D）不一定

（9）数控机床由主轴进给镗削内孔时，床身导轨与主轴若不平行，会使加工件的孔出现（　　）误差。

（A）锥度　　（B）圆柱度　　（C）圆度　　（D）直线度

（10）深孔加工应选用（　　）指令。

（A）G81　　（B）G82　　（C）G83　　（D）G84

2. 判断题（请将判断结果填入括号中，正确的填“√”，错误的填“×”，每题 3 分，满分 24 分）

（　　）（1）铣螺纹前的底孔直径必须大于螺纹标准中规定的螺纹小径。

（　　）（2）浮动镗刀不能矫正孔的直线度和位置度误差。

（　　）（3）在加工中心刀柄系统中，采用内冷注油式特殊刀柄进行深孔加工，可大大改善排屑性能。

（　　）（4）在铣床上可以用键槽铣刀或立铣刀铣孔。

（　　）（5）G81 可用于深孔加工。

（　　）（6）G81 和 G82 的区别在于，G82 在孔底加进给暂停动作。

（　　）（7）用 G84 指令攻丝时，没有 Q 参数。

（　　）（8）“G81　X0　Y–20　Z–3　R5　F50”与“G99　G81　X0　Y–20　Z–3　R5　F50”意义相同。

3. 编程题（在下面 4 题中，任选 1 题，满分 46 分）

（1）零件图如图 16.18 所示，已知毛坯为 100 × 100×10 的 45 钢，要求编写数控加工程序。

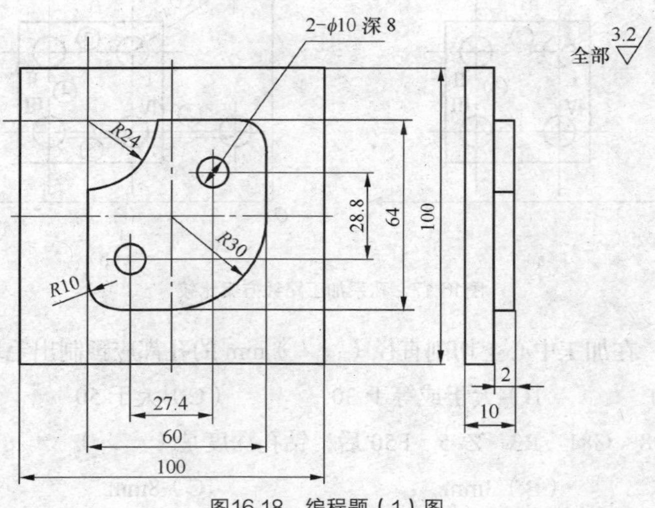

图16.18　编程题（1）图

（2）零件图如图 16.19 所示，已知毛坯为 100 × 100 × 35 的 45 钢，要求编写数控加工程序。

（3）零件图如图 16.20 所示，已知毛坯为 100 × 100 × 23 的 45 钢，要求编写数控加工程序。

（4）如图 16.21 所示，已知毛坯为 100 × 100 × 50 的 45 钢，要求编写数控加工程序。

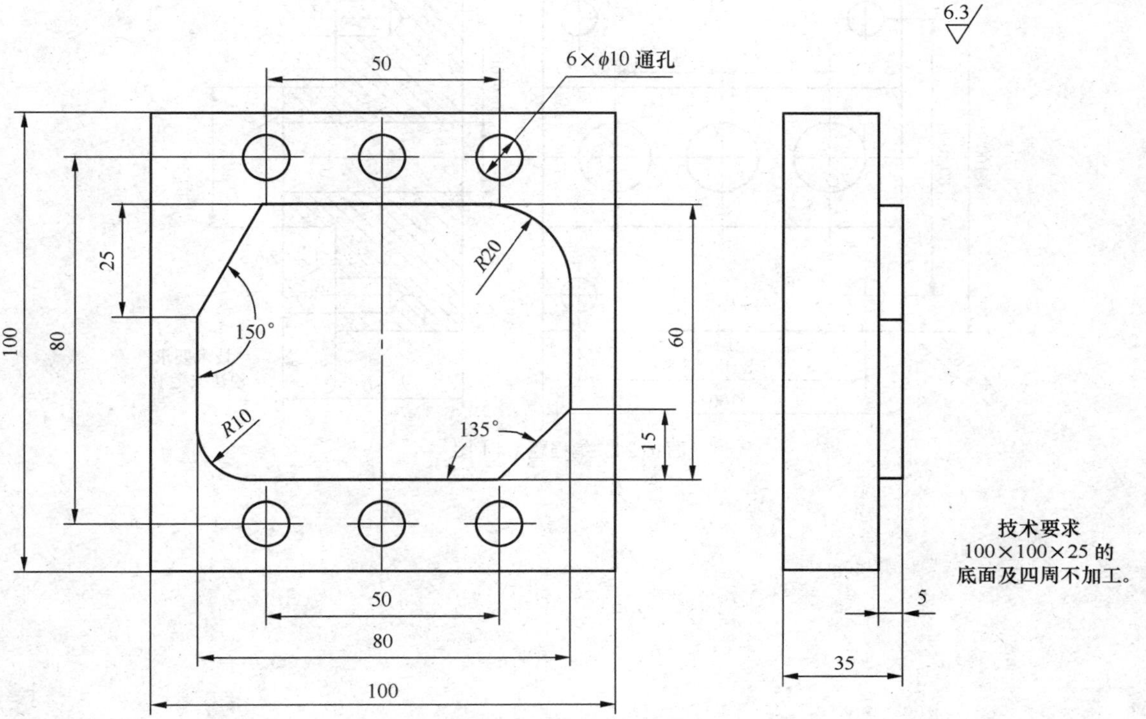

图16.19　编程题（2）图

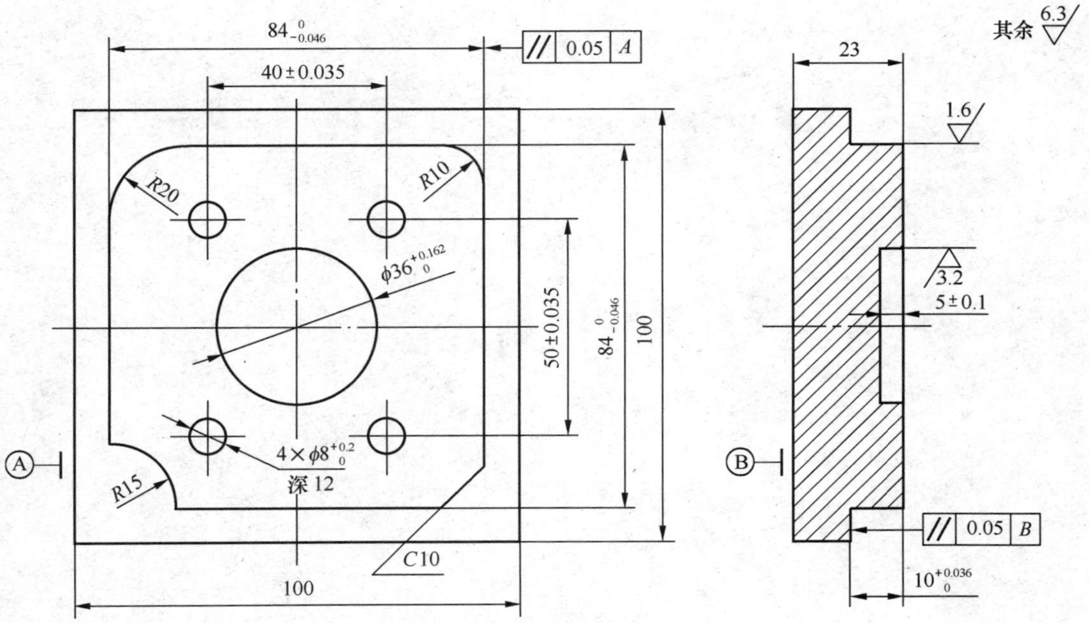

图16.20　编程题（3）图

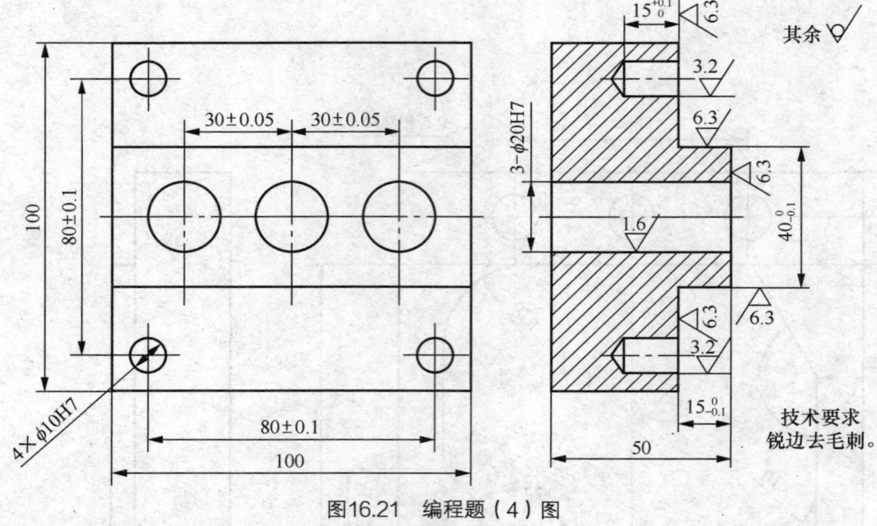
30±0.05
30±0.05
100
80±0.1
4×ϕ10H7
80±0.1
100
$15^{+0.1}_{0}$
6.3
其余
3.2
6.3
3−ϕ20H7
6.3
1.6
$40^{0}_{-0.1}$
6.3
6.3
3.2
$15^{0}_{-0.1}$
50
技术要求
锐边去毛刺。

图16.21 编程题（4）图

Chapter

17

任务17

| 曲面的编程与加工 |

【学习目标】

掌握数控铣削宏程序的编程规则和方法，能运用变量编制简单曲面的铣削数控加工程序。

| 任务导入

加工基座 20 件，零件图如图 17.1 所示，要求设计数控加工工艺方案，编制机械加工工艺过程卡、数控加工工序卡、数控铣刀具调整卡、数控加工程序卡，进行仿真加工，优化走刀路线和程序。

任务分析如下。

（1）零件工艺性分析。如图 17.1 所示，该零件的加工内容包括平面、带倒圆角的凸台、8 个孔。

该零件图尺寸完整，主要尺寸分析如下。

$\phi 8_{0}^{+0.15}$：经查表，加工精度等级为 IT12。

其他尺寸的加工精度等级为 IT14。

凸台侧面和底面的表面粗糙度为 3.2，其他表面的表面粗糙度为 6.3。

根据分析，基座的所有表面都可以加工出来，经济性能良好。

（2）制订数控工艺方案。

确定生产类型：零件数量为 20 件，属于单件小批量生产。

确定工件的定位基准：以工件底面和两侧面为定位基准。

选择加工方法：平面和凸台选择铣削加工。孔的精度等级为 IT12，表面粗糙度为 6.3，采用钻削即可。

拟订工艺路线，如表 17.1 所示。

设计数控铣加工工序如下。

选择加工设备为南通机床厂生产的 XH713A 型加工中心，系统为 FANUC 0i。

该零件采用平口钳定位夹紧。选择刀具为：ϕ30 高速钢立铣刀用于粗铣凸台，ϕ14 硬质合金立铣刀用于精铣凸台、粗铣凸台圆角，ϕ8 硬质合金球头铣刀用于精铣凸台圆角，ϕ8 高速钢钻头用于钻孔。

量具选择为量程为 150mm，分度值为 0.02 的游标卡尺。

确定工步如下：分层粗铣、精铣凸台→粗铣、精铣凸台圆角→钻孔。

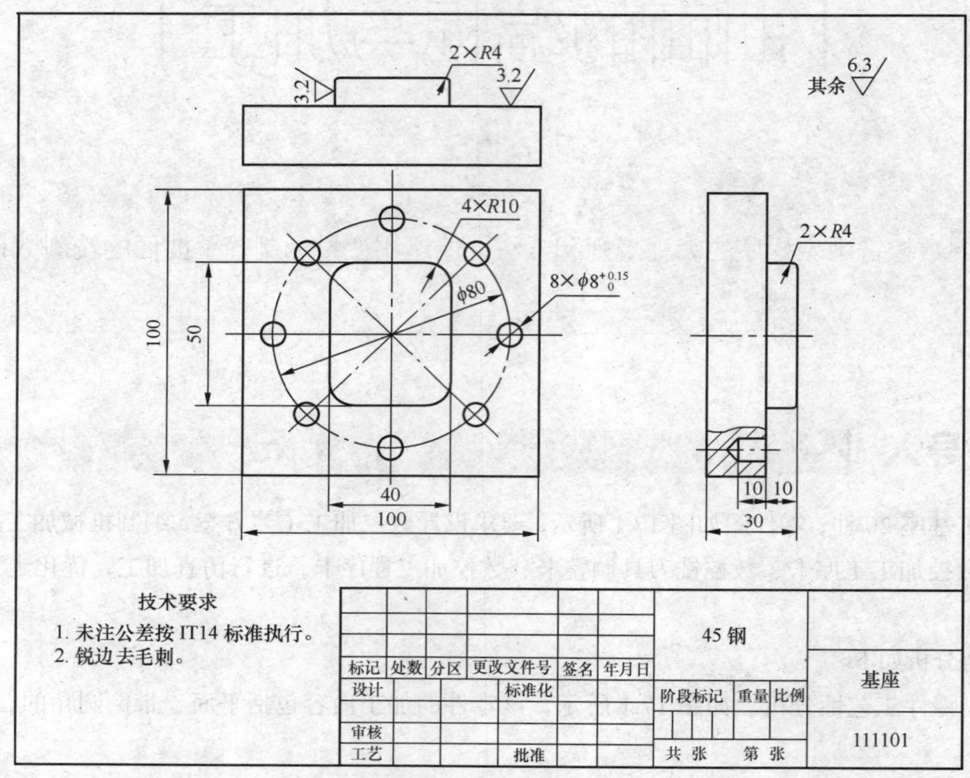

图17.1 基座零件图

（3）编制数控技术文档。

编制机械加工工艺过程卡如表 17.1 所示。

表 17.1 基座的机械加工工艺过程卡

机械加工工艺过程卡		产品名称	零件名称	零件图号	材料	毛坯规格
			基　座	111101	45	
工序号	工序名称	工序简要内容	设备	工艺装备		工时
5	下料	105 × 105 × 35	锯床			
10	铣面	铣削 6 个面，保证 100 × 100 × 30	X52	平口虎钳、面铣刀、游标卡尺		

续表

机械加工工艺过程卡		产品名称	零件名称	零件图号	材料	毛坯规格
			基　座	111101	45	
工序号	工序名称	工序简要内容	设备	工艺装备		工时
15	钳	去毛刺		钳工台		
20	数铣	铣凸台、倒角 $R4$、钻孔	XH713A	平口虎钳、$\phi30$ 高速钢立铣刀、$\phi14$ 硬质合金立铣刀、$\phi8$ 硬质合金球头铣刀、$\phi8$ 高速钢钻头、游标卡尺		
25	钳	去毛刺		钳工台		
30	检验					
编制		审核	批准		共　页	第　页

编制数控加工工序卡如表 17.2 所示。

表 17.2　　基座的数控加工工序卡

数控加工工序卡				产品名称	零件名称	零件图号
					基座	111101
工序号	程序编号	材料	数量	夹具名称	使用设备	车间
20	O1111 O1112 O1113 O1114 O8200	45 钢	20	平口虎钳	XH713A	数控加工车间

工步号	工步内容	切削用量				刀具		量具	
		v_c（m/min）	n（r/min）	f（mm/r）	a_p（mm）	编号	名称	编号	名称
1	粗铣凸台	47	500	150 （f = 0.3 mm/r）	10	1	$\phi30$ 高速钢立铣刀	1	游标卡尺
2	精铣凸台	75	2 000	100 （f = 0.05 mm/r）	10	2	$\phi14$ 硬质合金立铣刀	1	游标卡尺
3	粗铣倒角 $R4$	44	1 000	200 （f = 0.2 mm/r）		2	$\phi14$ 硬质合金立铣刀	1	游标卡尺
4	精铣倒角 $R4$	50	2 000	100 （f = 0.05 mm/r）		4	$\phi8$ 硬质合金球头铣刀	1	游标卡尺
5	钻 8 × $\phi8$ 孔	25	1 000	100 （f = 0.1 mm/r）	8	4	$\phi8$ 高速钢钻头	1	游标卡尺
编制		审核		批准			共　页	第　页	

编制刀具调整卡如表 17.3 所示。

表 17.3　　基座的数控铣刀具调整卡

产品名称或代号				零件名称	基座	零件图号	111101
序号	刀具号	刀具名称	刀具材料	刀具参数		刀补地址	
				直　径	长　度	直　径	长　度
1	1	立铣刀	高速钢	ϕ30	100		1
2	2	立铣刀	硬质合金	ϕ14	100		2
3	3	球头铣刀	硬质合金	ϕ8	100		3
4	4	钻头	高速钢	ϕ8	100		4
编制		审核		批准		共　页	第　页

知识准备

数控铣床、加工中心的用户宏程序功能与数控车床相同，在此不再重述。

下面介绍在数控铣床、加工中心上，应用用户宏程序功能 B 编制的典型宏程序。

一、沿圆周均布的孔群加工

如图 17.2 所示，编制一个宏程序，用以加工沿圆周均布的孔群。圆心坐标为（X，Y），圆周半径为 r，第 1 个孔与 x 轴的夹角为 A，各孔间角度间隔为 B，孔数为 H，角度的方向规定逆时针为正，顺时针为负。

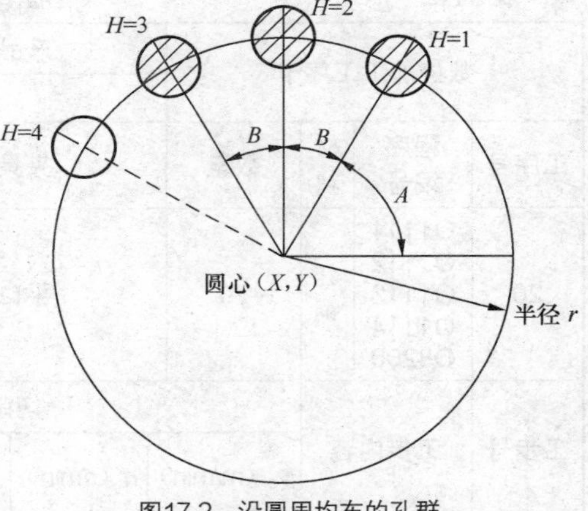

图17.2　沿圆周均布的孔群

设定主程序的程序名为 O1101，主程序的内容如表 17.4 所示。

自变量赋值说明如表 17.5 所示。

表 17.4　　孔群加工的主程序

程 序 内 容	程 序 说 明
O1101	
N5 M03 S1000;	
N10 G90 G54 G00 X0 Y0 Z30;	程序开始，定位于 G54 原点上方
N15 G65 P9100 X50.0 Y20.0 Z−10.0 R1.0 F200; A22.5 B45.0 I60.0 H8;	调用宏程序 O9100
N20 M05;	
N25 M30;	程序结束

表 17.5　　自变量赋值说明

自变量赋值	说　　明
#1=（A）	第 1 个孔的角度 A
#2=（B）	各孔间角度间隔 B（即增量角）
#4=（I）	圆周半径
#9=（F）	进给速度
#11=（H）	孔数
#18=（R）	固定循环中 R 平面的 z 坐标
#24=（X）	圆心 x 坐标值
#25=（Y）	圆心 y 坐标值
#26=（Z）	圆心 z 坐标值

这里选用局部变量时，没有按照#1、#2、#3…那样依次从小到大选用，而是结合常规数控语句的地址及含义，尽量使主程序调用时的地址有意义，这样比较直观，且容易理解。

宏程序 O9100 的内容如表 17.6 所示。

表 17.6　　宏程序 O9100 的内容

程 序 内 容	程 序 说 明
O9100	
#3=1;	孔序号计数值置 1（即从第 1 个孔开始）
WHILE[#3LE#11]DO 1;	如果#3（孔序号）≤#11（孔数 H），循环 1 继续
#5=#1+[#3−1]*#2;	第#3 个孔对应的角度
#6=#24+#4*COS[#5];	第#3 个孔中心的 X 坐标值
#7=#25+#4*SIN[#5];	第#3 个孔中心的 Y 坐标值
G98 G81 X#6 Y#7 Z#26 R#18 F#9;	用 G81 方式加工第#3 个孔
#3=#3+1;	孔序号#3 递增 1
END 1;	循环 1 结束
G80;	取消固定循环
M99;	宏程序结束，返回主程序

上述程序适合于 G73、G83 等孔加工方式。

二、矩形周边外凸倒 R 面加工

如图 17.3 所示，用球头铣刀铣削矩形周边外凸 R 面。下刀点选择在工件前侧的中央，采用 1/4 圆弧切入进刀和 1/4 圆弧切出退刀，刀具由下至上逐层爬升，以顺铣方式（顺时针方向）单向走刀。为了进一步减少接刀痕的影响，提高工件的表面质量，在圆弧进、退刀处，使直线段开始与结束的

刀具轨迹保持一定的重叠（是2～4mm）。

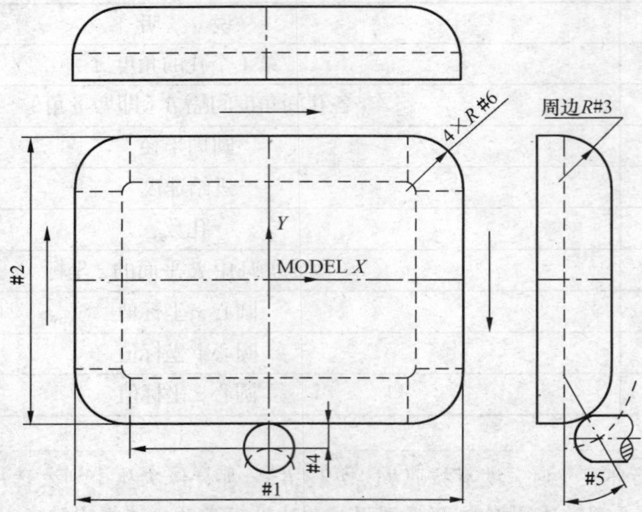

图17.3 用球头铣刀铣削矩形周边外凸R面示意图

设定程序名为O1102，编程原点设在工件上表面的中心，程序内容如表17.7所示。

表17.7 四周圆角过渡矩形周边外凸倒R面加工的数控程序

O1102	
#1=;	x向外形尺寸（大端）
#2=;	y向外形尺寸（大端）
#3=;	周边倒R面圆角半径
#4=;	球头铣刀的半径
#5=0;	角度设为自变量，赋初始值为0（#5≤90°）
#15=;	自变量#5每次递增量
#6=;	矩形四周圆角过渡半径（下面大端）
#20=;	1/4圆弧切入进刀和1/4圆弧切出退刀半径
M03 S1000;	
G90 G54 G00 X0 Y0 Z30.0;	程序开始，刀具定位于G54原点上方安全高度
#8=#2/2+#4;	初始刀位点刀心到原点距离（y方向）
#9=#6+#4;	首轮刀具轨迹四周圆角半径
G00 X[#20+2.0] Y[-#8-#20];	刀具快速移至前侧中央初始点
WHILE[#5LE90] DO 1;	如果加工角度#5≤90°，循环1继续
#11=#1/2−#3+[#3+#4]*COS[#5];	任意刀位点刀心到原点距离（x方向）
#22=#2/2−#3+[#3+#4]*COS[#5];	任意刀位点刀心到原点距离（y方向）
#33=[#3+#4]*[SIN[#5]−1];	任意刀位点刀尖的z坐标值
#16=#9−#3*[1−COS[#5]];	任意角度时刀心在四周圆角半径

续表

G00 Z#33;	刀具快速移至当前加工深度的 Z 坐标值
G01 X#20 Y[−#22−#20]F200;	刀具移至当前刀位点
G91 G03 X−#20 Y#20 R#20;	1/4 圆弧切入进刀
G90 G01 X−#11，R#16 F400;	开始沿轮廓走刀
Y#22，R#16;	
X#11，R#16;	
Y−#22，R#16;	
X−2.0;	走到 X−2.0 处（进退刀处有 4.0 ㎜的重叠部分）
G91 G03 X−#20 Y−#20 R#20 F200;	1/4 圆弧切出退刀
G90 G00 X[#20+2.0];	刀具快速回到 X#20 处（进刀点）
#5=#5+#15;	角度#5 每次递增#15
END 1;	循环 1 结束（此时#5 > 90°）
G00 Z30.0;	刀具快速提刀至安全高度
M05;	
M30;	程序结束

任务实施

下面是编制基座的数控程序。

如图 17.1 所示，编程原点选择在工件上表面的中心处。

（1）粗、精铣凸台。采用ϕ30 高速钢立铣刀粗铣凸台，采用ϕ14 硬质合金立铣刀精铣凸台，主程序如表 17.8 所示，子程序如表 17.9 所示。

表 17.8　　粗、精铣凸台的主程序

零件图号	111101	零件名称	基座	编制日期	
程序号	O1111	数控系统	FANUC 0i	编　制	
程 序 内 容			程 序 说 明		
M06 T1 G90 G54 G00 X0 Y0; G43 G00 Z10 H01; M03 S500; G00 X−50 Y−70 Z5; G01 Z−2.5 F150; D01 M98 P8200; D03 M98 P8200; G90 G01 Z−5; D01 M98 P8200;			换ϕ30 高速钢立铣刀 D01 中存储 30 D03 中存储 16		

续表

<table>
<tr><td>零件图号</td><td>111101</td><td>零件名称</td><td>基座</td><td>编制日期</td><td></td></tr>
<tr><td>程序号</td><td>O1111</td><td>数控系统</td><td>FANUC 0i</td><td>编　制</td><td></td></tr>
<tr><td colspan="3">程 序 内 容</td><td colspan="3">程 序 说 明</td></tr>
<tr><td colspan="3">D03 M98 P8200;
G90 G01 Z−7.5;
D01 M98 P8200;
D03 M98 P8200;
G90 G01 Z−10;
D01 M98 P8200;
D03 M98 P8200;
G90 G00 Z100;
M06 T2;
G43 G00 Z10 H02;
M03 S2000;
G00 X−50 Y−70 Z5;
G01 Z−2.5 F100;
D02 M98 P8200;
G90 G01 Z−5;
D02 M98 P8200;
G90 G01 Z−7.5;
D02 M98 P8200;
G90 G01 Z−10;
D02 M98 P8200;
G90 G00 Z100;
X0 Y0;
M05;
M30;</td><td colspan="3">

换ϕ14 硬质合金立铣刀

D02 中存储 7</td></tr>
</table>

表 17.9　　粗、精铣凸台的子程序

<table>
<tr><td>零件图号</td><td>111101</td><td>零件名称</td><td>基座</td><td>编制日期</td><td></td></tr>
<tr><td>程序号</td><td>O8200</td><td>数控系统</td><td>FANUC 0i</td><td>编　制</td><td></td></tr>
<tr><td colspan="3">程 序 内 容</td><td colspan="3">程 序 说 明</td></tr>
<tr><td colspan="3">G91 G41 X30 Y10
Y75;
G02 X10 Y10 R10;
G01 X20;
G02 X10 Y−10 R10;
G01 Y−30;
G02 X−10 Y−10 R10;
G01 X−20;
G02 X−10 Y10 R10;
G03 X−40 Y40 R40;
G40 G01 X10 Y−95;
M99;</td><td colspan="3"></td></tr>
</table>

（2）粗、精铣倒角 $R4$。采用 $\phi14$ 高速钢立铣刀粗铣凸台圆角，程序如表 17.10 所示。

表 17.10 粗铣凸台圆角的数控程序

零件图号	111101	零件名称	基座	编制日期	
程序号	O1112	数控系统	FANUC 0i	编　制	
程 序 内 容			程 序 说 明		
M06 T2			换 $\phi14$ 硬质合金立铣刀		
G90 G54 G00 X0 Y0;					
G43 G00 Z10 H03;					
M3 S1000;					
X30 Y−40 M7;					
Z2;					
G1 Z0 F200;					
#1=0;			#1 倒角圆弧切线与水平线夹角（变量）		
#2=4;			#2 倒角半径		
#3=7;			#3 刀具半径		
WHILE[#1LE90]DO 1;					
#4=#2*[1−COS[#1]];					
#5=#3−[1-SIN[#1]]*#2;					
G10 L12 P1 R#5;			G10 可编程数据输入（自动刀补）		
G1 Z-#4;					
G41 G1 X20 Y−25 D1;					
G1 X−10;					
G2 X−20 Y−15 R10;					
G1 Y15;					
G2 X−10 Y25 R10;					
G1 X10;					
G2 X20 Y15 R10;					
G1 Y−15;					
G2 X10 Y−25 R10;					
G3 X0 Y−35 R10;					
G40 G1 X30 Y−40;					
#1=#1+5;					
END 1;					
G0 Z100 M9;					
M05;					
M30;					

采用 $\phi8$ 硬质合金球头铣刀精铣凸台圆角，程序如表 17.11 所示。

表 17.11　　精铣凸台圆角的数控程序

零件图号	111101	零件名称	基座	编制日期	
程序号	O1113	数控系统	FANUC 0i	编　制	

程 序 内 容	程 序 说 明
M06 T3	换$\phi 8$硬质合金球头铣刀
G90 G54 G00 X0 Y0;	
G43 G00 Z10 H04;	
M3 S2000;	
X30 Y−40 M7;	
Z2;	
G1 Z0 F100;	
#1=0;	#1 倒角圆弧切线与水平线夹角（变量）
#2=4;	#2 倒角半径
#3=4;	#3 刀具半径
WHILE[#1LE90]DO 1;	
#4=#2*[1−COS[#1]];	
#5=#3−[1−SIN[#1]]*#2;	
G10 L12 P1 R#5;	G10 可编程数据输入（自动刀补）
G1 Z−#4;	
G41 G1 X20 Y−25 D1;	
G1 X−10;	
G2 X−20 Y−15 R10;	
G1 Y15;	
G2 X−10 Y25 R10;	
G1 X10;	
G2 X20 Y15 R10;	
G1 Y−15;	
G2 X10 Y−25 R10;	
G3 X0 Y−35 R10;	
G40 G1 X30 Y−40;	
#1=#1+2;	
END 1;	
G0 Z100 M9;	
M05;	
M30;	

（3）钻孔。采用$\phi 8$高速钢钻头钻孔，钻孔采用宏程序编程，程序如表 17.12 所示。

表 17.12　　钻孔的数控加工程序

零件图号	111101	零件名称	基座	编制日期	
程序号	O1114	数控系统	FANUC 0i	编　制	

程序内容	程序说明
M06 T4 G54 G90 G40 G49 G80; G43 G00 Z10 H05; M03 S1000; M07; #3=1;	换ϕ8 高速钢钻头
WHILE[#3LE8]DO 1; #5= [#3−1]*#2; #6=40*COS[#5]; #7=40*SIN[#5]; G98 G81 X#6 Y#7 Z−22.4 R5 F100; #3=#3+1; END 1; G80; M09; G00 X0 Y0 Z100; M05; M30;	钻孔深度 $= 20 + 0.3D = 20 + 0.3 \times 8 = 22.4$

实训内容

1. 任务描述

（1）生产要求：承接了某企业的外协加工产品，加工数量为 100 件。备品率 4%，机械加工废品率不超过 2%。工作条件可到数控加工车间获取，机床数控系统为 FANUC 0i 系统。

（2）任务工作量：设计零件的机械加工工艺过程，并填写数控加工工序卡、刀具卡、数控程序清单，完成零件的模拟仿真加工。

（3）零件图：如图 17.4 所示，材料为 45 钢，图中未注尺寸公差按 GB01804—m 处理。毛坯为 114 × 114 × 25 的 45 钢板材，6 个面已被平磨，且保证垂直度<0.05mm,尺寸公差 ± 0.05。

2. 任务实施说明

（1）小组讨论，进行零件工艺性分析。

（2）小组讨论，制订机械加工工艺方案。

（3）独立编制数控技术文档，如表 17.13 ~ 表 17.15 所示。

（4）独立完成工件仿真加工，并对数控技术文档进行优化。

3. 任务实施注意点

（1）采用宏程序编程时注意明确变量类型。

（2）采用宏程序编程时注意循环控制语句的使用。

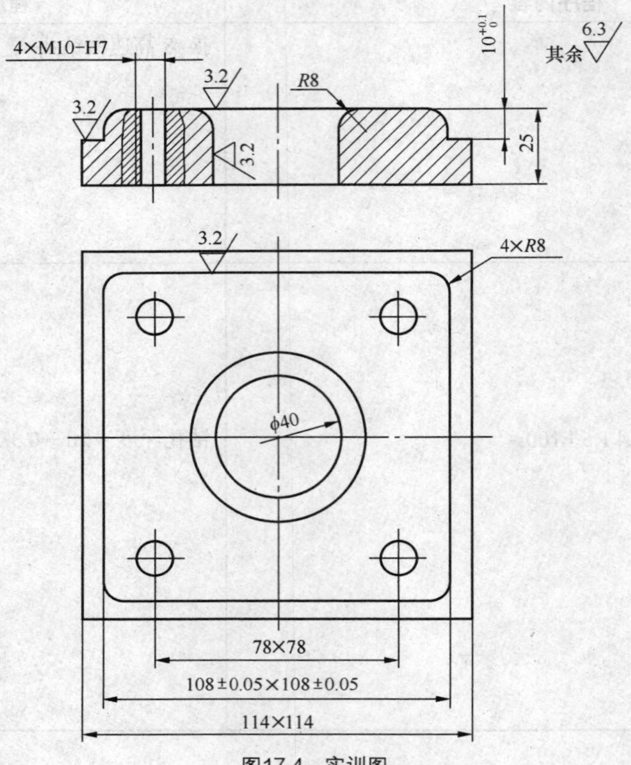

图17.4 实训图

表 17.13 控加工工序卡

数控加工工序卡				产品名称		零件名称		零件编号	
工序号	程序编号	材料	数量	夹具名称		使用设备		车间	
工步号	工步内容	切削用量				刀具		量具	
		v_c (m/min)	n (r/min)	f (mm/r)	a_p (mm)	编号	名称	编号	名称
编制		审核		批准		共 页		第 页	

表 17.14　　　　　　　　　　削加工刀具调整卡

<table>
<tr><td colspan="2">产品名称或代号</td><td></td><td>零件名称</td><td></td><td>零件编号</td><td></td></tr>
<tr><td rowspan="2">序号</td><td rowspan="2">刀具号</td><td rowspan="2">刀具规格名称</td><td colspan="2">刀具参数</td><td colspan="2">刀补地址</td></tr>
<tr><td>直径</td><td>长度</td><td>直径</td><td>长度</td></tr>
<tr><td></td><td></td><td></td><td></td><td></td><td></td><td></td></tr>
<tr><td></td><td></td><td></td><td></td><td></td><td></td><td></td></tr>
<tr><td></td><td></td><td></td><td></td><td></td><td></td><td></td></tr>
<tr><td></td><td></td><td></td><td></td><td></td><td></td><td></td></tr>
<tr><td></td><td></td><td></td><td></td><td></td><td></td><td></td></tr>
<tr><td></td><td></td><td></td><td></td><td></td><td></td><td></td></tr>
<tr><td>编制</td><td></td><td>审核</td><td></td><td>批准</td><td>共　页</td><td>第　页</td></tr>
</table>

表 17.15　　　　　　　　　　控加工程序卡

<table>
<tr><td>零件编号</td><td></td><td>零件名称</td><td></td><td>编制日期</td><td></td></tr>
<tr><td>程序号</td><td></td><td>数控系统</td><td></td><td>编制</td><td></td></tr>
<tr><td colspan="6">程序内容及说明</td></tr>
<tr><td colspan="6"></td></tr>
</table>

自测题

1. 选择题（请将正确答案的序号填写在题中的括号中，每题4分，满分20分）

（1）宏程序（　　）。

（A）计算错误率高　　（B）计算功能差，不可用于复杂零件

（C）可用于加工不规则形状零件　　（D）无逻辑功能

（2）在运算指令中，形式为#i=#jAND#k代表的意义是（　　）。

（A）逻辑乘　　（B）小数　　（C）倒数和余数　　（D）负数和正数

（3）在运算指令中，形式为#i=SQRT[#j]代表的意义是（　　）。

（A）矩阵　　（B）数列　　（C）平方根　　（D）求和

（4）在运算指令中，形式为#i=ACOS[#j]代表的意义是（　　）。

（A）位移误差　　（B）只取零　　（C）求方差　　（D）反余弦（°）

（5）宏程序的结尾用（　　）返回主程序。

（A）M30　　（B）M99　　（C）G99

2. 简答题（20分）

阅读下列程序，说明程序完成的功能，并画出程序流程图。

```
N10 #1=0;
N20 #2=1;
N30 WHILE [#2LE100] DO3;
N40 #1=#1+#2;
N50 #2=#2+1;
N60 END3;
N70 M30;
```

3. 编程题（30分）

如图17.5所示，加工4个孔，用宏程序编写数控加工程序。

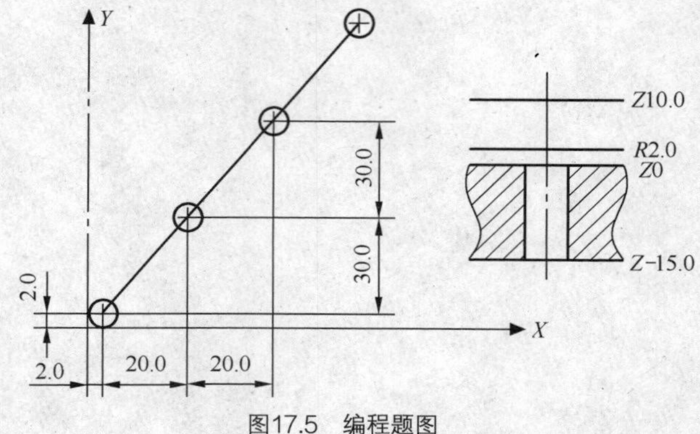

图17.5　编程题图

4. 综合题（30分）

加工图17.6所示零件，毛坯为$\phi 60\times70$的45钢，要求编写数控加工程序。

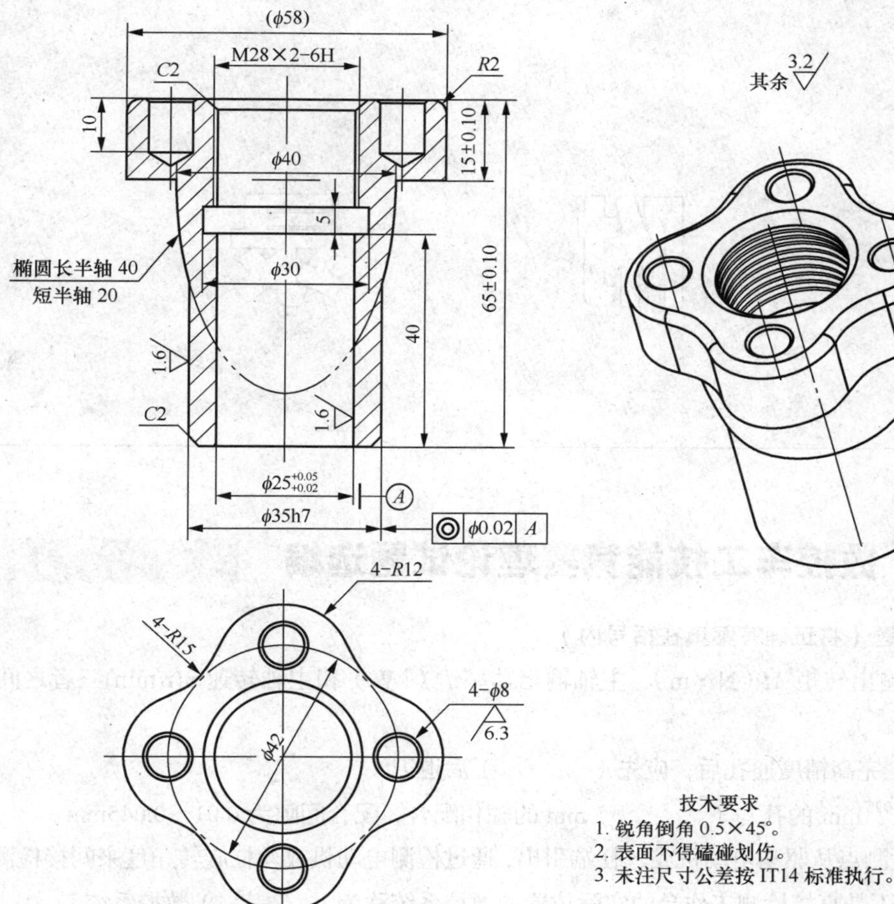
(ϕ58)
M28×2-6H
C2
R2
10
15±0.10
ϕ40
5
椭圆长半轴 40
短半轴 20
ϕ30
65±0.10
40
1.6
1.6
C2
ϕ25 +0.05 +0.02
A
ϕ35h7
ϕ0.02 A
其余 3.2
4-R12
4-R15
4-ϕ8
6.3
ϕ42
技术要求
1. 锐角倒角 0.5×45°。
2. 表面不得磕碰划伤。
3. 未注尺寸公差按 IT14 标准执行。

图17.6　综合题图

附录

附录 1　数控车工技能竞赛理论试题选编

一、填空题（将正确答案填在括号内）

1. 主轴输出转矩 M（N·m）、主轴输出功率 P（kW）和主轴转速 n(r/min)三者之间的关系式为（　　　）。

2. 镗加工完高精度通孔后，应先（　　　）后退刀。

3. $\phi 50_{0}^{+0.025}$mm 的孔与（　　　）mm 的轴相配合，配合间隙为 0.01～0.045mm。

4. 位置检测点从驱动电动机或丝杠端引出，通过检测电动机或丝杠旋转角度来间接检测工作台的位移量，而不是直接检测工作台的实际位置的数控系统称为（　　　）数控系统。

5. 从原理上讲，滚珠丝杠与螺母之间称为（　　　）传动。

6. 车细长轴时，要使用（　　　）和（　　　）来增加工艺系统的刚性。

7. 在数控编程时，使用（　　　）指令后，就可以按工件的轮廓尺寸进行编程，而不需要用刀具的假想刀尖点的运动轨迹来编程。

8. 现代数控机床一般都具有（　　　）功能，操作者可以很方便地了解故障内容及排除方法。

9. 在车刀的主切削刃上有 4 个基本几何角度，它们是前角、后角、主偏角和（　　　）。

10. 零点偏置就是（　　　）。

11. 传输参数 9600 E72 中的 9600 代表（　　　）。

12. 车削加工的主运动是（　　　）。

13. 滚珠丝杠副分为 C、D、E、F、G、H 共 6 个等级，C 级最高。数控机床中大多用（　　　）、（　　　）、（　　　）3 个等级。

14. 车削细长工件应选用（　　　）的主偏角，而且主偏角的大小与断屑（　　　）关系。

15. 衡量机床可靠性指标之一是平均无故障时间，用符号 MTBF 表示。其计算公式为（　　　）。

16. 刀具的磨损过程可分为 3 个阶段：即初期磨损阶段、正常磨损阶段、（　　　）阶段。

17. 常用的切削液分为 3 大类：水溶液、(　　　　)、切削油。

18. 机械加工工艺系统是由机床、刀具、(　　　　) 和工件构成的。

19. 外圆车刀正交平面参考系内标注的 6 个基本角度为主偏角、副偏角、前角、后角、刃倾角和 (　　　　)。

20. 夹紧力的方向应尽量垂直于定位基准面，同时应尽量与 (　　　　) 方向一致。

21. 代码 G18 用于选择 (　　　　) 平面。

22. 车床主轴的径向圆跳动将造成被加工工件的 (　　　　) 误差。

23. 热处理中的主要工艺参数有 (　　　　)、保温时间和冷却时间。

24. 程序中恒定线速度设为 100m/min，当刀具运行到工件直径为 100mm 处时（在极限速度范围内），主轴转速为 (　　　　) r/min。

25. 可转位车刀刀片的夹紧机构有偏心式、杠杆式、楔销式和 (　　　　) 4 种典型结构。

26. 计算外圆车削的切削速度时，应该计算 (　　　　) 表面的线速度。

27. (　　　　) 数控机床角位移的检测装置，通常安装在伺服电动机上。

28. G71 P04 Q10 U4、0 W2、0 D5、5 F0、3 S500，该粗车固定循环的粗加工深度为 (　　　　) mm。

29. 互相联系的尺寸按一定顺序首尾相接排列成的尺寸封闭图，就叫 (　　　　)。

30. 具有 (　　　　) 主轴的数控车床，才能实现恒线速度加工功能。

31. 小孔钻削加工中，为了保证加工质量，关键问题是要解决钻孔过程中的 (　　　　) 和 (　　　　)。

32. 自适应控制机床是一种能随着加工过程中切削条件的变化、自动地调整 (　　　　) 实现加工过程最优化的自动控制机床。

33. 在数控机床闭环伺服系统中由速度比较调节器、速度反馈和速度检测装置所组成的反馈回路称为 (　　　　)。

34. 请按照所给出的解释在图 fl.1 中填写形位公差。

"被测要素围绕公共基准线 *A*—*B* 做若干次旋转，并在测量仪器与工件间同时作轴向的相对移动时，被测要素上各点间的示值差均不得大于 0.1。"

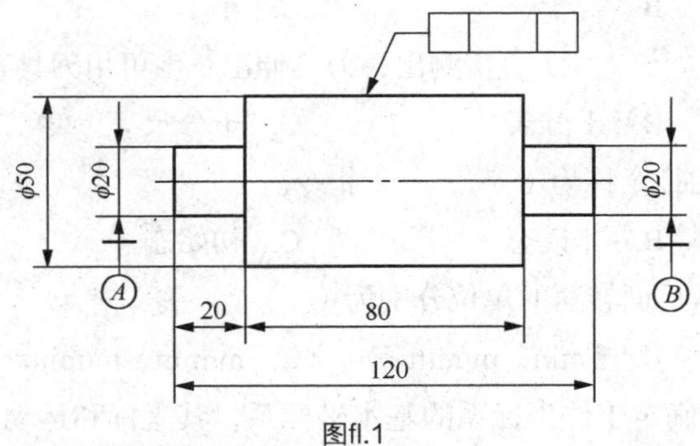

图fl.1

35. 为了减低残留面积高度，以便减小表面粗糙度值，车刀的工作角度中 (　　　　) 对其影响最大。

36. 在同一个外螺纹面上，中径上的螺纹升角（　　　）大径上的螺纹升角。

37. 在车床上钻孔时，钻出的孔径偏大的主要原因是钻头的（　　　）。

38.（　　　）液压缸是用得最广泛的一种液压缸。

39. 梯形螺纹精车刀的纵向前角应取（　　　）。

40. 轴向直廓蜗杆在垂直于轴线的截面内齿形是（　　　）。

二、选择题（将正确答案的序号填入括号内）

1. 车削细长轴时为了避免振动，车刀主偏角应取（　　　）。

A. 45°　B. 60° ～75°　C. 75° ～85°　D. 90° ～93°

2. 数控机床几何精度检查时首先应进行（　　　）。

A. 连续空运行实验　B. 安装水平的检查与调查

C. 环境温度的控制　D. 坐标精度检测

3. 程序段 G04 X5.0；表示（　　　）。

A. X 坐标轴方向移动 5mm　B. 主轴暂停 5s

C. 主轴暂停 5ms　D. 进给轴暂停 5s

4. 下列刀具材料中，最耐高温的是（　　　）。

A. 高速钢　B. 硬质合金　C. 立方氮化硼　D. 金刚石

5. 如果定位方式没有全部消除工件的6个自由度，而能满足加工要求，这种定位称为（　　　）。

A. 完全定位　B. 不完全定位　C. 欠定位　D. 过定位

6. 公差与配合的基本规定中，H7 符合 H 代表基孔制，其上偏差为正，下偏差为（　　　）。

A. 负值　B. 正值　C. 配合间隙值　D. 零

7. 测量蜗杆分度圆直径比较精确的方法是（　　　）。

A. 单针测量法　B. 齿厚测量法　C. 三针测量法　D. 通用工具

8. 工件材料相同，车削时温升基本相等，其热变形伸长量取决于（　　　）。

A. 工件长度　B. 材料热膨胀系数　C. 刀具磨损程度　D. 刀具类型

9. 高速车削螺纹时，硬质合金车刀刀尖应（　　　）螺纹的牙型角。

A. 大于　B. 等于　C. 小于　D. 不要求

10. 刀具的直径可用（　　　）直接测出，刀具伸出长度可用刀具直接对刀法求出。

A. 百分表　B. 千分表　C. 千分尺　D. 游标卡尺

11. 具有自保持功能的指令称为（　　　）指令。

A. 模态　B. 非模态　C. 初始态　D. 临时

12. 指令字 G96、G97 后面转速的单位分别为（　　　）。

A. m/min、r/min　B. r/min、m/min　C. m/min、m/min　D. r/min、r/min

13.（　　　）是用来确定工件坐标系的基本坐标系，其坐标和运动方向视机床的种类和结构而定。

A. 机床坐标系　B. 世界坐标系　C. 局部坐标系　D. 编程坐标系

14. 工件在长 V 形块中定位，可限制（ ）个自由度。

A. 3　　B. 4　　C. 5　　D. 6

15. 车床数控系统中，（ ）指令是恒线速控制指令。

A. G97 S__　　B. G96 S__　　C. G01 F__　　D. G98 S__

16. 主轴采用带传动变速时，一般采用（ ）和同步齿形带。

A. V 带　　B. 多联 V 带　　C. 平型带

17. 滚珠丝杠副消除轴向间隙的目的主要是提高（ ）。

A. 生产效率　　B. 窜动频率　　C. 导轨精度　　D. 反向传动精度

18. 直径编程状态下，数控车床在用后述程序车削外圆时，…N4 G90；N5 G01 X30；N6 Z−30；N7 X40；N8 Z−50；…，如刀尖中心高低于主轴中心，加工后两台阶的实际直径差值为（ ）。

A. 小于 10mm　　B. 大于 10mm　　C. 等于 10mm　　D. 都可能

19. 数控系统在执行“N5 T0101；N10 G00 X50 Z60；”程序时（ ）。

A. 在 N5 行换刀，N10 行执行刀偏　　B. 在 N5 行执行刀偏，再换刀

C. 在 N5 行换刀，同时执行刀偏　　D. 在 N5 行换刀，再执行刀偏

20. （ ）控制系统的反馈装置一般装在电动机轴上。

A. 开环　　B. 半闭环　　C. 闭环　　D. 增环

21. 程序段 G04 X2 中，若将 X 改为 P，则 P 后的数字应该为（ ）。

A. 2　　B. 0.002　　C. 2 000　　D. 0.2

22. 刀具补偿是（ ）刀具与编程的理想刀具之间的差值。

A. 标准　　B. 非标准　　C. 实际用的　　D. 系列化的

23. 在程序的最后必须标明程序结束代码（ ）。

A. M06　　B. M20　　C. M02　　D. G02

24. 使刀具轨迹在工件左侧沿编程轨迹移动的 G 代码为（ ）。

A. G40　　B. G41　　C. G42　　D. G43

25. 程序是由多条指令组成，每一条指令都称为（ ）。

A. 程序字　　B. 地址字　　C. 程序段　　D. 子程序

26. 如图 fl.2 所示，根据主、俯视图，正确的左视图是（ ）。

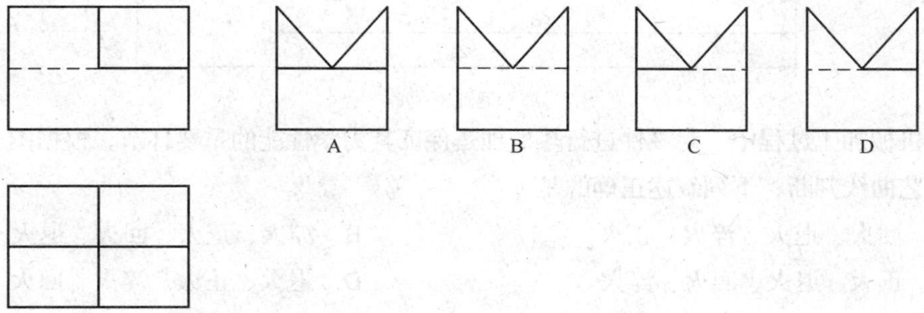

A　B　C　D

图fl.2

27. 碳素硬质合金与金属陶瓷在成分上的主要差别在于（　　）元素的含量。

A. C　　B. WC　　C. CO　　D. TiC

28. 装配图的尺寸 $\phi 50\frac{H7}{n6}$ 表示（　　）。

A. 基孔制的过盈配合　　B. 基轴制的间隙配合材

C. 基孔制的过渡配合　　D. 基轴制的过盈配合

29. 数控系统中 PLC 控制程序实现机床的（　　）。

A. 位置控制　　B. 各执行机构的逻辑顺序控制

C. 插补控制　　D. 各进给轴轨迹和速度控制

30. 数控机床的位置精度主要有（　　）。

A. 定位精度和重复定位精度　　B. 分辨率和脉冲当量

C. 主轴回转精度　　D. 几何精度

31. 如图 fl.3 所示，图上部的轴向尺寸 Z_1、Z_2、Z_3、Z_4、Z_5、Z_6 为设计尺寸。

$Z_1=20^{0}_{-0.28}$，$Z_2=22^{0}_{-0.6}$，$Z_3=100^{0}_{-0.8}$，$Z_4=144^{0}_{-0.54}$，$Z_5=20\pm0.3$，$Z_6=230^{0}_{-1}$。

编程原点为左端面与中心线的交点，编程时须按工序尺寸 Z_{11}、Z_{22}、Z_{33}、Z_{44}、Z_{55}、Z_{66} 编程。那么工序尺寸 Z_{33} 及其公差应该为（　　）。

A. $Z_{33}=142^{-0.6}_{-1.08}$ mm　　B. $Z_{33}=142^{-0.8}_{-0.08}$ mm

C. $Z_{33}=142^{-0.28}_{-1.4}$ mm　　D. $Z_{33}=142^{-0}_{-1.68}$ mm

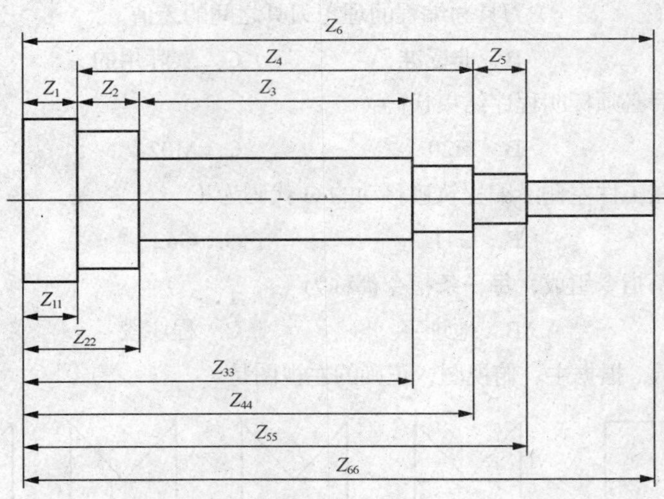

图fl.3

32. 在机械加工过程中，对零件进行热处理是保证其力学性能的重要环节，根据图 fl.4 所示钢的热处理工艺曲线判断，下列叙述正确的是（　　）。

A. 回火、退火、淬火、正火　　B. 淬火、正火、回火、退火

C. 正火、退火、回火、淬火　　D. 退火、正火、淬火、回火

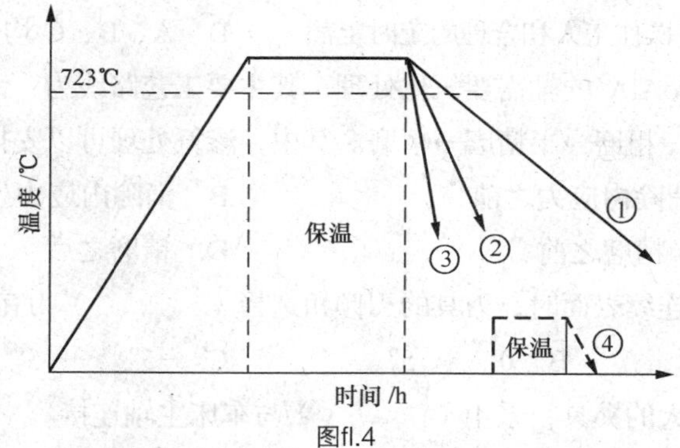

图fl.4

33. 刀具磨钝标准通常都按（　　　）的磨损值来制订。

A. 月牙洼深度　　B. 前刀面　　C. 后刀面　　D. 刀尖

34. 通常，切削温度随着切削速度的提高而增高。当切削速度增高到一定程度后，切削温度将随着切削速度的进一步升高而（　　　）。

A. 开始降低　　B. 继续增高

C. 保持恒定不变　　D. 开始降低，然后趋于平缓

35. 为确保和测量车刀几何角度，需要假想 3 个辅助平面，即（　　　）作为基准。

A. 已加工表面、待加工表面、切削表面　　B. 前刀面、主后刀面、副后刀面

C. 切削平面、基面、主剖面　　D. 切削平面、轴剖面、基面

36.（　　　）是指数控机床工作台等移动部件在确定的终点所达到的实际位置精度，即移动部件实际位置与理论位置之间的误差。

A. 定位精度　　B. 重复定位精度　　C. 加工精度　　D. 分度精度

37. 数控机床切削精度检验（　　　），对机床几何精度和定位精度的一项综合检验。

A. 又称静态精度检验，是在切削加工条件下　　B. 又称动态精度检验，是在空载条件下

C. 又称动态精度检验，是在切削加工条件下　　D. 又称静态精度检验，是在空载条件下

38. 对于非圆曲线加工，一般用直线和圆弧逼近，在计算节点时，要保证非圆曲线和逼近直线或圆弧之间的法向距离小于允许的程序编制误差，允许的程序编制误差一般取零件公差的（　　　）。

A. 1/2～1/3　　B. 1/3～1/5　　C. 1/5～1/10　　D. 等同值

39.（　　　）是一种旋转式测量元件，通常装在被检测轴上，随被检测轴一起转动。可将被测轴的角位移转换成增量脉冲形式或绝对式的代码形式。

A. 旋转变压器　　B. 编码器　　C. 圆光栅　　D. 测速发电动机

40. 人造金刚石刀具不适合加工（　　　）材料。

A. 铁族元素　　B. 铝硅合金　　C. 硬质合金　　D. 陶瓷

41. 经济精度与表面粗糙度，是指在正常的生产条件下，零件加工后所能达到的公差等级与表面粗糙度参数值。所谓正常的生产条件是（　　　）。

A. 完好的设备　　B. 必须的刀具和适当质量的夹具

C. 一定熟练程度操作工人和合理的工时定额　　D. A、B、C 均是

42. 对材料为 38CrMoAlA 的轴需要氮化处理，其主要工艺路线为：锻造→正火→粗车→调质→精车→消除内应力处理→粗磨→半精磨→精磨。其中，渗氮处理可以安排在（　　）。

A. 精车之后，消除内应力之前　　B. 消除内应力处理之后，粗磨之前

C. 粗磨之后，半精磨之前　　D. 精磨之后

43. 切削有冲击的不连续表面时，刀具的刃倾角选择（　　）为宜。

A. 0°～5°　　B. 0°～−5°　　C. −5°～−15°　　D. 5°～15°

44. 数控车用径向较大的夹具，采用（　　）与车床主轴连接。

A. 锥柄　　B. 过渡盘　　C. 外圆　　D. 拉杆

45. 国际标准规定公差用 IT 表示，划分为（　　）

A. 20 个等级，表示为：IT1、IT2、…、IT20

B. 20 个等级，表示为：IT01、IT0、IT1、IT2、…、IT18

C. 18 个等级，表示为：IT1、IT2、…、IT18

D. 18 个等级，表示为：IT01、IT0、IT1、IT2、…、IT16

46. 在切削脆性材料或用较低的切削速度和较小的切削厚度切削塑性材料时，刀具一般发生（　　）磨损。

A. 后刀面磨损　　B. 前刀面磨损

C. 前、后刀面同时磨损　　D. 沟槽磨损

47. 用两顶尖装夹工件，是车削轴类零件时的常用装夹形式。如加工工序较多，需多次使用中心孔，且安装精度要求较高，此时工件两端应钻（　　）中心孔。

A. A 型　　B. B 型　　C. C 型　　D. R 型

48. 螺纹加工时，为了减小切削阻力提高切削性能，刀具前角往往较大（10°）。此时，如用焊接螺纹刀，磨制出 60°刀尖角，精车出的螺纹牙型角（　　）。

A. 大于 60°　　B. 小于 60°　　C. 等于 60°　　D. 都可能

49. 牙型角为 60° 的螺纹是（　　）。

A. G1/2　　B. Tr40×5　　C. NPT1/2　　D. R1/2

50. 直径编程状态下，数控车床在用后述程序车削外圆时，…N4 G90；N5 G01 X30；N6 Z−30；N7 X40；N8 Z−50；…，如刀尖中心高低于主轴中心，加工后两台阶的实际直径差值为（　　）。

A. 小于 10mm　　B. 大于 10mm　　C. 等于 10mm　　D. 都可能

51. 数控系统在执行“N5 T0101；N10 G00 X50 Z60；”程序时，（　　）。

A. 在 N5 行换刀，N10 行执行刀偏　　B. 在 N5 行执行刀偏后再换刀

C. 在 N5 行换刀同时执行刀偏　　D. 在 N5 行换刀后再执行刀偏

52. 关于进给驱动装置描述不正确的一项是（　　）。

A. 进给驱动装置是数控系统的执行部分

B. 进给驱动装置的功能是：接受信息，发出相应的脉冲

C. 进给驱动装置的性能决定了数控机床的精度

D. 进给驱动装置的性能是决定了数控机床的快速性的因素之一

53. 选取量块时，应根据所需组合的尺寸 12.345，从后（ ）数字开始选取。

A. 最前一位 B. 小数点前一位 C. 最后一位 D. 小数点后一位

三、判断题（正确的请在括号内打“√”，错误的打“×”）

1. 在同一次安装中，应先进行对工件精度影响较小的工序。（ ）

2. 刀具硬质合金材料按 ISO 标准可分为 K 类、P 类、M 类共 3 种，分别对应国内的 YG 类、YT 类和 YW 类。（ ）

3. 数控机床的重复定位精度可以通过数控系统的功能进行补偿。（ ）

4. 切削速度的提高意味着切削力的提高，因此高速切削的切削力较大。（ ）

5. 加工半径小于刀具半径的内圆弧，当程序给定的圆弧半径小于刀具半径时，向圆弧圆心方向的半径补偿将会导致过切。（ ）

6. 伺服系统的性能不会影响数控机床加工零件的表面粗糙度值。（ ）

7. 自动编程中，使用后置处理的目的是将刀具位置数据文件处理成机床可以接受的数控程序。（ ）

8. 对于前半段是等节距，后半段是同径增节距的圆柱螺纹的车削，编程时既可用螺纹车削指令也可用螺纹循环车削指令。（ ）

9. 若同工序内车出的端面与内（外）径中心线的垂直度超差，则与数控车床有关的主要原因是横向导轨与主轴中心线的垂直度误差较大。（ ）

10. 从螺纹的粗加工到精加工，主轴的转速必须保证恒定。（ ）

11. 安装内孔加工刀具时，应尽可能使刀尖齐平或稍高于工件中心。（ ）

12. 车削多台阶的工件时，必须按图样找出正确的测量基准，否则将造成积累误差而产生废品。（ ）

13. 精加工时，使用切削液的目的是降低切削温度，起冷却作用。（ ）

14. 麻花钻靠近中心处的前角为负值。（ ）

15. 增大刀具前角能使切削力减小，产生的热量少，可提高刀具寿命。（ ）

16. 粗加工时应取较小的后角。（ ）

17. 粗基准一般只能使用一次。（ ）

18. 镗孔时为了排屑方便，即使不太深的孔，镗杆长度也应长些，直径应小些。（ ）

19. 刀具磨损越慢，切削加工时间就越长，也就是刀具寿命越长。（ ）

20. 合理地选择编程原点是提高工件车削加工质量的关键。（ ）

21. 首件工件（第一件）的加工，一般在 MDI 工作方式下进行。（ ）

22. 一般在精加工时，对加工表面质量要求高，刀尖圆弧半径宜取较小值。（ ）

23. 车刀主偏角增加，刀具刀尖部分强度与散热条件变差。（ ）

24. 切断刀有 2 条主切削刃和 1 条副切削刃。（ ）

25. 加工偏心工件时，应保证偏心的中心与机床主轴的回转中心重合。（ ）

26. 一夹一顶方式装夹工件，车床卡盘夹持部分较长时，卡盘限制工件的 5 个自由度。（ ）

27. 对于数控车床加工，其径向尺寸在编程时一般采用半径编程比较方便。（ ）

28. G00 和 G01 指令的运行轨迹都一样，只是速度不一样。（ ）

29. 平行度、对称度同属于位置公差。（ ）

30. 在切削余量不变的情况下，工件的单位加工成本总是随着切削速度的提高而降低。（ ）

31. 数控闭环系统与开环系统具有更高的稳定性。（ ）

32. 在切削用量中，对刀具耐用度影响最大的是切削速度，其次是切削深度，影响最小的是进给量。（ ）

33. 碳素钢中碳的质量分数小于 0.25%为低碳钢，碳的质量分数在 0.25%～0.6%范围内为中碳钢，碳的质量分数在 0.6%～1.4%范围内为高碳钢。（ ）

34. 车外圆时，车刀装的低于工件中心时，车刀的工作前角减小，工作后角增大。（ ）

35. 数控刀具应具有较高的耐用度和刚度、良好的材料热脆性、良好的断屑性能及可调、易更换的特点。（ ）

36. 只有当工件的 6 个自由度全部被限制时，才能保证加工精度。（ ）

37. 检验数控车床主轴轴线与尾座锥孔轴线等高情况下，通常只允许尾座轴线稍低。（ ）

38. 加工锥螺纹时，螺纹车刀的安装应使刀尖角的中分线垂直于工件轴线。（ ）

39. 安装内孔加工刀具时，应尽可能使刀尖齐平或稍高于工件中心。（ ）

40. 铝合金材料在钻削过程中，由于铝合金易产生切屑瘤，残屑易粘在刃口上造成排屑困难，故需要把横刃修磨得短些。（ ）

41. 铰削加工时，铰出的孔径可能比铰刀实际直径小，也可能比铰刀实际直径大。（ ）

42. 使用刀具圆弧半径补偿功能时，圆头车刀的刀位点方向号一般不可设为 3 号。（ ）

43. 数控车床在按 F 速度进行圆弧插补时，其 X、Z 两个轴分别按 F 速度运行。（ ）

44. 法向后角为零的数控机夹刀片，安装后要形成正常使用的刀具后角，则刀具的前角不可能为正。（ ）

45. 在数控车床加工螺纹时，为了提高螺纹表面质量，最后精加工时应提高主轴转速。（ ）

46. 三相异步电动机经改装后可以作为数控机床的伺服电动机。（ ）

47. 使用硬质合金刀具切断中碳钢工件时，不许用切削液以免刀片破裂。（ ）

48. 调质的目的是提高材料的硬度和耐磨性。（ ）

49. 使用偏刀车端面，采用从中心向外进给，不会产生凹面。（ ）

50. 螺纹精加工过程中需要进行刀尖圆弧补偿。（ ）

四、改错题（将下面错误的地方用笔画出来，并写出正确的答案）

1. 子程序结束后只能返回主程序。

2. 数控车床的刀具补偿只是指刀尖圆弧半径补偿。

3. 半径补偿 G41/G42 指令，可以与 G00/G01/G02/G03 指令在同一程序段。

4. G96 S200 是指主轴转速 200r/min。

5. 检测 $SR_{-0.01}^{+0.02}$ mm 球面精度可以用千分尺测量。

6. ϕ55G6、ϕ60G7、ϕ65G8 的公差是不相同的，它们的上偏差是相同的。

7. 如图 fl.5 所示，精车零件外径上 *A* 点到 *B* 点的程序段及进给路线如下，找出程序中的错误，并写出正确的程序。

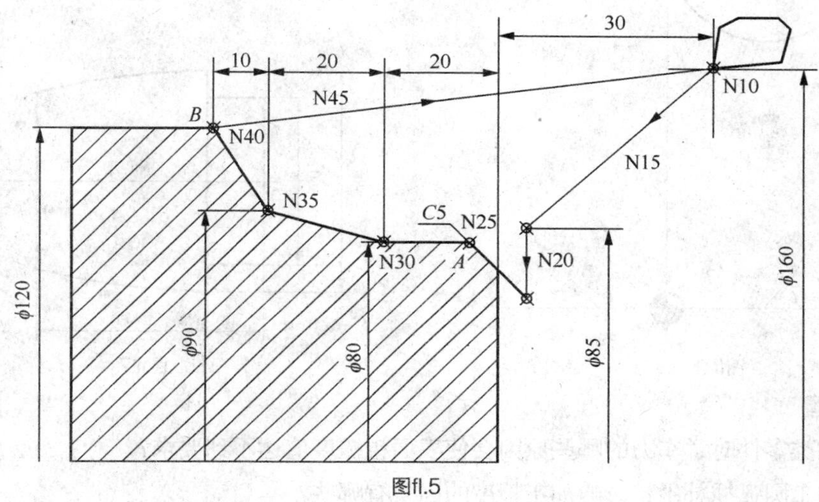

图fl.5

…

N10 G00 X160 Z30 T0100；________________

N15 X85 Z3 ________________

N20 G41 Z64 Z3 ________________

N25 G01 X80 Z-5 ________________

N30 Z-20 ________________

N35 X90 Z-40 ________________

N40 X120 Z-50 ________________

N45 G00 G40 X160 Z30 ________________

五、计算题

如图 fl.6 所示，已知：*D*=100mm，*a*=10mm， $\alpha = 30°$ ，$R = 10$mm。半径为 *R* 的圆与 *X* 轴相切于 *C* 点，与 *AB* 相切于 *B* 点。要求计算 *C* 点的 *X* 坐标值和 *B* 点的 *X*、*Z* 坐标值？（精确到 0.001mm）。

六、编程题

零件如图 fl.7 所示，程序原点为 *O* 点，请用宏编制从 *A* 点到 *B* 点椭圆曲线的精车程序段，填入下表中。（椭圆长轴为 200mm，短轴为 80mm，不考虑刀尖圆角）

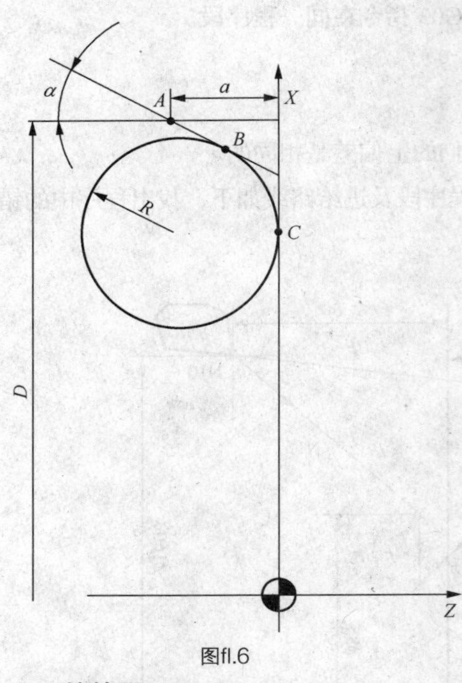

图fl.6

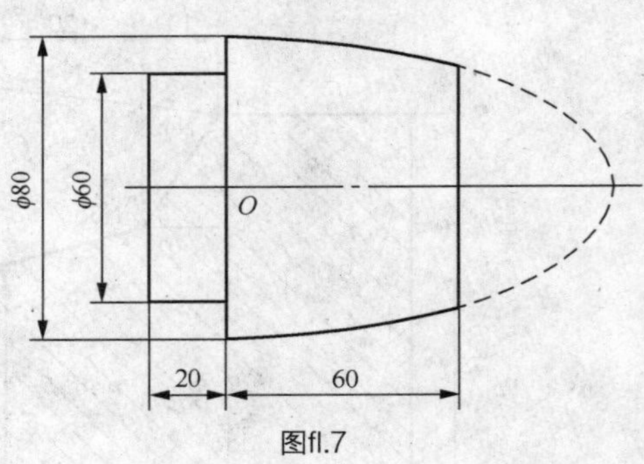

图fl.7

七、简答题

1. 车削轴类零件时，车刀的哪些原因会使表面粗糙度值达不到要求？
2. 在车加工圆弧插补中，影响加工精度的因素有哪些？
3. 造成数控车床切削过程中切削振动变大可能是哪些因素？
4. 简述带状切屑产生的条件有哪些？
5. 简述切削用量对切削力各有什么影响？
6. 简述对零件图样进行数控加工工艺性分析时，主要审查和分析哪些问题？
7. 编制加工程序时，容易出现哪些错误？
8. 配置增量编码器的数控车床上返回机床原点操作的作用是什么？
9. 机床机械锁住开关有什么作用？使用时必须注意哪些事项？
10. FANUC 0i、SIEMENS 802D 数控系统的简化编程功能有哪些？有什么特点？
11. 有一台半闭环数控车床，当使用 G02 指令、G03 指令切削大于半球的球形工件时，象限切换点处有明显的台阶刀痕，而其他弧面正常。造成这种情况的原因有哪些？（排除刀具原因。）
12. 全闭环或半闭环数控车床加工螺纹时出现明显乱牙现象，应判断是数控车床的哪个部件或元件出了问题？简要说明理由。（排除刀具原因。）
13. 简述增大刀具前角的优点和缺点。
14. 简述防止刀具积屑瘤产生的主要方法。
15. 简述表面粗糙度值的大小，对机械零件使用性能的影响。
16. 简述传统切削与高速切削在对刀具的磨损上有何区别，各自的表现形式及原因。
17. ISO513—1975（e）标准中将硬质合金分为 K、P、M 共 3 类，简述其中 K 类和 P 类在分组和应用上的主要区别。

八、综合题

如图 fl.8 所示，零件材料为 45 钢,调质处理，未标注处倒角：$C1$，其余 $R_a = 3.2\mu m$，棱边倒钝。

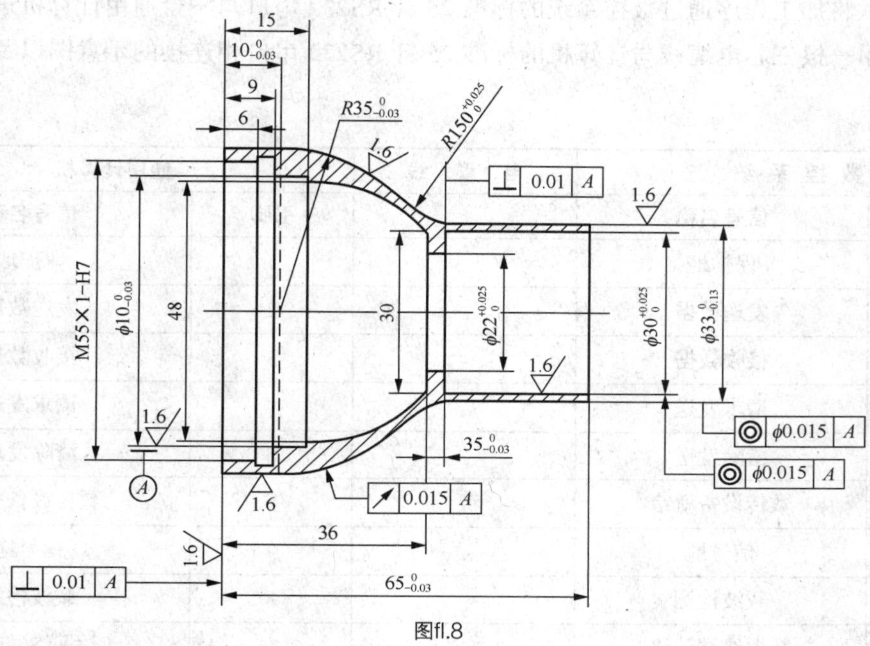

图fl.8

按图纸要求，请完成下面的工作。

1. 制订加工方案，包括工序、装夹定位方式以及工步安排。
2. 简要说明所用刀具的类型及其加工内容，将其填写在下面的表格中。

序　号	刀 具 编 号	刀具名称及规格	数　量	加 工 内 容	刀尖半径

3. 计算并注明外轮廓基点坐标值。

4. 编写外轮廓加工程序。

5. 根据图纸确定内轮廓抛物线的方程并只编写这段抛物线的加工程序。

6. 简述薄壁加工时的注意事项。

7. 如果欲将加工程序通过数控系统的标准 25 针 RS232 串口与一台通用计算机进行双向通信。请画出用一根三芯电缆线与计算机的标准 25 针 RS232 串口相连接的示意图以及接口参数设置。

数控系统		电缆线	通用计算机	
引脚	信号名称		引脚	信号名称
1	保护地		1	保护地
2	发送数据		2	发送数据
3	接收数据		3	接收数据
4	请求发送		4	请求发送
5	清除发送		5	清除发送
6	数传设备就绪		6	数传设备就绪
7	信号地		7	信号地
8	载波检测		8	载波检测
20	数据终端就绪		20	数据终端就绪
23	数据信号速率选择		23	数据信号速率选择

数控系统 RS232 参数设定			通用计算机 RS232 参数设定	
波特率	9 600		波特率	
数据位	7		数据位	
停止位	2		停止位	

附录 2 数控车工技能竞赛理论试题答案

一、填空题

1. M=9550P/n；2. 让刀；3. $\phi 50^{+0.01}_{-0.02}$；4. 半闭环；5. 无间隙；6. 跟刀架，尾座；

7. G41/G42；8. 故障自诊断或自诊断；9. 刃倾角；10. 坐标系的平移变换；11. 波特率；12. 工件回转运动；13. C、D、E；14. 较大，有；15. MTBF=总工作时间/总故障次数；16. 剧烈磨损；17. 乳化液；18. 夹具；19. 副后角；20. 切削力；21. XZ；22. 圆度；23. 最高加热温度；24. 318；25. 上压式；26. 待加工；27. 半闭环；28. 5.5；29. 尺寸链；30. 伺服；31. 冷却，排屑；32. 进给速度；33. 速度环；34. 见图 f1.9；35. 副偏角；36. 大于；37. 两主切削刃的长度不等；38. 柱塞式；39. 零值；40. 阿基米德螺旋线。

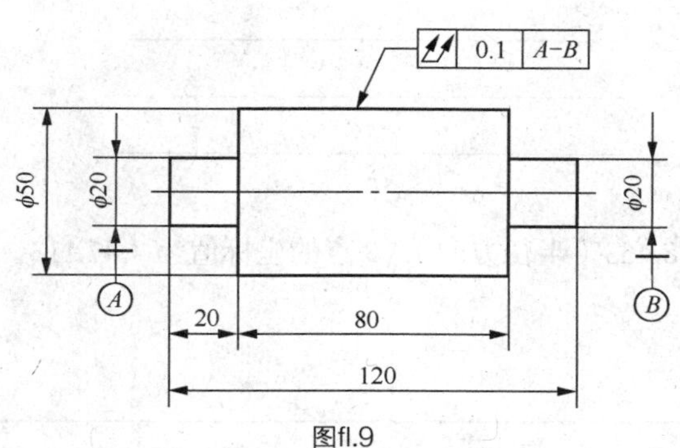

图fl.9

二、选择题

1. C　2. B　3. D　4. C　5. B　6. D　7. A　8. A　9. A　10. C
11. A　12. A　13. A　14. B　15. B　16. B　17. D　18. A　19. A　20. B
21. C　22. C　23. C　24. B　25. C　26. C　27. B　28. A　29. B　30. A
31. A　32. D　33. C　34. B　35. C　36. A　37. C　38. C　39. B　40. A
41. D　42.C　43. C　44. B　45. B　46. A　47. B　48. A　49. C　50. A
51. A　52. B　53. C

三、判断题

1. ×　2. √　3. ×　4. ×　5. √　6. ×　7. √　8. ×　9. √　10. √
11. √　12. √　13. ×　14. √　15. ×　16. √　17. √　18. ×　19. √　20. ×
21. ×　22. ×　23. √　24. ×　25. √　26. √　27. ×　28. ×　29. √　30. ×
31. ×　32. ×　33. √　34. √　35. √　36. ×　37. ×　38. √　39. √　40. √
41. √　42. ×　43. ×　44. ×　45. ×　46. √　47. ×　48. ×　49. √　50. ×

四、改错题

1. 子程序结束后只能返回主程序。也可以返回调用它的上一个子程序。

2. 数控车床的刀具补偿只是指刀尖圆弧半径补偿。包括刀尖圆弧半径补偿和刀具长度补偿。

3. 半径补偿 G41/G42 指令，可以与 G00/G01/G02/G03 指令在同一程序段。只可以与 G00/G01 在同一程序段。

4. G96 S200 是指主轴转速 200r/min。恒线速度为 200m/min。

5. 检测 SR$^{+0.02}_{-0.01}$ mm 球面精度可以用千分尺测量。可以用三坐标测量机测量。

6. ϕ55G6、ϕ60G7、ϕ65G8 的公差是不相同的，它们的上偏差是相同的。它们的下偏差是相同的。

7. 正确答案

N10 G00 X160 Z30 T0100；N10 G00 X160 Z30 T0101；

N15 X85 Z3	____________
N20 G41 Z64 Z3	N20 G42　X64　Z3
N25 G01 X80 Z-5	N25 G01 X80 Z-5 F0.3
N30 Z-20	____________

N35 X90 Z-40 ____________________

N40 X120 Z-50 ____________________

N45 G00 G40 X160 Z30 ____________________

五、计算题

答：*C* 点的 *X* 坐标为 38.453（半径方向），*B* 点的坐标值为（47.113，−5）（半径方向）

六、编程题

选用 FANUC 0i 系统。

序　号	程 序 段	注　释
N10	G90G54	
N20	S900 M03	
N30	#1=60	
N40	#2=100	
N50	#3=40	
N60	G00 X[#3+1] Z[#1+1]	
N70	#4=#3*SQRT[1-[#1*#1]/[#2*#2]]	
N80	G01 X[2*#4] Z[#1] F0.1	
N90	#1=#1-0.5	
N100	IF [#1 GE 0] GOTO 70	
N110	G00 X100	
N120	M05	
N130	M30	

选用 SIEMENS 802D 系统。

序　号	程 序 段	注　释
N10	G90G54	
N20	S900 M03	
N30	R1=60	
N40	R2=100	
N50	R3=40	
N60	G00 X=R3+1 Z=R1+1	
N70	R4=R3*SQRT(1-(R1*R1)/(R2*R2))	
N80	STA:G01 X=2*R4 Z=R1 F0.1	
N90	R1=R1-0.5	
N100	IF R1>=0 GOTOB STA	
N110	G00 X100	
N120	M05	
N130	M30	

七、简答题

1. 答：车削轴类零件时，使表面粗糙度值达不到要求的车刀原因如下。

① 车刀刚性不足或伸出太长引起振动。

② 车刀刀尖几何形状不正确，选择不恰当的刀具角度。

③ 刀具磨损等。

2. 答：影响加工精度的因素如下。

① 机床 X 轴、Z 轴的垂直几何精度。

② 机床 X 轴、Z 轴的定位精度。

③ 机床 X 轴、Z 轴的反向间隙。

④ 机床 X 轴、Z 轴的插补精度。

3. 答：可能产生以下因素。

① 主轴箱和床身连接螺钉松动。

② 主轴与箱体配合超差。

③ 轴承预紧力不够，游隙过大。

④ 轴承预紧螺母松动，主轴窜动。

⑤ 轴承拉毛或损坏。

⑥ 转塔刀架运动部位松动或顶尖压力不够。

⑦ 切削刀具选用不当或安装不牢。

⑧ 切削工艺参数选择不当。

⑨ 其他原因。

4. 答：加工塑性金属材料，切削速度较高，切削厚度较薄，刀具前角较大。由于刀具切削剪切滑移过程中滑移量较小，没有达到材料的破坏程度，因此形成带状切屑。

5. 答：①背吃刀量和进给量增加时，切削力增大。

② 切削塑性金属时，切削力一般是随着切削速度的提高而减少。

③ 切削脆性金属时，切削速度对切削力没有显著的影响。

6. 答：①加工路线应保证加工零件的精度和表面粗糙度，并且加工效率较高。

② 应使数值计算简单，以减少编程工作量。

③ 应使加工路线最短，这样既可以减少程序段，又可以减少空走刀时间。

④ 为了减少接刀的痕迹，保证零件加工表面质量，对刀具的切入和切出程序需要认真设计。

7. 答：①输入代码错误。

② 输入单位错误。

③ 指令格式错误。

④ 偏置地址错误。

⑤ 半径补偿错误。

⑥ 第一次使用 G01 时，没有给出进给速度。

⑦ 子程序调用错误。

⑧ 切削用量选用不合理。

⑨ 计算的坐标值与图样不符。

⑩ 加工顺序安排不合理

⑪ 进、退刀位置与进、退刀方式不合理。

⑫ 存储器的容量不足造成程序溢出。

8. 答：建立机床坐标系；间隙补偿和螺补有效；存储极限有效。

9. 答：检查程序；轨迹显示。

10. 答：自动倒角、倒圆弧功能，简化了基点坐标计算。轮廓编程功能（可以直接按照给定图样编程）。系统将一些典型加工功能编制成固定循环，使用时可以直接调用。特点：简化计算；缩短程序；方便编程。

11. 答：在半闭环或开环数控系统中，这是一种常见的故障，一般是属于机械方面的问题。主要是 *X* 轴反向间隙过大造成的；当 *X* 轴过半径转向时，机床跟随误差大，形成台阶刀痕。

造成反向间隙的原因有：丝杠螺母间的间隙，*X* 轴窜动，联轴器松动等。

12. 答：如果在加工螺纹时出现乱牙问题，应判断是主轴脉冲编码器不良。因为主轴转速与进给速率在车削螺纹时有着严格的比例关系，这种严格的比例关系是主轴脉冲发生器控制的，如果比例失调，必然出现乱牙。

若轴（伺服轴）的位置编码器质量不良，加工非螺纹面也要出问题。

13. 答：优点是切削锋利，减少切削功率，减少切削热，减少积屑瘤。缺点是降低刀具强度，降低散热性能，增大刀具破碎倾向。

14. 答：防止刀具积屑瘤产生的方法为：降低切削速度或采用高速切削，采用润滑性能好的切削液，刀具涂层，前刀面抛光，增大刀具前角，适当提高工件材料硬度。

15. 答：① 表面粗糙度影响零件的耐磨性；

② 表面粗糙度影响零件配合性质的稳定性；

③ 表面粗糙度影响零件的深度；

④ 表面粗糙度影响零件的抗腐蚀性；

⑤ 表面粗糙度影响零件的密封性。

16. 答：在传统切削中，刀具的磨损形式主要是后刀面和侧面沟槽磨损，是由于工件被加工表面和刀具的后刀面产生摩擦而导致的磨损。

在高速切削中，刀具的磨损形式主要是前刀面磨损（月牙洼磨损），是由于在高速切削时切削速度的加快导致切削温度的上升，切屑和刀具的前刀面产生的热应力和化学反应，导致热扩散磨损和化学磨损。

17. 答：K 类碳素硬质合金的主要成分是 WC 和 CO 两相合成，主要用于各类铸铁、非金属材料、有色金属材料的加工。

P 类碳素硬质合金的主要成分是在 WC 和 CO 的基础上加入 TiC/TaC/NBC 等成分，主要用于碳素钢、合金钢、不锈钢和铸钢的加工。

八、综合题

1. 制定加工方案，包括工序、装夹定位方式以及工步安排。

（1）设定毛坯ϕ65 ㎜ × 67 ㎜；

（2）加工顺序与步骤：夹持小头、车端面、钻孔ϕ18mm、粗车外圆、精车外圆至ϕ62mm × 30mm；

（3）夹持ϕ62mm（已加工表面）、找正、粗车内孔ϕ30mm、留余量 2mm、车端面；

（4）夹持ϕ62mm（已加工表面）长度约 6mm，用后顶尖顶住ϕ28mm 内孔。粗车外圆轮廓并留余量，车螺纹等。

（5）夹持ϕ62mm（已加工表面），粗精车左端内孔和抛物线。车螺纹底孔、螺纹退刀槽、倒角、内螺纹等到尺寸要求；

（6）用螺纹芯轴内撑、用ϕ50mm 孔定位、M55 × 1 夹紧、防止薄壁变形；

（7）先半精车、然后精车外轮廓至尺寸要求；

（8）先半精车、精车内孔ϕ22mm、ϕ30mm 至尺寸要求；

（9）卸零件。

2. 简要说明所用刀具的类型及其加工内容，将其填写在下面的表格中。

序　号	刀 具 编 号	刀具名称及规格	数　量	加 工 内 容	刀尖半径（mm）
1	T01	90°外圆粗车刀	1	粗加工外轮廓	0.6
2	T02	90°外圆精车刀	1	半精加工、精加工外轮廓	0.2
3	T03	ϕ18mm 内圆粗车刀	1	粗车内轮廓	0.4
4	T04	ϕ20mm 内圆精车刀	1	半精车、精车内轮廓	0.2
5	T05	3mm 内孔切槽刀	1	车螺纹退刀槽	0.2
6	T06	60°内螺纹刀	1	车内螺纹	0.2
7	T07	45°端面车刀	1	车端面	0.3
8	T08	ϕ20mm 钻头	1	粗钻孔	

3. 计算并注明外轮廓基点坐标值，如图 fl.10 所示。

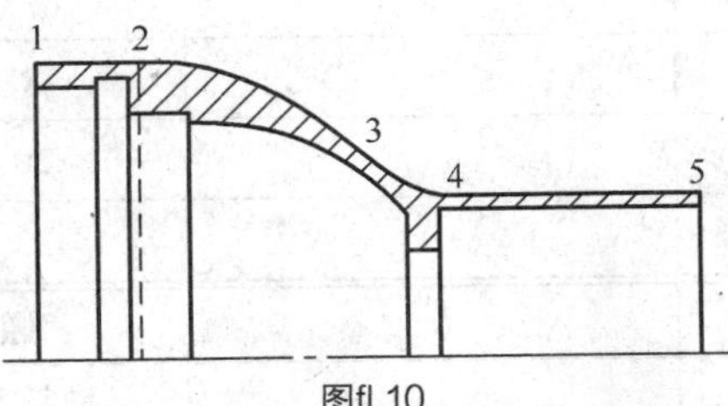

图fl.10

序　号	基 点 名 称	X值	Z值
1	1	0	30
2	2	10	30

续表

序　号	基点名称	X值	Z值
3	3	31.424	21
4	4	42.136	16.5
5	5	65	16.5

4. 编写外轮廓加工程序。

略。

5. 根据图纸确定内轮廓抛物线的方程并只编写这段抛物线的加工程序。

略。

6. 简述薄壁加工时的注意事项：

① 装夹方式：辅助支承，装夹力的大小，受力点的选择，防止夹紧变形；

② 刀具和切削用量的选择，防止切削力和切削热造成的变形；

③ 走刀路线的选择：先外圆后内孔。

7. 如果欲将加工程序通过数控系统的标准25针RS232串口与一台通用计算机进行双向通信。请画出用一根三芯电缆线与计算机的标准25针RS232串口相连接的示意图以及接口参数设置。

数控系统		电缆线	通用计算机	
引脚	信号名称		引脚	信号名称
1	保护地		1	保护地
2	发送数据		2	发送数据
3	接收数据		3	接收数据
4	请求发送		4	请求发送
5	清除发送		5	清除发送
6	数传设备就绪		6	数传设备就绪
7	信号地		7	信号地
8	载波检测		8	载波检测
20	数据终端就绪		20	数据终端就绪
23	数据信号速率选择		23	数据信号速率选择

数控系统RS232参数设定			通用计算机RS232参数设定	
波特率	9 600		波特率	9 600
数据位	7		数据位	7
停止位	2		停止位	2

附录3　数控铣工/加工中心技能竞赛理论试题选编

一、填空题（将正确答案填在括号内）

1. 数控机床的导轨形式包括贴塑滑动导轨、静压导轨、直线滚动导轨等，这几种导轨的摩擦系数最小的是（　　　　）。

2. 数控机床位置精度中的（　　　　）是实际位置与指令位置的一致程度，不一致量表现为误差。

3. 如图 fl.11 所示，用面铣刀铣削平面，工件安装偏移铣刀中心，则多半部为（　　　　）铣，少半部为（　　　　）铣。

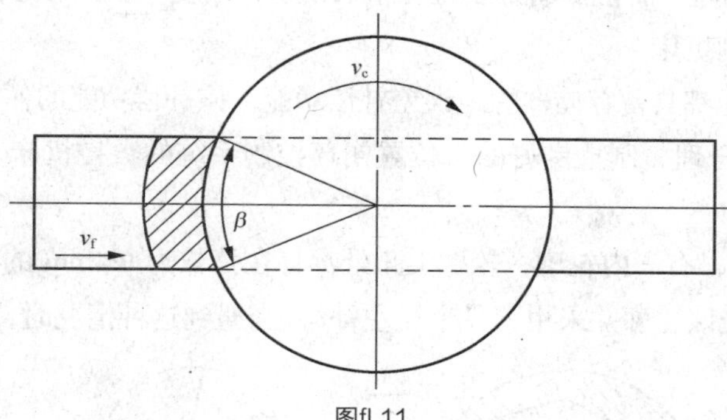

图fl.11

4. 一台配置了增量编码器的加工中心，在自动运行程序过程中，如果分别按下了“急停”和“给保持”按钮，机床会有不同的执行结果，在下表的表格中填写机床运动状况。

按钮	机床的执行结果			继续自动运行需要执行的操作
	主轴运动	进给运动	辅助功能	
急停				
进给保持				

5. 数控加工生产中，对曲面加工常采用（　　　　）铣刀。

6. 圆柱铣刀的刀位点是刀具中心线与刀具底面的交点，（　　　　）是球头刀的球心点。

7. 铣削内轮廓表面时，铣刀可沿零件轮廓切线方向切入和切出，并应避免（　　　　），以免在零件表面的进给暂停处留下凹凸痕迹。

8. 刀具号和刀套号（　　　　）方式有利于 ATC 缩短换刀、选刀时间。

9. 在程序中同样轨迹的加工部位，只需制作一段程序，把它称为（　　　　），其余相同的加工部位通过调用该程序即可。

10. 弹簧夹头刀柄比侧固式刀柄装夹（　　　　）好，侧固式刀柄比弹簧夹头刀柄装夹（　　）好。

11. 在 G41 或 G42 指令的起始程序段中，刀具相邻轨迹间的夹角不能小于（　　　　）。

12. 小孔钻削加工中，为了保证加工质量，关键问题是要解决钻孔加工中的（ ）和（ ）。

13. 在对 1Cr18Ni9Ti 不锈钢材料的钻削中，为了防止硬化层产生，需采用较低的线速度和（ ）进给量。

14. 现代数控机床使用的导轨按类型可分为滑动导轨、（ ）和静压导轨。

15. 数控机床在轮廓拐角处产生“欠切”现象，应采用（ ）的方法控制。

16. 当代数控系统都具备预处理控制，该功能是预读多个程序段进行处理并进行插补前直线加/减速，所以加、减速平滑，且有助于实现（ ）加工。

17. 数控铣床的 *W* 轴是指（ ）轴。

18. 自适应控制机床是一种能随着加工过程中切削条件的变化，自动地调整（ ）实现加工过程最优化的自动控制机床。

19. 当代数控系统中都具备存储器螺距误差补偿功能，该补偿功能的作用是（ ）。

20. 对于一个设计合理，制造良好的带位置闭环控制系统的数控机床，可达到的位置精度由（ ）的品质决定。

21. 如图 fl.12 所示，有一内轮廓，轮廓尖角处都存在弦长为 0.4mm 的直线倒角。如果在数控铣床上用ϕ6mm 铣刀精铣该轮廓并采用刀具半径左补偿，当遇到这种情况时，数控系统将（ ）。

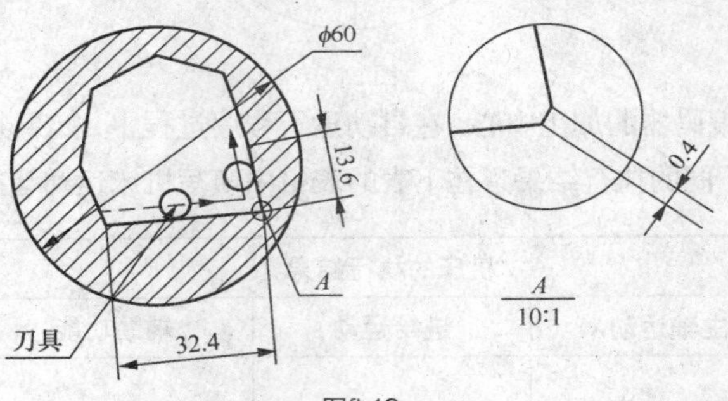

图fl.12

22. 高速切削塑性金属材料时，若没采取适当的断屑措施，则易形成（ ）切屑。

23. 设置工件原点的作用是使（ ）与（ ）重合。

24. 刀具半径补偿指令为 G42，若刀具半径补偿值为−10.0 时，沿着刀具前进方向看，刀具中心轨迹位于零件轮廓的（ ）10mm。

25. G 功能指令分成若干组，有（ ）指令和（ ）指令之分。

26. 在数控机床闭环伺服系统中，由速度比较调节器、速度反馈和速度检测装置所组成的反馈回路称为（ ）。

27. 并联机床是一个空间并联连杆机构，它有（ ）根长度可变的连杆带动刀具或工作台运动，从而加工出复杂曲面。

28. 任选华中数控系统、FANUC 系统、SIEMENS 系统指令之一，请填写出在 *XOZ* 平面内坐标旋转 72° 的指令，旋转中心在（15，0，20）处。（ ）

29. 任选华中数控系统、FANUC 系统、SIEMENS 系统指令之一，请填写出调用子程序的指令，子程序号自定。(　　　　)

30. 硬质合金与金属陶瓷在成分上的主要差别在于（　　　　）的含量。

二、选择题（将正确答案的序号填入括号内）

1. 图 fl.13 是某数控机床的主轴输出转矩、功率曲线图，图中恒转矩输出与恒功率输出交界的转速称为(　　　)，它是传动系统传递全部主轴电动机功率时的（　　　）。

A. 最低转速　　B. 中间转速　　C. 最高转速　　D. 计算转速

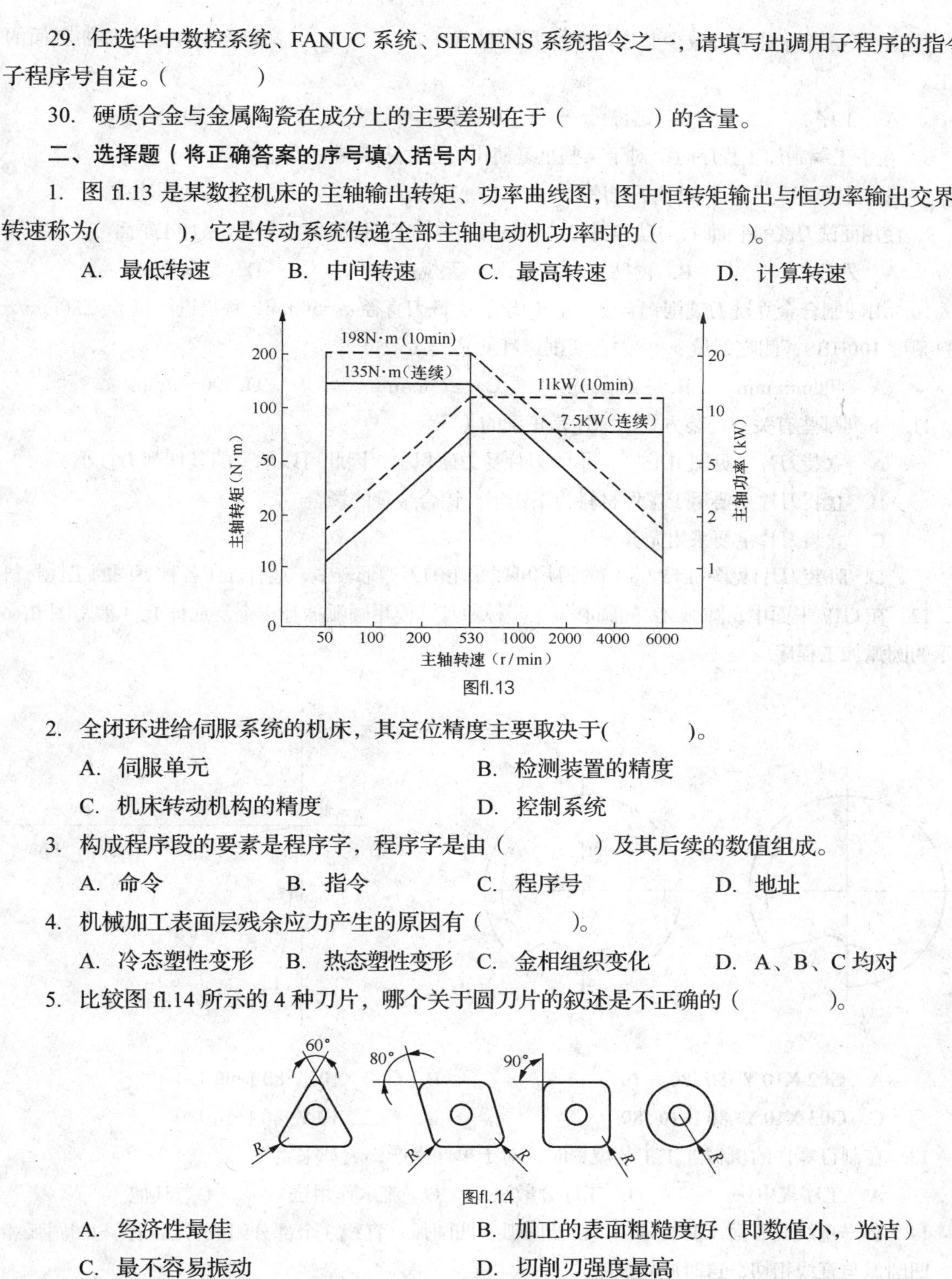

图fl.13

2. 全闭环进给伺服系统的机床，其定位精度主要取决于(　　　　)。

A. 伺服单元　　B. 检测装置的精度

C. 机床转动机构的精度　　D. 控制系统

3. 构成程序段的要素是程序字，程序字是由（　　　　）及其后续的数值组成。

A. 命令　　B. 指令　　C. 程序号　　D. 地址

4. 机械加工表面层残余应力产生的原因有（　　　　）。

A. 冷态塑性变形　　B. 热态塑性变形　　C. 金相组织变化　　D. A、B、C 均对

5. 比较图 fl.14 所示的 4 种刀片，哪个关于圆刀片的叙述是不正确的（　　　　）。

图fl.14

A. 经济性最佳　　B. 加工的表面粗糙度好（即数值小，光洁）

C. 最不容易振动　　D. 切削刃强度最高

6. 设计夹具时，夹具的制造公差一般不超过工件公差的（　　　　）。

A. 2/3　　B. 1/3　　C. 1/2　　D. 1/4

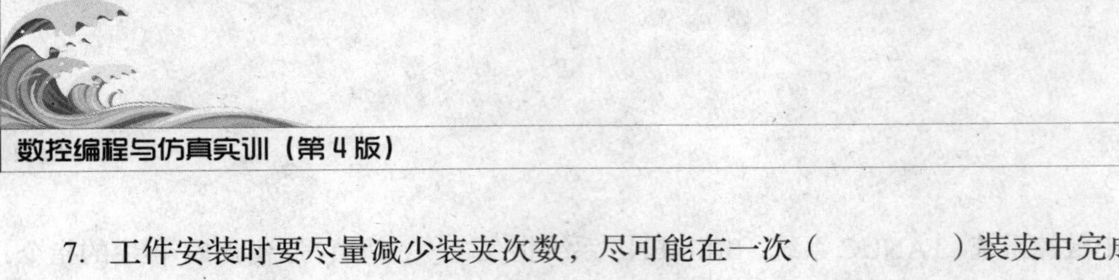

7. 工件安装时要尽量减少装夹次数，尽可能在一次（　　　）装夹中完成全部加工面的加工。

A. 工序　　B. 定位　　C. 加工　　D. 工步

8. 在手工编制加工程序时，对于某些重复使用的程序应使用（　　）。

A. 主程序　　B. 子程序　　C. 下一道程序　　D. 其他程序

9. 使用面铣刀铣削平面时，若加工中心主轴轴线与被加工表面不垂直，将使被加工平面（　　）。

A. 外凸　　B. 内凹　　C. 无规律　　D. 单向倾斜

10. 用硬制合金立铣刀铣削铝合金平面（周铣），铣刀直径 d_0=50mm，每齿进给量 f_z=0.20mm/z，材料硬度 100HBS，侧吃刀量 a_e= d_0/4，切削速度 v_c 应是（　　）。

A. 400mm/min　　B. 305m/min　　C. 275m/min　　D. 205m/min

11. 下列哪些有关刀安装方式的陈述是正确的（　　　）。

A. 立装刀片［见图 fl.15（b）］的刀片受力面积小，因此可以承受的其切削力较小

B. 立装刀片主要用于工件材料为不锈钢，铝合金等的场合

C. 立装刀片主要采用无孔刀片

D. 卧装刀片[见图 fl.15（a）]的刀片可以采用的刀槽形较多，适合加工各种不同的工件材料

12. 在 G17 平面中，圆弧 *AB* 的圆心位于坐标原点，使用圆弧插补指令及地址 I、J 编写图 fl.16 所示的圆弧加工程序应是（　　　）。

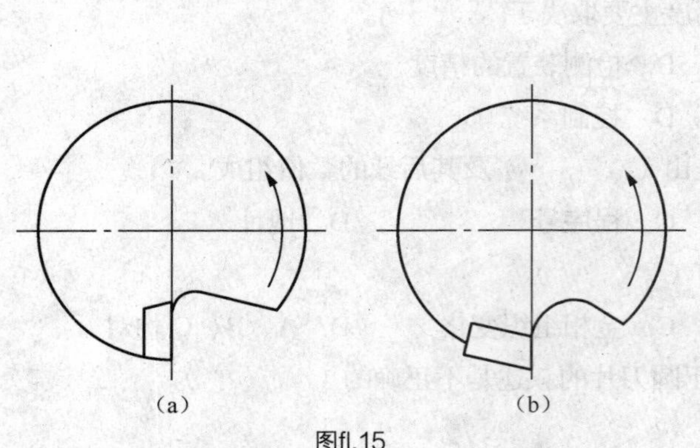

图fl.15

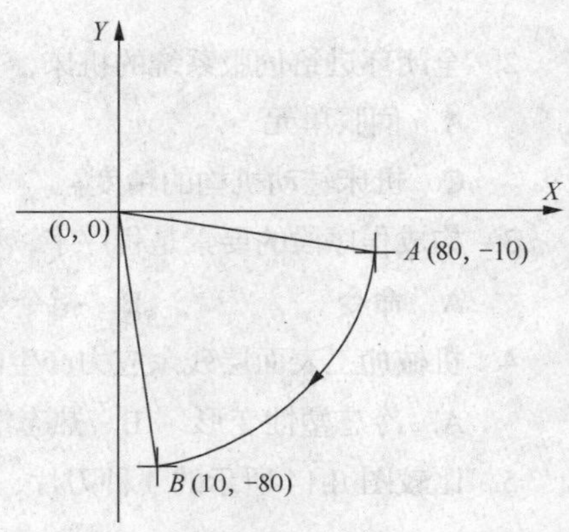

图fl.6

A. G02 X10 Y−80 I80 J−10　　B. G02 X10 Y−80 I−80 J10

C. G03 X10 Y−80 I−10 J80　　D. G02 X10 Y−80 I−10 J80

13. 在制订零件的机械加工工艺规程时，对于单件生产，大都采用（　　　）。

A. 工序集中法　　B. 工序分散法　　C. 流水作用法　　D. 其他

14. 有一直线成形面（曲线外形）由凸圆弧、凹圆弧、直线 3 个部分组成，凸圆弧与凹圆弧相切，凹圆弧与直线相切，这时应先加工（　　）。

A. 凸圆弧　　B. 凹圆弧　　C. 直线

15. 适合数控加工的零件其内腔和外形最好采用（　　　）的几何类型和尺寸。这样可以减少

刀具规格和换刀次数，便于编程，提高生产率。

A. 统一　B. 不同　C. 系列化　D. 多样化

16. 圆弧插补指令中，可用圆弧半径 *R* 指定代替 I、K 指定，当 *R* 为正值时，表示加工的圆弧（　　）。

A. 小于 180°　B. 大于 180°　C. 由 X、Z 地址的值确定

17. 进给速度可用代码 F 指定，由（　　）指定 F 后面的数值是每分钟进给量。

A. G94　B. G95　C. M94　D. M95

18. 具有“坐标定位、快进、工进、孔底暂停、快速返回”动作循环的钻孔指令为（　　）。

A. G73　B. G80　C. G82　D. G85

19. 取消孔固定循环加工方式用的指令为（　　）。

A. G80、G04、G02　B. G01、G03、G80　C. G82、G04、G03

20. M99 为子程序结束指令，M99（　　）使用一个程序段。

A. 不一定要单独　B. 一定要单独　C. 一定不要单独　D. 只能

21. 数控铣床的机床零点，由制造厂调试时存入机床计算机，一般情况该数据（　　）。

A. 临时调整　B. 能够改变　C. 永久存储　D. 暂时存储

22. 程序校验与首件试切的作用是（　　）。

A. 检查机床是否正常

B. 提高加工质量

C. 检验程序是否正确及零件的加工精度是否满足图样要求

D. 参数是否正确

23. 用于关键尺寸的抽样检查（或临时停机）的程序计划暂停指令为（　　）。

A. M02　B. M01　C. G04　D. G99

24. 数控系统能实现的（　　）位移量等于各轴输出的脉冲当量。

A. 角　B. 直线　C. 最大　D. 最小

25. 在（　　）指令前应有指定平面的指令。

A. 主轴　B. 辅助　C. 圆弧进给　D. 快速进给

26.（　　）是指定位时工件的同一自由度被两个定位元件重复限制的定位状态。

A. 过定位　B. 欠定位　C. 完全定位　D. 不完全定位

27. 光栅尺是（　　）。

A. 一种较为准确的直接测量位移的工具

B. 一种数控系统的功能模块

C. 一种能够间接检测角位移的伺服系统反馈元件

D. 一种能够间接检测直线位移的伺服系统反馈元件

28. 选择加工表面的设计基准作为定位基准称为（　　）。

A. 基准统一原则　B. 互为基准原则　C. 基准重合原则　D. 自为基准原则

29．在传统加工中选择粗加工切削用量时，从刀具寿命方面考虑，首先应选择尽可能大的（　　）。

A．背吃刀量　　B．进给速度　　C．切削速度　　D．主轴转速

30．采用球头刀铣削加工曲面，减小残留高度的办法是（　　）。

A．减小球头刀半径和加大行距　　B．减小球头刀半径和减小行距

C．加大球头刀半径和减小行距　　D．加大球头刀半径和加大行距

31．如图fl.17所示，根据主、俯视图，正确的左视图是（　　）。

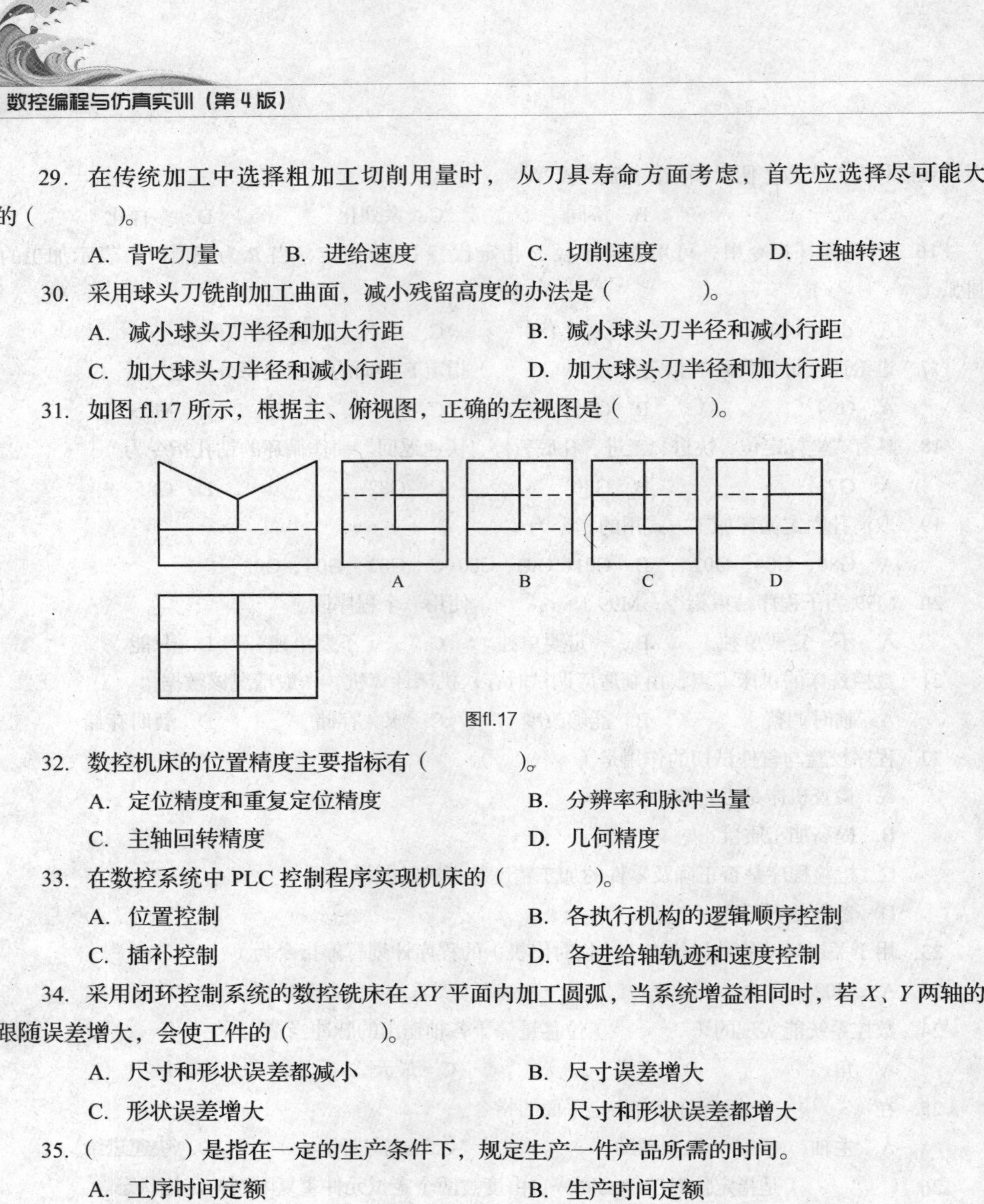

图fl.17

32．数控机床的位置精度主要指标有（　　）。

A．定位精度和重复定位精度　　B．分辨率和脉冲当量

C．主轴回转精度　　D．几何精度

33．在数控系统中PLC控制程序实现机床的（　　）。

A．位置控制　　B．各执行机构的逻辑顺序控制

C．插补控制　　D．各进给轴轨迹和速度控制

34．采用闭环控制系统的数控铣床在XY平面内加工圆弧，当系统增益相同时，若X、Y两轴的跟随误差增大，会使工件的（　　）。

A．尺寸和形状误差都减小　　B．尺寸误差增大

C．形状误差增大　　D．尺寸和形状误差都增大

35．（　　）是指在一定的生产条件下，规定生产一件产品所需的时间。

A．工序时间定额　　B．生产时间定额

C．劳动生产率　　D．加工节拍

36．图fl.18所示阶梯轴简图，图上部的轴向尺寸Z_1、Z_2、Z_3、Z_4、Z_5、Z_6为设计尺寸。$Z_1=20_{-0.28}^{\ 0}$，$Z_2=22_{-0.6}^{\ 0}$，$Z_3=100_{-0.8}^{\ 0}$，$Z_4=144_{-0.54}^{\ 0}$，$Z_5=20\pm0.3$，$Z_6=230_{-1}^{\ 0}$。

编程原点为左端面与中心线的交点，编程时须按工序尺寸Z_{11}、Z_{22}、Z_{33}、Z_{44}、Z_{55}、Z_{66}编程。那么工序尺寸Z_{33}及其公差应该为（　　）。

A．$Z_{33}=142_{-1.08}^{-0.6}$ mm　　B．$Z_{33}=142_{-0.88}^{-0.8}$ mm

C．$Z_{33}=142_{-1.4}^{-0.28}$ mm　　D．$Z_{33}=142_{-1.68}^{\ 0}$ mm

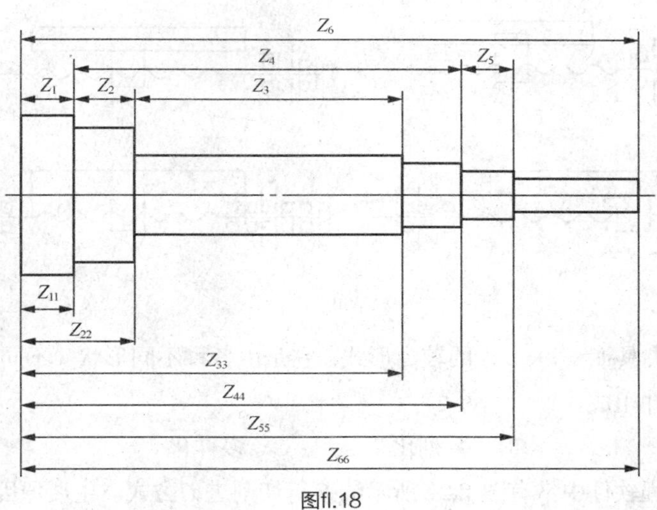

图fl.18

37. 在机械加工过程中，对零件进行热处理是保证其力学性能的重要环节，根据图 fl.19 所示钢的热处理工艺曲线判断，下列叙述正确的是（　　）。

A. ①回火、②退火、③淬火、④正火　　B. ①淬火、②正火、③回火、④退火

C. ①正火、②退火、③回火、④淬火　　D. ①退火、②正火、③淬火、④回火

38. 数控机床采用伺服电动机实现无级变速，仍采用齿轮传动的主要目的是增大（　　）。

A. 输入速度　　B. 输入转矩　　C. 输出速度　　D. 输出转矩

39. 如图 fl.20 所示，一个窄 V 形架能限制的自由度是（　　）个。

A. 2　　B. 3　　C. 4　　D. 5

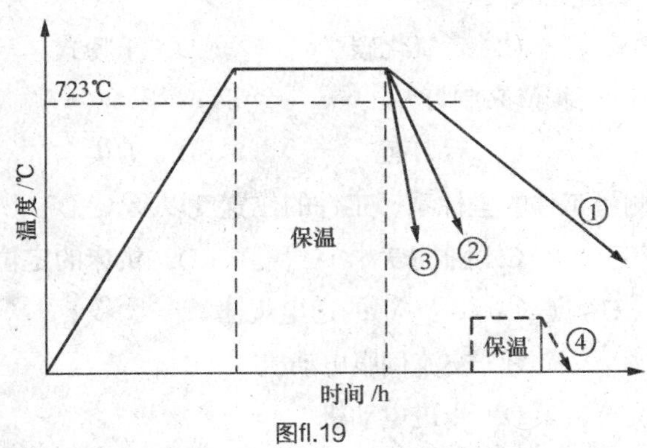

图fl.19

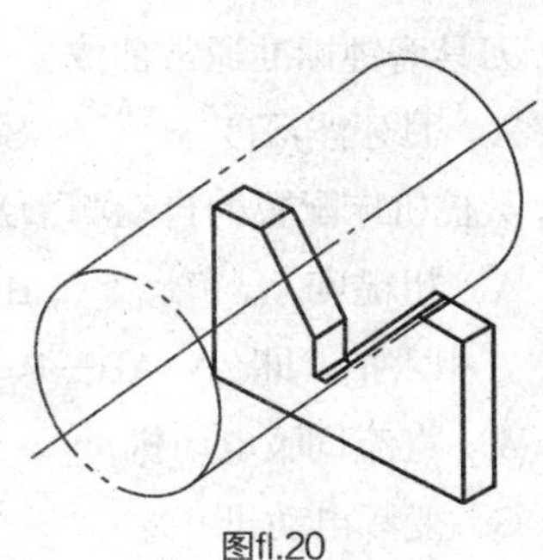

图fl.20

40. 公差带的位置由（　　）来决定。

A. 基本偏差　　B. 标准公差　　C. 极限公差　　D. 孔偏差

41. 在数控机床的进给传动机构中，不仅要确定滚珠丝杠螺母副的参数外，还应合理选择丝杠两端的支承方式，在图 fl.21 列出的 4 种支承方式中，有助于提高传动刚度，但对热伸长较为敏感的是（　　）。

A. 支承方式（a）　　B. 支承方式（b）　C. 支承方式（c）　　D. 支承方式（d）

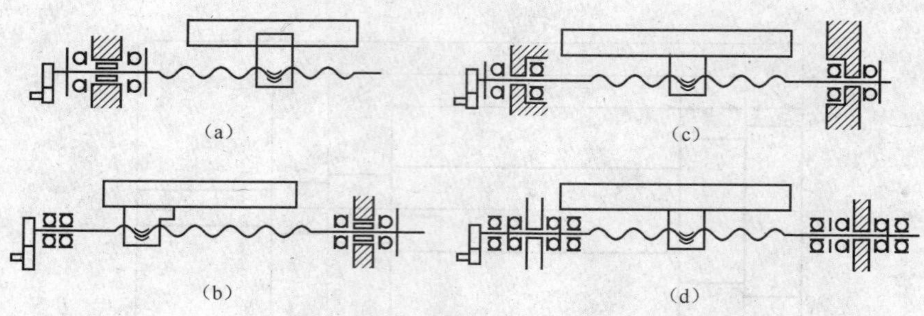

图fl.21

42. 组合夹具是夹具（　　）的较高形式，它是由各种不同形状、不同规格尺寸，具有耐磨性、互换性的标准元件组成。

A. 标准化　　B. 系列化　　C. 多样化　　D. 制度化

43. 现在自动编程软件中常有图 fl.22 所示的换行切削进刀方式。主要原因是为了（　　）。

A. 保证刀具切向切入与切出　　B. 适应高速加工
C. 避免产生刀痕　　D. 使吃刀量更均匀

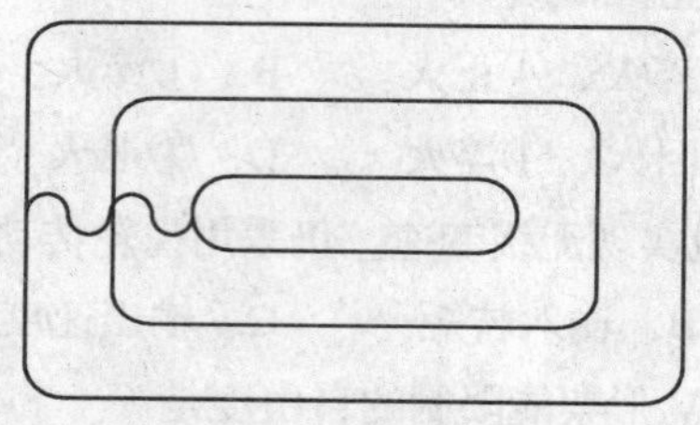

图fl.22

44. 在使用（　　）灭火器时，要注意避免冻伤。

A. 化学泡沫　　B. 机械泡沫　　C. 二氧化碳　　D. 干粉式

45. 刀具磨钝标准通常都按（　　）的磨损值来制订。

A. 月牙洼深度　　B. 前刀面　　C. 后刀面　　D. 刀尖

46. 数控机床配置的自动测量系统可以测量工件的坐标系、工件的位置度以及（　　）。

A. 粗糙度　　B. 尺寸精度　　C. 圆柱度　　D. 机床的定位精度

47. 三相六拍，即 A—AB—B—BC—C—CA 是（　　）的通电规律。

A. 直流伺服电动机　　B. 交流伺服电动机
C. 变频电动机　　D. 步进电动机

48. 通常切削温度随着切削速度的提高而增高。当切削速度增高到一定程度后，切削温度将随着速度的进一步升高而（　　）。

A. 开始降低　　B. 继续增高
C. 保持恒定不变　　D. 开始降低，然后趋于平缓

49.（　　）夹紧机构不仅结构简单，容易制造，而且自锁性能好，夹紧力大，是夹具上用的最多的一种夹紧机构。

A. 斜楔形　　B. 螺旋　　C. 偏心　　D. 铰链

50. 刀具刀位点相对于工件运动的轨迹称为加工路线，加工路线是编写程序的依据之一。下列叙述中，(　　)不属于确定加工路线时应遵循的原则。

A. 加工路线应保证被加工零件的精度和表面粗糙度

B. 使数值计算简单，以减少编程工作量

C. 应使加工路线最短，这样既可以使程序简短，又可以减少进给时间

D. 对于既有铣面又有镗孔的零件，可先铣面后镗孔

三、判断题（正确的请在括号内打“√”，错误的打“×”）

1. 铰孔的加工精度很高，因此能对粗加工后孔的尺寸和位置误差做精确的纠正。(　　)

2. 圆弧插补指令（G02、G03）中，I、K 地址的值无方向，用绝对值表示。(　　)

3. 子程序的第一个程序段和最后一个程序段必须用 G00 指令进行定位。(　　)

4. 在数控机床上加工不同的零件，一般只要改变加工程序即可。(　　)

5. 当麻花钻的两主切削刃不对称轴线时，有可能使钻出的孔产生歪斜。(　　)

6. 在铣削过程中，面铣刀轴线始终位于铣削弧长的对称中心位置，上面的顺铣部分等于下面的逆铣部分，此种铣削方式称为对称铣削。(　　)

7. 铣削时，铣刀切入工件时的切削速度方向和工件的进给方向相反，这种铣削方式称为顺铣。(　　)

8. 一个完整的程序是由程序号、程序内容和程序结束 3 部分组成。(　　)

9. 不对称逆铣的铣削特点是刀齿以较小的切削厚度切入，又以较大的切削厚度切出。(　　)

10. 数控加工应选用专用夹具。(　　)

11. 在编程时，要尽量避免法向切入和进给中途停顿，以防止在零件表面切下划痕。(　　)

12. G00 快速进给速度可以由地址 F 指定。(　　)

13. 组成零件轮廓的各几何元素间的连接点称为节点。(　　)

14. 切削液的主要作用是冷却和润滑。(　　)

15. 数控系统中，固定循环指令一般用于精加工过程。(　　)

16. 在指定平面内的圆弧进给指令（G02、G03）中，*R* 为所加工圆弧半径，其值为正。(　　)

17. 钻中心孔时不宜选择较高的机床主轴转速。(　　)

18. 批量加工中，加工程序结束时应使刀具返回加工起点或参考点。(　　)

19. 选择精基准时，用加工表面的设计基准为定位基准，称为基准重合原则。(　　)

20. 用多个支撑点同时限制一个自由度，这种定位方法将使工件定位更加稳定。(　　)

21. CNC 中，通过地址 S、T、M 后边规定数值，把控制信息传送到系统内的 PLC。(　　)

22. G01 指令使刀具从当前位置以联动方式直线插补移动到程序段所指定的位置。(　　)

23. 从机床设计角度来说，机床原点的位置是任意选择的。(　　)

24. 设计基准就是零件图上用以确定零件上其他要素（点、线、面）位置（方向）所依据的点、线、面。对圆柱面而言，其设计基准是圆柱表面。(　　)

25. 数控机床是按照所给的零件形状结构自动地对工件进行加工。(　　)

26. 加强设备的维护保养、修理，能够延长设备的技术寿命。（　　）

27. 在切削铸铁等脆性材料时，切削层首先产生塑性变形，然后产生崩裂的不规则粒状切屑，称崩碎切屑。（　　）

28. 影响切削温度的主要因素有工件材料、切削用量、刀具几何参数和冷却条件等。（　　）

29. 数控机床所有的控制信号都是从数控系统发出的。（　　）

30. 数控机床中的NC限制和机床限制是完全相同的性质。（　　）

31. 工件材料的强度、硬度越高，刀具寿命越短。（　　）

32. F值给定的进给速度在执行过G00指令之后就无效了。（　　）

33. 机床原点为数控机床上一个固定不变的极限点。（　　）

34. 在加工过程中，工件坐标系是静态的。（　　）

35. 由于硬质合金的抗弯强度较低，抗冲击韧度差，所以前角应小于高速钢刀具的合理前角。（　　）

36. 执行M00指令后，机床运动终止，重新按动启动按扭后，再继续执行后面的程序段。（　　）

37. 在刀具半径补偿有效时，两个或两个以上连续程序段类无指定补偿平面内的坐标移动，会导致过切现象。（　　）

38. 高速钢刀具的韧性虽然比硬质合金刀具好，但也不能用于高速切削。（　　）

39. 自动编程均采用图形交互式编程。（　　）

40. 粗加工时，加工余量和切削用量均较大，因此会使刀具磨损加快，所以应选用以润滑为主的切削液。（　　）

41. 机床在实际加工时不论是工件运动还是刀具运动，在确定编程坐标时，一般看作刀具相对静止，工件产生运动。（　　）

42. 如果单轴移动的定位精度为0.010mm，那么移动该轴加工两个孔，孔距误差可在0.011mm以内。（　　）

43. 刀补的建立和取消在任和程序段中都可以实现。（　　）

44. 数控机床控制轴的螺距误差和反向间隙，全部可以用数控系统的功能来消除。（　　）

45. 右旋丝杠如图fl.23所示，螺母与工作台相连接。当丝杠顺时针旋转时，工作台向里移动。（　　）

46. 图fl.24表示被测要素的圆心必须位于直径为公差值ϕ0.02mm的同心圆内。（　　）

工作台

丝杠

图fl.23

◎	ϕ0.02	A

图fl.24

47. 对刀点可以选在零件上、夹具上或机床上，该点必须与程序零点有确定的坐标位置。（　　）

48. 数控闭环系统比开环系统具有更高的稳定性。(　　　　)

49. 加工中心的鼓轮式刀库和链式刀库相比较，一般链式刀库比鼓轮式刀库容量大。(　　　　)

50. 工艺尺寸链的封闭环尺寸是经过加工后间接得到的。(　　　　)

51. G00 和 G01 的运行轨迹都一样，只是速度不一样。(　　　　)

52. 在镜像功能有效后，刀具在任何位置都可以实现镜像指令。(　　　　)

53. 在轮廓铣削加工中，若采用刀具半径补偿指令编程，刀补的建立与取消应在轮廓上进行，这样的程序才能保证零件的加工精度。(　　　　)

54. 在切削余量不变的情况下，工件的单位加工成本总是随着切削速度的提高而降低。(　　　　)

55. 在对大部分铝合金材料的高速铣削中，理论上切削速度基本上可以不受限制而无限增高。但在实际情况下，对于某一给定切削速度，当机床主轴转速高于一定转速后，带有啸叫的不稳定的切削状态将会发生，从而限制了其切削速度的进一步提高。(　　　　)

四、改错题

1. 按对应位置填写下列刀柄的正确名称，如图 fl.25 所示。

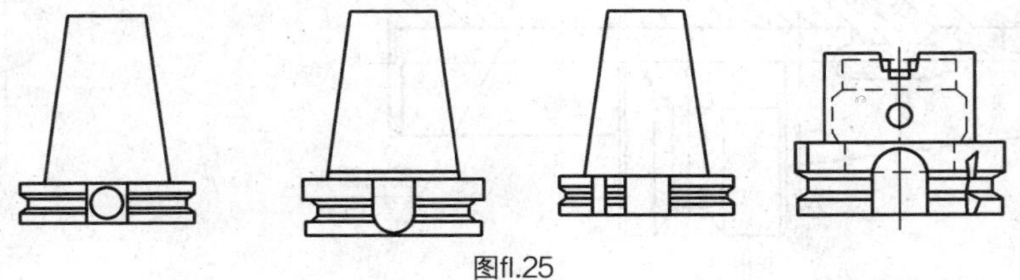

图fl.25

2. 一位操作工在加工中心上按图 fl.26 所示的图纸要求加工一零件。在操作的过程中有些方面是这样做的：

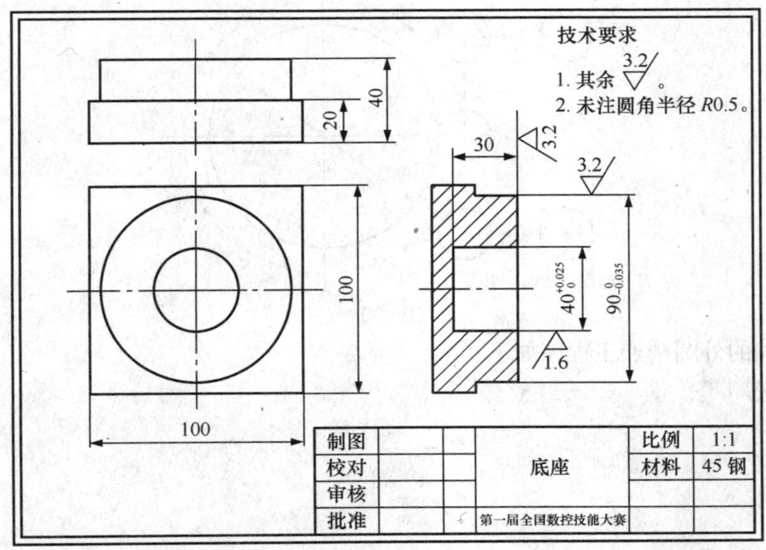

图fl.26

（1）选用的刀具和刀柄。

① 在粗、精铣外圆和粗铣内孔时，他用的是已有刀具 HSSϕ20mm 莫氏 2 号锥柄立铣刀，所配刀柄如图 fl.27 所示；

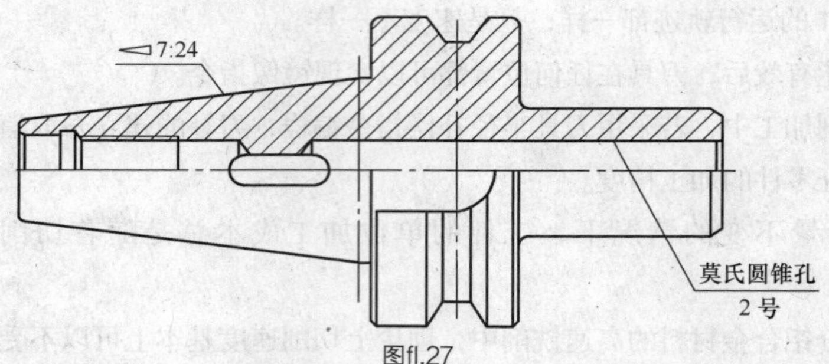

图fl.27

② 钻孔使用的钻头是 HSSϕ28mm 莫氏 3 号锥柄麻花钻，所配刀柄如图 fl.28 所示。

③ 精镗ϕ40mm 内孔时，他选用的刀具是直角型微调镗刀，如图 fl.29 所示的刀杆和金刚石刀片。

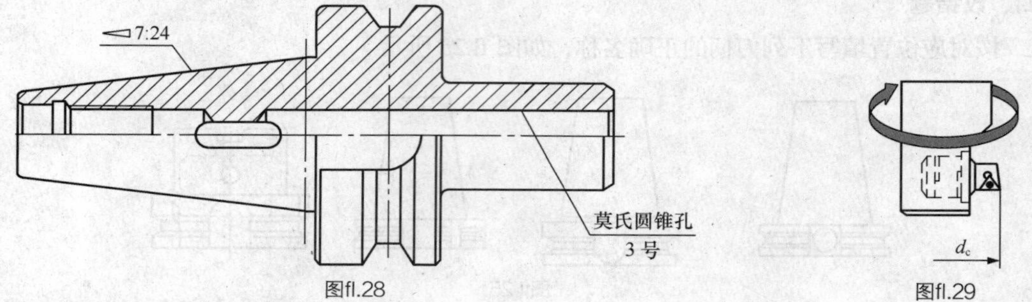

图fl.28　　图fl.29

（2）手工编程（走刀路线见图 fl.30）。

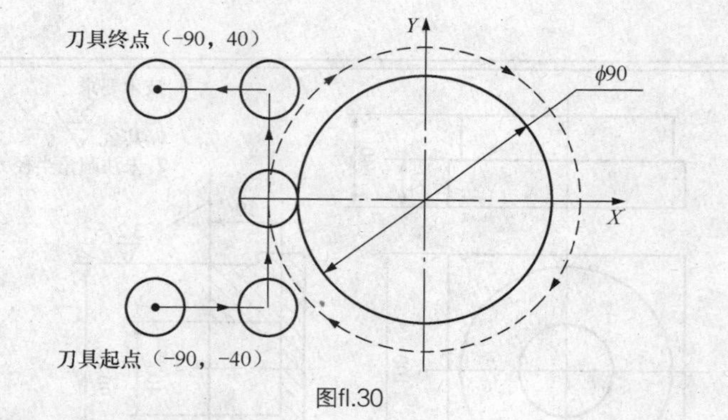

图fl.30

该操作者所编的外圆精加工程序如下：

```
N1 G90 G00 X-90.0 Y-40.0 Z100.0;
N2 S3500;
N3 G01 G41 X-45.0 Y-40.0 D01 F2000.0;
N4 Z10.0 M08;
N5 Z-10.0 F100.0
N6 G01 X-45.0 Y0;
```

```
N7 G02 X-45.0 Y0 I-45.0 J0;
N8 X-45.0 Y40.0;
N9 G00 X-90.0 Y40.0;
N10 Z100 M05;
N11 M30;
```

（3）精度和表面粗糙度。

精加工后，外圆表面粗糙度达到 $R_a3.2\mu m$，外圆尺寸为 $\phi89.975mm$，内圆尺寸为 $\phi39.98mm$。

（4）误差。

精铣外圆后，经检验发现外圆产生图 fl.31 所示形状，排除一切电气控制原因后，在机械方面，该操作工分析得出的结论主要是由于机床的定位精度或机床倾斜造成的原因，所以建议调整机床定位精度和机床水平。

Y
O
X

图fl.31

（5）数据传输。

该操作工加工完毕后，欲将程序通过数控系统的标准 25 针 RS232 串口输出到一台通用计算机里保存。做法是用一根普通三芯电缆与计算机的标准 25 针 RS232 串口相连接。具体连接示意图以及接口参数设置如下：

数控系统		电缆线 200m	通用计算机	
引脚	信号名称		引脚	信号名称
1	保护地		1	保护地
2	发送数据		2	发送数据
3	接收数据		3	接收数据
4	请求发送		4	请求发送
5	清除发送		5	清除发送
6	数传设备就绪		6	数传设备就绪
7	信号地		7	信号地
8	载波检测		8	载波检测
20	数据终端就绪		20	数据终端就绪
23	数据信号速率选择		23	数据信号速率选择

数控系统 RS232 参数设定			通用计算机 RS232 参数设定	
波特率	9 600		波特率	4 800
数据位	7		数据位	8
停止位	2		停止位	1

在上述（1）～（5）项操作和分析中，操作工犯了一些错误，请指出他的不正确之处，并填写在下表中，写出正确答案。（注：在纠错表中必须写明不正确之处以及正确答案，无正确答案不得分。）

序 号	不正确之处	正 确 做 法
1		
2		
3		
4		
5		
6		
7		
8		
9		
10		
11		
12		
13		
14		
15		
16		
17		
18		
19		
20		

五、计算题

1. 如果工件要求加工深度为10mm，由于对刀等误差，加工后实测深度为9.87mm，刀具原来补偿值为−68.532。现要求用修正刀具补偿值的方法来调整加工深度，试计算刀具修正后补偿值。

2. 图fl.32所示的套筒零件尺寸，加工$50_{-0.17}^{\ 0}$尺寸和A_1尺寸后保证尺寸$10_{-0.36}^{\ 0}$。

求：（1）画出尺寸链简图。（2）指出封闭环、增环和减环。（3）解算A_1的最大极限尺寸和最小极限尺寸。

3. 在图fl.33中，以O点为原点，计算各基点坐标，并填写由A→B→C→D程序中的下划线上，计算精度为0.001mm。

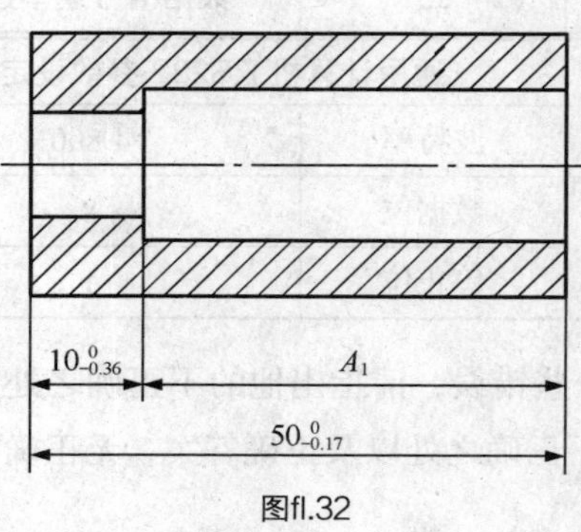

图fl.32

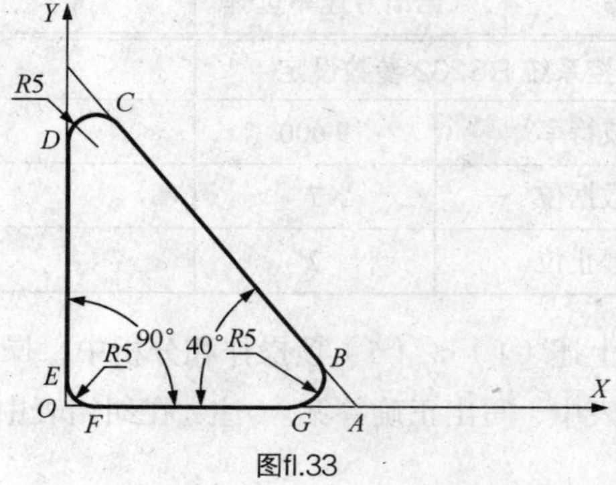

图fl.33

A 点：G00 X50. Y0;

B 点：G01 X____ Y____ F200;

C 点：X8.214 Y35.063 F300;

D 点：G03 X0 Y_____ I_____ J_____ ;

E 点：G01 X0 Y5.;

F 点：G03 X5. Y0 I____ J_____ ;

4. 用一台 5 轴立卧两用加工中心，在箱体上分别钻一个ϕ20mm 和一个ϕ18mm 的斜孔，如图 fl.34 所示。假设工件坐标系原点 *O* 与工作台旋转中心重合。

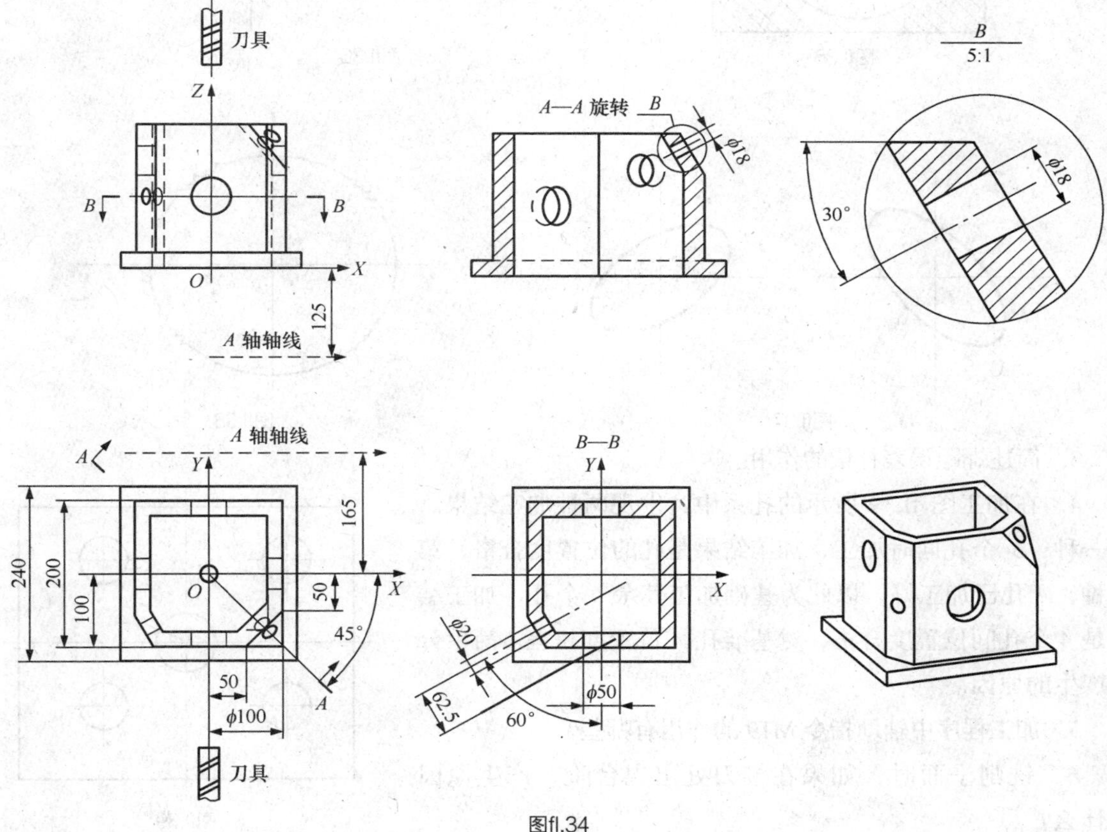

图fl.34

（1）如果加工完毕ϕ50mm 孔后，转台逆时针转动 60°，求加工ϕ20mm 孔时的 *X* 坐标值。（误差±0.03mm，要求写出计算过程）。

（2）如果工件坐标系原点与 *A* 点的距离是：*Y*=165mm，*Z*=125mm。已知在 *A* 轴、*C* 轴为 0 时，ϕ18 孔的中心点坐标是（81.25,−81.25,184.691）。求：当工作台 *C* 轴顺时针旋转 45°、*A* 轴向上旋转 60°后加工该孔时，ϕ18mm 孔的中心点坐标（误差±0.03mm，要求写出计算过程）。

5. 如图 fl.35 所示，已知：*R*10mm 的圆心坐标点为（10，10），*R*4 的圆心坐标点为（20，12），求 *A*、*B* 坐标值。

六、简答题

1. 数控机床机械部分常见的故障有哪些?

2. 铣削圆弧时如出现图 fl.36、图 fl.37、图 fl.38 所示的图形，分别回答造成的原因和解决措施。

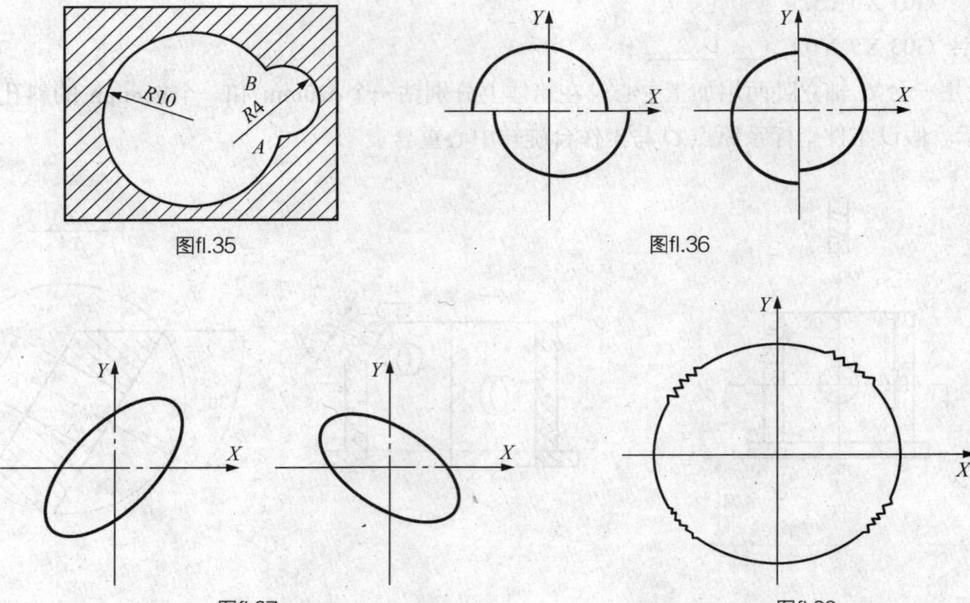

图fl.35

图fl.36

图fl.37

图fl.38

3. 简述螺距误差补偿的作用。

4. 在加工图 fl.39 所示的孔系中，发现两种加工结果。第一种，5 个孔同时加工，加工结果是孔的位置度合格；第二种，*A* 孔已加工好，以此为基础加工其余 4 个孔，加工结果是 4 个孔间位置度合格，对基准孔 *A* 位置度超差。简单分析产生的原因。

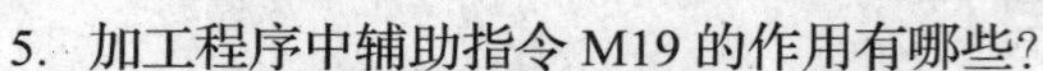

5. 加工程序中辅助指令 M19 的作用有哪些?

6. 铣削平面时，如果在接刀处出现台阶，产生原因是什么?

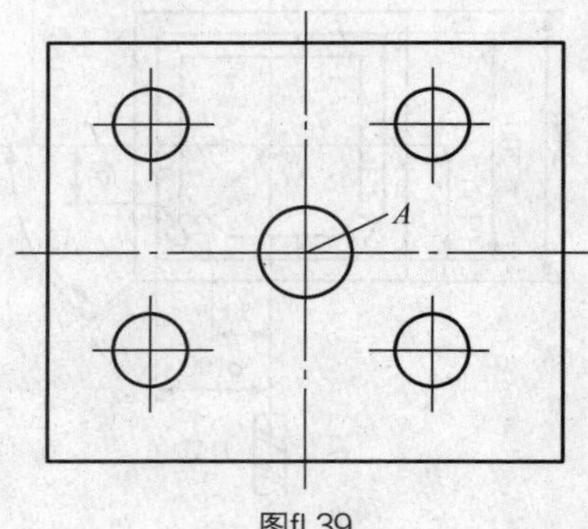

图fl.39

7. 如图 fl.40 所示，在普通立式铣床工作台上依此安装有 15 个相同的夹具。由于机床热变形，丝杠将受热伸长，最终 1～15 号夹具上的工件将产生与定位相关的位置误差。几号夹具上的工件受到的影响最大? 几号夹具上的工件受到的影响最小? 为什么?

8. 装有多个工件的夹具安装在机床工作台面上，如图 fl.41 所示，每个工件分别设定了工件坐标原点。在精加工前发现夹具整体产生了平行移动，假设夹具沿 *X* 轴负方向移动 0.12mm。在不调整夹具和不改变原程序中工件坐标系设定数值的情况下，你采用何种方式继续加工出合格的工件?

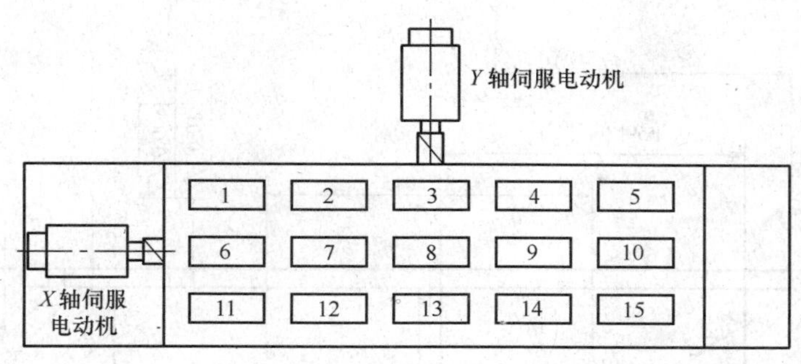

图fl.40

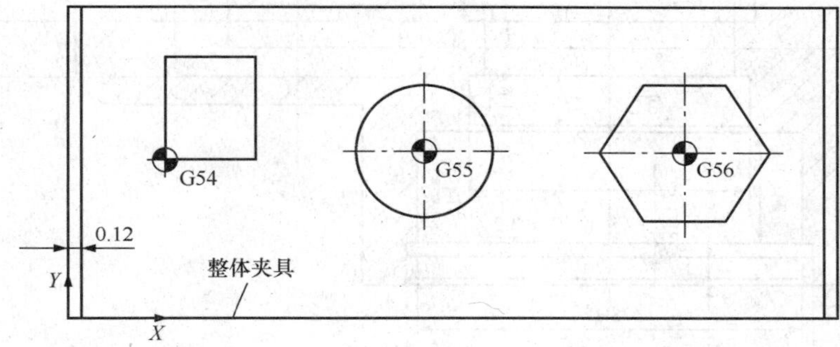

图fl.41

9. 何谓刀具轨迹的左右补偿？在生产实践中如何判断？

10. 简述难切削材料在铣削中的特点。

11. 简述配置链式刀库的卧式加工中心机械手的主要换刀动作。

12. 简述在编写加工程序时如何使用子程序？

13. 什么叫“刀位点”？

14. 简述哪些加工工艺内容不宜选择采用数控加工？

15. 简单回答传统切削与高速切削在对刀具的磨损上有何主要区别，各自的表现形式及原因。

16. 简述 PLC（PMC）在数控机床中的作用。

17. 简述点位控制、直线控制和轮廓控制的区别。

七、综合题

1. 工件前盖（见图 fl.42），材料为 QT450，*A*、*B* 面及 2 × ϕ8H7mm 孔已在前工序加工完。现在 MAR-500H 卧式加工中心上加工 5mm × 2.5mm 密封槽、2 × ϕ77mm 孔、2 × ϕ59M6 孔、ϕ56mm 孔、2 × ϕ50mm 孔、ϕ78H7 孔、ϕ81H12 槽及各处倒角。编写加工工序卡，填写在表 fl.1 中。

注：①在夹具上用 *B* 面及 2 × ϕ8H7mm 销孔定位。②各孔加工前为铸造毛坯孔。

要求：编制加工工序卡；并计算铣 5mm × 2.5mm 密封槽所需要的时间。

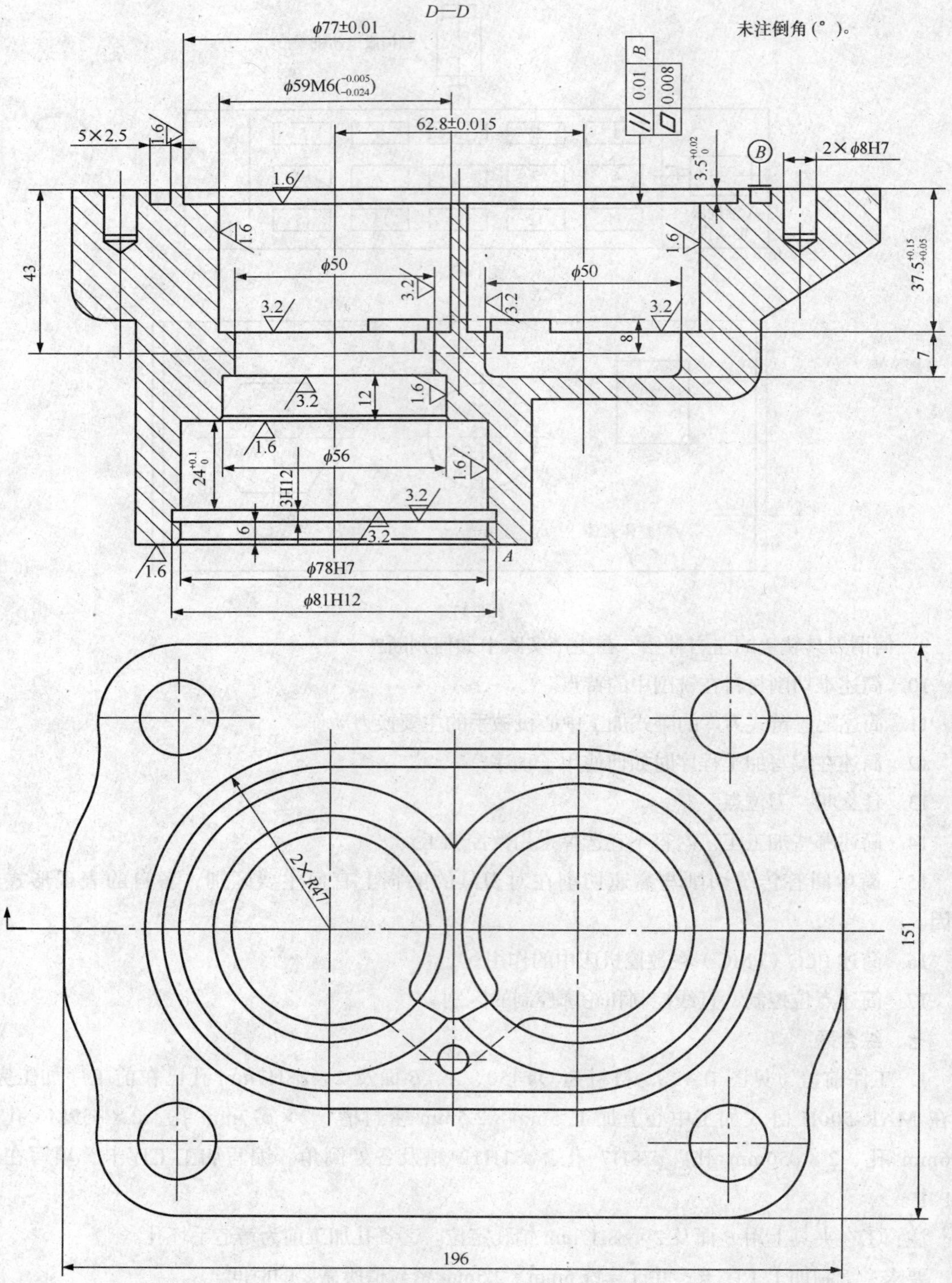

D—D

未注倒角（°）。

图fl.42

表 fl.1 加工工序卡

工步号	工步内容	刀 号	刀具规格	主轴转速 (r/min)	进给速度 (mm/min)	备 注

铣 5mm×2.5mm 密封槽所需要的时间：______________________________。

2. 已知条件：

（1）被加工产品图纸如图 fl.43 所示，未注明尺寸公差±0.05mm，工件材料 Cr12MoV，热处理状态：调质 28～32HRC；

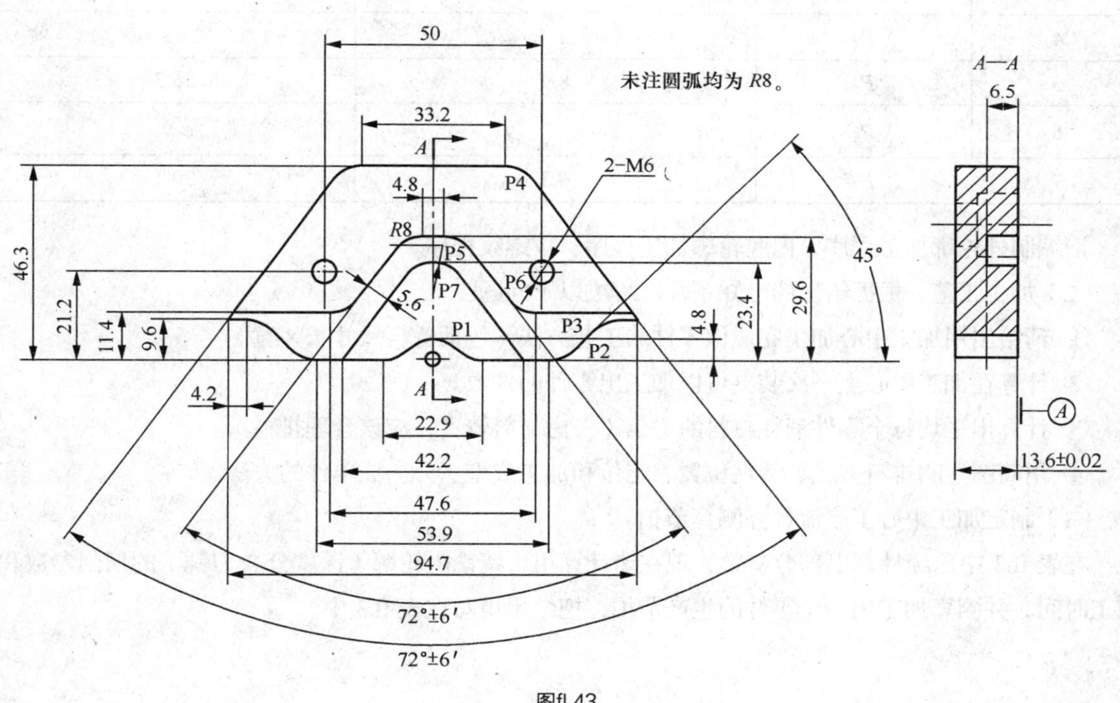

图fl.43

（2）本零件年生产纲领为 20 万件，为保证零件外形和尺寸精度的一致性，工厂准备以加工中心为主完成内外轮廓和 2-M6 孔的加工，除此以外，车间现场有平面磨床若干台可以供使用。

（3）工厂选择的立式加工中心相关参数如下：换刀时间刀对刀（T-T）4s，切削对切削（C-C）6s，X、Y 坐标快速走刀 32m/min，主轴最高转速 n=8 000r/min，刀库刀位数 24，主轴功率 11kW，工作台面长×宽=1 000mm×400mm，机床行程 $X\times Y$=800mm×450mm。

（4）市场可供毛坯为厚 15mm，宽 1 200mm，长 4 000mm 的 Cr12MoV 已调质 28～32HRC 成型板。

根据给出条件，要求解决以下问题。

（1）计算与编程。请计算表 fl.2 中 P_1 和 P_6 的基点坐标（精确到小数 1 位），并分别编写外形轮廓、内槽轮廓以及螺纹刚性攻丝等加工程序。已知加工外轮廓铣刀直径为 ϕ12mm、加工内槽轮廓铣刀直径为 ϕ5mm。

表 fl.2　　计算基点（2 分）

序　号	基 点 名 称	X 值	Y 值
1	P_1	（　　）	（　　）
2	P_2	32.6	2.4
3	P_3	37.5	7.2
4	P_4	23.1	43
5	P_5	8.9	26.3
6	P_6	（　　）	（　　）
7	P_7	6.5	20.1

请编制外轮廓加工程序，内腔轮廓加工程序，攻螺纹程序。

（2）加工工艺。根据给出的已知条件，解决以下问题。

① 请给出用加工中心加工完成该零件的工艺方法（包括备料尺寸长×宽）。

② 计算在加工中心上一次装夹可以加工出零件的件数。

③ 计算出平均每个零件消耗材料的毛量（考虑材料较贵，应该合理排料）。

④ 用简图注明排料方式、装夹位置、定位和加工成型、分离成单件的方法。

（3）制定加工中心工序流程并测算节拍。

在表 fl.3 中已经计算出部分参数，现在请计算粗、精铣内轮廓（深度分 3 刀铣）的切削参数和加工时间，并测算加工出一个零件的生产节拍，把结果填写在表 fl.3 中。

表 fl.3　××零件加工工序、刀具选用和生产节拍计算表

零件名称及代号			工序内容		加工中心完成轮廓等加工		设备型号		立式加工中心		主轴最高转速		8000 帕	
工步号	刀具号	工步名称及内容	选用刀具		推荐切削参数				加工时间					
			名称	刀具直径/mm	v（m / min）	n（r / min）	f（mm / r）	F（mm / min）	L（mm）	点位次数	加工/s	换刀/s	辅助/s	总计/s
1	T1	钻中心孔	中心钻 HSS	2.5	6.3	800	0.05	40	5	32	300	6	40	346
2	T2	钻螺纹底孔	整体硬质合金麻花钻	5	39.3	2 500	0.12	300	16	32	128	6	40	174
3	T3	攻丝	机用丝锥 HSS	6	3.8	200	1	200	30	32	360	6	40	406
4	T4	粗铣外轮廓（每次铣深 2~3mm，分 7 次铣到位）	可转位合金立铣刀	12	160	4 000	0.12	480	2 700	16	5 426	6	40	5 472
5	T5	精铣外轮廓（1 刀铣到底）	3 刃整体硬质合金立铣刀	12	100	2 654	0.24	150	300	16	904	6	40	950
6	T6	粗、精铣内轮廓（深度分 3 刀铣）	2 刃整体硬质合金立铣刀	5	60.0	（　）	（　）	（　）	405	32	（　）	6	40	（　）
													合计	（　）
		单件加工时间 t =　　s												

附录4　数控铣工/加工中心技能竞赛理论试题答案

一、填空题

1. 静压导轨；2. 定位精度；3. 逆、顺（见图fl.44）。

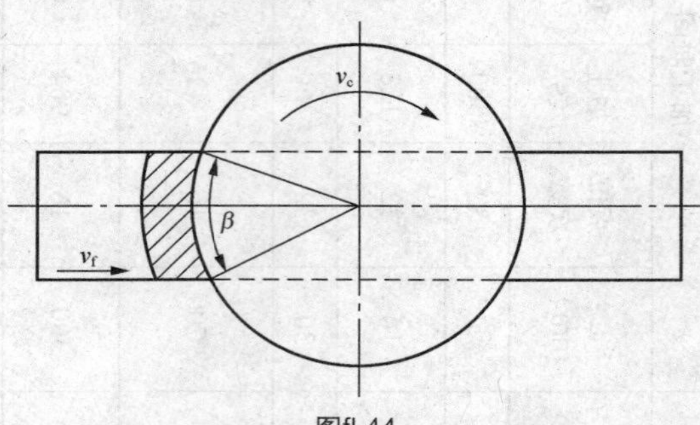

图fl.44

4. 一台配置了增量编码器的加工中心，在自动运行程序过程中，如果分别按下了[急停]和[进给保持]按钮，机床会有不同的执行结果，在表fl.4中填写机床运动状况。

表fl.4　　机床运动状况

按钮	机床的执行结果			继续自动运行需要执行的操作
	主轴运动	进给运动	辅助功能	
急停	停止	停止	停止	机床所有轴先执行手动回零操作，然后按循环启动按钮
进给保持	保持原状态	停止	保持原状态	按循环启动按钮

5. 球头；6. 球头；7. 进给暂停；8. 随即变换；9. 子程序；10. 同轴度，可靠性；11. 90°；12. 排屑，冷却；13. 较高；14. 滚动导轨；15. 改变轮廓尺寸；16. 高速；17. 平行于Z轴的附加；18. 进给速度；19. 提高精度；20. 检测元件；21. 报警；22. 带状；23. 工件坐标系，编程坐标系；24. 左侧；25. 模态指令，非模态指令；26. 速度环；27. 6；28. G18 G68 X15 Z20 R72；29. M98 P1000；30. WC。

二、选择题

1. A　2. B　3. D　4. D　5. C　6. B　7. B　8. B　9. B　10. C
11. D　12. B　13. A　14. C　15. A　16. A　17. A　18. C　19. B　20. A
21. C　22. C　23. B　24. D　25. C　26. A　27. A　28. C　29. A　30. C
31. A　32. A　33. B　34. C　35. B　36. A　37. D　38. D　39. A　40. A
41. C　42. A　43. B　44. C　45. C　46. B　47. D　48. B　49. B　50. D

三、判断题

1. ×　2. ×　3. ×　4. √　5. √　6. √　7. ×　8. √　9. √　10. ×
11. √　12. ×　13. ×　14. √　15. ×　16. ×　17. ×　18. √　19. √　20. ×
21. √　22. √　23. √　24. ×　25. ×　26. ×　27. √　28. √　29. ×　30. ×

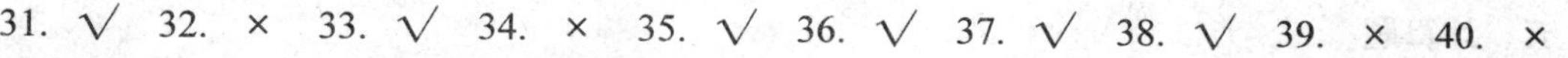

31. √ 32. × 33. √ 34. × 35. √ 36. √ 37. √ 38. √ 39. × 40. ×
41. × 42. × 43. × 44. × 45. × 46. × 47. × 48. × 49. √ 50. √
51. × 52. × 53. × 54. × 55. ×

四、改错题

1. 按对应位置填写下列刀柄的正确名称，如图 fl.45 所示。

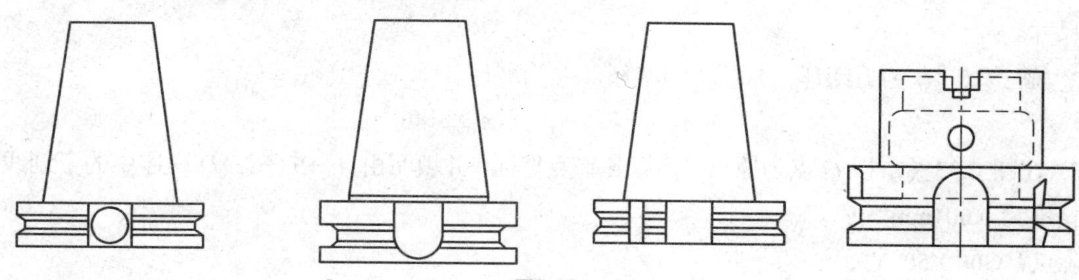

图fl.45

答：美国标准的 CAT 刀柄　日本标准的 BT 刀柄　国际标准的 JT 刀柄　HSK 高速刀柄

2.

序号	不正确之处	正确做法
1	选用了有扁尾莫氏锥孔刀柄装 ϕ20 ㎜铣刀。该刀柄只适合装夹锥柄麻花钻，不能装夹锥柄铣刀	应选用无扁尾莫氏锥孔刀柄并用螺钉拉紧铣刀
2	盲孔不能使用直角型微刃镗刀	加工盲孔应使用倾斜型微刃镗刀柄
3	不能使用金刚石刀具材料精加工 45 钢，因为金刚石与钢材有亲和性	应使用硬质合金刀具材料
4	此处 ϕ20 ㎜高速钢铣刀铣削 45 钢时主轴转速太快	主轴转速应该在 200～500r/min
5	程序在第 2 条语句缺少主轴正转 M03 指令	补充 M03
6	I-45.0	I+45.0
7	第 4 条、第 5 条语句中有连续两条 Z 指令	应合并为 N4 Z-10.0 F100.0 M08
8	第 6 条语句中缺少 G01	应加上 G01
9	第 7 条语句中缺少 G40	应加上 G40
10	ϕ40H7 内圆尺寸不合格	ϕ40H7 的公差带是 0～+0.025 ㎜
11	不是定位精度或机床倾斜造成的原因	是由于 *X*、*Y* 两轴不垂直造成的
12	数控系统接口的管脚与计算机接口的管脚连线不正确	两接口正确连接的方法是 2—3、3—2
13	数控系统接口的管脚与计算机接口的管脚连线不正确	两接口正确连接的方法是 7—7
14	数控系统接口的参数设置与计算机接口的参数设置不匹配	两接口的参数都应设置为波特率 9 600、7 为数据位、2 位停止位
15	RS232 接口连线太长	一般 RS232 接口连线小于 15m

五、计算题

1. 解：已知 $Z_{刀原补}$=−68.532mm，$Z_{测深}$=9.87mm，$Z_{工深}$=10mm，将数据代入下面刀补计算公式进行修正计算：

$$Z_{刀修补}=Z_{刀原补}+（Z_{工深}-Z_{测深}）=-68.532+(10-9.87)=-68.402(mm)$$

将修正后的补偿值 $Z_{刀修补}$=−68.402mm 输入机床刀具数据表中，再进行切削，工件即可达到所要求的尺寸。

2. 解：$10_{-0.36}^{\ 0}$ 为封闭环，$50_{-0.17}^{\ 0}$ 为增环，A_1 为减环。

$$A_{1max}=40.19 \qquad A_{1min}=40$$

3. 在图 fl.33 中，以 O 点为原点，计算各基点坐标，并填写由 $A \to B \to C \to D$ 程序中的下划线上，计算精度为 0.001mm。

A 点：G00 X50. Y0;

B 点：G01 X 39.477 Y 8.83 F200;

C 点：X8.214 Y35.063 F300;

D 点：G03 X0 Y 31.232 I -3.214 J -3.831 ;

E 点：G01 X0 Y5.;

F 点：G03 X5. Y0 I 5. J 0 ;

4. （1）X=24.1mm

（2）ϕ18mm 孔的中心坐标是：X=0，Y=293.248mm，Z=272.25mm。

5. A（19.7988，8.0042），B（18.2779，15.6104）

六、简答题

1. 答：①进给传动链故障：反向间隙过大，机械爬行，轴承噪声过大。

② 主轴部件故障：自动变速失灵，主轴运动精度（轴向、径向、摆角）超差。

③ 自动换刀装置故障：刀库定位误差大，机械手夹持刀柄不稳定或运动误差过大，刀塔不能回位。

④ 行程开关压合故障：挡块松动，切屑对开关有干扰（指使用接近开关时），开关损坏等。

⑤ 附件可靠性故障：冷却装置、润滑装置、液压装置、排屑装置、防护装置、压缩空气装置等工作不正常。

2. 答：①原因：一般是一个或两个坐标轴存在由机械传动间隙、不稳定的弹性变形和摩擦阻尼不稳定而产生的反向矢动量。

措施：适当改变矢动量补偿值，或调整、改进该坐标传动链。

② 原因：一般是机械结构、装配质量、负载情况不同造成的两个坐标实际的系统增益不一样。

措施：适当调整速度反馈增益、位置环增益等系统增益参数来改善。

③ 原因：一般是两轴联动时其中一轴的进给速度控制回路和位置回路没有调整好，使进给速度不均匀，或机械负载不均匀、低速爬行、位置反馈元件传动不均匀等。

措施：通过修调该轴速度控制回路和位置控制回路，调整改进机械环节来解决。

3. 答：提高数控机床的线性定位精度和重复定位精度。

4. 答：第一种加工方法是在一次装夹定位中同时加工 5 个孔，定位基准、工艺基准重合，保证了孔的位置度合格；而第二种方法，由于基准孔 *A* 已经加工好，以 *A* 孔定位找正，会存在第二次装夹误差或找正误差。

5. 定义主轴准停功能，用于主轴定向。一般用在机械手换刀或孔加工时定向退刀。

6. 答：主轴切削平面与运动平面不在一个平面上，刀轴轴线与铣刀的移动平面不垂直。

7. 答：根据给定夹具分布位置，1 号夹具上的工件受到的影响最大，15 号夹具上的工件受到的影响最小。

从丝杠结构上讲，伺服电动机所在的一端是固定端。丝杠受热后，将向自由端伸长。按照图示 X 轴向右方，*Y* 轴向下方伸长，距离固定端越远的地方伸长越多。

1 号夹具的位置虽然看起来离 *X* 轴、*Y* 轴伺服电动机都最近，但由于主轴的位置是固定的，实际上加工 1 号夹具上的工件时，工作台将移动到最右下端，也就是工作台下的螺母移动到 *X* 轴的最远端，滑板下的螺母移动到 *Y* 轴的最远端。因此，1 号夹具上的工件受热变形影响其实最大。与其相反，15 号夹具上的工件在加工位置时螺母距离固定端最近，因此受热变形影响最小。

8. 答：在 FANUC 0i 系统中，可以使用可扩展坐标系（00 组坐标系）的方法，在该坐标系中的 *X* 轴赋值区内写入−0.12mm 数值。这样，数控系统在执行加工程序时，系统内部可扩展坐标系内的数值与可设定坐标系内的数值进行代数运算后的数据作为实际坐标数值进行加工，从而保证了工件的加工质量。

还可以使用 G52、G10 指令来实现。

9. 答：根据 ISO 标准，当刀具中心轨迹在程序轨迹前进方向左边时，称为刀具左补偿，用 G41 指令。当刀具中心轨迹在程序轨迹前进方向右边时，称为刀具右补偿，用 G42 指令。当取消刀具补偿时，用 G40 指令。

在生产实际中，为了避免记忆，用左、右手定则来表示刀具的左、右补偿。将左、右手手心向上，大拇指表示刀具，大拇指方向代表刀具前进方向，手掌表示工件。如果刀具、工件及刀具移动方向符合左手定则，则称为刀具左补偿，用 G41 指令；如果符合右手定则，称为刀具右补偿，用 G42 指令。必须指出，刀具左补偿不一定是加工外轮廓，刀具右补偿不一定是加工内轮廓。

10. 答：铣削温度高；塑性变形和加工硬化严重，铣削力大；刀具磨损剧烈，使用寿命低；切屑控制困难，影响工件表面质量。

11. 答：换刀位置确认→主轴定向→卸刀手向主轴→抓刀→主轴松刀→手臂伸出→手臂回转→装刀手向主轴→装刀→主轴拉紧刀→装刀手回→手臂向刀库→卸刀手向刀库还刀→刀库回转到下一刀位→装刀手抓刀→机械手复位（换刀结束）。

12. 答：在一个加工程序的若干位置上，如果存在某一固定顺序且重复出现的内容，为了简化程序可以把这些重复的内容抽出，按一定格式编成子程序，然后像主程序一样将它们输入到程序存储器中。主程序在执行过程中如果需要某一子程序，可以通过调用指令来调用子程序，执行完子程序又可返回到主程序，继续执行后面的程序段。

为了进一步简化程序，子程序还可调用另一个子程序，这称为子程序的嵌套。

13. 答：刀位点是指刀具的定位基准点。

立铣刀的刀位点是刀具中心与刀具底面的交点；球头铣刀的刀位点是球头的球心点；车刀的刀位点是刀尖或刀尖圆弧中心；钻头的刀位点是钻尖。

14. 答：①占机调整时间长，如以毛坯的粗基准定位加工第一个精基准或要用专用工装协调的加工内容。②加工部位分散，要多次安装、设置原点时，采用数控加工相当麻烦，效果不明显，应安排通用机床进行加工。③某些特定的制造加工的型面轮廓（如样板等），主要原因是获取数据困难，易与检验依据发生矛盾，增加编程难度。

15. 答：在传统切削中，刀具的磨损形式主要是后刀面和侧面沟槽磨损，是由于工件被加工表面和刀具的后刀面产生磨损而导致的磨损；在高速切削中，刀具的磨损形式主要是前刀面磨损（月牙洼磨损），是由于在高速切削时切削速度的加快导致切削温度的上升，切屑和刀具的前刀面产生的热应力和化学反应，导致热扩散磨损和化学磨损。

16. 答：PLC（PMC）是可编程逻辑控制器（可编程机床控制器），主要是对数控机床的所有I/O点进行逻辑运算，作为机床开关信号和CNC控制单元之间的开关信号的运算和信号传递。机床中的操作面板信号、冷却、润滑、主轴运行等都要通过PLC进行控制。

17. 答：点位控制系统的特点是：用于两点之间的位置定位，对两点之间的轨迹没有要求。直线控制系统的特点是：除了要保证控制两点间的准确定位，还要控制两点之间移动的速度和直线轨迹。轮廓控制系统的特点是：除了对给定的两点的位置准确定位外，还要求对两点之间的运行轨迹的控制，即轮廓控制。

七、综合题

1. 答：如表f1.5所示。

表f1.5

工步号	工 步 内 容	刀号	刀具规格	主轴转速（r/min）	进给速度（mm/min）	备注
	*B*0°					
1	铣5mm×2.5mm密封槽	T01	ϕ5	1200	60	
2	粗铣2×ϕ77mm孔至76.85，*Z*向留余量0.1	T02	ϕ45	150	60	
3	粗铣2×ϕ58M6孔至58.2，*Z*向留余量0.1	T03	ϕ58.2	250	100	
4	铣2×ϕ50孔	T04	ϕ50	250	100	
	*B*180°					
5	铣ϕ56孔	T05	ϕ56	250	100	
6	粗铣ϕ78H7孔至77.2	T06	ϕ77.2	250	100	
	*B*0°					
7	粗铣2×ϕ77±0.01孔	T07	ϕ77	250	40	
8	半精铣2×ϕ59M6孔至58.85	T08	ϕ58.85	300	60	
9	精铣2×ϕ59M6孔	T09	ϕ59	300	60	
	*B*0°					

续表

工步号	工 步 内 容	刀号	刀具规格	主轴转速（r/min）	进给速度（mm/min）	备注
10	半精铣ϕ78H7 孔至 77.85	T10	ϕ77.85	300	60	
11	ϕ56mm 孔端面倒角	T11	ϕ63	100	40	
12	ϕ78mm 孔端面倒角	T12	ϕ85	100	40	
13	圆弧插补方式切ϕ81H12 卡簧槽	T13	专用切槽刀 I22-28	150	20	
14	精铣ϕ78H7 孔	T14	ϕ78	400	40	

铣 5mm×2.5mm 密封槽所需要的时间：

[2×（47–2.5）×3.14+2×62.8]/60=6.751。

2×ϕ77mm 孔是不完整的孔，故采用粗铣、精铣方法加工。

采用先粗加工完各孔后，再半精加工、精加工各孔，即调头加工两次。

孔的倒角和孔卡簧槽在精加工孔之前完成，以避免留下毛刺。

2. 答：

（1）基点计算如下：

序　号	基 点 名 称	X 值	Y 值
1	P_1	（5.7）	（2.4）
2	P_2	32.6	2.4
3	P_3	37.5	7.2
4	P_4	23.1	43
5	P_5	8.9	26.3
6	P_6	（17.3）	（14.7）
7	P_7	6.5	20.1

编程答案略。

（2）加工工艺。

① 加工工艺路线：下料：15mm×230mm×380mm，重量：10.3kg；一块可以加工成型 16 个零件，单件材料消耗 0.644 kg；

平面两面厚达（14.5±0.05）mm，达 R_a1.6μm；

加工中心铣成型，外型深达（13.7±0.05）mm；

用平面磨床翻面磨成单件，厚度达到（13.6±0.02）mm；

② 16 件。

其他略。

附录 5　数控车工技能竞赛实操试题选编

加工零件图的图号包括 CA-01-00、CA-01-01、CA-01-02，零件毛坯尺寸分别是 ϕ100 mm×155

mm，ϕ80 mm × 70 mm，毛坯材料为 45 调质钢，HRC25～32 如图 fl.46～图 fl.48 所示。

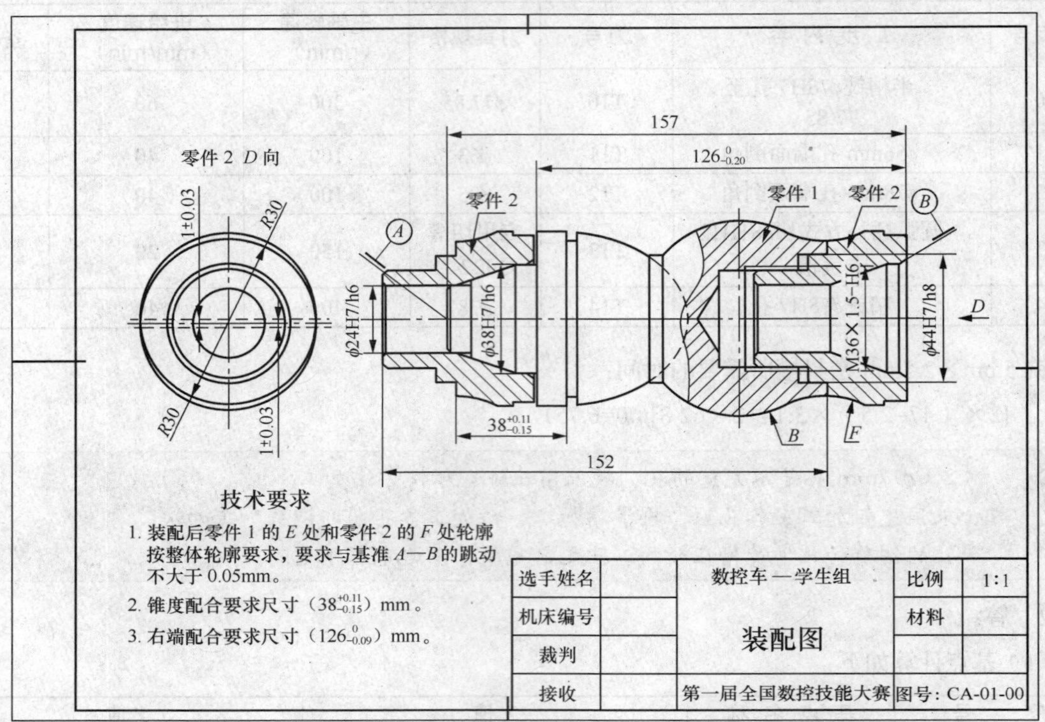

图fl.46

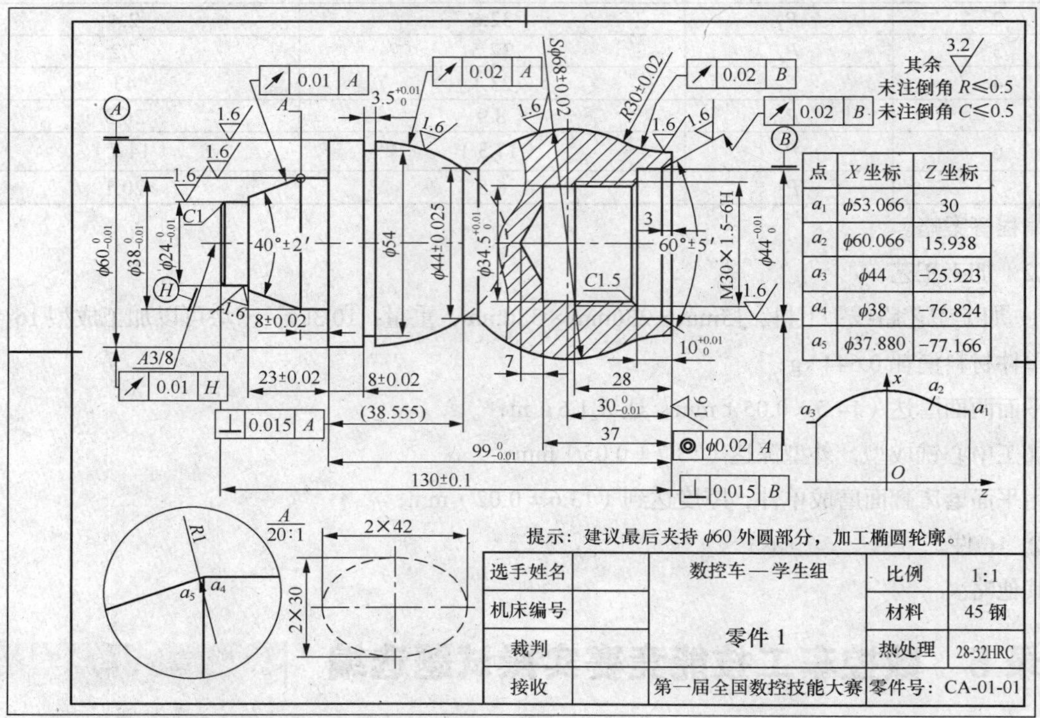

点	X 坐标	Z 坐标
a_1	ϕ53.066	30
a_2	ϕ60.066	15.938
a_3	ϕ44	-25.923
a_4	ϕ38	-76.824
a_5	ϕ37.880	-77.166

图fl.47

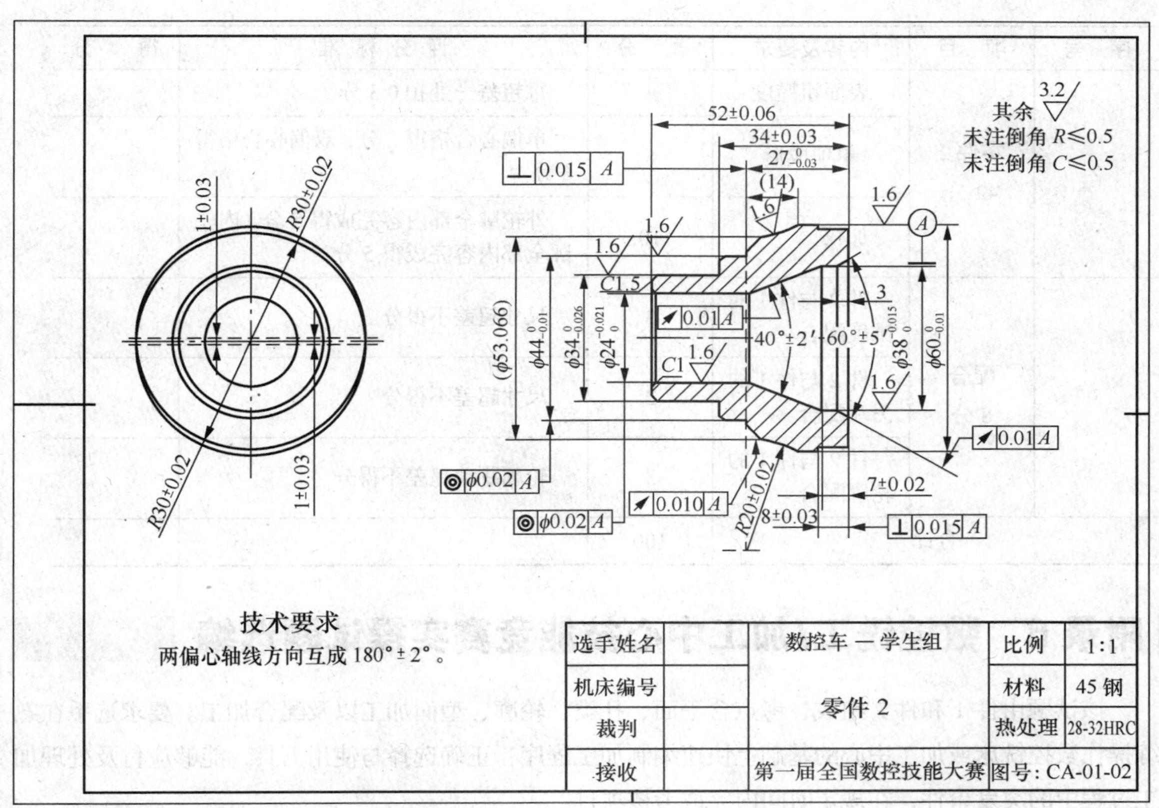

图fl.48

竞赛配分表如下：

序 号	项 目	内容及要求	配 分	评 分 标 准	得 分
1	零件 1 50 分	尺寸精度	15	每超差一处扣 1 分	
		几何公差	8	ϕ（$44^{+0.025}_{0}$）mm 处同轴度超差扣 3 分，其余每超差一处扣 1 分	
		表面粗糙度	5	每超差一处扣 0.5 分	
		单项成形	10	椭圆面不合格扣 3 分，M36×1.5-H6 超差扣 2 分，外槽超差扣 2 分，外锥超差扣 2 分，内锥超差扣 1 分	
		加权	12	外轮廓全部内容完成得 8 分，内轮廓全部内容完成得 4 分	
2	零件 2 42 分	尺寸精度	15	每超差一处扣 1 分	
		几何公差	7	ϕ（$44^{+0.025}_{0}$）mm 处同轴度超差扣 3 分，其余每超差一处扣 1 分	

续表

序号	项目	内容及要求	配分	评分标准	得分
2	零件2 42分	表面粗糙度	4	每超差一处扣0.5分	
		单项成形	6	单偏心合格得2分，双偏心合格得6分	
		加权	10	外轮廓全部内容完成得5分，内轮廓全部内容完成得5分	
3	配合 8分	件2与件1的锥度配合	3	尺寸超差不得分	
		件2与件1的另端配合	2	尺寸超差不得分	
		件2与件1的轮廓配合	3	轮廓跳动超差不得分	
合计			100		

附录6 数控铣工/加工中心技能竞赛实操试题选编

该试题由件1和件2组成，考点含平面、孔类、轮廓、型面加工以及配合加工。要求选手在熟练操作数控铣床或加工中心的基础上快速编制加工程序，正确选择与使用刀具，能够应付及处理加工过程中的突发事件，在规定时间内完成考核项目。

毛坯材料为45钢，件1毛坯尺寸为180×180×42（HRC25～32）、件2毛坯尺寸为180×180×18（HRC25～32），公差为±0.3。

一、装配图

装配图如图fl.49所示。

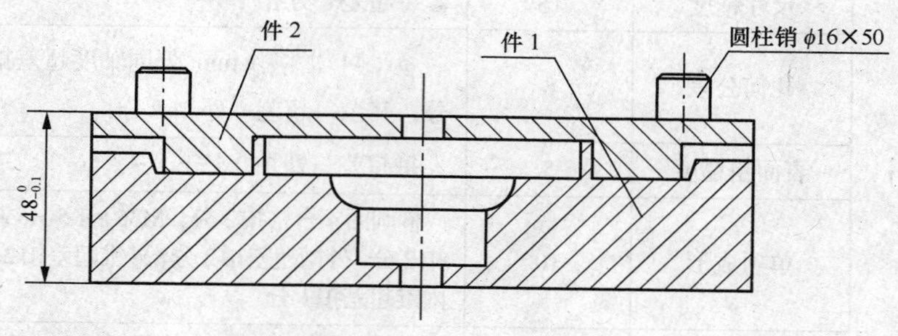

图fl.49 装配图

二、零件图1

如图fl.50所示。

三、零件图 2

如图 fl.51 所示。

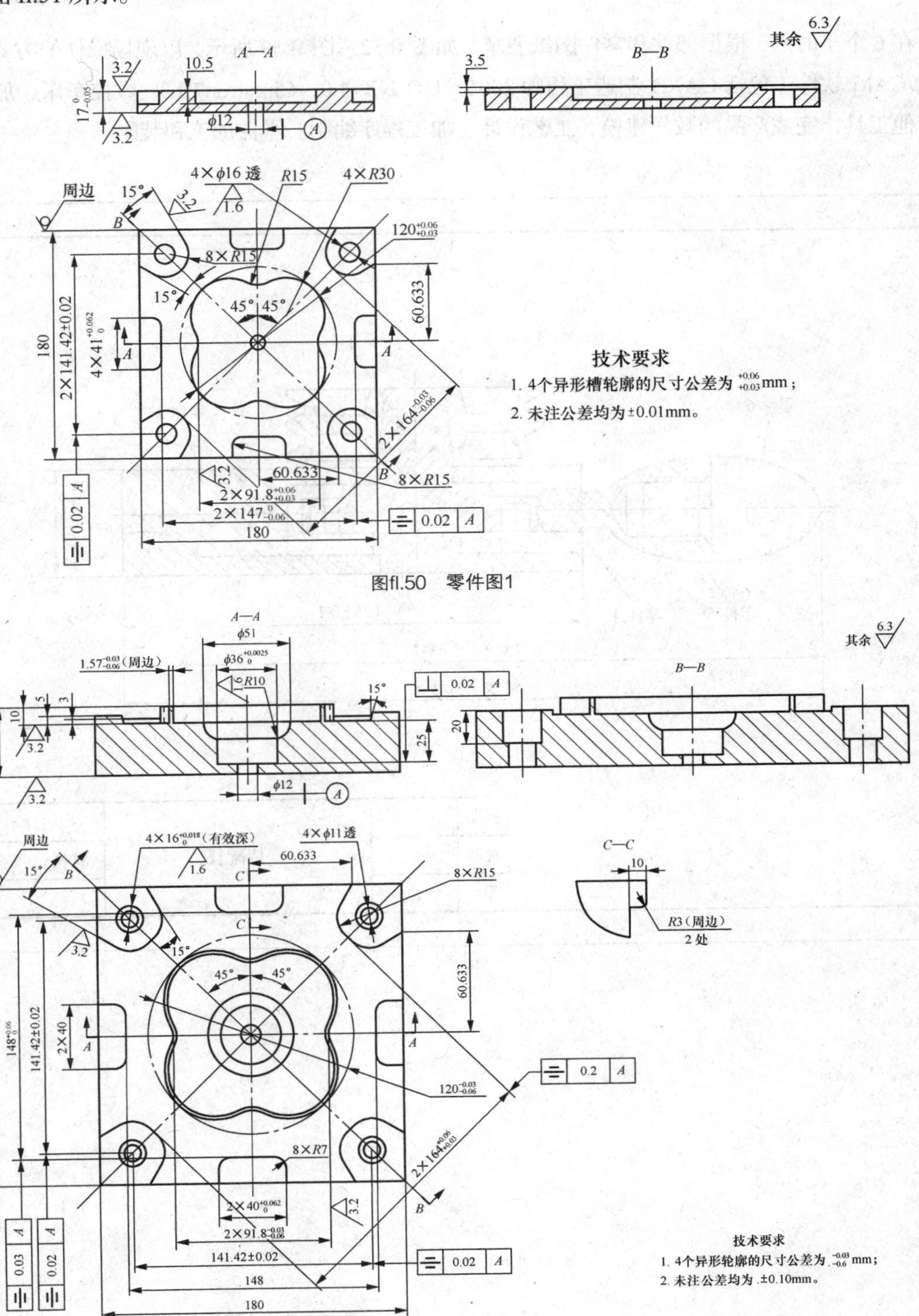

图fl.50　零件图1

图fl.51　零件图2

附录 7　产品部件的数控编程、加工与装配试题选编

在 6 个小时内，根据部件和零件图纸要求，如图 fl.52～图 fl.59 所示，以现场操作的方式，利用 CAD/CAM 软件（包括 CAXA 制造工程师 2006、UG NX 4.0、Cimatron7.1）、数控车床、加工中心和其他工具，完成产品的数学建模、工艺设计、加工程序编制、零件加工和装配。

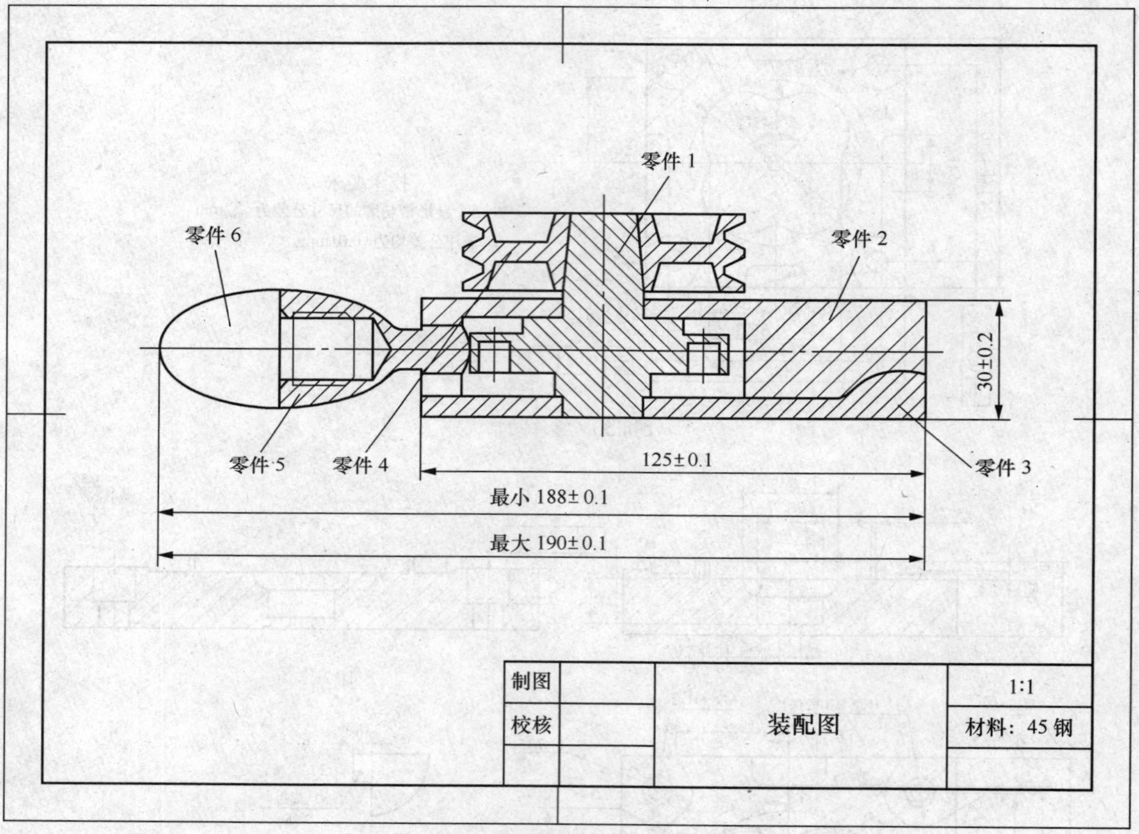

零件 1
零件 6
零件 2
30±0.2
零件 5　零件 4
125±0.1
零件 3
最小 188± 0.1
最大 190± 0.1

制图		装配图	1:1
校核			材料：45 钢

图fl.52

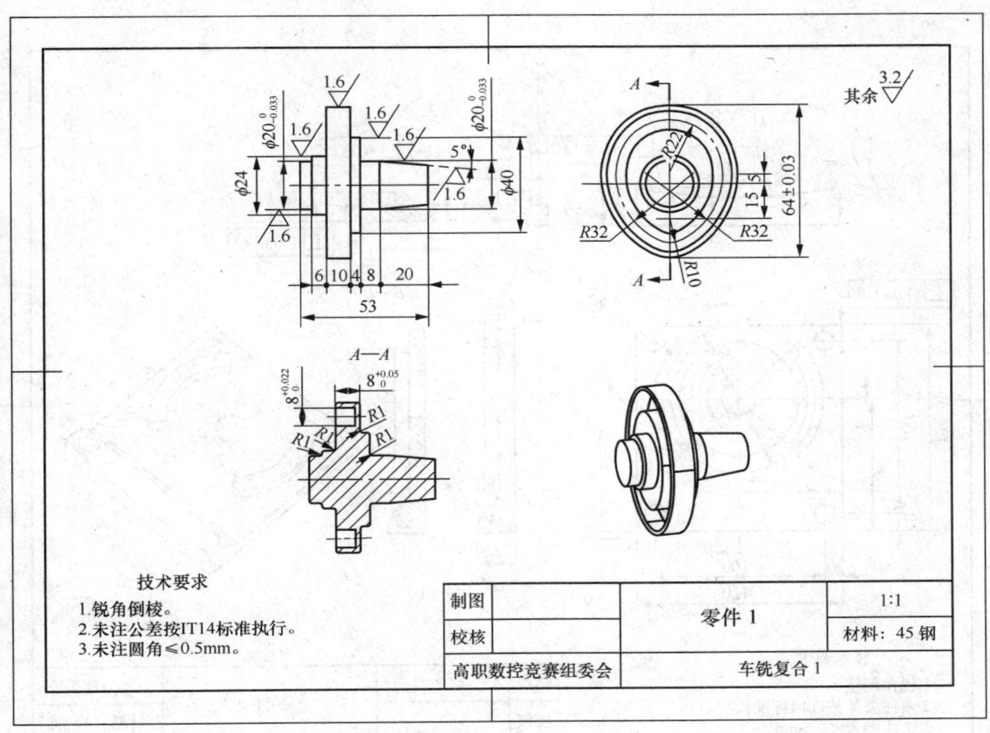
A—A
其余 3.2
技术要求
1.锐角倒棱。
2.未注公差按IT14标准执行。
3.未注圆角≤0.5mm。
制图
校核
零件 1
1:1
材料：45 钢
高职数控竞赛组委会
车铣复合 1

图fl.53

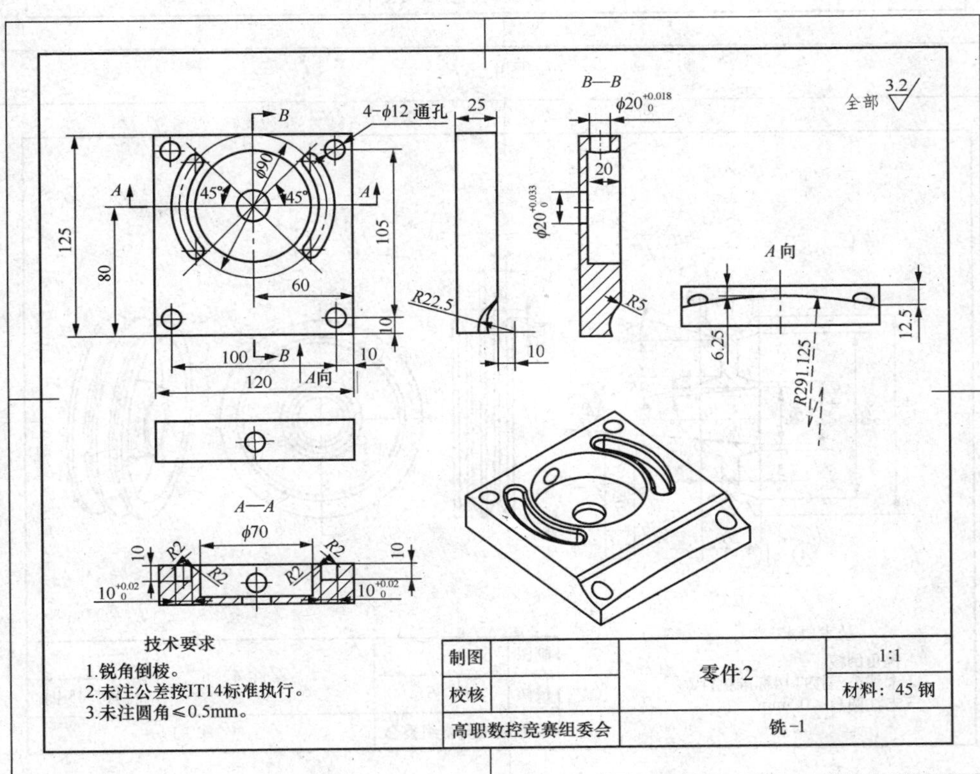
4-ϕ12 通孔
B—B
A向
A—A
全部 3.2
技术要求
1.锐角倒棱。
2.未注公差按IT14标准执行。
3.未注圆角≤0.5mm。
制图
校核
零件2
1:1
材料：45 钢
高职数控竞赛组委会
铣-1

图fl.54

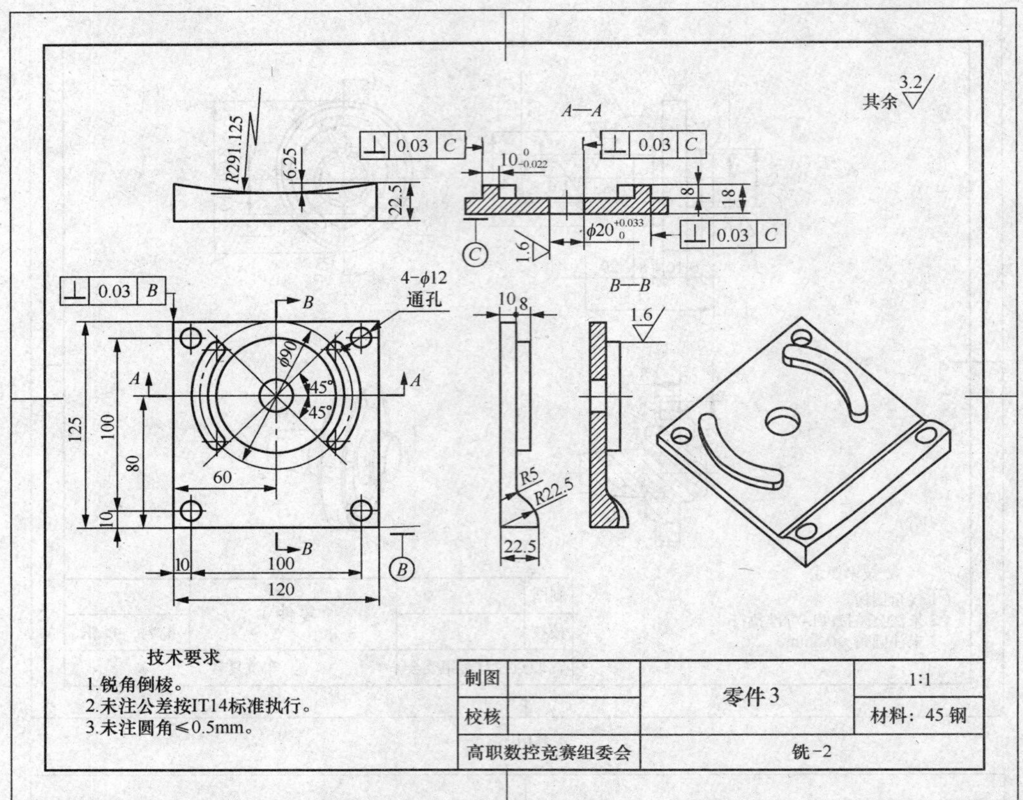
其余 3.2
A—A
R291.125
6.25
22.5
0.03 C
$10^{0}_{-0.022}$
$\phi20^{+0.033}_{0}$
8
18
1.6
4-φ12
通孔
0.03 B
φ90
45°
45°
125
100
80
60
10
100
120
B—B
10 8
R5
R22.5
22.5
1.6
技术要求
1.锐角倒棱。
2.未注公差按IT14标准执行。
3.未注圆角≤0.5mm。
制图
校核
零件3
1:1
材料：45 钢
高职数控竞赛组委会
铣-2

图fl.55

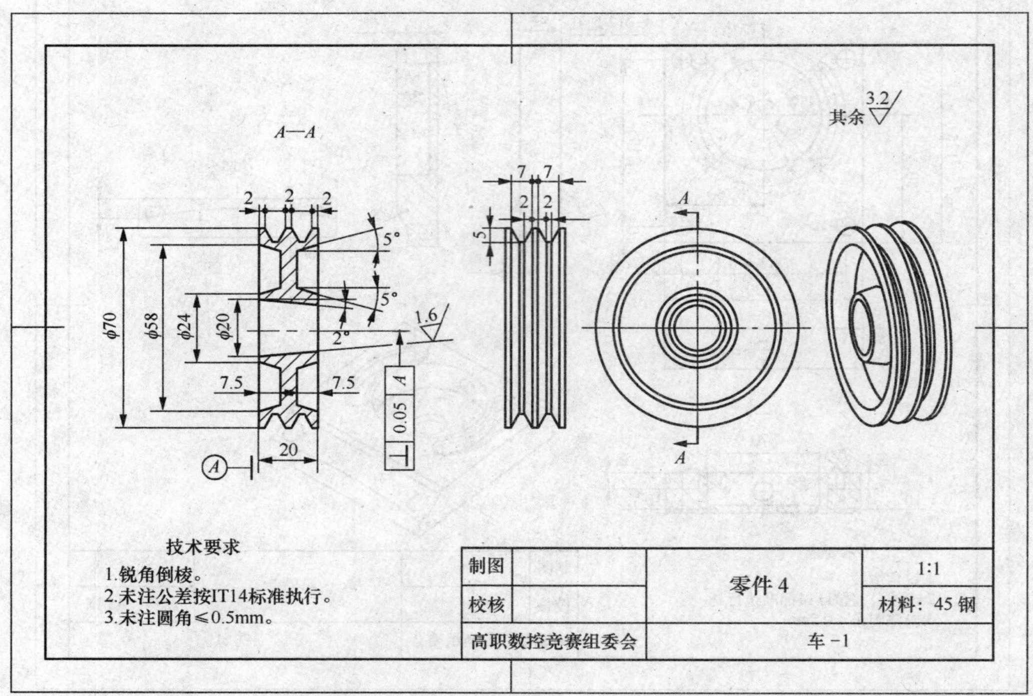
其余 3.2
A—A
2 2 2
5°
5°
2°
1.6
φ70
φ58
φ24
φ20
7.5
7.5
20
0.05 A
7 7
2 2
5
技术要求
1.锐角倒棱。
2.未注公差按IT14标准执行。
3.未注圆角≤0.5mm。
制图
校核
零件4
1:1
材料：45 钢
高职数控竞赛组委会
车-1

图fl.56

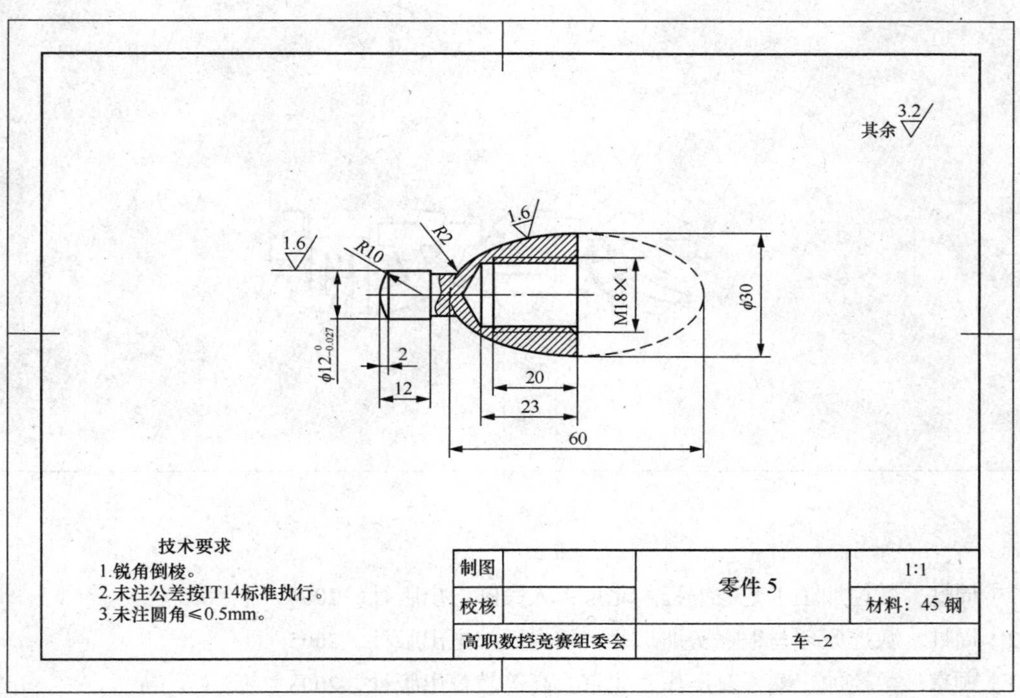
其余 3.2
1.6
R10
R2
1.6
M18×1
ϕ30
ϕ12 0 -0.027
2
12
20
23
60
技术要求
1.锐角倒棱。
2.未注公差按IT14标准执行。
3.未注圆角≤0.5mm。
制图
校核
零件 5
1:1
材料：45 钢
高职数控竞赛组委会
车 -2

图fl.57

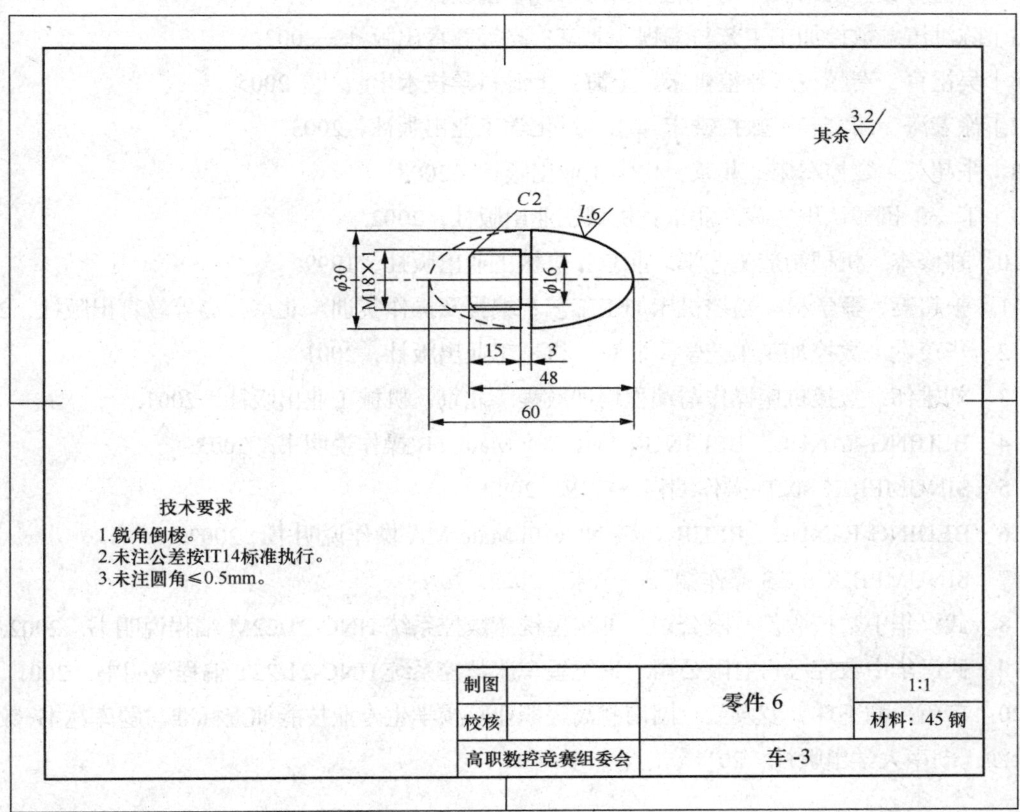
其余 3.2
C2
1.6
ϕ30
M18×1
ϕ16
15
3
48
60
技术要求
1.锐角倒棱。
2.未注公差按IT14标准执行。
3.未注圆角≤0.5mm。
制图
校核
零件 6
1:1
材料：45 钢
高职数控竞赛组委会
车 -3

图fl.58

参考文献

[1] 周虹. 数控加工工艺与编程. 北京：人民邮电出版社，2004.

[2] 周虹. 数控原理与编程实训. 北京：人民邮电出版社，2005.

[3] 顾京. 数控加工编程及操作. 北京：高等教育出版社，2003.

[4] 李佳. 数控机床及应用. 北京：清华大学出版社，2001.

[5] 陈洪涛. 数控加工工艺与编程. 北京：高等教育出版社，2003.

[6] 吴祖育，秦鹏飞. 数控机床. 上海：上海科学技术出版社，2005.

[7] 徐宏海，谢富春. 数控铣床. 北京：化学工业出版社，2003.

[8] 张超英. 数控车床. 北京：化学工业出版社，2003.

[9] 丁一. 机械认识实践. 北京：机械工业出版社，2002.

[10] 郑修本. 机械制造工艺学. 北京：机械工业出版社，1999.

[11] 张超英，罗学科. 数控机床加工工艺、编程及操作实训. 北京：高等教育出版社，2003.

[12] 华茂发. 数控加工工艺学. 北京：机械工业出版社，2001.

[13] 刘雄伟. 数控机床操作与编程培训教程. 北京：机械工业出版社，2001.

[14] BEIJING-FANUC. BEIJING-FANUC 0i Mate-TB 操作说明书. 2003.

[15] SINUMERIK 802D 操作编程—铣床. 2002.

[16] BEIJING-FANUC. BEIJING-FANUC 0i Mate-MA 操作说明书. 2003.

[17] SINUMERIK 802S 操作编程—车床. 2002.

[18] 武汉华中数控股份有限公司. 世纪星铣床数控系统 HNC-21/22M 编程说明书. 2002.

[19] 武汉华中数控股份有限公司. 世纪星车床数控系统 HNC-21/22T 编程说明书. 2001.

[20] 首珩，喻丕珠，罗友兰. 湖南省高等职业院校学生专业技能抽查标准与题库丛书 数控技术. 长沙：湖南大学出版社. 2011.